Axure RP8网站与App原型设计经典实例教程

超值版

朱传明 / 编著

U0277303

人民邮电出版社
北京

图书在版编目（CIP）数据

Axure RP8网站与App原型设计经典实例教程 : 超值版 / 朱传明编著. -- 北京 : 人民邮电出版社, 2019.10（2023.8重印）
ISBN 978-7-115-50545-3

Ⅰ. ①A… Ⅱ. ①朱… Ⅲ. ①网页制作工具－教材
Ⅳ. ①TP393.092.2

中国版本图书馆CIP数据核字(2019)第084602号

内 容 提 要

原型设计是互联网行业产品设计过程中不可缺少的环节，也是检验互联网产品经理能力的重要指标。本书通过丰富的实例展示了 Windows 系统下流行的快速原型设计工具 Axure 强大的原型设计能力。

本书分为 12 章。第 1 章讲解原型设计的基本知识。第 2 章介绍 Axure 的工作空间。第 3 章介绍原型设计的操作技巧。第 4 章讲解如何随时查看设计效果。第 5 章介绍的变量与函数是第 6 章“事件处理”的基础。第 6 章讲解的“事件处理”知识是 Axure 原型设计的精髓，配合第 7 章讲解的动画效果，可令原型更加生动。第 8 章介绍动态面板的使用方法。第 9 章介绍的中继器是一个有趣且有用的元件。第 10 章详细介绍如何设计自己的元件库。最后两章以实际案例为基础，针对不同的场景，全面介绍如何使用 Axure 工具，涵盖了 Axure 的大部分知识点，其中，第 12 章更是将多场景完整衔接，读者可以通过练习学会如何在实际项目中综合应用软件。

随书附赠教学资源，包括书中实例的源文件与操作演示视频，读者可结合视频进行学习，提高学习效率。

本书适合互联网和移动互联网产品经理，以及需求分析师、UI/UE 设计师、交互设计师学习和使用。

◆ 编　　著　朱传明
　责任编辑　张丹阳
　责任印制　马振武

◆ 人民邮电出版社出版发行　　北京市丰台区成寿寺路 11 号
　邮编　100164　　电子邮件　315@ptpress.com.cn
　网址　https://www.ptpress.com.cn
　涿州市般润文化传播有限公司印刷

◆ 开本：787×1092　1/16
　印张：19.5　　　　2019 年 10 月第 1 版
　字数：560 千字　　2023 年 8 月河北第 8 次印刷

定价：49.00 元

读者服务热线：(010) 81055410　印装质量热线：(010) 81055316
反盗版热线：(010) 81055315
广告经营许可证：京东市监广登字 20170147 号

前言

我在很早就接触了Axure，当时是Axure RP 6.5版本，我很欣喜能接触到这样的工具，于是便尝试做些实例，体验它的功能。随着版本不断升级，它的功能也越来越完善，输出原型时也更加快速和专业。凭借简单易学、快速设计和入门门槛低的优势与特性， Axure已经成为互联网产品经理必会使用的工具之一。

此前，作为开发人员、标准的程序员，我学习Axure有一定的优势，因为Axure涉及的变量、函数和事件等是开发人员最熟悉的概念，这有助于我进行更深入的学习。我对交互设计和UI/UE（用户界面/用户体验）方面的内容特别感兴趣， 因此对原型界面的布局和交互便有着更深入的研究，原型也做得相对更专业一些。

很多人说Office工具可以用于原型设计，但是我发现它的功能还是有一定的局限性，只能做出一些简单的线框图和静态的内容，涉及页面交互的内容时基本无能为力，毕竟它不是一款专门为原型设计而“诞生”的工具。虽然其他类型的原型设计工具也有各自的特色，但Axure可以满足从Web页面设计到手机App原型设计的要求，并且支持元件库的设计，即实现了第三方元件扩展。

Axure只是一个设计工具，我们始终要牢记它是用来提高生产效率的，不需要刻意去追求一些原型设计技巧。如果某种效果确实不好实现，没有必要花费太多时间去研究到底如何实现，否则会偏离快速原型设计的本意，只需要在演示的时候适当解释一下，大家就能明白。因为这些效果对于开发人员来说，可能很容易实现，并且从严格意义上来讲，满足实际演示需要的原型才是最好的原型。

在学习的过程中，尤其是在向别人请教之前，建议先自己多思考、多实践。因为别人能给的往往是思路上的引导，最终还是要你自己去实现，同时你要学会如何简要地提出问题，这样才能让别人了解你的需求，并快速有效地帮助你。多想、多练，相信你一定能做得更好!

感谢人民邮电出版社编辑认真、细致和负责的工作，没有他们的指导和配合，我将无法如期完成本书的写作。同时感谢为此书抽出宝贵时间撰写推荐语的朋友，在此向你们致以真诚的感谢和敬意!

因个人经验不足以及能力有限，书中难免有不足之处，敬请予以谅解，并欢迎指正。

朱传明

推荐语

也许有人说Axure只是产品经理必备的工具，但全方位的设计师还是有必要学习一下的。一名优秀的设计师不应仅仅注重视觉上的表现，还需要对产品原型制作有所了解，而这本书的作者不仅讲到了软件的使用，还非常用心地将软件操作与案例结合起来，让读者能更好地将软件运用到实际项目中，这对于希望轻松并系统地学习原型设计的人来说无疑是最有效的一种帮助。也希望读到此书的朋友能更深入地理解产品原型的重要性，设计出更优秀的作品。

——MICU设计创始人 王铎

在互联网时代背景下，越来越多的专业人士投身到互联网这个大行业当中。

无论你是产品经理还是设计师，这本书都能让你告别为了画原型满世界找教程的尴尬，它以当下流行的设计为案例，让原型无限接近实际场景。

如果你从未接触过Axure也没有关系，本书也能让你如鱼得水，从零开始，画出高水准的原型，为你的成长助力。

——优设交互讲师 刘昱

学习是有门槛的，再简单的知识也需要有人点拨；教学是有难度的，难在要让受众既能听懂又能体会到学习的乐趣。在重重的困难之下，依然有人愿意这样系统、细致地讲解Axure的一些应用技巧，着实是原型设计者的福利，希望每位读者都好好把握这样的机会。

——Axure中文社区 尹广磊

独立开发者开发App是从0到1的创造过程，而Axure RP8正是一个绝佳的起点，它能将我脑海里的想法快速变成可见的原型，极大地提高了开发效率。这本书的特点是以丰富的商业项目为案例，由浅入深地将如何利用Axure进行原型设计娓娓道来。这些商业项目的一切交互形式都经过了长时间的打磨，对这些项目进行“临摹”，无论是对交互设计师还是初学者来说，都是一种极好的学习方式。

——独立App开发者 江文帆

与传明相识已久，得知他在编写有关Axure原型设计的书之后，我并不感到意外和突然。在这几年的工作生涯中，我亲眼见证他从一名需求分析新手变成产品原型设计师。他有着系统的理论知识和丰富的实战经验，目前公司里系统化的Axure培训课件都出自他手，他总是能把枯燥的内容用形象的案例清晰地讲解出来，也很懂得如何教学才能让初学者更易懂，并明白设计的深义。此书值得一看。

——北京思特奇信息技术股份有限公司技术培训主管 刘来

Axure是目前行业内普及度很高的原型设计软件，不只是产品经理和交互设计师，程序员、UI设计师、测试和运营等人员也应该对该软件有所了解。本书不仅详细深入地介绍了Axure的使用方法，更搭配了大量的实例进行讲解，是希望系统和深入地学习Axure的人士的不二之选。

——《动静之美——Sketch移动UI与交互动效设计详解》作者，交互设计师 黄方闻

工欲善其事，必先利其器。Axure是当前交互设计师必不可少的设计工具之一。交互设计的过程总避免不了反复修改，所以学好Axure有助于提高我们的设计效率。本书通过网站与App常见的设计场景解析Axure的使用技巧，帮助初学者养成良好的画稿习惯。

——交互设计师 李煜佳

资源与支持

本书由数艺社出品，“数艺社”社区（www.shuyishe.com）为您提供后续服务。

配套资源

书中案例的源文件

在线教学视频

资源获取请扫码

“数艺社”社区平台，为艺术设计从业者提供专业的教育产品。

与我们联系

我们的联系邮箱是 szys@ptpress.com.cn。如果您对本书有任何疑问或建议，请您发邮件给我们，并请在邮件标题中注明本书书名及 ISBN，以便我们更高效地做出反馈。

如果您有兴趣出版图书、录制教学课程，或者参与技术审校等工作，可以发邮件给我们；有意出版图书的作者也可以到“数艺社”社区平台在线投稿（直接访问 www.shuyishe.com 即可）。如果学校、培训机构或企业想批量购买本书或数艺社出版的其他图书，也可以发邮件联系我们。

如果您在网上发现针对数艺社出品图书的各种形式的盗版行为，包括对图书全部或部分内容的非授权传播，请您将怀疑有侵权行为的链接通过邮件发给我们。您的这一举动是对作者权益的保护，也是我们持续为您提供有价值的内容的动力之源。

关于数艺社

人民邮电出版社有限公司旗下品牌“数艺社”，专注于专业艺术设计类图书出版，为艺术设计从业者提供专业的图书、U 书、课程等教育产品。出版领域涉及平面、三维、影视、摄影与后期等数字艺术门类，字体设计、品牌设计、色彩设计等设计理论与应用门类，UI 设计、电商设计、新媒体设计、游戏设计、交互设计、原型设计等互联网设计门类，环艺设计手绘、插画设计手绘、工业设计手绘等设计手绘门类。更多服务请访问“数艺社”社区平台：www.shuyishe.com。我们将提供及时、准确、专业的学习服务。

目录

目录

目录

目录

RP

01 ONE 原型设计的基本知识

本章作为原型设计学习的引导性内容，针对为什么学习，以及怎么学习给出了具体的意见和建议。同时，读者可以通过对本章的学习，对原型设计有一个基本的了解。

本书以目前较为流行的 Windows 系统下的原型设计工具 Axure RP8 为基础进行讲解，如非特殊说明，书中涉及的原型设计工具都是指 Axure RP8 软件。

- Axure RP 介绍
- 原型设计的概念
- 原型设计的重要性
- 通过实例体验原型的具体样子
- 给初学者的学习建议

1.1 Axure RP 介绍

Axure RP（Rapid Prototyping，快速原型）是美国Axure Software Solution 公司的旗舰产品，该原型设计工具可以帮助用户专业、快速地设计产品和需求原型图、流程图，并能导出用于最终演示的HTML页面以进行产品和需求交流。

Axure RP已被很多国内外的原型制作公司所采用，该软件凭借其专业性、快速性和高效性在软件行业迅速流行起来，得到了产品经理、交互设计师、用户体验设计师以及视觉设计师等专业人员的一致青睐。

1.1.1 当前版本

Axure RP的当前版本为8.0，相比7.0版本来说有所升级，在交互动作上增加了如旋转、设置尺寸以及设置透明度等重要的操作功能，极大地增强了交互设计的效果。

如图1-1所示，从左往右分别为Axure RP的6.5、7.0和8.0这3个重要版本的启动界面，这3个版本在Logo的设计上有着明显的变化，且随着版本的不断升级与变化，成熟度也越来越高。

图1-1

提示

由于版本的升级与变化，Axure RP8.0版本的源文件不能在8.0以下的版本中正常打开，但8.0版本以下的源文件可以在8.0版本中正常打开，但部分文件需要做适当的修改才行。

1.1.2 主要功能

作为原型工具，原型设计是Axure RP的主要功能，其常用的元件库分为基本元件、表单元件、菜单和表格，以及标记元件4大类，如图1-2所示。在原型设计中，除了可以使用Axure元件库提供的标准元件外，也可以自定义元件，在网络上也有很多免费的第三方元件库可供下载，提升了原型设计的元件丰富性。

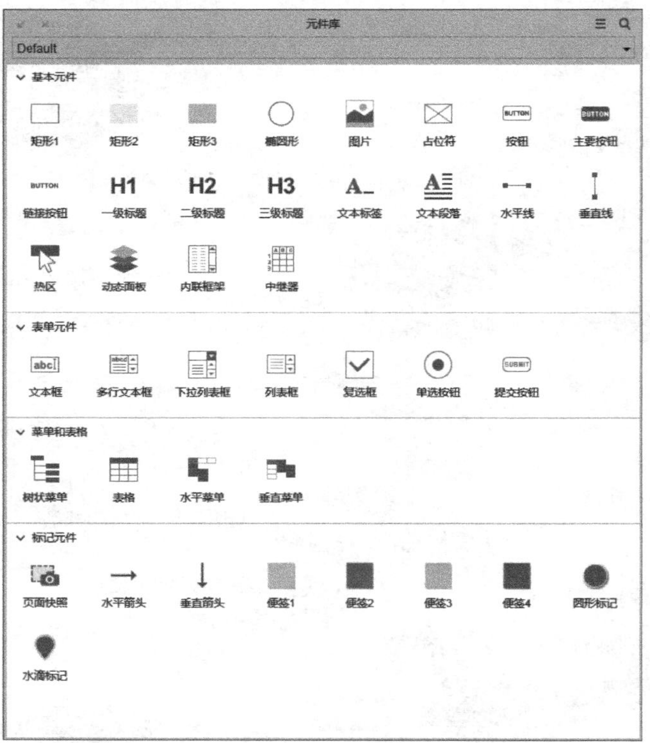

图1-2

在操作与使用过程中，Axure RP 除了具备“原型设计”这一主要功能，还提供了“业务流程图绘制”功能，避免用户在使用Axure RP时又要使用Visio来绘制业务流程图。同时，元件库里的流程库还提供了原型的基本形状，可以满足业务流程的基本需要，如图1-3所示。

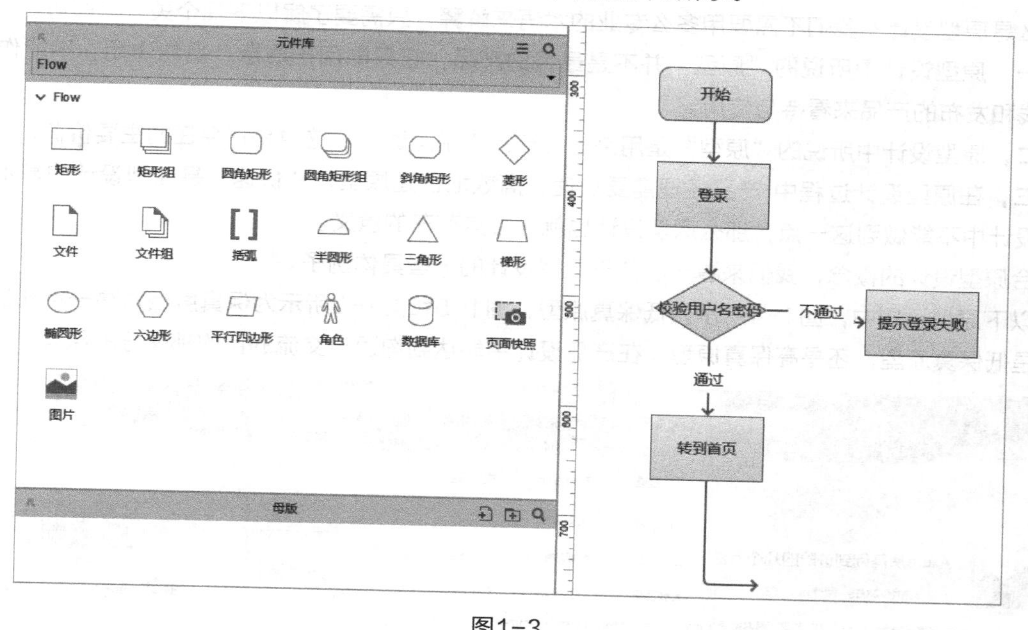

图1-3

1.1.3 其他原型设计工具

除了Axure RP外，还有很多快速原型设计工具，如下。（详细信息请查阅相关资料）

- Mockplus
- Balsamiq Mockups
- Justinmind
- InVision
- Ux pin
- Flinto

以上罗列的均为专业的快速原型设计工具，有的还是针对移动端研发的。除了这些专业的原型设计工具以外，还有一些原型设计的辅助方法和工具。

- **笔和纸**：作为一种重要的绘制方式，一些设计师更喜欢手绘原型，这样易于修改，方便交流，在手绘原型基本成型后，可以进一步通过快速原型设计工具来完成设计。
- Photoshop：在专业的快速原型设计工具出现之前，Photoshop无疑是进行原型设计的重要工具，随着专业工具的出现，它在该领域的地位逐渐下降，因为它缺少原型中最重要的交互设计部分。
- Visio、PPT：在原型设计工作当中，Office办公软件是常用的软件，其中Visio和PPT（全称Microsoft Office PowerPoint，一款演示文稿制作软件）可以为用户提供一些图形，适当加工即可用于设计原型，也可以直接用它们来进行设计。

1.2 原型设计的概念

什么是原型设计？我们不需要用多么专业的术语来解释，只需要了解以下几个关键点即可。

第一，原型设计中所说的“原型”并不是最终的产品，它只能用于演示产品的作用，不能作为最终需求上线和发布的产品来看待与使用。

第二，原型设计中所说的“原型”是用来进行产品需求沟通的，这也是它存在的主要价值。

第三，在原型设计过程中,产品经理需要快速、高效地创建原型，“快速”是原型设计的基本要求，如果在设计中不能做到这一点，那么原型设计也就失去其存在的意义。

结合原型设计的概念，我们来看一看关于原型设计的一些具体例子。

在以下原型示例中，图1-4所示为低保真原型，图1-5和图1-6所示为保真度相对高一点儿的原型。而无论是低保真原型，还是高保真原型，在产品设计中能达到沟通与交流的目的都是好的原型。

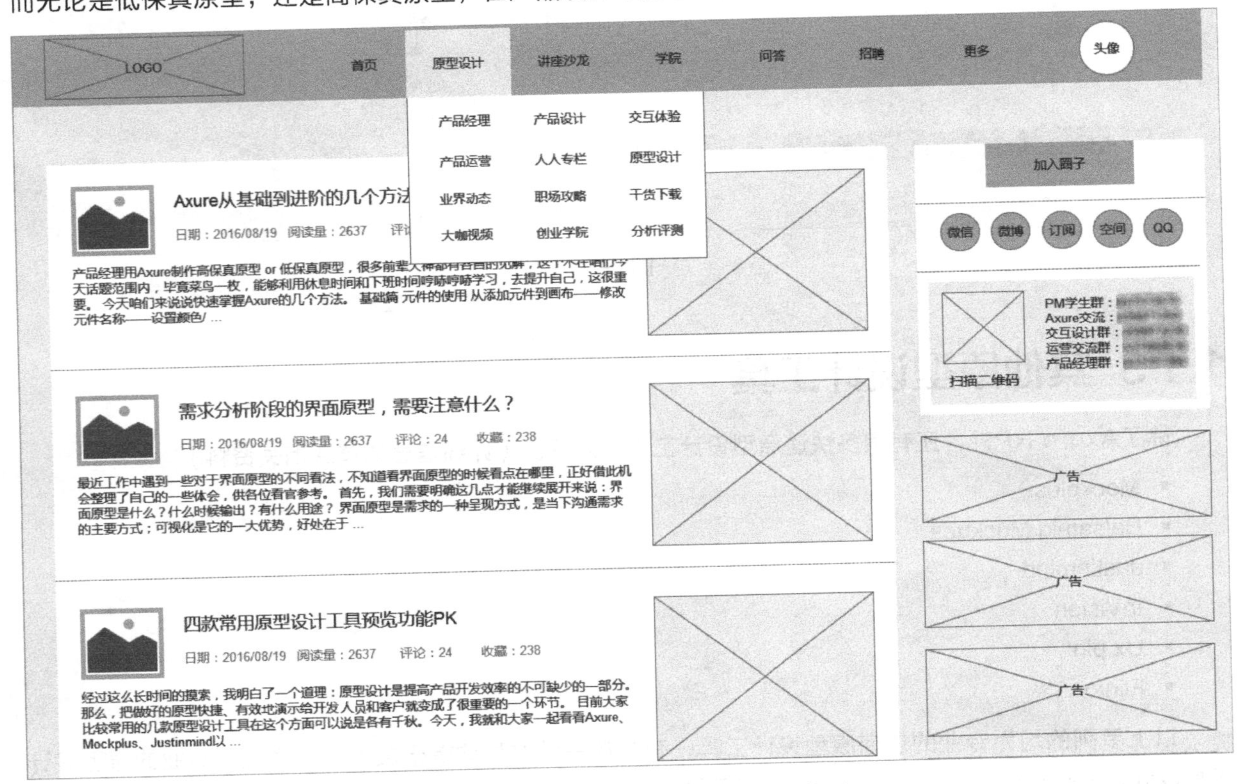

图1-4 “人人都是产品经理”网站首页

> **提示**
>
> 低保真原型：由比较粗糙的线框图所构成的原型，只在界面布局和流程上满足要求，不关注界面细节。
>
> 高保真原型：接近最终产品形态的原型，和最终发布的产品非常像，该类型的原型虽然会花费较多的制作时间，但其实际演示效果会比低保真原型直观得多，也好得多。

图1-5 中国移动网站VoLTE办理页面

图1-6 触屏版HTML活动页面

1.3 原型设计的重要性

原型设计在整个产品的设计与实现过程当中非常重要。在产品实现的过程中，它可以有效降低沟通成本，直观地演示该产品会是什么样的，清晰地表达出要实现的需求和目标。在演示过程中，人们可以很容易发现产品或需求中存在的问题，以便及时修正设计，让产品更加符合用户的需求。

这里介绍一个作者身边的例子。

在某次“需求会”上，项目经理要求需求人员讲解需求场景和业务流程。为了更清楚地说明需求，需求人员准备了几种文档，包括一份标准的需求分析文档、数张设计效果图和一个PPT文档。在讲解过程中，需求人员在PPT文档、设计效果图和需求分析文档之间来回切换，解释需求点。在场人员抛出各种各样的问题，需求人员忙于解释，讲解的屏幕也在不断地切换。虽然最后大家基本弄清楚了需求是什么，但消耗的时间成本太多，而且最终也没有直接看到需求的交互流程。

而作为原型的基本特点，界面布局和交互流程能让我们直观地看到效果，一段冗长的解释可能不如几步简单的操作来得更为直接，即使在参会人员较多的情况下，利用原型也能很好地传达用户需求和产品效果。因此，在产品设计中，我们推崇基于原型设计的产品开发和需求交流。

1.4 我该如何着手学习

对于原型设计来说，一些初学者总会有这样或那样的疑问，有时甚至不知道从哪里开始着手学习才比较合适。下面针对不同学习阶段的人群应该如何学习原型设计进行简单分析。

* **从零开始**

如果你从来没有接触过原型设计，也对Axure如何操作一无所知，那么也不要担心。Axure作为一款Windows系统下的原型设计应用软件，它的一些标准化操作方法和Windows系列办公软件的操作方法几乎完全一致，因此只要接触过设计类软件，上手该软件并不困难。

* **有一定的开发经验**

如果你有一定的原型开发经验，那么学习起来会相对轻松一些。在原型设计中，一些高级技巧会涉及编程方面的逻辑判断，但是不用担心，因为Axure是一款“设计”软件，图形化操作占绝大部分，在设计中即使涉及一些逻辑判断也是以图形化操作方式来进行处理，所以易于理解。

* **对用户交互和用户体验有一定的了解**

Axure作为专业的快速原型设计工具，自然会对产品的交互和用户体验有一定的要求。在原型设计中，要求原型交互流程符合常规，不能与用户使用习惯相悖，界面布局需符合一般性的设计原则，如此，原型效果才会理想。相关知识需要长期积累，所以希望大家在平日勤加学习，并总结经验。

* **会一点儿Photoshop技巧更好**

在原型设计的过程中，有时候需要借助一些图片来进行设计。但符合要求的图片并不好找，往往需要我们对图片做一些简单的处理，最直接的方式便是自己动手，这就需要掌握一些Photoshop技巧。

1.5 组件化的设计思路

当你的工作涉及越来越多的原型设计项目时，你就会发现很多设计是有规律可循的。例如，App设计中所涉及的按钮、搜索输入框和弹出框等都有统一的设计规范。

在Axure软件的操作过程中，我们不仅可以使用软件本身提供的标准化元件库进行设计，还可以自行设计元件库，以组件化、规范化的方式高效地完成设计。团队项目越大，模块越多，这种“组件化”的设计就越能提高工作效率。如果前期将公共元件都设计好，那么后期就可以直接使用，避免大量重复性的工作，设计人员便可将主要精力放在逻辑设计方面。

在网络上有很多免费元件库，如针对移动端的Android元件库和iOS元件库，且这些元件在Axure标准元件库里是没有的。

综上所述，组件化设计的意义在于设计共享和团队协作，统一同一产品的设计风格，提高工作效率。

1.6 学习路径

关于Axure原型设计工具的学习路径如图1-7所示。

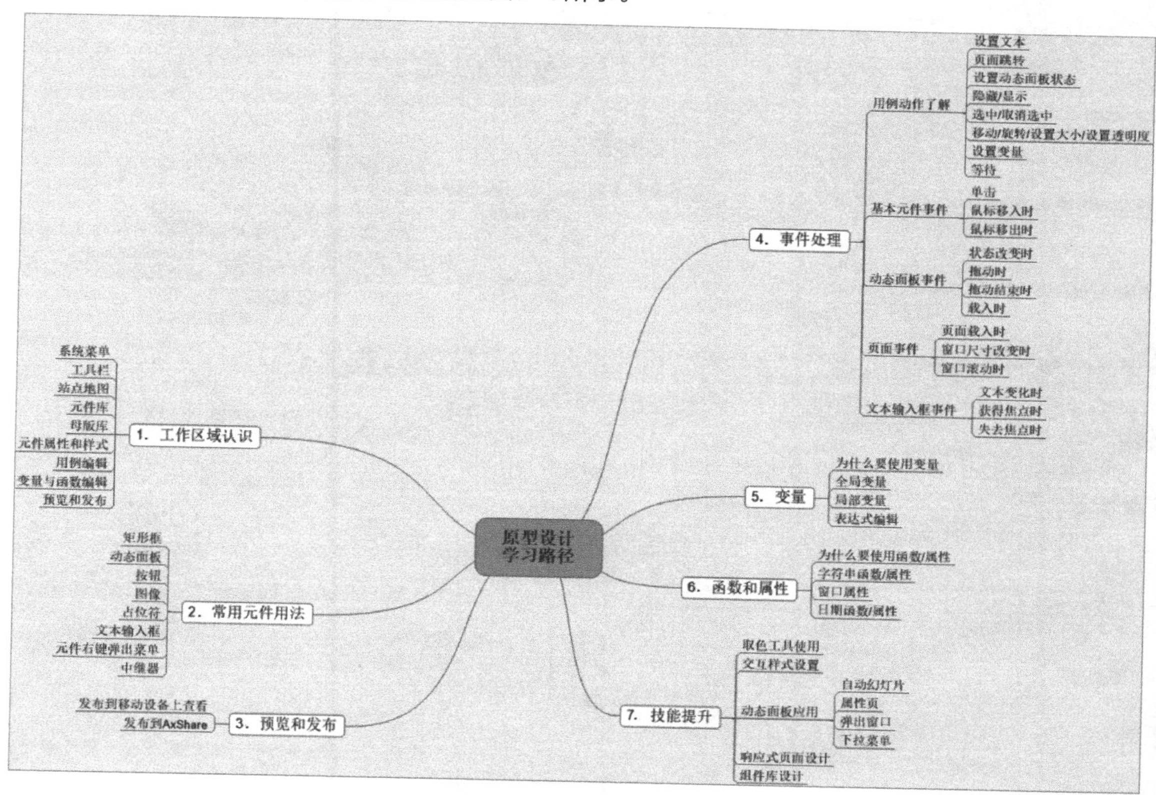

图1-7

（1）从认识工作区域开始，熟悉工作环境是使用工具的第一步。

（2）了解常用元件的用法，可以拖动各种元件到设计区域，查看它的属性和样式。

（3）将元件拖到设计区域后，需要第一时间了解最终是什么效果，那么就要了解预览和发布方式。

（4）原型设计最主要的交互是对事件的处理，掌握事件的用法是真正开始原型的重要一步。

（5）变量是用来存储计算过程的中间值，因此在涉及计算和赋值方面的交互时会非常有用。

（6）函数和变量一样，对于一些高级交互，需要借助函数来完成判断和计算。

（7）为了提高原型设计的效率和质量，可以尝试应用一些高级技巧。

当然，学习的过程并没有固定的模式，只要是适合自己的方法都是好的方法，不必拘泥于此。

1.7 小结

原型设计是互联网应用需求分析和产品设计过程中必不可少的环节，通过原型可以快速地展示产品功能和检测产品的最终效果是否满足需求，有效降低沟通环节中的成本。因此，原型设计能力也被当作产品经理岗位必备的基础技能之一。

RP

02 TWO Axure工作空间介绍

原型设计工具有很多种，从简单的手绘原型，到微软办公软件 Visio（全称 Microsoft Office Visio，一款图表绘制软件），再到专业的 Axure 原型设计工具。工具给我们带来了工作上的便利，也极大地提高了我们的工作效率。本章从 Axure 软件本身的工作空间环境来对原型设计逐步展开讲解。

- 关于 Axure 工作空间的 4 大板块
- 元件右键菜单项主要功能介绍
- 用例编辑（即事件交互）界面详解
- 变量与函数编辑界面

2.1 概述

说到Axure的工作空间，就涉及工作环境的“易用性”了。用户如果经常使用Office系列办公软件，那么在刚接触Axure工具栏的时候会感觉特别眼熟，因为Axure工具栏和Office系列办公软件的工具栏非常相似，操作上的一致性可以让用户快速上手。

Axure工作空间分为4部分，包括工具栏、左侧面板、右侧面板和设计区域，如图2-1所示。

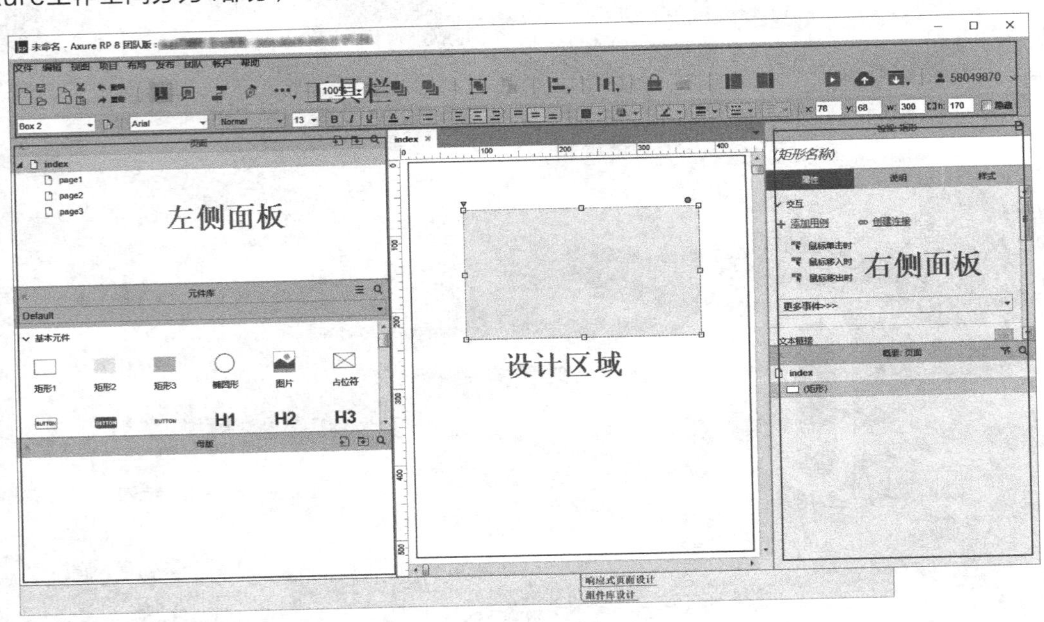

图2-1

工具栏：由文件操作、元件的选择、排列和对齐、原型发布、锁定、元件样式设置和文本对齐功能组成。

左侧面板：由站点地图、元件库和母版库组成。

右侧面板：由事件设置、样式的详细设置和元件列表组成。

设计区域：主要工作区域。

提示

术语说明：通常所说的“元件”“部件”和“组件”这3个术语在这里一般指同一类对象，本书统一为“元件”。

2.2 工具栏

2.2.1 选择、连接和画笔

如图2-2所示，该部分工具栏提供了选择方式、连接线、画笔、图片操作、流程操作和格式设置功能。

选择工具：使用时分两种形式，一种是选中部分元件，另一种是选中全部元件，如图2-3所示。

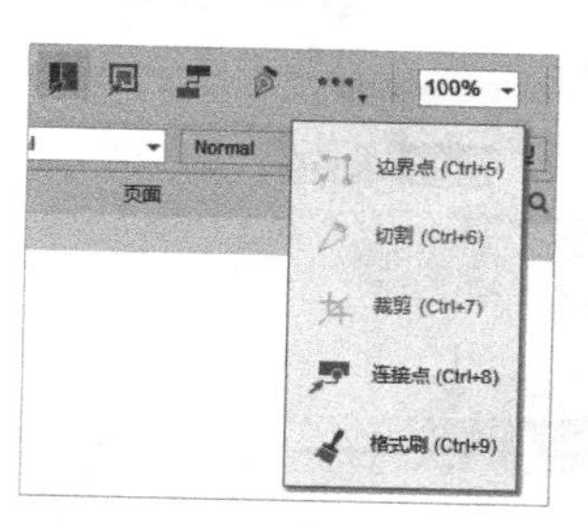

图2-2

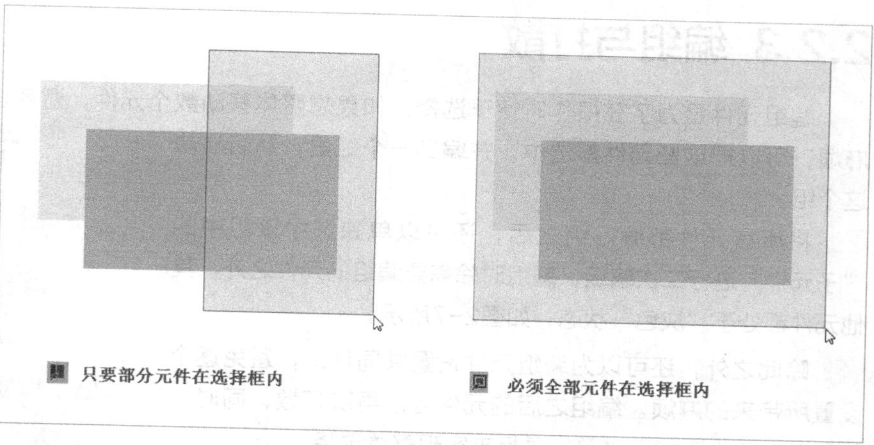

图2-3

连接工具：常在绘制流程图的时候使用，目的是连接两个元件，如图2-4所示。

画笔工具：“画笔工具”是Axure RP8新增的工具，使用它可以自由绘制矢量图，并且可以调节节点。使用“画笔工具”绘制原型时分两种方式，一种是连续单击绘制“直线”，另一种是单击后按住鼠标左键拖动绘制“贝尔曲线”，在右键单击“连接点”后弹出的菜单中可以切换“曲线”和“直线”，如图2-5所示。

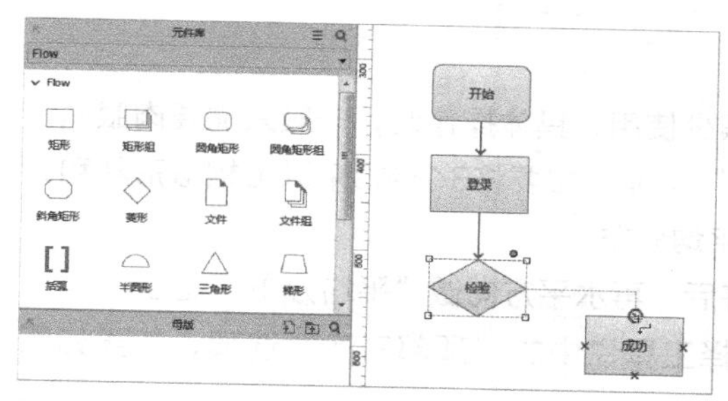

图2-4

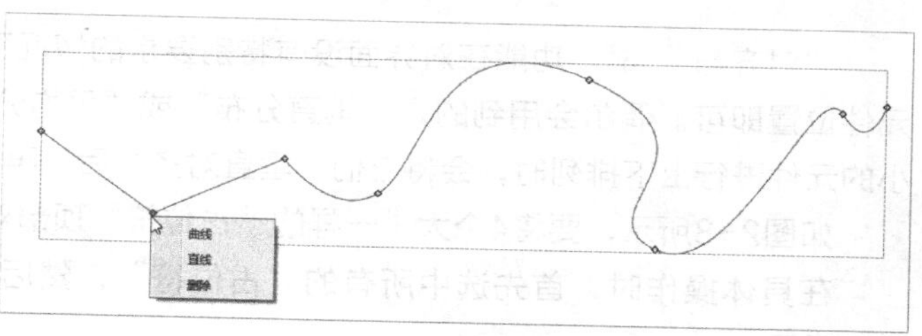

图2-5

边界点：用来显示绘制的曲线的连接点。

切割和剪裁工具：用来处理图片。

连接点：用来显示流程图元件上哪些点可以进行连接。

格式刷：用来设置默认的元件样式。

2.2.2 排列顺序

在Axure操作过程中免不了要不断地添加元件，为了让元件有规律地排列，需要设置元件的显示顺序。设置时可以先选中指定元件，然后单击鼠标右键，选择“顺序”选项，并按照需求选择排列方式，如图2-6所示。

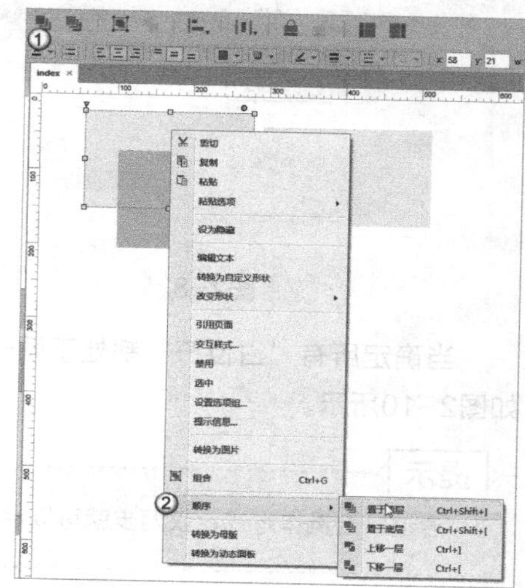

图2-6

2.2.3 编组与打散

编组元件是为了在操作时便于选择。如果想整体移动数个元件，避免逐个选择后才能移动所带来的麻烦，可以把这些元件都选中，并编到一个组里，然后移动这个组。

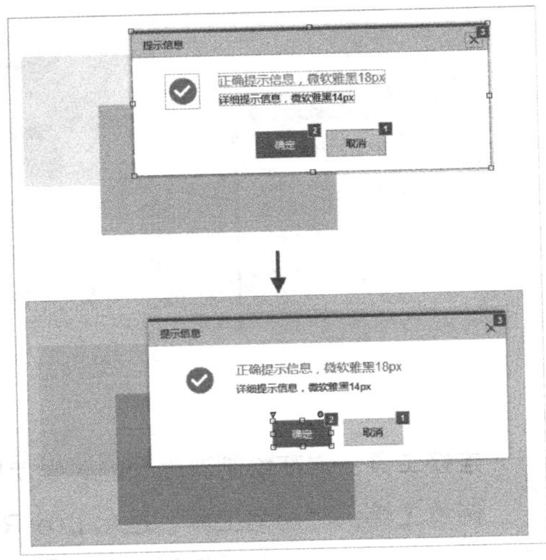

图2-7

将所有元件都编好组之后，还可以单独选中该组中的“子元件”进行二次编组，编组时除需要编组的元件之外，其他元件都处于“灰色”状态，如图2-7所示。

除此之外，还可以为编组元件设置共同样式，避免逐个设置所带来的麻烦。编组之后的元件可以再次打散，同时，打散后的元件不能通过单击鼠标来实现整体选择。

提示

“编组”快捷键：Ctrl+G。
“打散”快捷键：Ctrl+Shift+G。

2.2.4 对齐与分布

“对齐与分布” 功能在对界面没有特别要求的情况下很少使用，具体操作时，一般只需要肉眼确认元件位置即可。偶尔会用到的是“垂直分布”或“平均分布”功能，如要将3个或3个以上相似形状和大小的元件进行上下排列时，会将它们“垂直对齐”后，再“平均分布”。

如图2-8所示，要将4个大小一样的“占位符”顶部对齐后，再水平方向做“平均分布”处理。

在具体操作时，首先选中所有的“占位符”，然后选择工具栏中的“顶部对齐”选项，效果如图2-9所示。

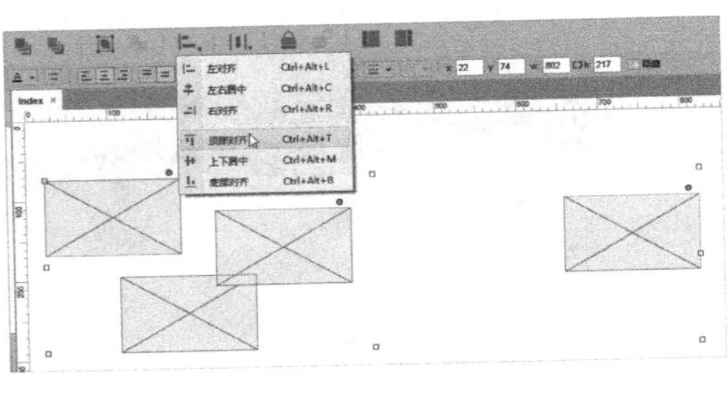

图2-8

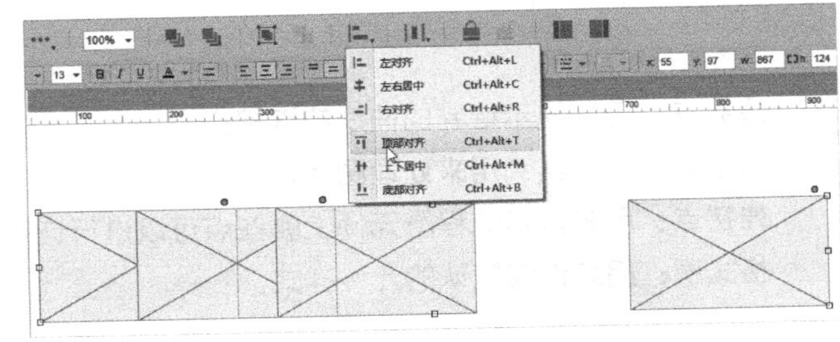

图2-9

当确定所有“占位符”都处于同一高度之后，在工具栏中选择“水平分布”选项，完成操作，效果如图2-10所示。

提示

通过以上操作方式，仅两步就可以将元件排列整齐，因此特别适用于相同元件的快速排列。

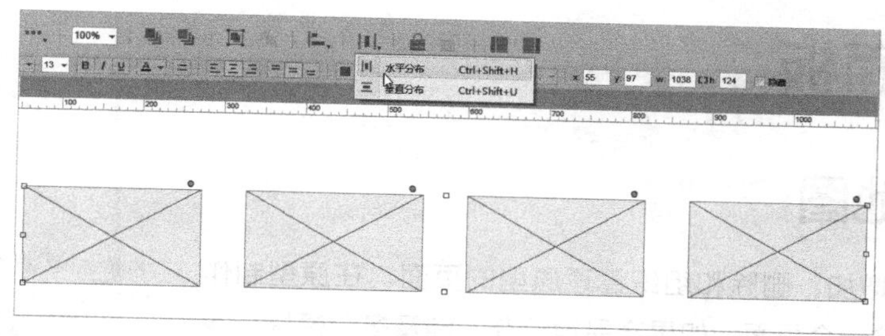

图2-10

2.2.5 锁定与解锁

针对界面上已设计好的元件，如果不想在进行对其他元件设计与操作时影响到它们，可以将这些元件锁定（快捷键Ctrl+K），锁定之后则不能再对其进行其他操作。锁定后边框为“红色虚线”的表示为已锁定的元件，边框为“绿色虚线”的表示为未锁定且可操作的元件，如图2-11所示。

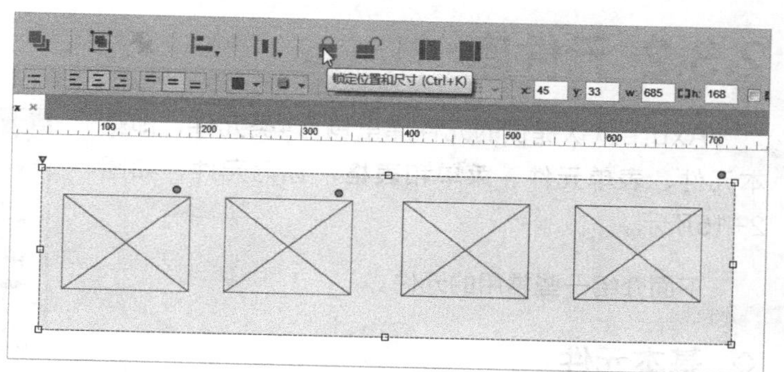

图2-11

如果想对锁定的元件进行编辑，可以将其解锁（快捷键Ctrl+Shift+K）。

2.2.6 样式工具栏

Axure样式工具栏中各项的功能和Word（全称Microsoft Office Word）中的相应功能相似，包括字体选择、字体大小、粗体、斜体、下画线、文本对齐以及背景填充等。

值得一提的是关于“元件宽度和高度”设置的功能，即“保持宽高比例”功能，如图2-12所示。

当单击宽度和高度之间的按钮之后，界面中会保持元件默认的宽高比样式，此时如果修改元件的宽度值，系统会根据元件宽高比设置自动调整高度值，如图2-13所示。

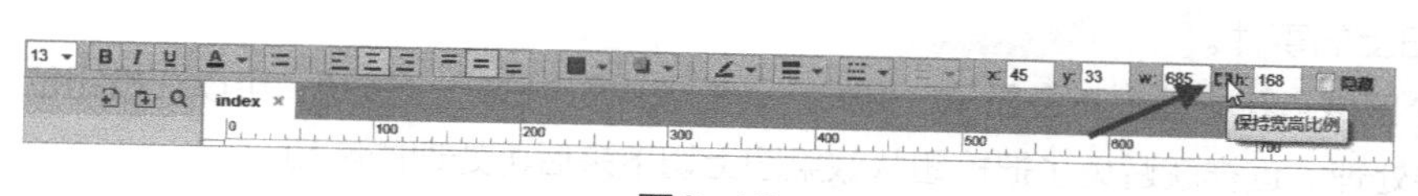

图2-12

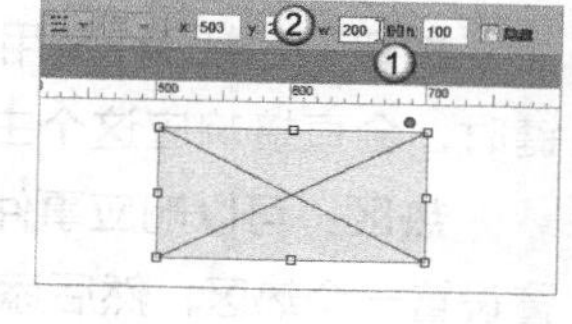
图2-13

例如，一个宽度为200，高度为100的矩形，当锁定其宽高比之后，将宽度值修改为300，则高度值会自动变为150。

提示

当利用“锁定”功能将指定元件锁定后，不能在界面中通过直接拖动元件的方式来改变其大小，只能在工具栏的对应输入框中输入指定的值数来进行调整。

2.3 左侧面板

2.3.1 站点地图

站点地图指用来增加、删除和组织管理原型的页面。在原型制作中，一个原型至少包含一个页面，如果产品很复杂，涉及多个模块和多个页面，可以通过添加“文件夹”和“子页面”的方式来组织该原型页面，如图2-14所示。

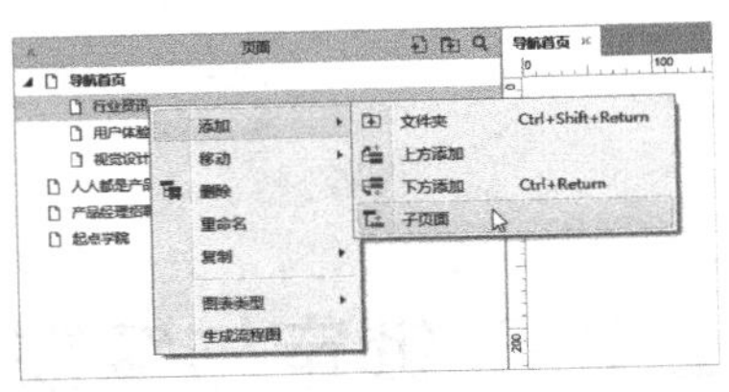

图2-14

2.3.2 元件库

Axure默认提供的元件库里包含4类元件，即基本元件、表单元件、菜单和表格、标记元件，如图2-15所示。

下面介绍一些常用的元件。

◇ 基本元件

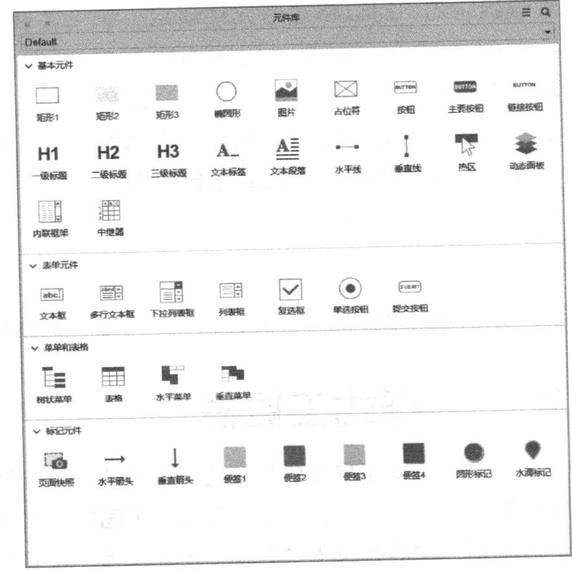

图2-15

矩形：分为“有边框”和“无边框”两种。

椭圆形：值得注意的是，将椭圆形拖动到设计区域时默认为圆形，可在具体操作时调整其宽度和高度。

图片：在Axure操作中，大多数情况下并不是从元件库里拖动某个元件到设计区域，因为现在很多软件都带有截图功能，将截好的图片粘贴到Axure的设计区域后即可直接使用，还可以通过双击该图片打开对应窗口重新选择图片。

占位符：在制作原型时，当不确定界面上某个位置应该放什么时，或者还不想详细设置，可以用一个占位符来代替。

按钮：包括3种常用按钮，即按钮、主要按钮和链接按钮。主要按钮的功能是在原型界面上按Enter键时，会直接响应这个主要按钮上的事件。

热区：可以响应事件的一个区域，在界面上不会显示。例如，针对效果图中的一个按钮，可以在按钮位置设置一个热区，然后添加事件处理。这样就避免了把按钮从效果图上切下来后再处理的麻烦。

动态面板：这是一个非常重要的元件（详细介绍见“第8章　动态面板的设置”），它就像一个容器，并带有“分层”管理功能，在同一时刻只能显示其中一层，且每一层可以容纳不同的内容。

◇ 表单元件

表单元件包括文本框、下拉列表框、列表框、单选按钮和复选按钮等，这些元件比较常见，所以这里不再赘述。

◇ 菜单和表格

在展示二维数据时，可以用“表格”功能来实现，其操作方法类似于Excel（全称Microsoft Office Excel）表格制作，还可以设置每个单元格的样式。

◇ 标记元件

一组用来做标记的、给元件添加说明的工具。在Axure操作中，当默认的系统元件不能满足原型设计需要时，如在系统元件中没有Android或iOS系统的元件，可以选择“创建元件库”选项，如图2-16所示。这样就可以设计自己的元件库了，可以极大地丰富Axure元件的种类。

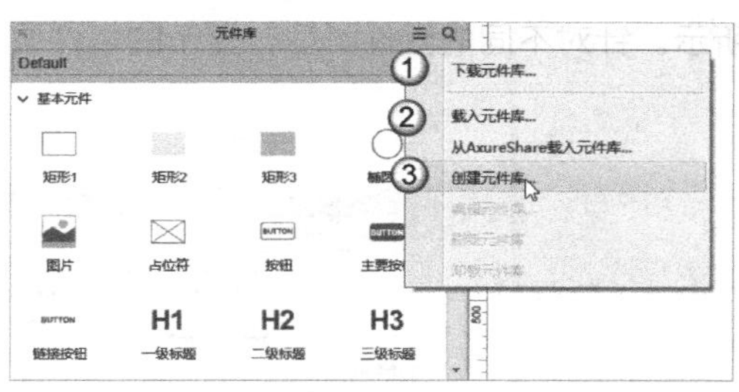

图2-16

提示

网络上尤其是Axure官方社区有很多第三方免费元件库可供下载。

2.3.3 母版库

母版是用户自定义的一组元件，转成母版的目的是实现一次性设计，多次重复使用，避免重复劳动。还有一个好处是利用母版可以预先设计好元件的位置，当将母版文件拖动到“设计区域”时，会自动将该位置设定为“锁定”状态，该方式常用在页面上公共部分的设计中。

以下面的“导航菜单”为例，将它固定在设计区域距左上角（10，10）的位置，选择“导航栏”内的指定元件内容，并单击鼠标右键，在弹出的菜单中选择“转换为母版”选项，并将“拖放行为”设置为“固定位置”，如图2-17所示。

双击“新母版2”进入编辑状态，选择全部元件，然后移动到设计区域（10，10）的位置，关闭母版编辑窗口，并从母版库里拖动“新母版2”到设计区域，此时可以发现“母版”位于（10，10），并且边框呈现“红色虚线”状态，这就意味着母版被自动固定在了界面设计区域（10，10）的位置，无法操作，如图2-18所示。

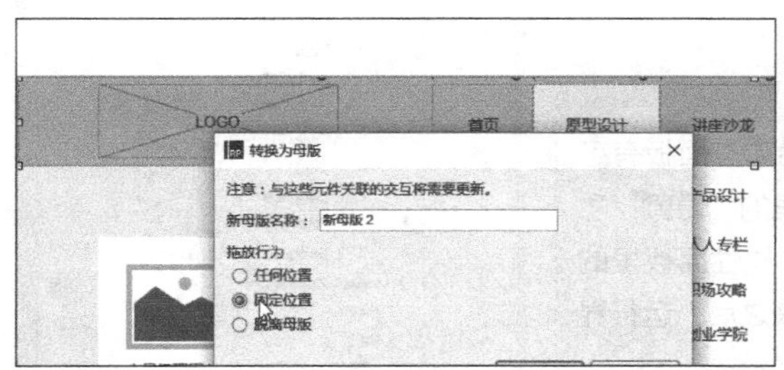

图2-17

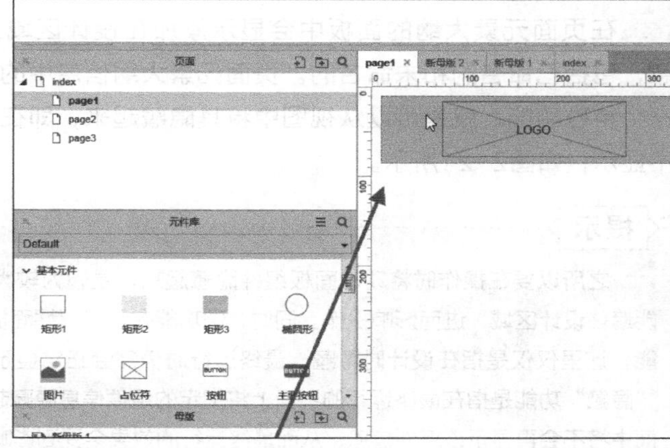

图2-18

2.4 右侧面板

2.4.1 属性和样式

“属性”和“样式”是设计原型交互的重要面板，主要用于添加各种交互事件，以及设置元件的详细样式。

＊ 属性面板

属性面板用于添加用例和设置元件默认属性，如图2-19所示。针对不同的元件类型，显示的事件属性也不一样。

＊ 样式面板

样式面板用于设置元件的详细样式，包括大小、颜色、边框、填充以及对齐方式等，如图2-20所示。

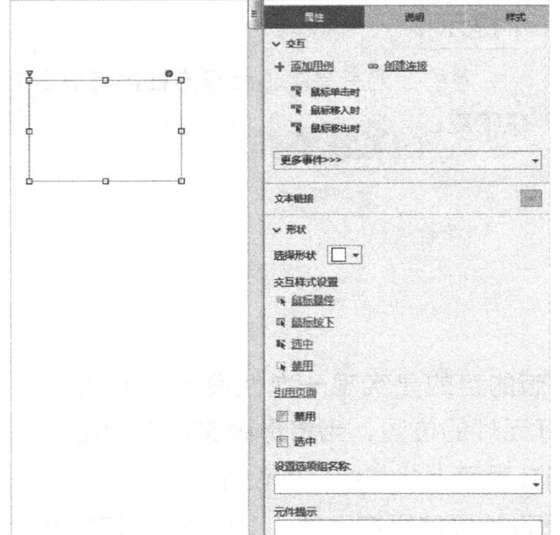

图2-19

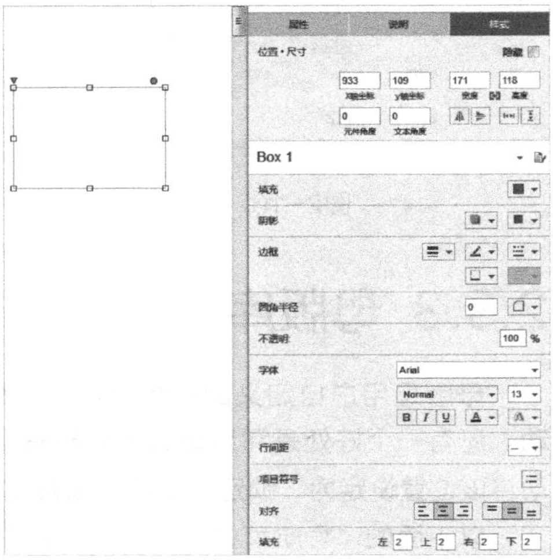

图2-20

2.4.2 页面元素大纲

在页面元素大纲的面板中会显示添加在设计区域上的所有元件信息，包括已命名的和未命名的。页面元素大纲信息中的动态面板组件有一个特殊功能，就是可以从视图中将其隐藏起来，即在设计区域中完全不显示，如图2-21所示。

提示

之所以要在操作时将动态面板组件隐藏起来，是因为较大的动态面板有可能遮住设计区域，进而影响操作。同时，该功能有别于属性面板里的“隐藏”功能，这里仅仅是指在设计时隐藏，最终运行时仍然会正常显示；属性面板里的“隐藏”功能是指在最终运行的界面上将指定的组件信息隐藏起来之后，运行界面中将不会再显示该组件信息，从而最终运行的效果会受到影响。

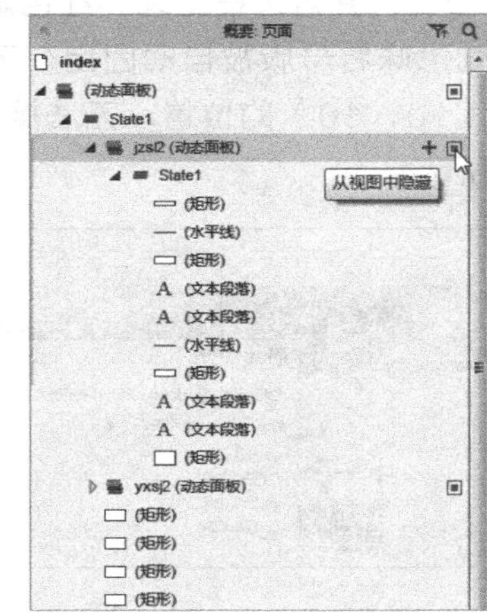

图2-21

2.5 设计区域

2.5.1 右键菜单

当选中指定的元件后，单击鼠标右键，在弹出的“菜单”里有一些非常重要的功能，这些功能在属性面板里也有，右键菜单只是快捷入口，如图2-22所示。这里针对其中涉及的交互样式、转换为母版、转换为动态面板、设为隐藏/设为显示、选中和禁用属性设置功能做重点说明。

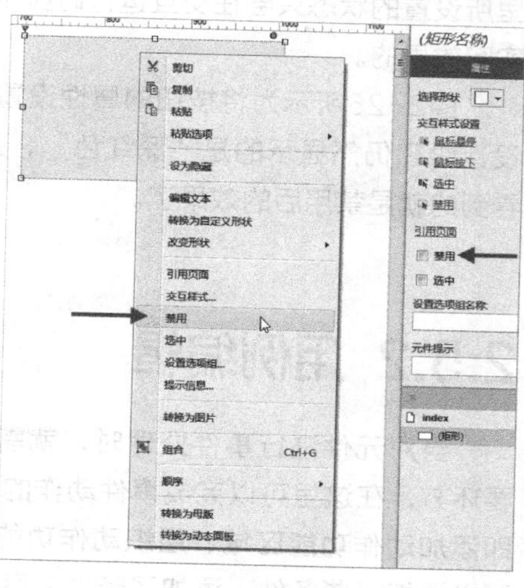

图2-22

◇ 交互样式

“交互样式”功能属原型制作中一个非常重要的功能，可以设置元件在鼠标悬停（MouseOver）、鼠标按下（MouseDown）、选中状态（Selected）和不可用状态（Disabled）下的样式，如图2-23所示。

其中最典型的用法是可以在这里设置按钮的不同状态，一个典型的用法是设计按钮在不同事件状态下的效果，如图2-24所示。

◇ 转换为动态面板

“转换为动态面板”功能可将界面上选中的元件转换为动态面板的快捷方式，如图2-25所示，其中默认的是将所有选中的元件放到状态①里。

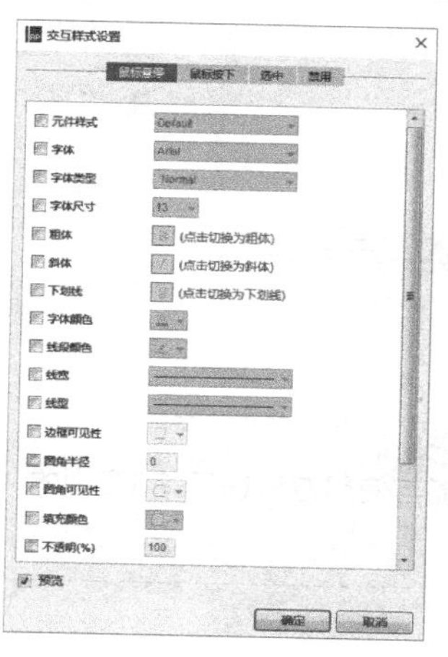

图2-23

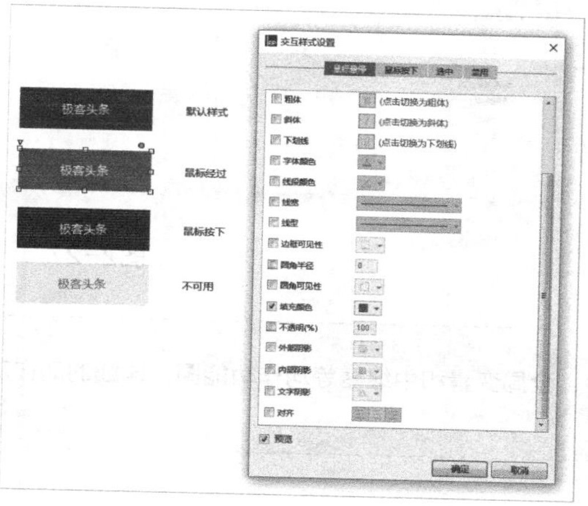

图2-24

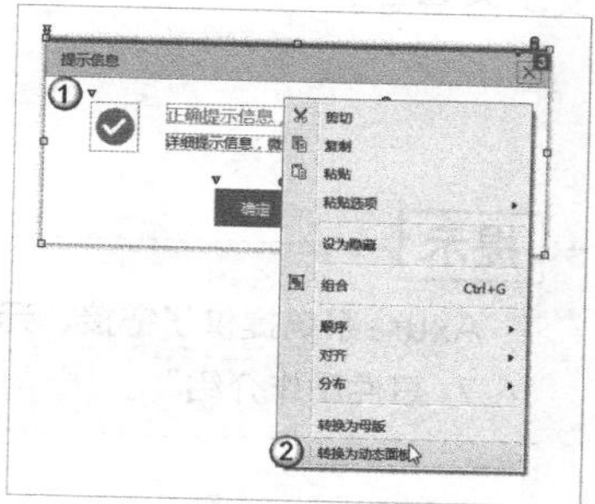

图2-25

◇ 转换为母版

“转换为母版”功能和“转换为动态面板”功能一样，用于将元件快速转换为母版。

◇ 可见性、禁用和选中

在右键菜单中，可以设置元件的默认属性，如隐藏、禁用和选中等。当将元件设置为“禁用”或“选中”状态时，根据不同的状态在交互运行中会显示出不同的交互效果。注意，这里所设置的状态只会在交互运行时显示，在设计时是无法看到实际效果的。

图2-26所示为将按钮的属性设置为“禁用”状态后，在设计时它仍然显示的是“深红色”，此时按快捷键F5预览，看到的就是禁用后的效果了。

图2-26

2.5.2 用例编辑

当对元件进行事件处理时，就需要使用到“用例编辑”窗口功能。“用例编辑”是交互设计的重要环节，在这里可以完成事件动作的设置、动画效果的设置和条件的设置。该窗口分为4个功能区域，即添加动作功能区域、组织动作功能区域、配置动作功能区域和添加条件区域，在执行一些动作之前可以添加一些条件，添加了条件之后，在满足指定条件的情况下才会执行相应动作，如图2-27所示。

◇ 添加动作

添加动作功能可以简单地解释为，当用户单击一个按钮时，总是希望它能产生某种响应，而这里所说到的“响应”，就是指动作要做的事。例如，原型制作中跳转到一个新的页面、显示或隐藏弹出框以及设置元件的文本内容等。

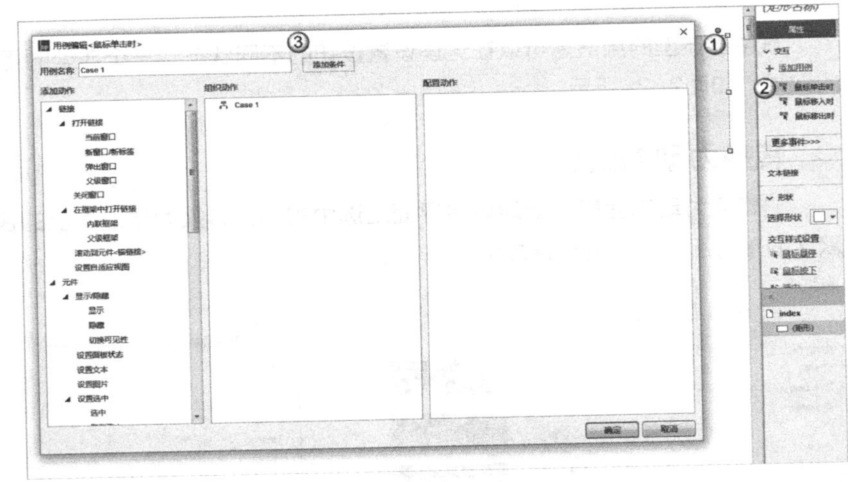

图2-27

提示

Axure系统提供了链接、元件、全局变量和中继器等动作功能图，详细的动作功能与使用方法请见第6章中的“6.7 事件动作介绍”。

◇ 组织动作

“组织动作”功能可对添加的多个动作进行顺序设置，默认按照添加动作的先后顺序来组织动作顺序。具体操作时，如果需要手动调整动作顺序，可以在对应界面中单击鼠标右键，在弹出的“菜单”中根据需要调整动作的先后顺序，如图2-28所示。除此之外，也可以使用快捷键Ctrl+↑/↓进行顺序调整。

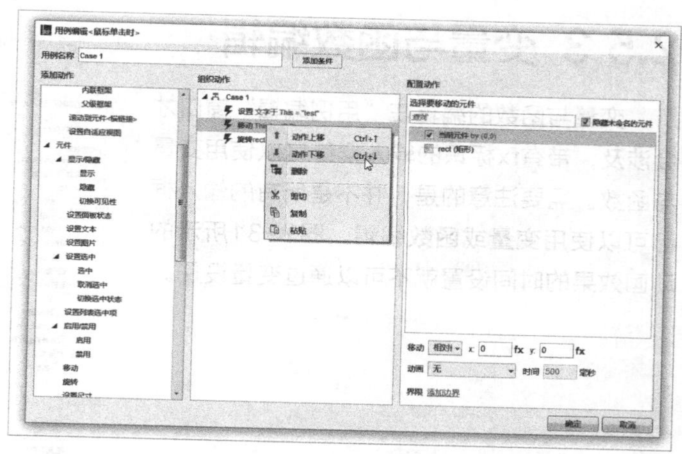

图2-28

◇ 配置动作

“配置动作”功能对应每一个动作的详细设置，各个动作的参数并不一样，如当打开链接指定的“URL地址”时，移动元件需要设置目标位置和动画效果才可以。

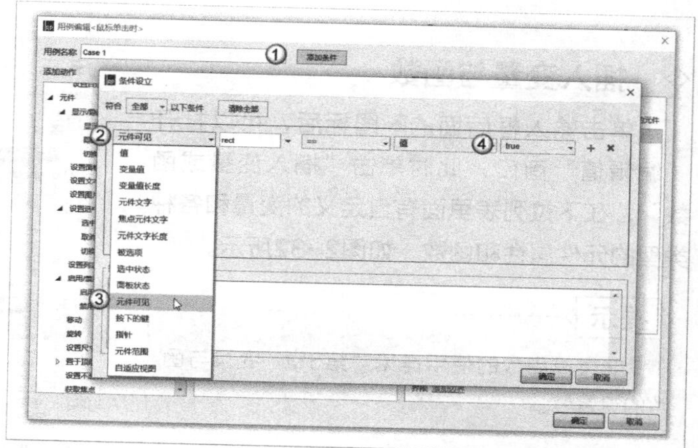

图2-29

◇ 添加条件

“添加条件”功能属于“用例编辑”中比较高级的功能，在执行该动作功能时，可以添加一些特定的条件，只有在满足这些特定条件的情况下才会执行相应的动作，添加时可采用“如果……，则……”的样式。

如图2-29所示，元件显示为“可见”状态，这里我们需要将该元件隐藏起来。

单击“用例编辑”窗口中“用例名称”输入框后面的“添加条件”按钮，然后在弹出的“条件设立”窗口中添加设置条件。设置条件的因素有很多，如值、变量值、元件文字、选中状态和元件可见等，条件也有等于、大于、小于和不等于等。该功能相当于“可视化的编程”，只是在操作过程中不必写代码，只需设置交互动作就可以得到想要的效果，设置完成后就可以看到图2-30中序号④的事件逻辑。

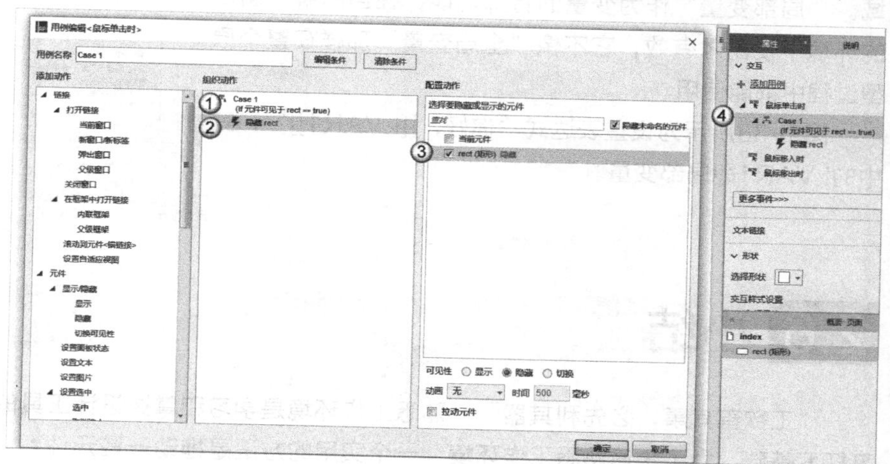

图2-30

2.5.3 变量与函数编辑

变量与函数的编辑在“用例编辑”窗口才会涉及，带有fx标识的输入框都可以使用变量与函数。需要注意的是，并不是所有的输入框都可以使用变量或函数编辑，图2-31所示的动画效果的时间设置就不可以通过变量设置。

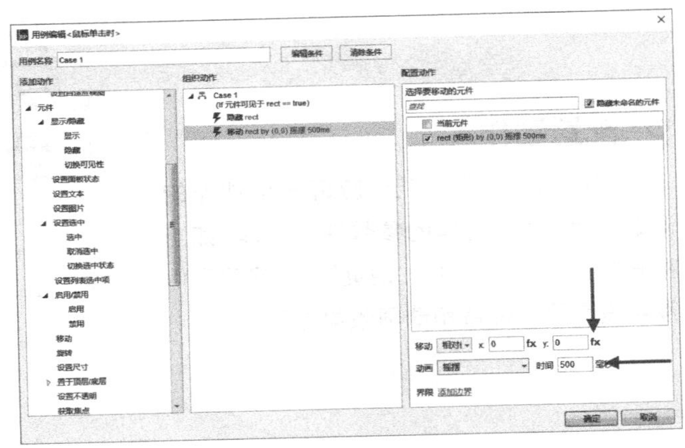

图2-31

◇ 插入变量与函数

单击输入框后面的fx图标后，可以打开“编辑值”窗口，此时单击“插入变量或函数”，在下拉列表里面有自定义的变量和各种类型的元件属性和函数，如图2-32所示。

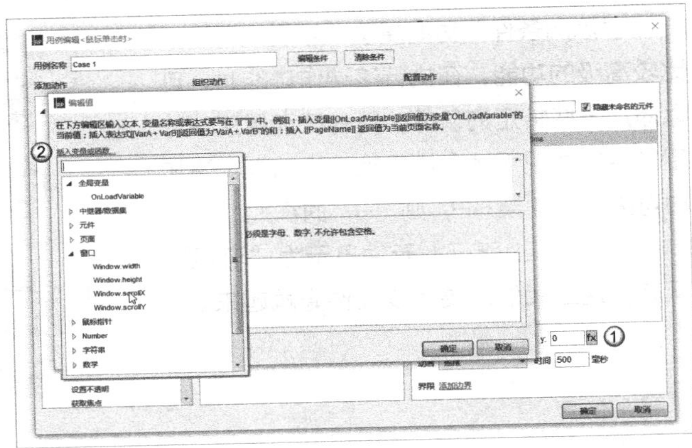

图2-32

提示

变量或函数的使用详见“第5章 变量与函数的设置”。

◇ 添加局部变量

在“编辑值”窗口下方有一个“局部变量”定义区域。“局部变量”作为变量的特殊功能，在当前编辑窗口的环境下使用才有效，它不像“全局变量”那样在整个原型过程中都能使用。

图2-33所示为设置表达式“你好，[[LVAR1]]”，其中的LVAR1即局部变量。

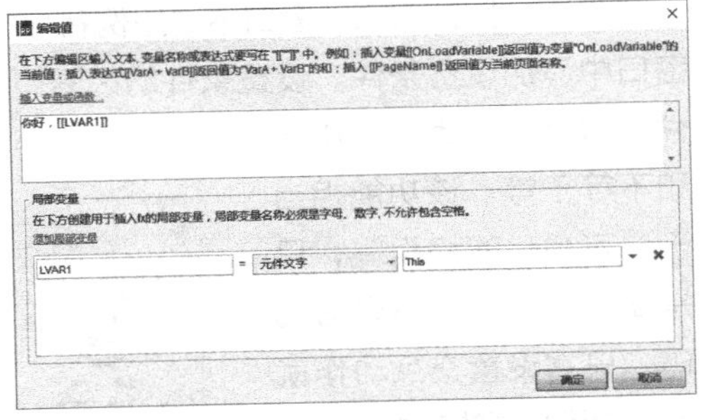

图2-33

2.6 小结

“工欲善其事，必先利其器”，熟悉工作环境是学习和掌握设计工具的第一步，也是为后面深入学习打下基础。为了快速熟悉工作环境，一个实用的方法是拖动一些元件到设计区域，然后分别查看工具栏、左侧面板、右侧面板中相应的设置，调整相关参数并查看预览效果。

RP

03 THREE Axure原型设计的操作技巧与解析

在学习后面章节的内容之前，我们先针对原型设计过程中频繁涉及的元件操作技巧、元件属性设置、元件样式设置及其他与原型设计有关的知识点在这里统一进行讲解，后文涉及相关知识点时不再赘述。

- Axure 中的常用设置
- Axure 工作环境
- 原型设计的常用技巧

3.1 关于元件命名

一般来说，不需要给每个元件命名。

如果在交互设置过程中需要使用某个元件，那么建议给它命名，方便识别，如单击按钮，给一个文本标签赋值，此时如果不给标签命名，则看到的标签效果如图3-1所示。

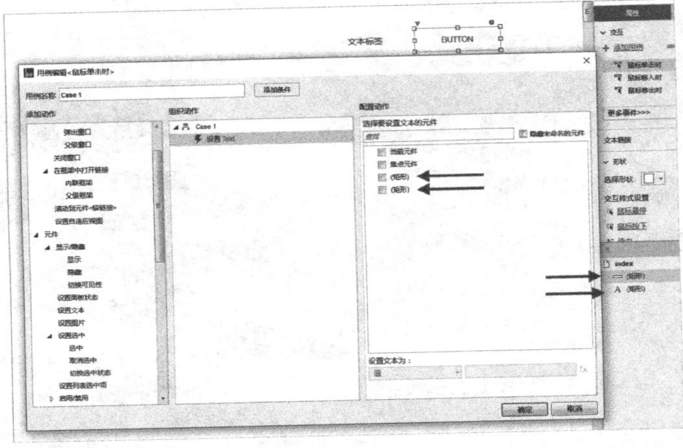

图3-1

实际上，用户在Axure设计中所看到的文本标签和按钮都是一个个矩形，只是设置了不同的样式而已，将文本标签命名为txtName之后的效果如图3-2所示。

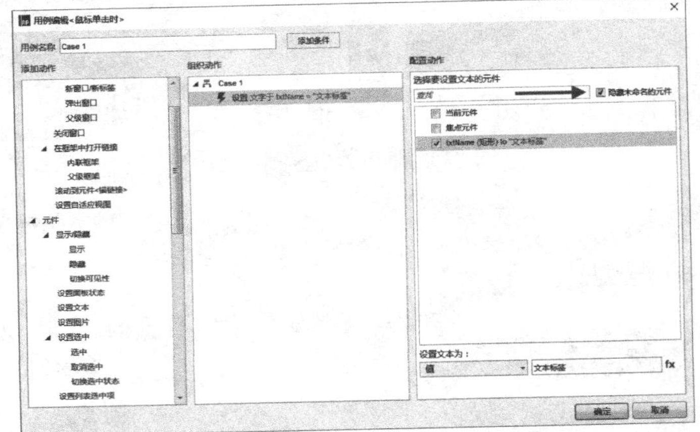

图3-2

之后，可以直接选择txtName标签，然后给它赋值。如果原型中有很多未命名的元件，可以勾选界面右上角的“隐藏未命名的元件”选项，这样只会显示已经命名的元件，减少干扰。

如果要操作的对象是按钮本身，这时可以不用给按钮命名，而是通过指定“当前元件”的方式设置它的内容，如图3-3所示。

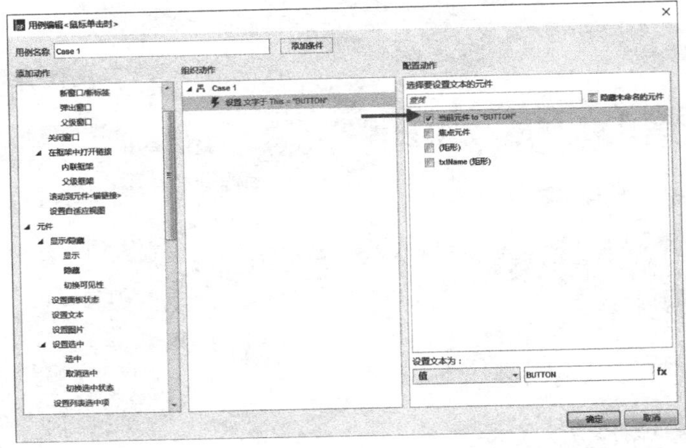

图3-3

3.2 怎样让内容屏幕居中

在原型设计中，常有人提出如何让原型内容整体居中显示的问题，因为这样会更好看，而且不用在意屏幕的分辨率。在Axure样式面板中，有一个“页面排列”样式，默认为左对齐，也可以选择居中对齐，如图3-4所示。

单击页面空白处，设置样式下的“页面排列”为居中显示，最终将出现所有内容居中显示在浏览器中央的效果，如图3-5所示。

图3-4

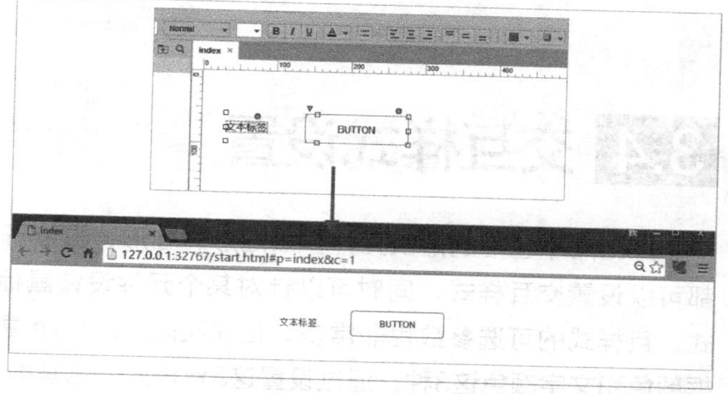

图3-5

3.3 背景适应宽度

当一个页面原型有标题栏或者导航栏时，会出现显示不全或者超出屏幕出现滚动条的情况，这是因为在不知道如何查看原型在计算机或手机上的分辨率是多少的情况下，设置固定宽度后必然会出现的问题，如在页面的右边存在多余的空白，如图3-6所示。

图3-6

在这里，使用Axure的“设置尺寸”动作，引用Window对象的属性来让标题栏保持与浏览器窗口宽度的一致性。

（1）给标题栏背景命名，如title。

（2）设置页面的“窗口尺寸改变时”事件，设置title的宽度和浏览器窗口大小一致，如图3-7所示。

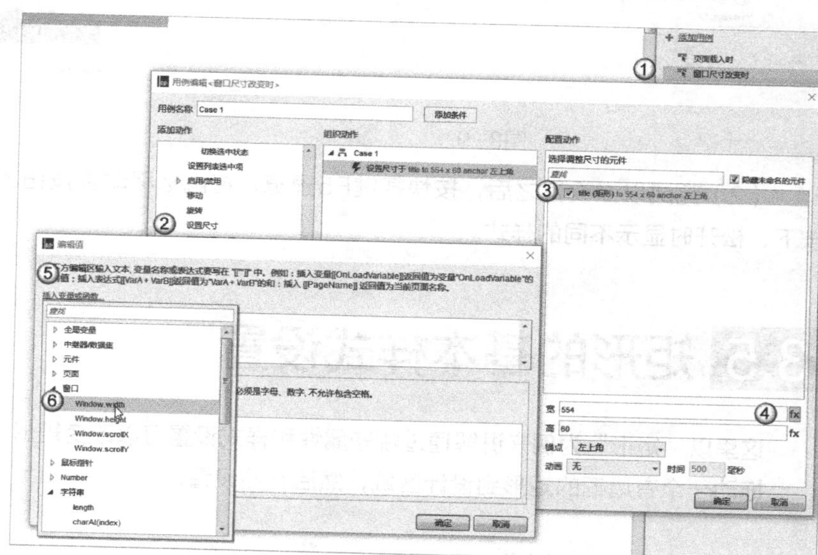

图3-7

① 添加页面的“窗口尺寸改变时”事件。

② 设置title的尺寸。

③ 选择title对象。

④ 通过表达式计算 。

⑤ 插入变量。

⑥ 引用Window.width属性，单击“确定”按钮，title的宽=[[Window.width]]，即保持和窗口一样的大小。

（3）完成以上操作后，按快捷键F5预览，此时标题栏保持了与窗口一样的宽度，如图3-8所示。

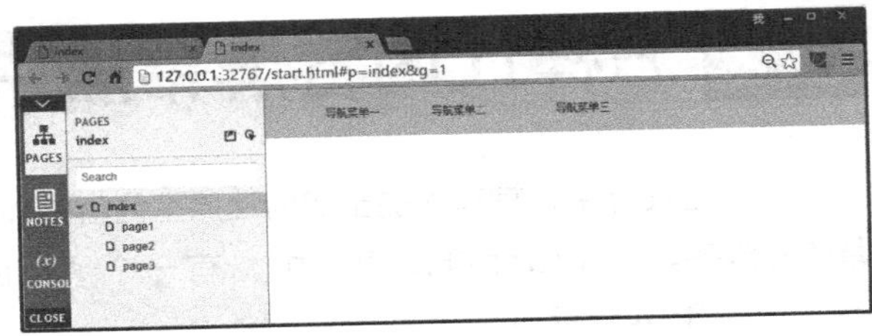

图3-8

3.4 交互样式设置

Axure中包括的形状元件，如矩形、圆形、占位符、按钮、文本标签、水平线、垂直线和标记元件都可以设置交互样式，同时可以针对某个元件设置鼠标悬停、鼠标按下、选中、禁用这4种状态下的样式，且样式的可选参数也非常多。但在实际的Axure原型设计中，要设置的样式主要包括背景颜色、边框颜色和文字颜色这3种，通过设置这3种样式便能基本表现按钮的常用状态。

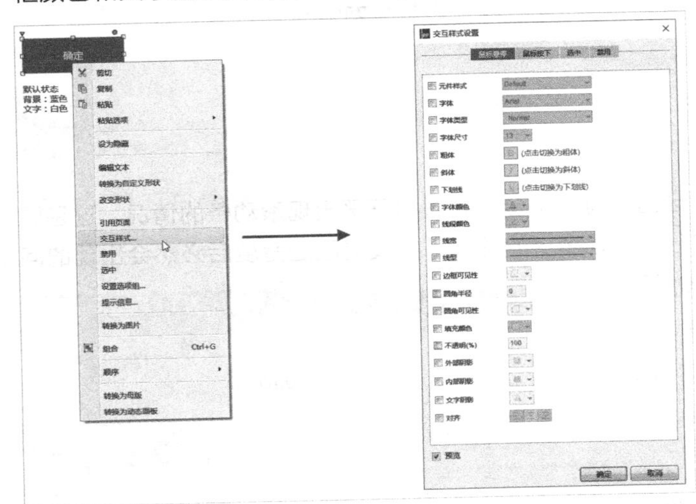

图3-9

（1）选择一个形状元件作为按钮。单击鼠标右键，在下拉菜单中选择“交互样式...”选项，在弹出窗口中分别设置4种状态下的样式，可通过改变背景填充色和文字颜色区分按钮，如图3-9所示，设置好的按钮效果如图3-10所示。

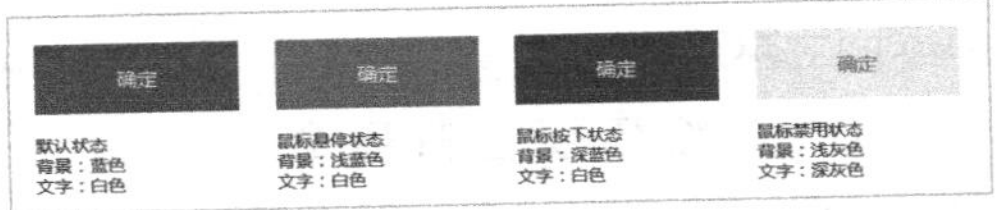

图3-10

（2）完成以上设置之后，按快捷键F5预览，将鼠标移动到按钮上并单击，此时按钮在鼠标经过、按下、松开时显示不同的样式。

3.5 矩形的基本样式设置

这里以“矩形”为例来讲解通过哪些属性和样式设置可以改变矩形的外观，即基本样式。

拖动一个有边框的矩形到设计区域，然后开始设置。

3.5.1 选择形状

基本形状可以通过重新选择形状来改变其外观，在属性里选择“形状”，可选的形状如图3-11所示。

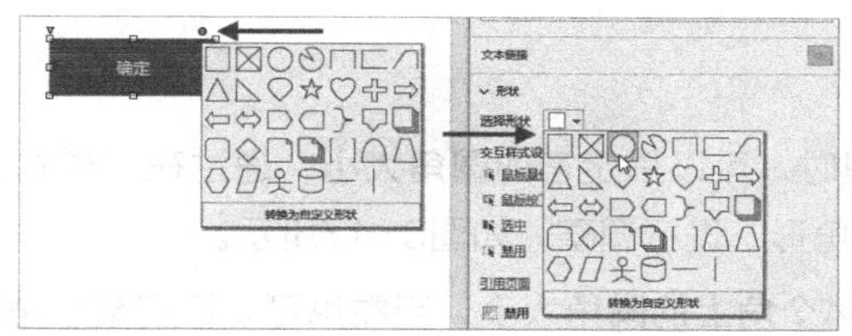

图3-11

也可以通过单击形状右上角的“灰色小圆点”改变形状。

3.5.2 背景颜色

颜色的填充类型可以设置为单色或者渐变色，选择渐变色填充类型时，可单击渐变色的色条添加多个颜色，且在面板的右侧可以设置填充的角度，如图3-12所示。

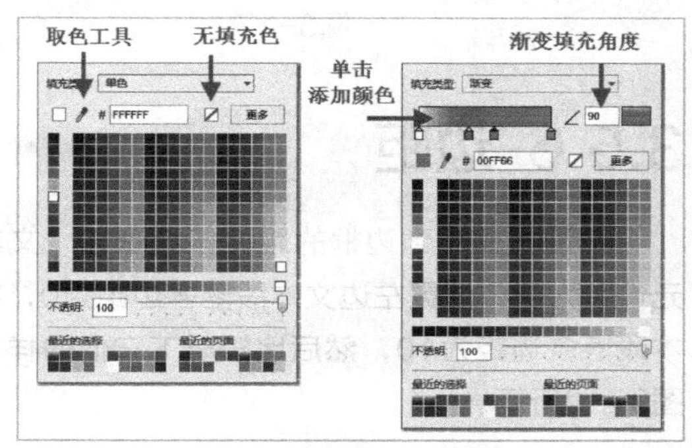

图3-12

3.5.3 文字颜色

对于形状的文字颜色的调整，可以从调色板里获取颜色，设置方法同背景颜色填充一致。

3.5.4 边框大小、颜色和线段类型

边框样式可以选择无边框，但在无边框样式情况下设置颜色无效。

在边框样式中，有无边框和5种不同粗细的边框样式可选，如图3-13所示。

在线段样式中，有无线段类型和8种不同类型的虚线样式可选，如图3-14所示。

图3-13

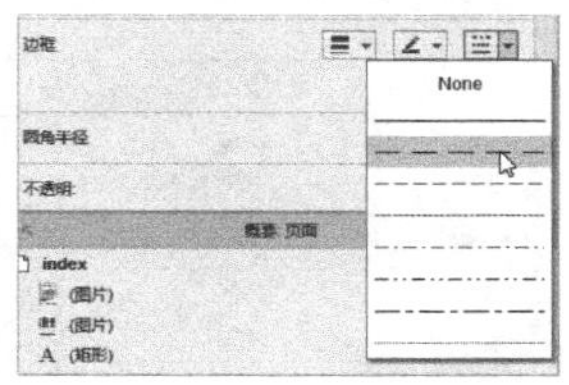

图3-14

矩形边框也可指定某条边是否可以显示，图3-15所示的最下面的按钮为没显示上边框的矩形按钮。

图3-16所示的按钮设置了边框，边框颜色为灰色，样式为虚线。

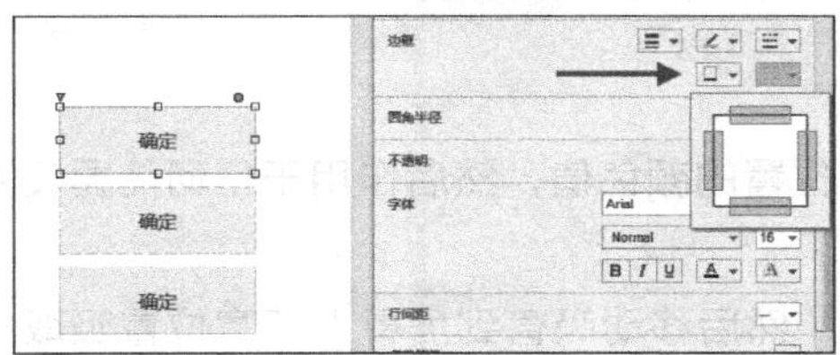

图3-15

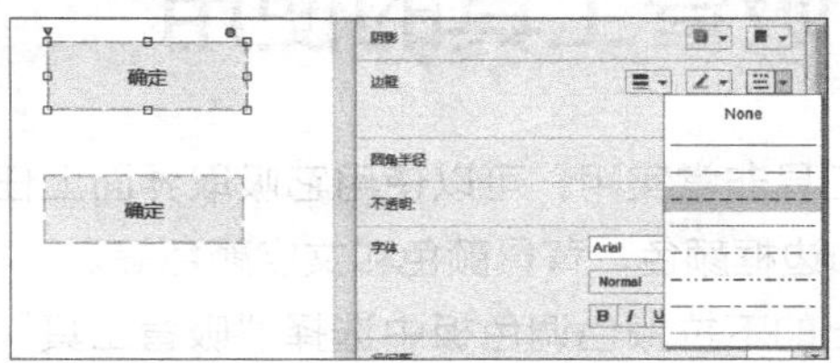

图3-16

3.5.5 圆角

当对一个矩形做圆角处理时，可以指定它的圆角大小，通过在“样式栏”输入圆角半径值，或者直接拖动形状左上角的“黄色三角形”进行调整，如图3-17所示。

同时，还可以调整形状的4个角上的圆角大小，当然也可以指定某个角取消设置圆角样式。单击圆角矩形的4个角，针对矩形左上角和右下角取消圆角设置，如图3-18所示。

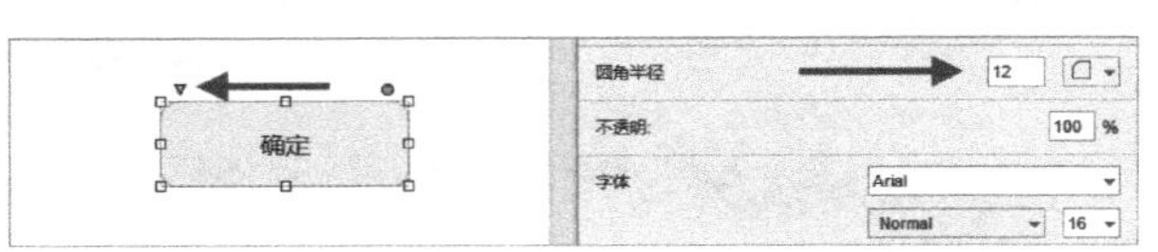

图3-17

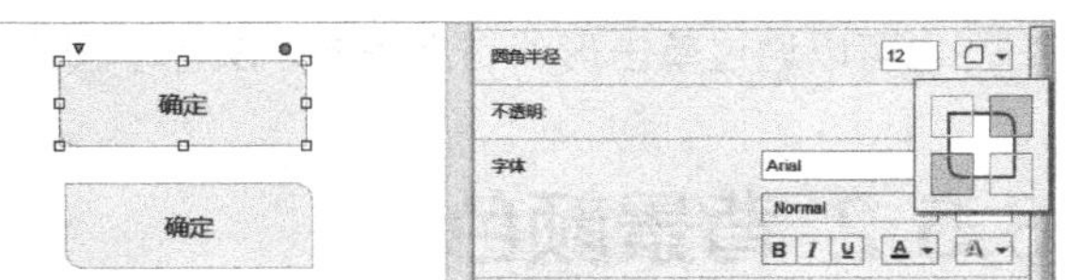

图3-18

3.5.6 边距

可设置文字到边框的距离，这里以“文本段落元件”为例。设置左边文本段落各边距为0，右边文本段落各边距为10，然后比较一下它们的样式，如图3-19所示。

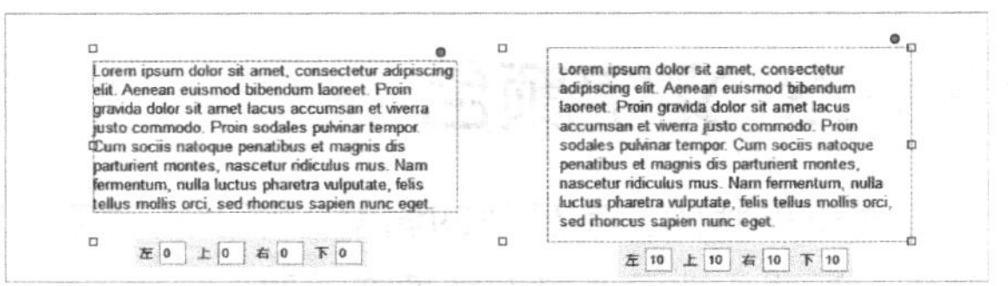

图3-19

3.5.7 阴影

可以设置外部阴影和内部阴影，可选参数有偏移位置、模糊效果及阴影的颜色，矩形框默认阴影效果如图3-20所示。

可以设置边框四周都带有阴影效果，这里设置偏移位置都为0，模糊值设置得稍微大一点儿，如图3-21所示。

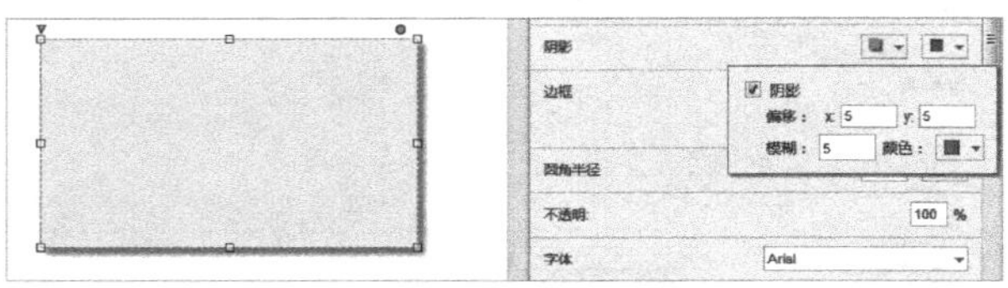

图3-20

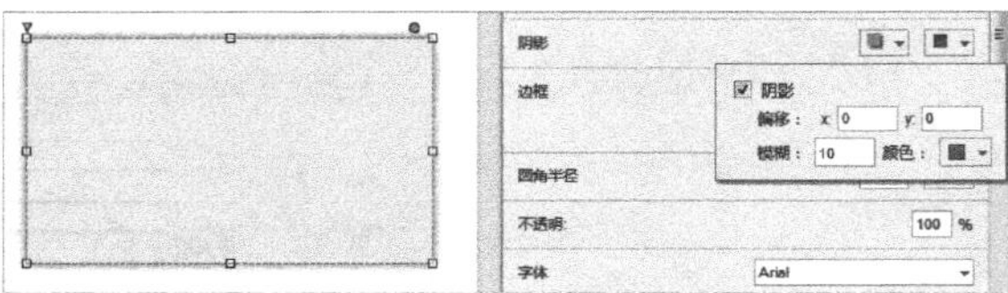

图3-21

3.6 吸管工具的使用

吸管工具非常实用，可以使用它吸取界面上任意位置的颜色值，然后作用于任何需要设置颜色的调色板中，如边框颜色、背景颜色和文字颜色等。

从弹出的下拉颜色调色板中选择“吸管工具”，然后移动吸管到屏幕上任意位置吸取一个颜色，如图3-22所示。

例如，图3-23所示为用户界面设计人员给出的一张效果图。

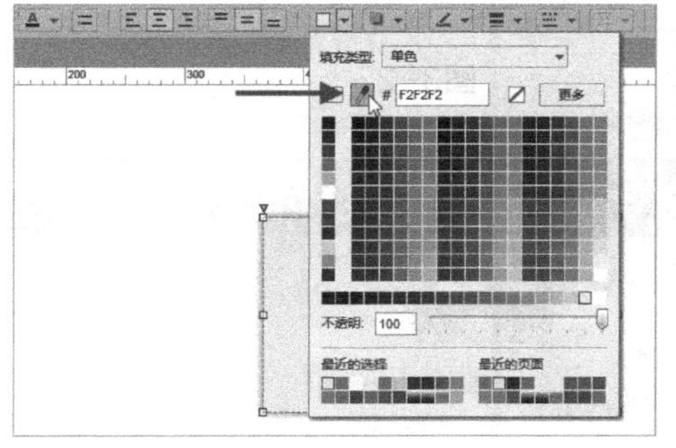

图3-22

图3-23

下面，我们来快速获取图中“查询”按钮的背景颜色。

（1）使用第三方系统自带的截图功能，如QQ截图（默认快捷键Ctrl+Alt+A），选中想要获取的区域，如图3-24所示。

（2）在Axure设计区域中按快捷键Ctrl+V，将截好的图粘贴到设计区域里，如图3-25所示。

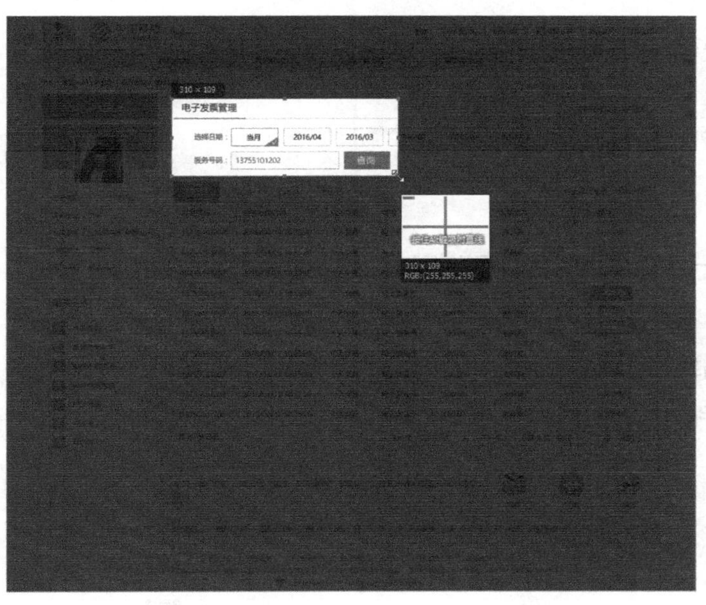

图3-24

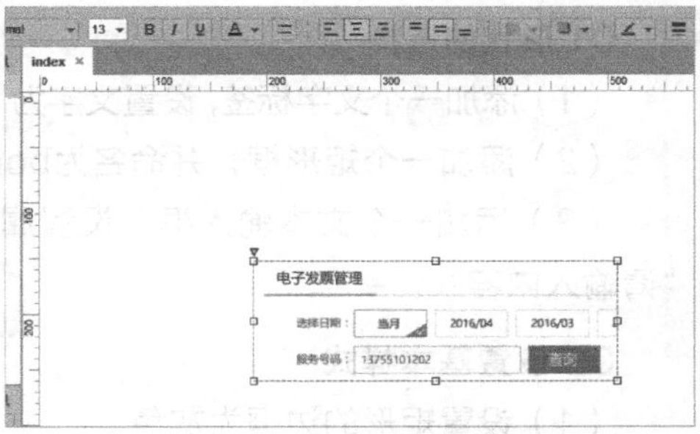

图3-25

（3）设置矩形框的背景色和查询按钮背景色一致，选择矩形框背景，从下拉调色板中选择“吸管工具”并移动到“查询”按钮的蓝色区域，单击鼠标后完成颜色吸取，如图3-26所示。

（4）颜色吸取完成后，矩形框的填充色已经和下方截图中的“查询”按钮背景颜色一致，如图3-27所示。

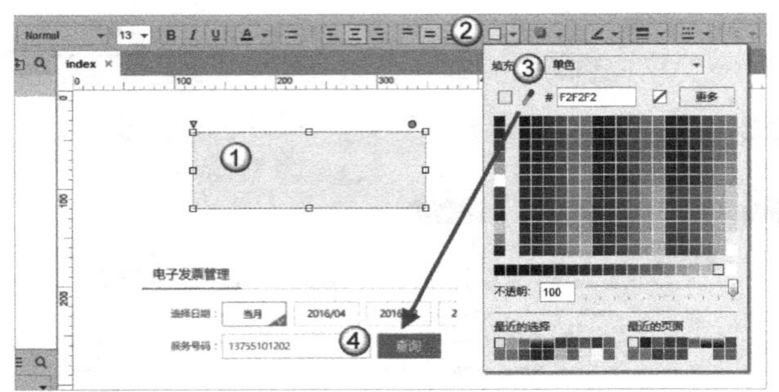

图3-26

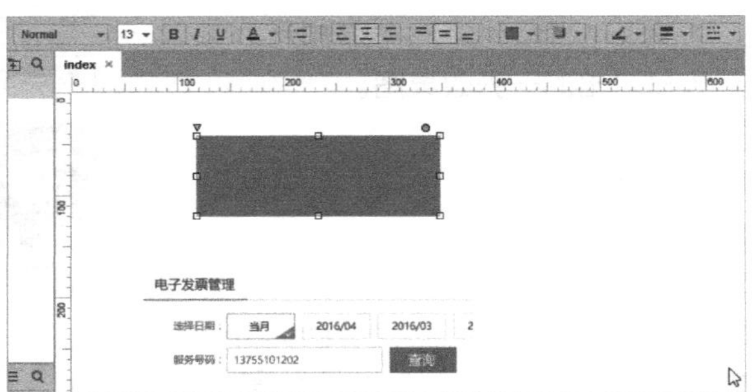

图3-27

（5）从设计区域删除之前粘贴的截图，同时设置矩形区域的文字为白色，并调整好大小，完成操作，如图3-28所示。

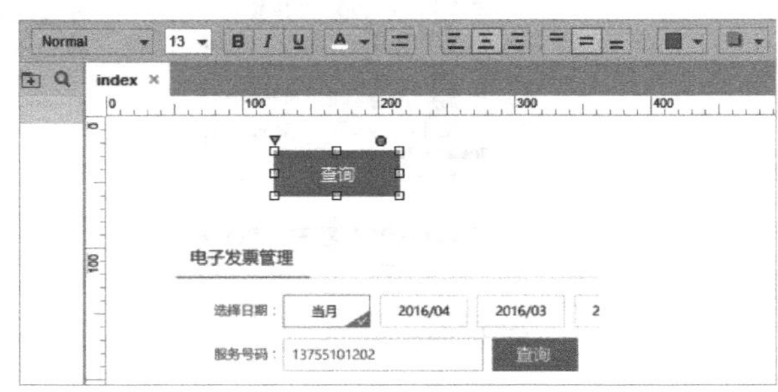

图3-28

3.7 自定义元件的设置

在设置自定义元件时，常常把多个形状各异的组件组合在一起，形成目标元件的样式，配合交互样式的设置和事件的处理，完成自定义元件。

下面以一个带有提示信息的输入框为例介绍制作方法，如图3-29所示。

请输入标题：请输入内容

图3-29

图中的自定义元件是由一个文字标签、一个边框为灰色的矩形框和一个文本输入框组成的。

01 形状的选择

（1）添加一个文字标签，设置文字为“请输入标题：”。

（2）添加一个矩形框，并命名为border。

（3）添加一个文本输入框，设置属性“提示文字”为“请输入内容”。

02 设置基本样式

（1）设置矩形的边框为灰色。

（2）选择文本输入框，单击鼠标右键，在弹出的菜单中选择“隐藏边框”选项（默认边框呈立体效果，边线太粗，而且无法调整），如图3-30所示。

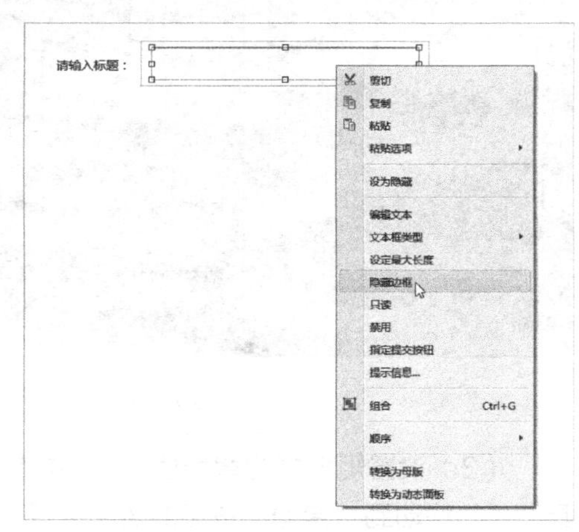

图3-30

03 设置交互样式

（1）输入框获得焦点时，设置输入框的背景边框的样式为蓝色，失去焦点时恢复为原来的灰色。

（2）设置边框border的交互样式，通过设置选中时的样式来模拟获得焦点和失去焦点。获得焦点时设置为选中状态，失去焦点时设置为取消选中状态。

完成后的效果如图3-31所示。

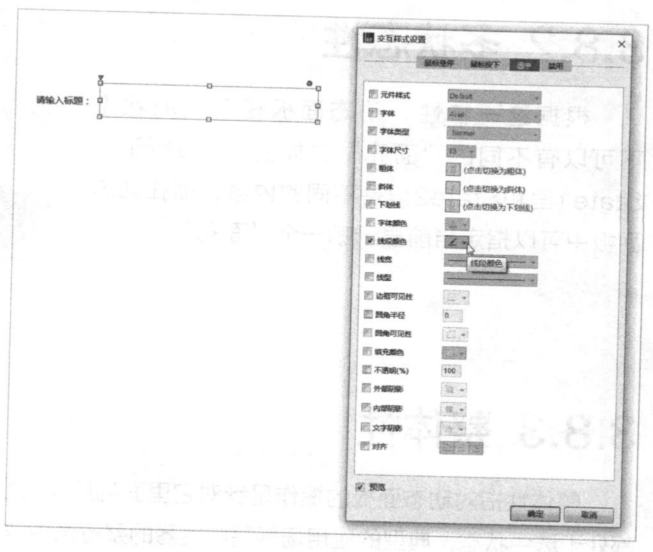

图3-31

04 事件处理

给输入框添加事件处理，包括获得焦点时和失去焦点时，如图3-32所示。

05 按快捷键F5预览

预览自定义元件，失去焦点和获得焦点时的效果如图3-33所示。

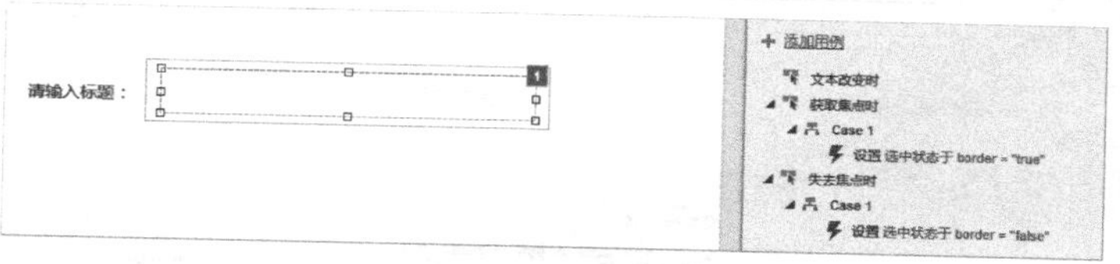

图3-32

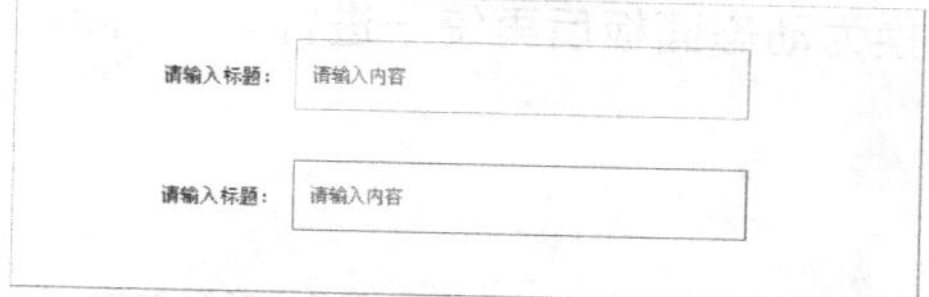

图3-33

3.8 动态面板的特性

3.8.1 容器性

针对这一特性，我们可以形象地将动态面板比喻成一个“缸”，且是一个什么都能装的缸。在Axure原型设计中，可选择任何一个或多个的元件，然后单击鼠标右键，在下拉菜单中选择“转换为动态面板”选项，将指定的元件转换为动态面板，然后再针对动态面板进行操作，如图3-34所示。

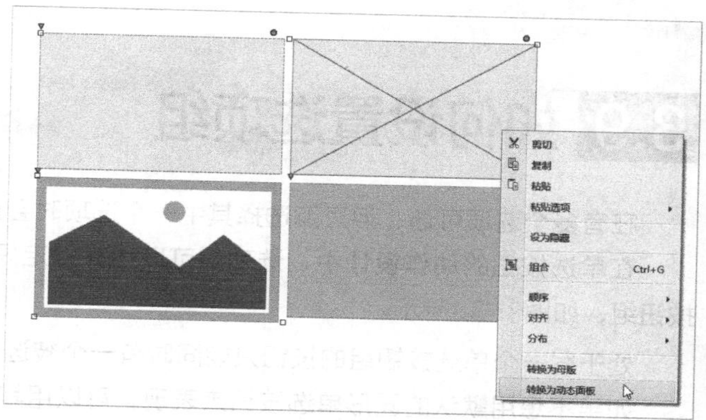

图3-34

3.8.2 多状态性

根据这一特性，动态面板在不同的状态下可以有不同的“面孔”，如图3-35所示。State1里和State2里是不同的内容，而在动态面板中可以指定当前显示哪一个“面孔”。

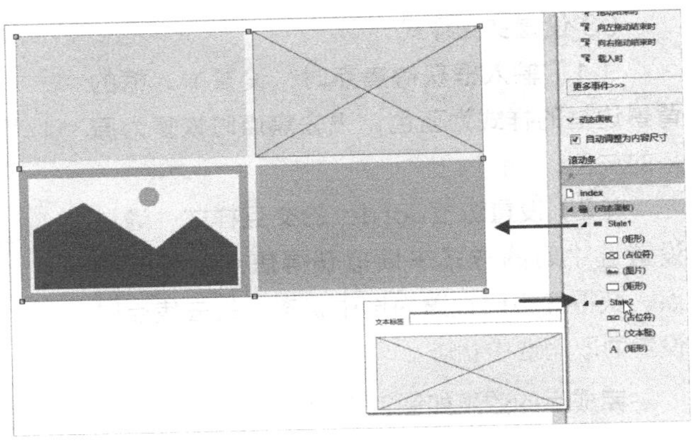

图3-35

3.8.3 整体性

整体性指对动态面板的操作是针对它里面的所有内容。设置动态面板的选中属性时，它的所有子元件也都处于选中状态，典型的应用场景是中继器的整行选中效果，如图3-36所示。（具体可参考第9章中的“9.3综合实例：用户列表的数据操作”小节内容。）

当拖动整体转换为动态面板的元件时，这些元件会被整体拖动。因此，想对多个元件进行整体操作时，可以考虑将这些元件转换为动态面板后再统一进行。

单击标题栏进行排序：

序号	姓名	性别	年龄	地址	操作
1	胡庆伟	男	41	湖北省武汉市	删除
2	王海	男	40	江苏省南京市	删除
3	李乐琴	女	38	湖南省长沙市	删除
4	陈可平	男	43	浙江省杭州市	删除
5	陈琼	女	32	安徽省马鞍山市	删除

图3-36

3.8.4 固定到浏览器

这个属性主要用来设置动态面板显示的位置，如图3-37所示。

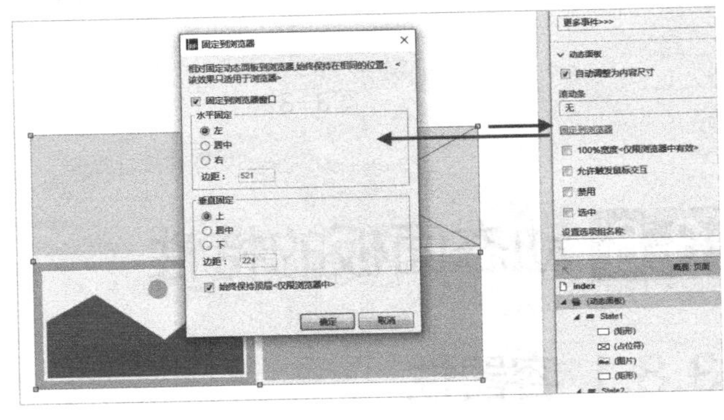

图3-37

3.9 如何设置选项组

在有多个选项可选、但只能选择其中一个选项时会设置选项组。

在单选按钮的动作设计中，选项组可以用来指定只能同时选择一个选项，且单选按钮可以指定单选按钮组，如图3-38所示。

处于同一个单选按钮组的按钮只能同时有一个被选中，如性别的选择。

如果不想用默认的圆形单选按钮来表现，可以用其他表现力更丰富的方式，如图3-39所示的蓝底白字的矩形框。

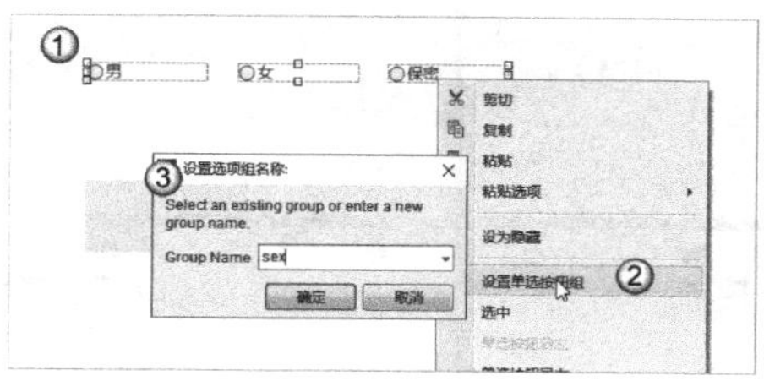

图3-38

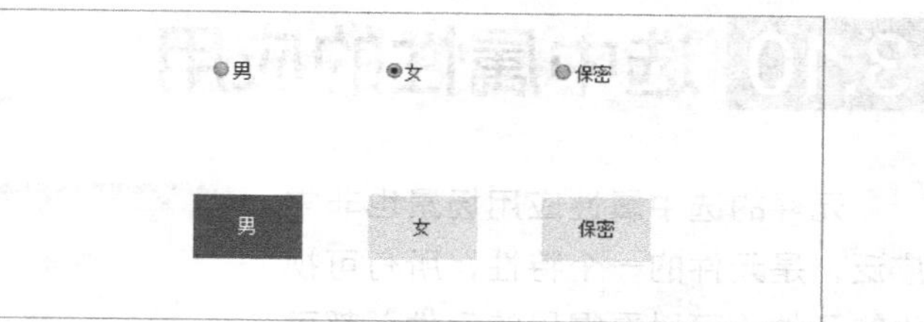

图3-39

同时，可以将3个矩形框设置为同一选项组，和将单选按钮设置为单选按钮组是一个概念，如图3-40所示。

接下来，尝试添加交互样式。选中3个矩形按钮，单击鼠标右键，然后在下拉菜单中选择“交互样式...”选项，设置选中状态时的样式为“蓝底白字”，如图3-41所示。

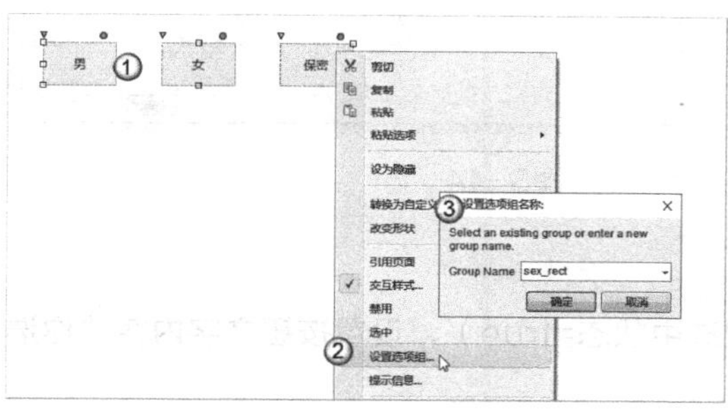

图3-40

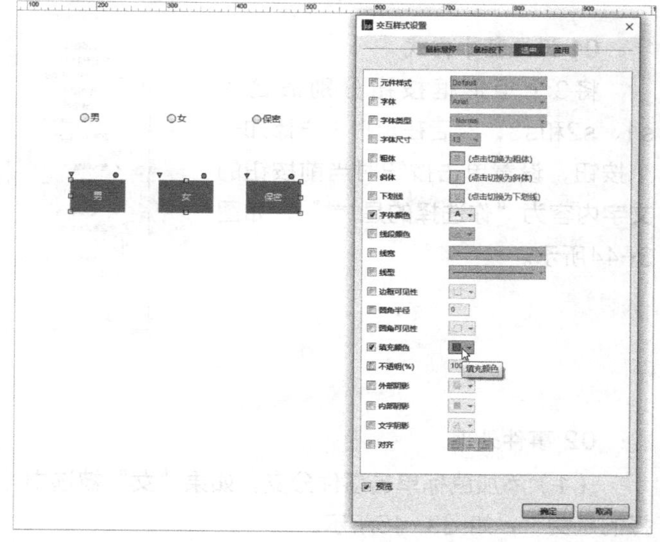

图3-41

提示

此时单击按钮将会无任何响应，因为还没有处理各个矩形按钮的交互样式和事件。

接着上一步，选择其中一个矩形，添加单击事件，设置当前按钮处于选中状态，如图3-42所示。

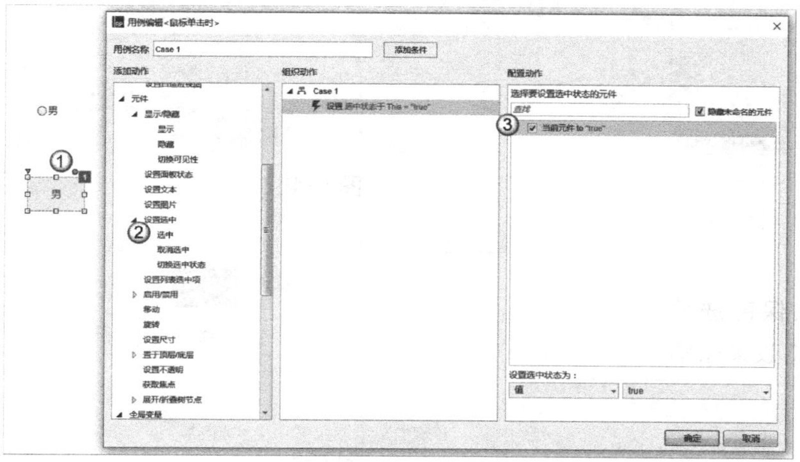

图3-42

复制这个按钮的单击事件到其他两个按钮上，按快捷键F5预览，预览效果如图3-43所示。

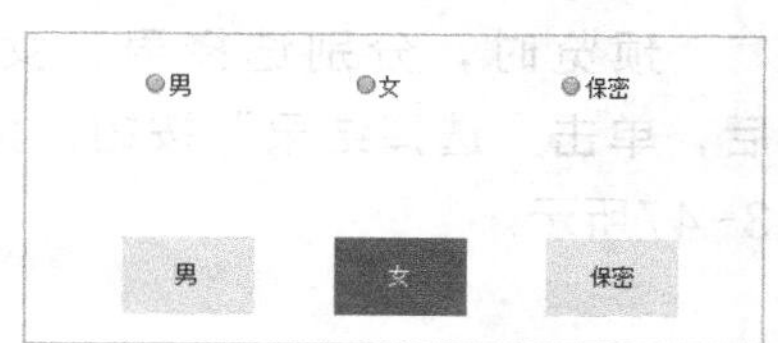

图3-43

3.10 选中属性的应用

元件的选中属性应用场景也非常广泛，是元件的一个特性，所有可视化的元件（可以看得见的元件）都可以设置该属性。

以上面的“选择性别的单选设置”为例，显示用户选择性别的结果。

01 设置基本样式

将3个矩形框按钮分别命名为s1、s2和s3，然后在矩形下方添加一个按钮，设置单击按钮时当前按钮的文字内容为“你选择的是***”，如图3-44所示。

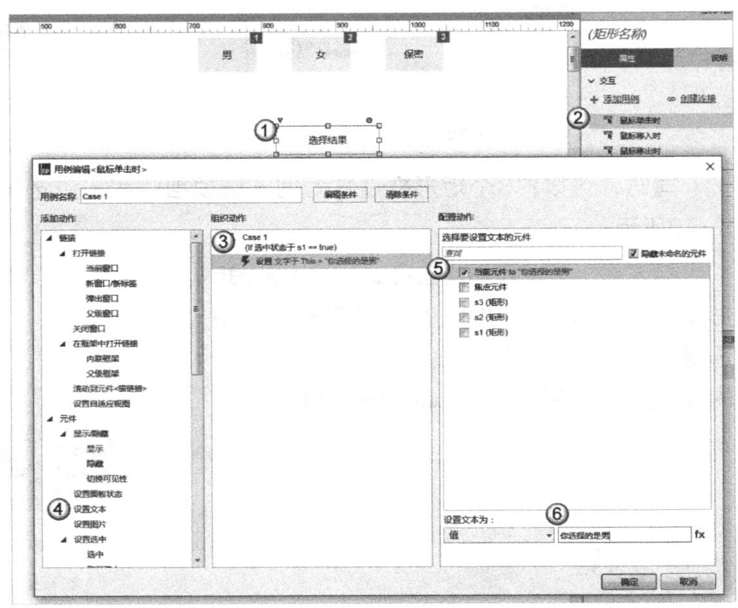

图3-44

02 事件处理

（1）添加鼠标单击事件分支，如果“女”被选中（s2选中状态=true），设置按钮文字内容“你选择的是女”，如图3-45所示。

（2）添加选择“保密”时的事件分支，完成后的事件分支效果如图3-46所示。

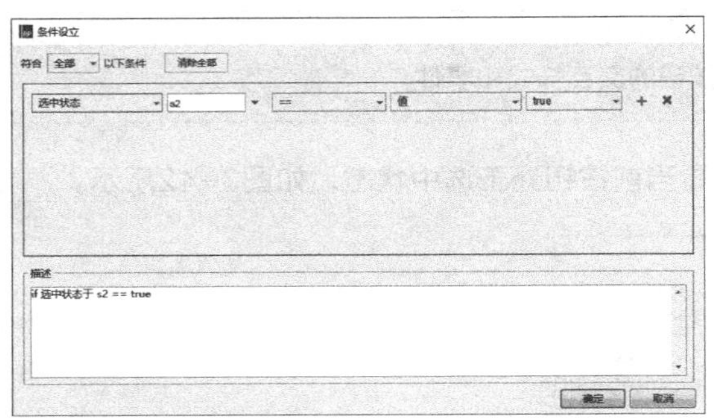

图3-45

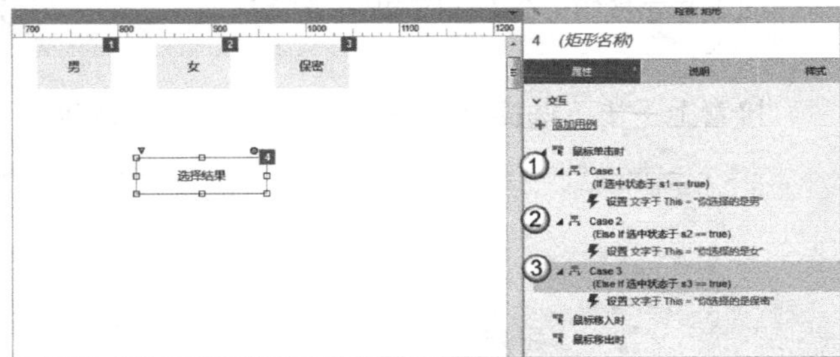

图3-46

03 按快捷键F5预览

预览时，分别选择男、女和保密选项后，单击“选择结果”按钮，预览效果如图3-47所示。

图3-47

3.11 母版的使用

在原型设计中，如果某块区域被反复用到，而且属于公共区域部分，如导航菜单、标题栏、页眉和页脚等，那么可以将它们转换为母版后再使用。这样，在后期修改，如修改页脚中的文字信息时，只要修改母版内容，所有引用到的地方就会被同步修改。

母版和元件的区别是元件被拖到设计区域后，如果修改，只会针对当前的元件有效，而其他地方的元件不会被同步修改，而修改母版内容，所有引用到的地方就会被同步修改。

以图3-48所示的“页脚内容”为例，在原型制作当中，网页的多个跳转页面中都会用到这个内容，而且均固定在页面的下方。

选中页脚中的所有内容，单击鼠标右键将其转换为母版，并命名为页脚，拖放行为为“固定位置”，如图3-49所示。

图3-48

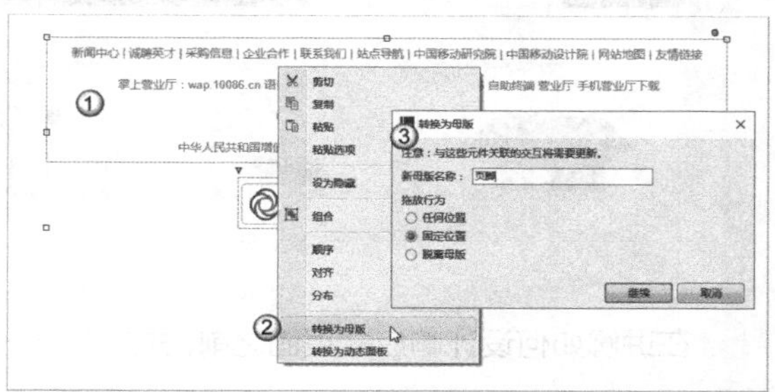

图3-49

当将页脚的拖放行为设置为“固定位置”后，母版从母版库拖动到设计区域时会被固定在指定位置且不能被移动。例如，将上面的整体页脚内容设置在（160，550）的位置，从母版库拖动页脚到设计区域时，会自动定位到（160，550）的位置，并且以红色虚线边框显示，表示被锁定，双击可以进入母版编辑状态，编辑的结果会影响所有引用这个母版的地方，如图3-50所示。

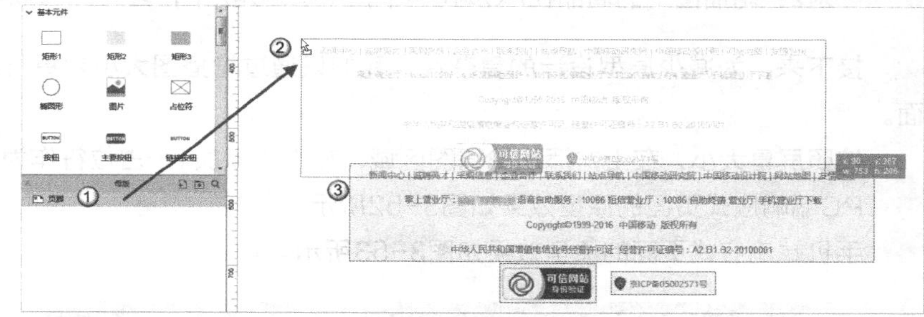

图3-50

3.12 响应式页面设计

响应式页面是为了在不同分辨率的情况下，页面中的内容可以采用不同的布局，以适应屏幕的大小。例如，对于计算机、平板电脑和手机来说，它们的分辨率不一样，所以不能都按照算机的布局来显示，因为这样可能导致在平板或者手机上显示的信息不全。

很多企业的网站既能在PC浏览器上显示，也能在手机端正常展示，而且使用的是同一个页面，只是布局样式有所区别，凭借的就是响应式页面设计技术。

下面，以一个简单的例子来说明如何设计响应式页面，图3-51所示为锤子科技的PC端和手机端页面的效果。

图3-51

在讲解如何设计响应式页面之前，先来介绍一下锤子科技PC端和手机端的响应式页面设计的主要区别。

区别1：导航菜单不同

PC端导航内容更丰富，手机端标题栏左上角有一个汉堡菜单，中间是Logo，右侧是用户信息和购物车。

区别2：轮播图下的商品在PC端是4个，手机端是2个，因为PC端屏幕更宽，可以显示更多内容。

接下来，为减少原型设计的复杂性，我们只通过轮播图大小和每行商品的展示数量来设计响应式页面。

按照屏幕大小，在上方添加轮播图区域，在下方添加4个占位符作为商品展示区域。

PC端响应式页面的原型效果如图3-52所示。

手机端响应式页面的原型效果如图3-53所示。

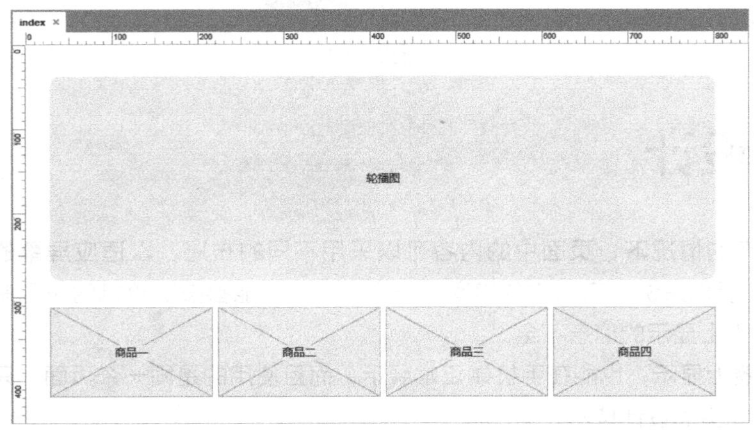

图3-52

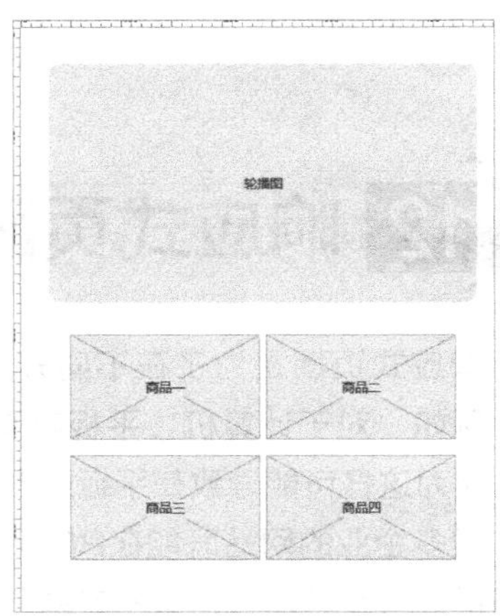

图3-53

（1）选择页面自适应属性右侧的“管理自适应视图”图标，如图3-54所示。

（2）在弹出的窗口中添加一个新视图，从“预设”下拉菜单中选择“手机横向(480x任何以下)”选项，表示在屏幕分辨率宽度为480及以下时显示该视图效果，如图3-55所示。

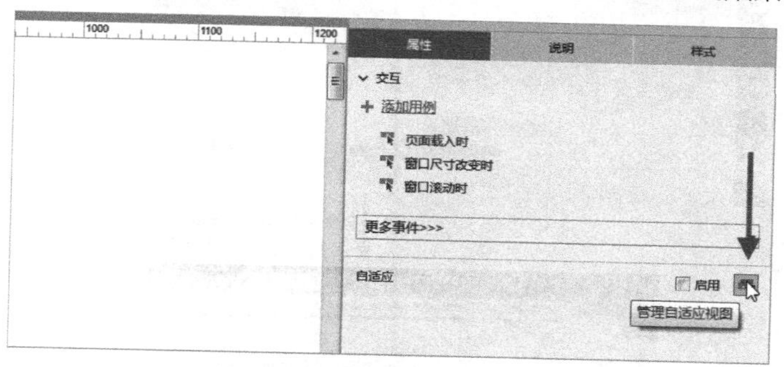

图3-54

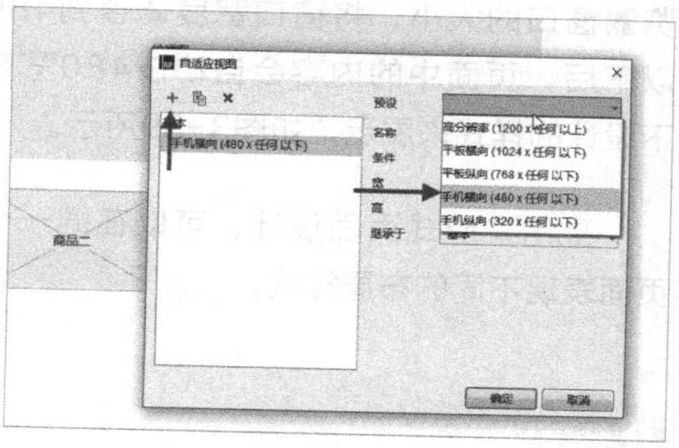

图3-55

（3）在页面的属性栏中将“自适应”设置为“启用”，如图3-56所示。

（4）经过以上操作之后，设计区域的index页面会多一个480的视图，如图3-57所示。

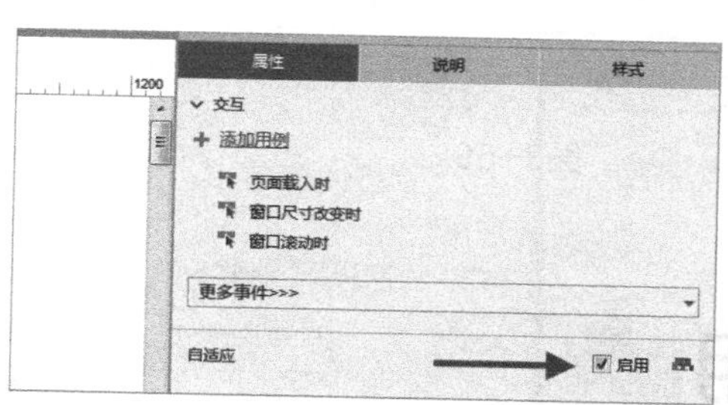

图3-56

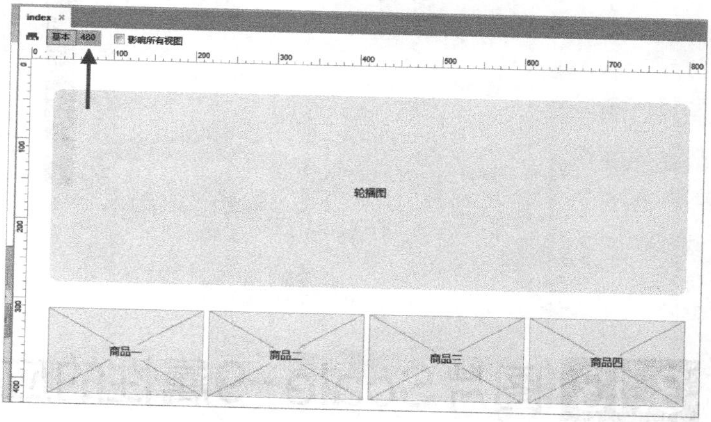

图3-57

（5）单击设计页面左上角的“480”按钮，进入480宽度的视图编辑，调整轮播图宽度，并将商品每排两个进行放置，如图3-58所示。

提示

在以上操作中，注意不要将轮播图的宽度调整到超过右侧的竖线（480宽度界限），否则将无法正常显示。

（6）完成上一步操作之后，可以单击“基本”按钮和“480”按钮查看两个视图的区别。

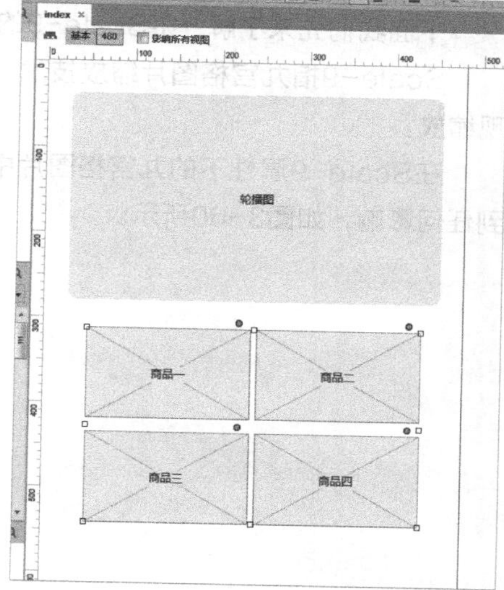

图3-58

（7）验证该页面的效果，按快捷键F5在浏览器中正常预览，可以看到一个轮播图下有4个横向排列的商品，然后改变浏览器窗口的大小，将窗口宽度调整到480以下后，页面中的内容会自动按480宽度下设计的样式来展示，如图3-59所示。

采用响应式页面设计，可以在同一个页面表现不同的布局样式。

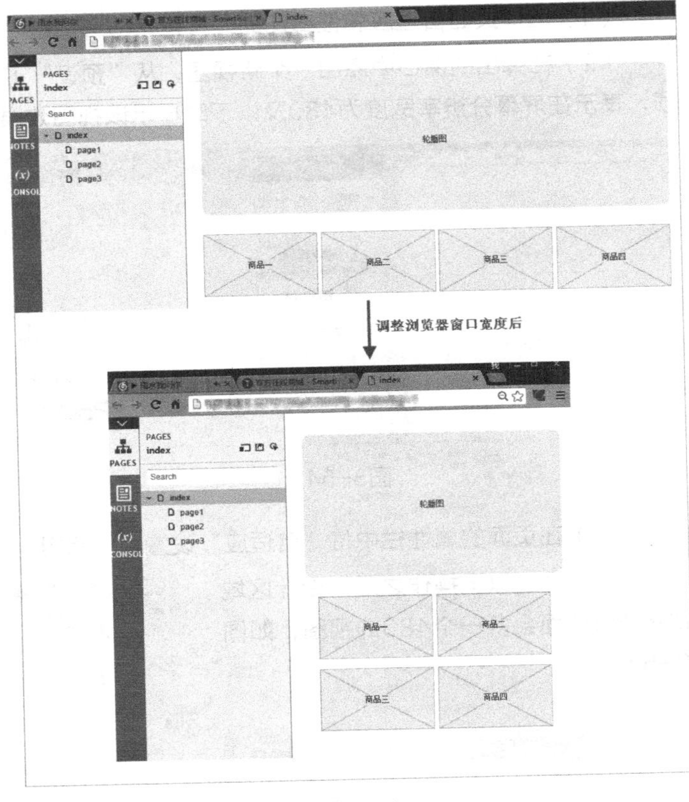

图3-59

3.13 图片Scale-9属性的应用

自AxureRP8版本诞生之后，Axure开始支持图片的Scale-9方式显示。

下面我们先来了解一下Scale-9的概念。

Scale-9指九宫格图片缩放技术，图片中的4个角保持原样不动，只在4个边处以单方向延展图片实现缩放。

在Scale-9属性下的九宫格图片中，图片由横竖两条线分成9个区域，4个角的顶点在缩放时不会受到任何影响，如图3-60所示。

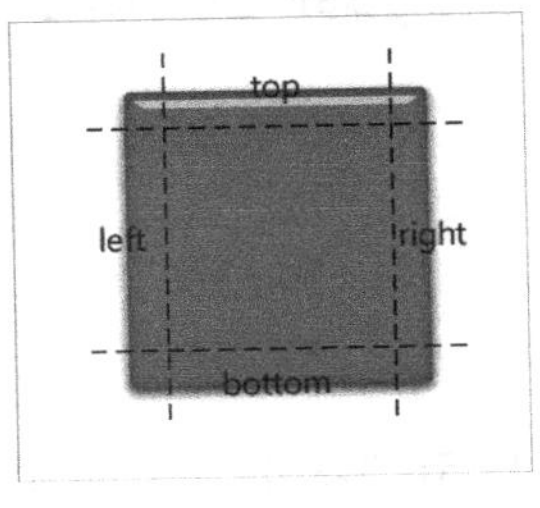

图3-60

设置了Scale-9属性的和未设置该属性的图片的缩放效果对比如图3-61所示。

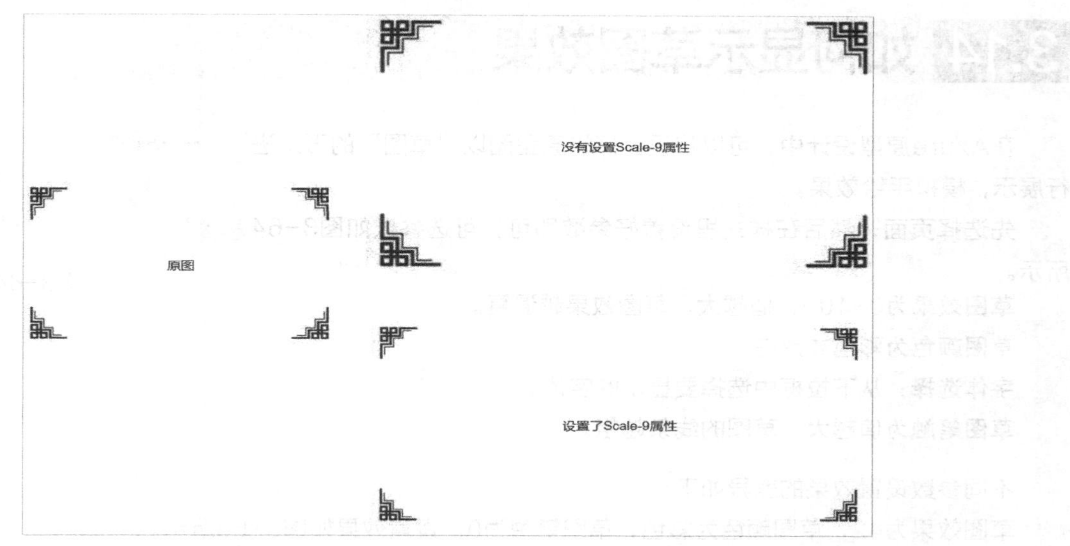

图3-61

从以上对比效果中我们可以看到，未设置Scale-9属性的图片在放大后，4个角的图形被放大，且出现模糊效果；设置了Scale-9属性的图片在放大后，4个角的图形没有任何变化，和原图片完全一样。可见，设置Scale-9属性的好处是，不管图片如何缩放，它的边角仍然保持不变。

接下来讲解设置图片的Scale-9属性的方法。

（1）选择图片，单击鼠标右键，在下拉菜单中选择“固定边角范围”选项，选中后图片上会多出4个可调整的小三角形，如图3-62所示。

（2）拖动三角形进行位置调整，此时会自动显示横竖两条红色的线，目的是方便预览，如图3-63所示。

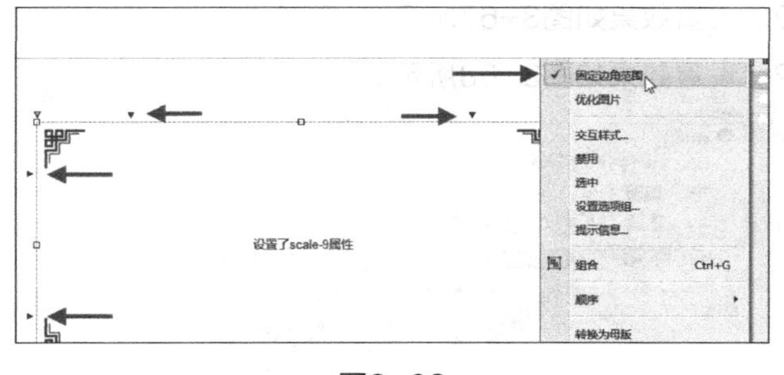

图3-62

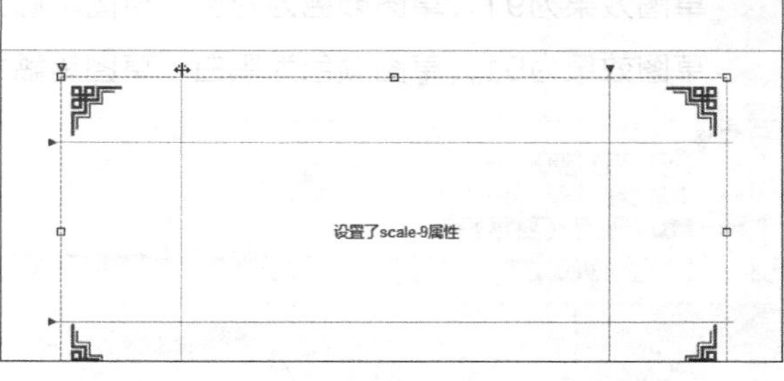

图3-63

观察横竖线的位置，让4个边角的图案位于边角之内，这时再改变图片大小，图片将会以Scale-9方式缩放。

提示

图片的Scale-9设置大小只在设计时有用，在运行时“设置大小”的动作是没有效果的。

3.14 如何显示草图效果

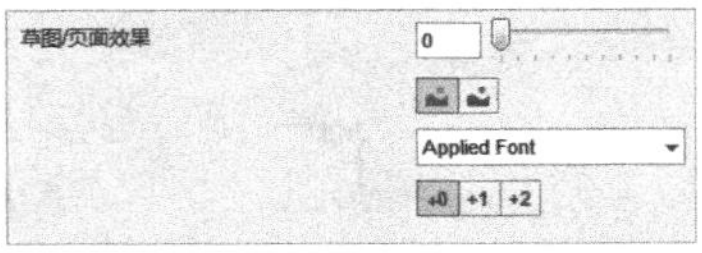

在Axure原型设计中，可以将设计好的原型图以“草图”的形式进行展示，模拟手绘效果。

先选择页面，然后在样式里设置好参数即可，可选参数如图3-64所示。

图3-64

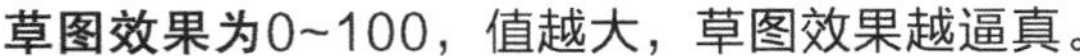

草图效果为0~100，值越大，草图效果越逼真。

草图颜色为彩色或黑白。

字体选择：从下拉框中选择要显示的字体。

草图笔触为值越大，草图的线条越粗。

不同参数设置效果的差异如下。

草图效果为42，草图颜色为彩色，草图笔触为0。设置效果如图3-65所示。

草图效果为91，草图颜色为彩色，草图笔触为0。设置效果如图3-66所示。

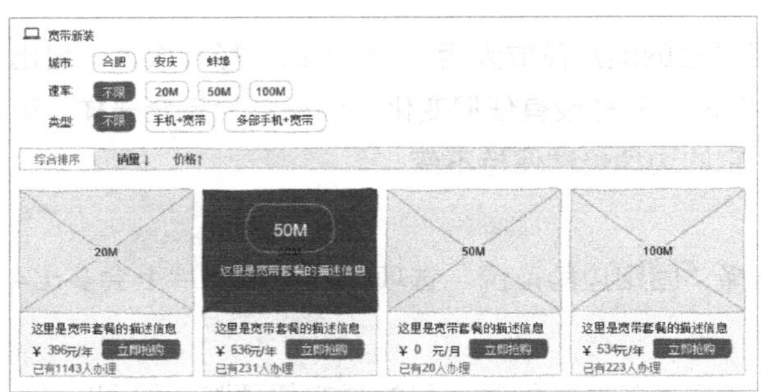

图3-65

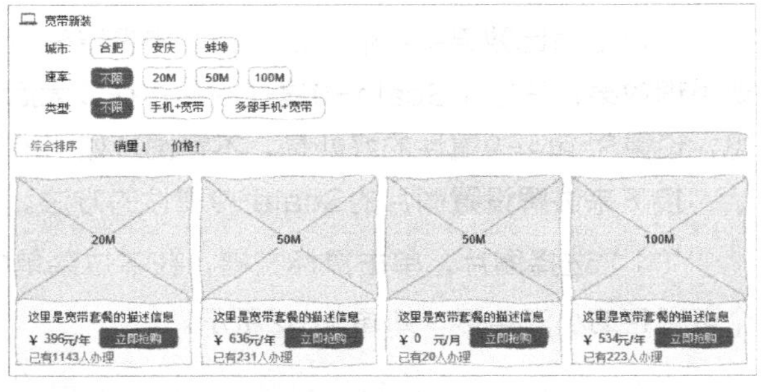

图3-66

草图效果为91，草图颜色为彩色，草图笔触为2。设置效果如图3-67所示。

草图效果为91，草图颜色为黑白，草图笔触为2。设置效果如图3-68所示。

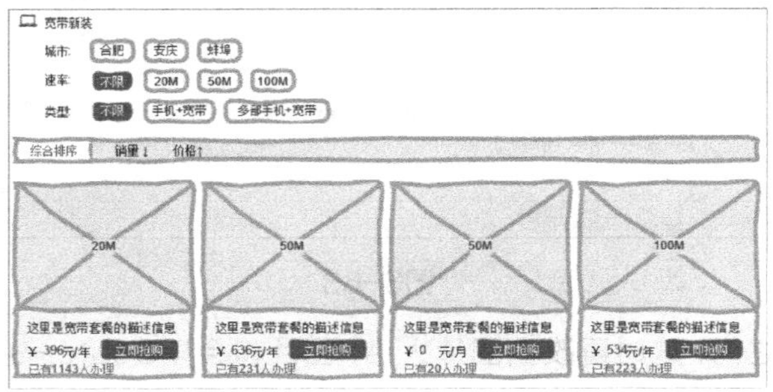

图3-67

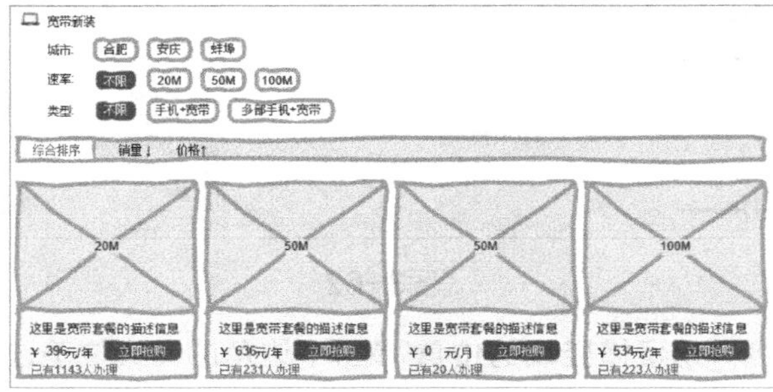

图3-68

3.15 发布到移动终端

对于许多初学原型设计的人来说，往往不知道如何将制作好的原型发布到移动端显示。这里面涉及两个内容，一个是如何发布原型，另一个是如何在移动终端查看原型。

> **提示**
>
> 导出的原型页面包含的文件较多，直接上传文件夹内的所有文件效率则太低，建议将PC端导出的原型页面目录整体压缩成一个压缩包，如rar或zip格式，再将此文件上传到手机上，在手机上解压，然后打开原型页面访问即可。

原型发布其实就是将设计好的原型导出来，导出的格式可选HTML页面或者Word文档，通常选择HTML格式，因为查看时比较方便。

（1）通过快捷键F8导出原型页面，设置发布参数，单击“生成”按钮后生成的页面会保存在指定的目录里。

（2）在移动终端查看。将第（1）步生成的页面通过手机数据线传输到手机SD卡中某个目录里。

（3）在PC浏览器上预览，效果如图3-69所示。

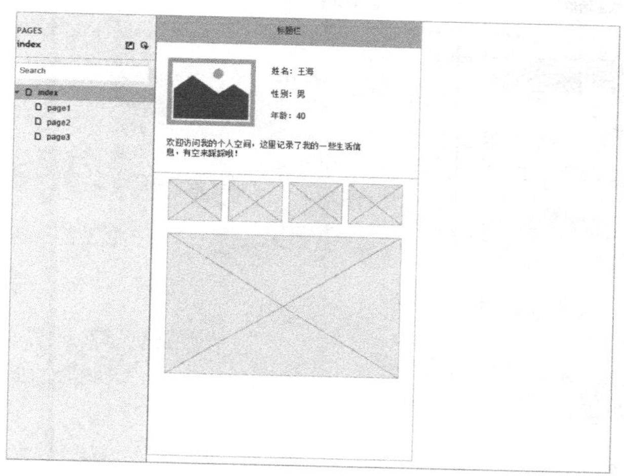

图3-69

（4）如果想发布到移动终端，需要设置“移动设备”选项中的一些属性，如图3-70所示。其中最简单、直接的方式就是勾选“包含视口标签”选项，其他选项可根据需要设置，也可以不设置。

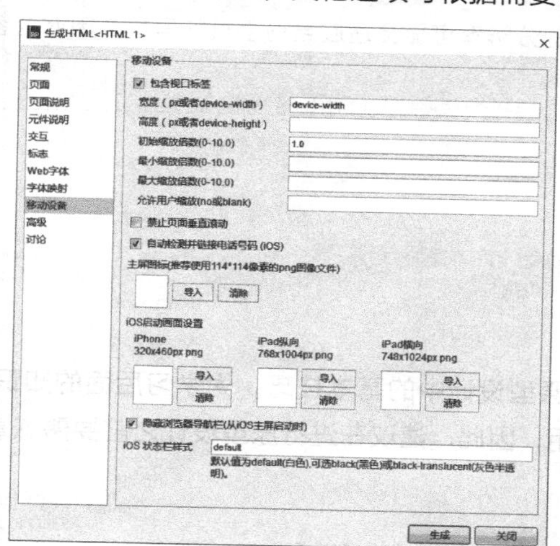

图3-70

勾选了“包含视口标签”选项之后，生成的页面里包括了适合手机分辨率展示的信息，如图3-71所示。

如果不选择“包含视口标签”选项，显示效果和在PC浏览器中完全一样，只不过将屏幕缩小，没有自动适应屏幕的分辨率，如图3-72所示。

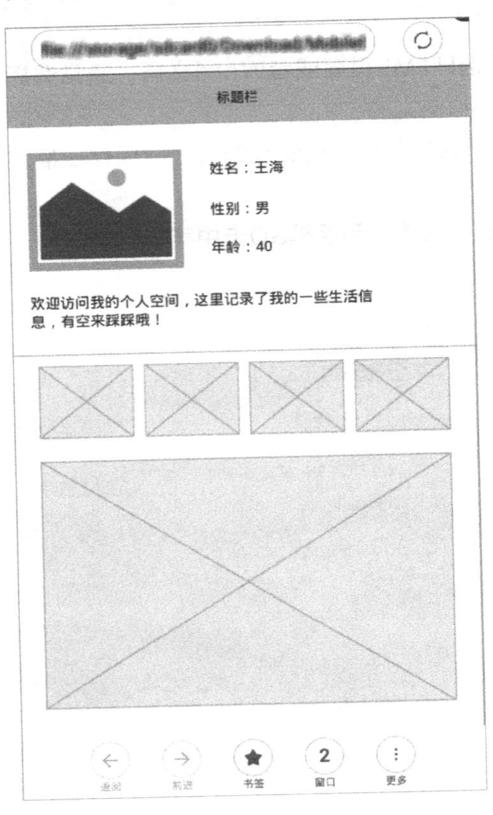

图3-71

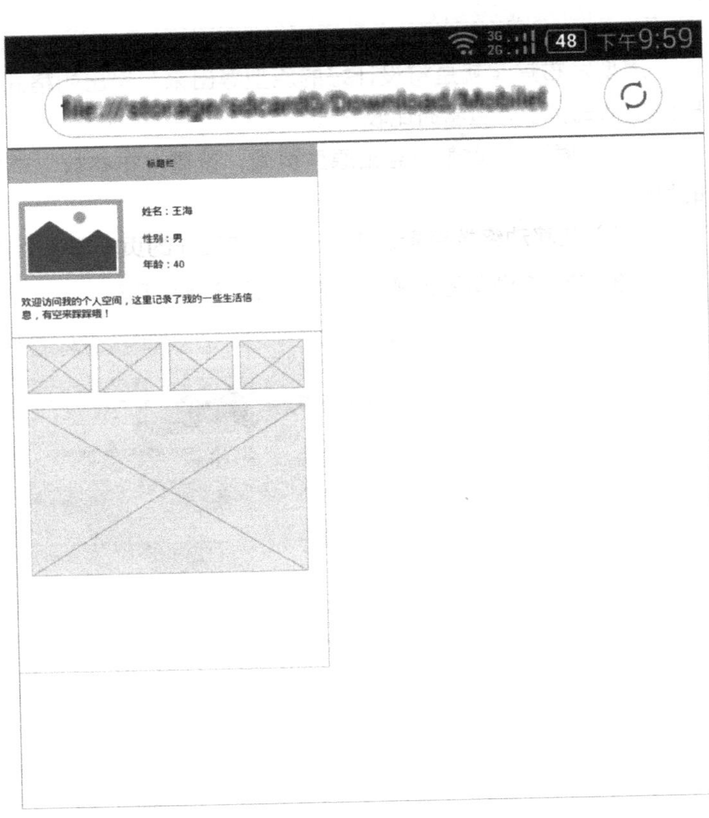

图3-72

提示

对于某些手机浏览器，页面的分辨率可能会适应当前手机的屏幕，因此内容显示起来可能不是原型的缩小版，而是自动调整页面排版的效果。

3.16 小结

本章的目的是让读者掌握原型设计中的基本技巧，为学习后面的知识打好基础。同时，这些设计技巧在实际工作过程中也非常实用，因此，建议在进行原型设计之前要熟练掌握本章的内容。

RP

04 FOUR 预览与发布

在熟悉了工作环境之后，我们首先需要了解的是如何预览和发布原型。本章在介绍完预览和发布的基本概念之后，会以实际的案例讲解一个完整的原型设计流程。

- 预览原型页面和设置预览选项的方法
- 发布页面时的注意事项
- AxShare 原型分享平台实践

资源获取验证码：83154

4.1 关于预览

在设计原型的过程中，我们需要不断地检查实际效果，通过“预览”可以达到检查的目的。在Axure中，可以使用系统默认的浏览器来预览效果，也可以选择指定的浏览器来进行预览，还可以设置是否显示页面列表和工具栏。选择“发布”菜单下的“预览选项...”选项打开设置窗口进行设置，如图4-1所示。

上面所说的工具栏是指Axure生成的预览页面中的左侧部分，包括开启、关闭列表、最小化以及不加载工具栏等功能，如图4-2所示。

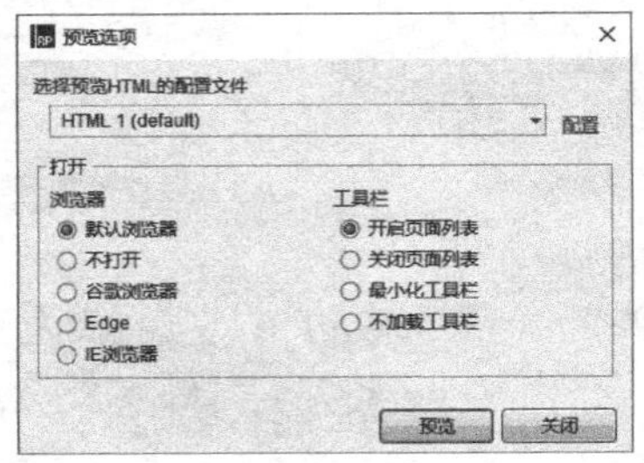

图4-1

图4-2

预览环境实际上是由Axure提供一个简单的内置Web服务器，默认打开的URL链接为本地IP（127.0.0.1）地址加上随机的端口号，打开自动生成的start.html页面。

按快捷键F5预览显示的页面为当前在Axure的页面结构中选中并打开的页面，图4-3所示为打开的page2页面。

对于Axure设计过程中的改动，不用再次按快捷键F5重新打开页面来进行预览，只需要在之前打开的浏览器页面上按快捷键F5刷新一下即可，这样可避免重复打开浏览器。而且，设计原型时在Axure中所做的改动甚至都不用保存，直接刷新浏览器页面就可以立即看到修改后的效果。

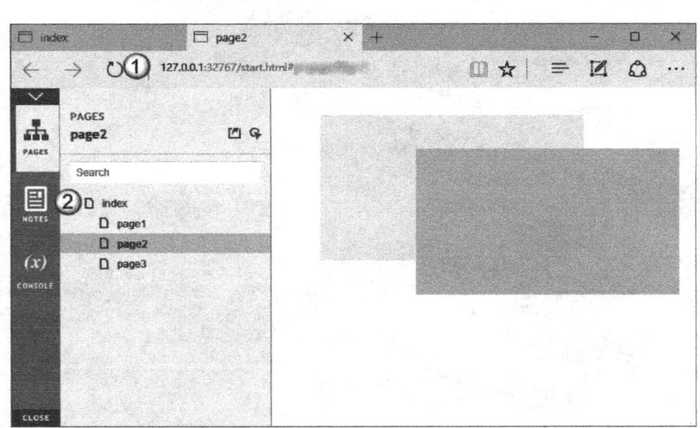

图4-3

4.2 关于发布

在原型设计完成后，可以将制作好的原型发布成HTML页面或Word文档，便于交流。

4.2.1 导出HTML文件

浏览器作为PC和手机的自带软件，输出HTML是常见的原型生成方式，这样，不用再安装其他软件就可以打开网页。

选择“发布”菜单下的“生成HTML文件...”选项（快捷键Ctrl+F8），此时会弹出发布选项，如图4-4所示。

选择HTML文档输出“目标文件夹”，设置打开的浏览器，确定是否显示页面列表和工具栏，单击“生成”按钮后即可输出HTML文件。系统自动在指定“目标文件夹”下生成页面所需要的图片、样式文件、页面文件、浏览器插件及资源信息，如图4-5所示。

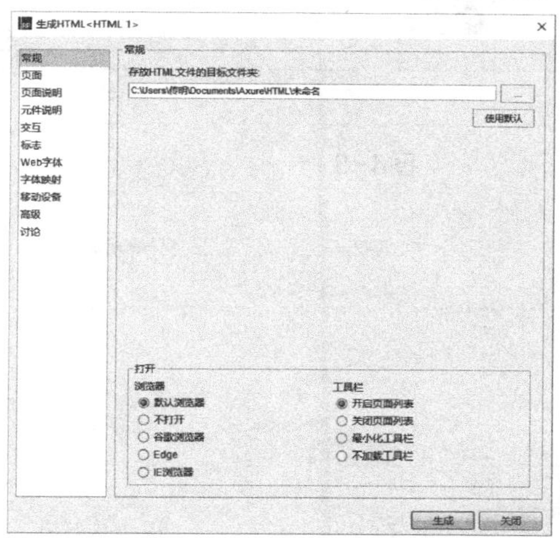

图4-4

名称	修改日期	类型	大小
data	2016/8/23 23:44	文件夹	
files	2016/8/23 23:44	文件夹	
images	2016/8/23 23:44	文件夹	
plugins	2016/8/23 23:44	文件夹	
resources	2016/8/23 23:44	文件夹	
index.html	2016/8/23 23:44	HTML 文件	4 KB
page1.html	2016/8/23 23:44	HTML 文件	3 KB
page2.html	2016/8/23 23:44	HTML 文件	3 KB
page3.html	2016/8/23 23:44	HTML 文件	3 KB
start.html	2016/6/30 2:08	HTML 文件	22 KB
start_c_1.html	2014/10/31 5:49	HTML 文件	1 KB
start_g_0.html	2016/3/3 7:57	HTML 文件	1 KB

图4-5

在“发布”选项里，还可以设置哪些页面需要生成，是否包含页面说明、元件说明、页面图标、字体，以及是否需要在移动设备上显示等内容，通常保持默认设置即可。

4.2.2 发布到AxShare

AxShare是Axure公司的原型分享网站，将原型制作好之后可以直接将其发布到AxShare上进行托管，并可在线生成页面。在发布前需要注册账号，注册过程比较简单，按照引导的说明注册即可，如图4-6所示。

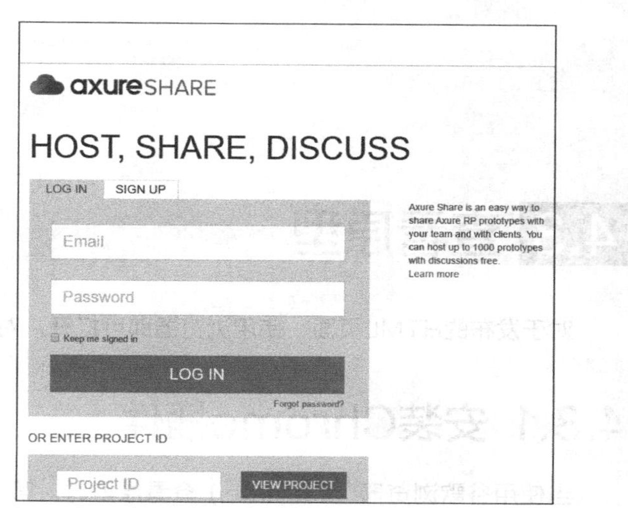

图4-6

选择“发布”菜单下的“发布到AxShare...”选项，在弹出的窗口中新建一个发布项目，或者替换现有的项目，如图4-7所示。注意，操作前需要登录账号。

填写好项目名称后，如果想设置访问密码，则输入密码。单击“发布”按钮后，显示发布进度，发布成功后显示链接地址，此时可以直接单击地址访问，也可以将这个地址分享给他人，如图4-8所示。

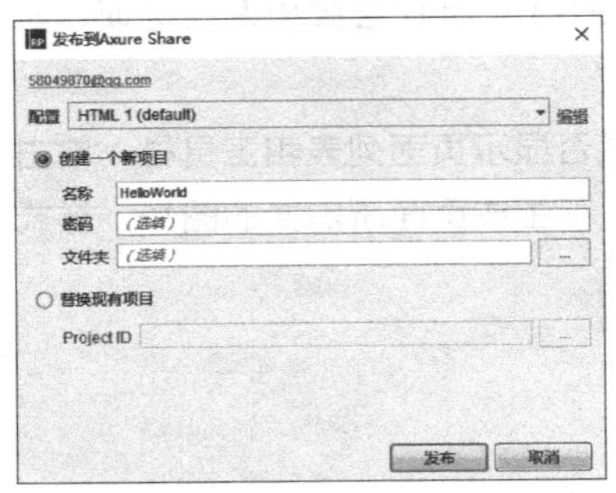

图4-7

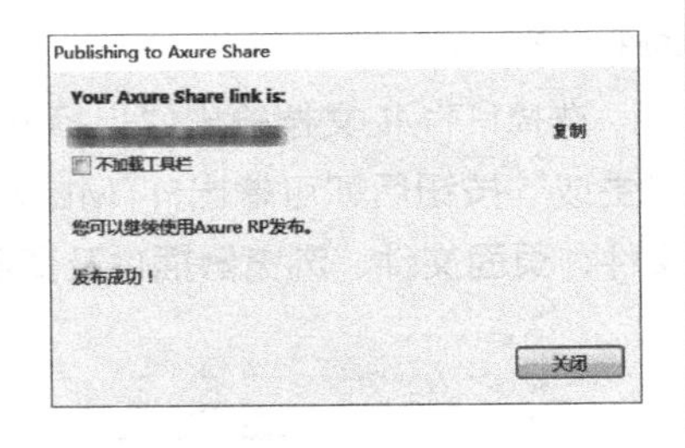

图4-8

使用账号登录AxShare网站后，可以看到发布的托管项目，如图4-9所示。

单击项目名称可以查看项目的详细信息，单击URL地址可以在线浏览。

此外，AXShare也提供了中国站，读者可以自行访问。

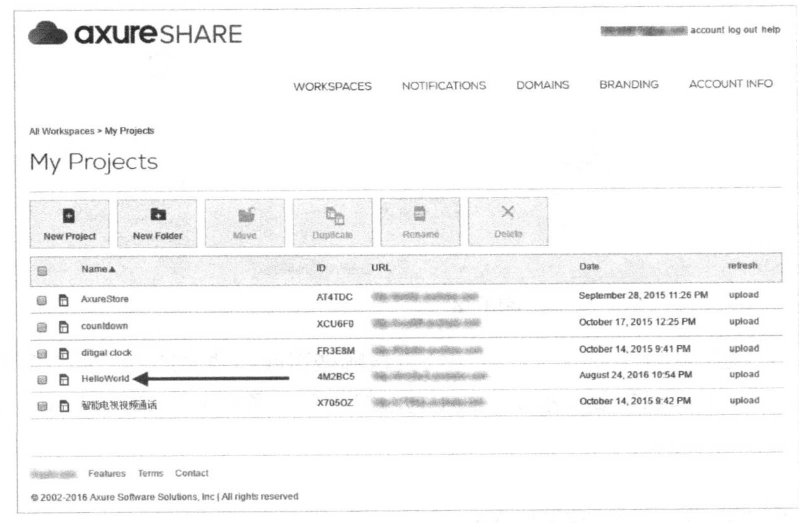

图4-9

4.3 查看原型

对于发布的HTML页面，使用浏览器即可打开，对要查看原型的用户来说非常方便。

4.3.1 安装Chrome插件

当使用谷歌浏览器（Chrome）查看原型时，第一次访问时会提示需要安装插件才能正常访问，此时可根据页面提示下载并安装插件，安装时勾选“Allow access to file URLs”（即允许访问文件网址）选项，再使用谷歌浏览器打开页面即可正常访问，如图4-10所示。

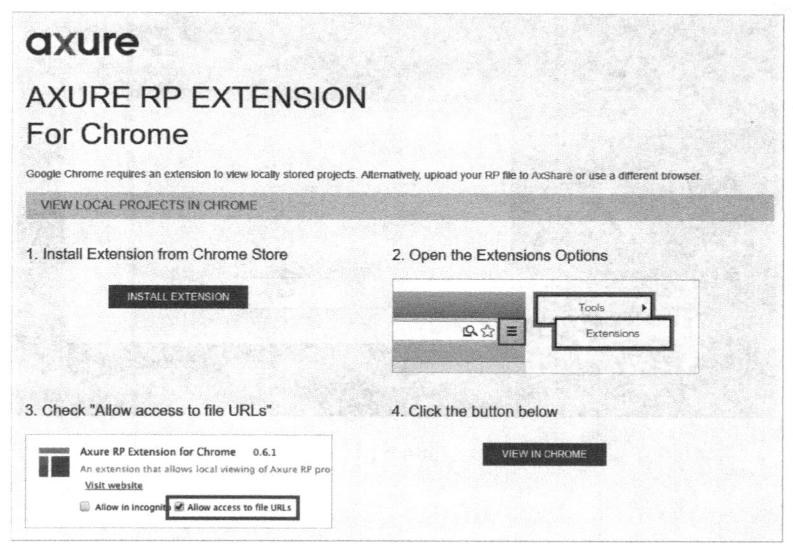

图4-10

提示

使用IE浏览器查看原型时不需要安装多余的插件，只需要在IE浏览器打开时单击“允许阻止的内容”按钮即可正常访问。注意，不同版本的IE浏览器显示的这个提示有所差异，有的在页面的最上方。

Internet Explorer 已限制此网页运行脚本或 ActiveX 控件。 允许阻止的内容(A) ×

4.3.2 从home.html开始

在发布生成的页面中，访问start.html或者index.html时，页面左侧会显示页面列表，可能会影响页面的美观性，因此在选择发布时可以关闭页面列表。最简单的操作方式是直接访问生成的home.html页面，此时页面左侧就不会出现页面列表了。

4.4 综合实例：Hello Axure!

实例位置	实例文件>CH04> HelloAxure.rp
难易指数	★★☆☆☆
技术掌握	动态面板、单击事件、显示和隐藏元件、预览
思路指导	在这个实例里，我们主要体验“从设计到预览”的完整流程，为了体现原型最基本的交互效果，实例中添加了一个“弹出窗口显示与关闭”的交互动作，并使用了最典型的动态面板元件

这里我们以一个简单且典型的“弹出窗口”为例，开始体验一个完整的原型设计流程。

★ 实例目标

单击页面左侧的“显示弹出窗口”按钮，弹出“提示信息”窗口，单击“确定”按钮后关闭弹出窗口，完成后的效果如图4-11所示。

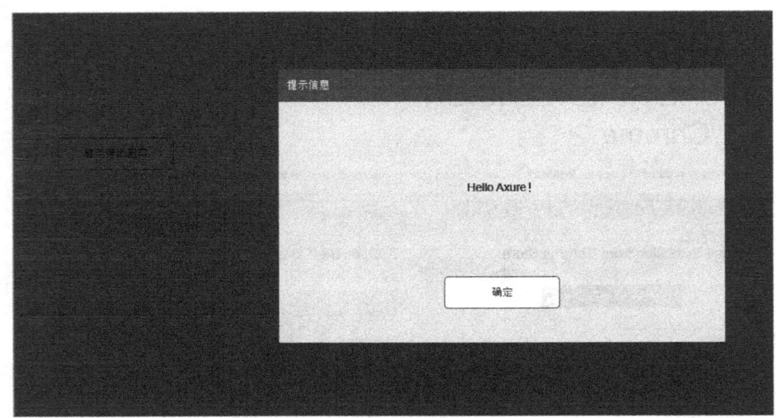

图4-11

★ 实例步骤

01 添加窗口标题栏

拖动一个无边框矩形到设计区域，作为标题栏，效果如图4-12所示。

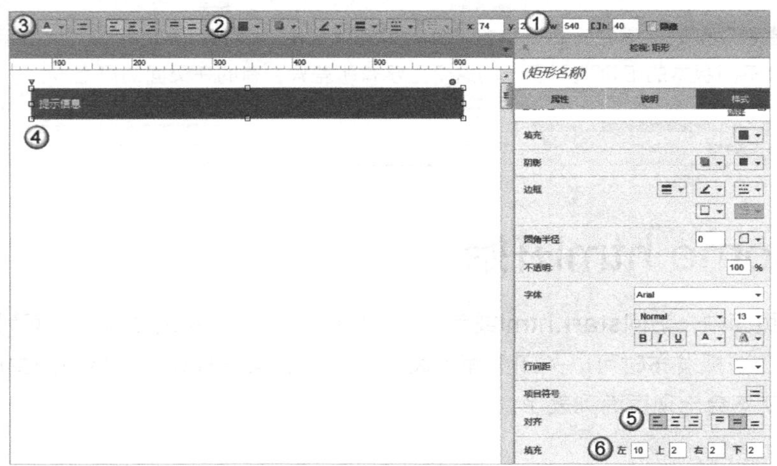

图4-12

① 设置标题栏宽度为540、高度为40。

② 设置背景色为天蓝色（0099FF）。

③ 双击并输入文字“提示信息”，将文字颜色修改为白色（FFFFFF）。也可以根据个人喜好或实际需要更改文字的颜色和大小。

④ 文字设置完成后的效果。

⑤ 设置文字对齐方式为左对齐。

⑥ 设置文字距离左位置为10，距离上、右、下位置均为2。

02 添加窗体

拖动一个无边框矩形到设计区域，作为弹出窗口的窗体，并添加交互样式。

（1）设置一个宽度为540、高度为300的窗体，并添加一个文本标签，作为提示内容，双击后输入

“Hello Axure！”字样，拖动到窗体的中间位置，最后添加一个按钮，双击修改按钮文本为“确定”，并将按钮调整至合适大小后，拖动到窗体中间偏下的位置，如图4-13所示。

（2）选中添加好的所有元件，然后单击鼠标右键，在弹出的菜单中选择“转换为动态面板”选项，并将动态面板命名为popup，之后单击鼠标右键再将它设置为隐藏状态，如图4-14所示。

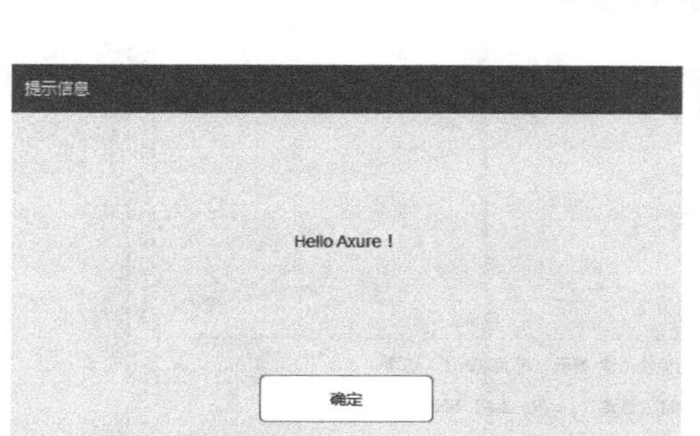

图4-13

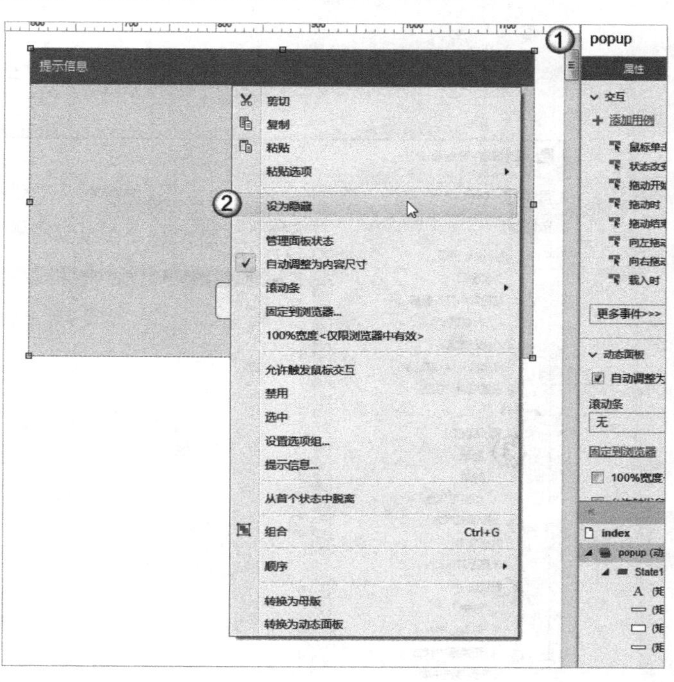

图4-14

（3）选择上一步隐藏起来的动态面板，将它设置为“固定到浏览器”，将“水平固定”和“垂直固定”设置为“居中”样式，如图4-15所示。

（4）在动态面板popup下方添加一个按钮（淡黄色区域是设置为隐藏状态的动态面板），双击后输入“显示弹出窗口”文字信息，如图4-16所示。

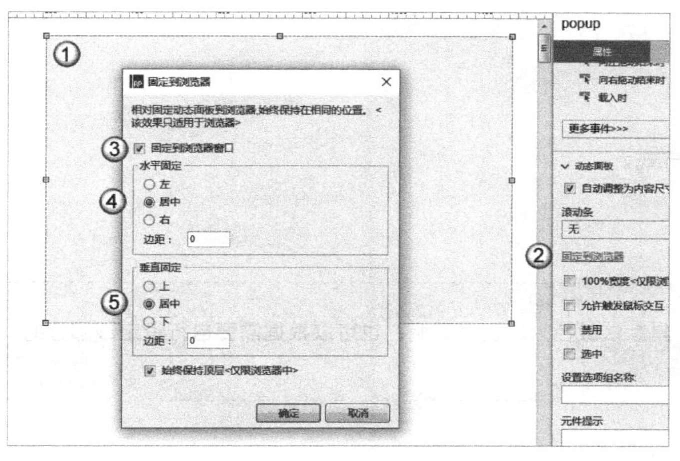

图4-15

图4-16

03 页面交互事件处理

（1）选择“显示弹出窗口”按钮，在右侧面板的属性页面里选择“交互”选项，并在该选项下方的“用例编辑”选项里双击“鼠标单击时”事件，设置单击响应事件，单击后显示隐藏的“popup弹出窗口”，如图4-17所示。

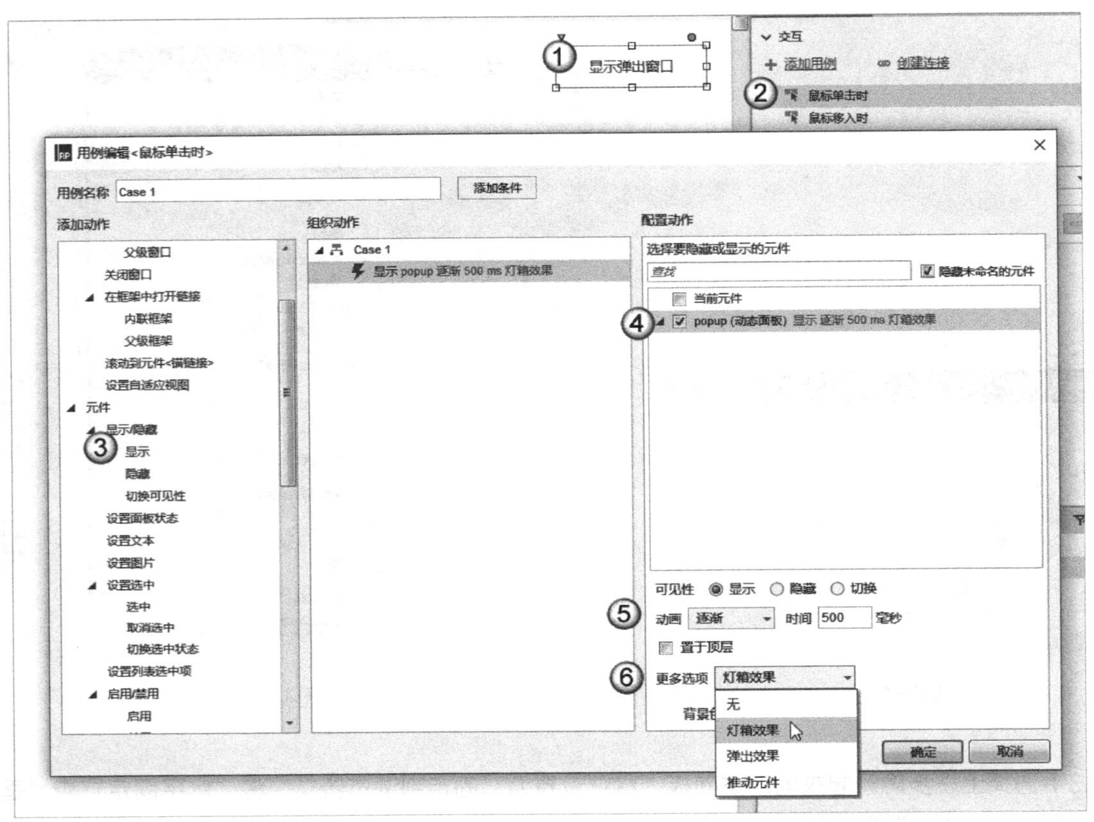

图4-17

① 选择“显示弹出窗口”按钮。

② 添加“鼠标单击时”事件。

③ 添加显示动作。

④ 选择动态面板popup。

⑤设置动画效果为“逐渐”，即淡入淡出方式。

⑥ 在“更多选项”里选择“灯箱效果”。

提示

“灯箱效果”是指弹出窗口背景呈半透明状，其默认颜色为黑色半透明，也可以根据需要自行设定该部分的颜色。

（2）处理“确定”按钮事件。双击动态面板中的popup按钮，选择state1选项，然后单击“确定”按钮，双击右侧属性面板中的“鼠标单击时”事件，设置隐藏弹出窗口动作，如图4-18所示。

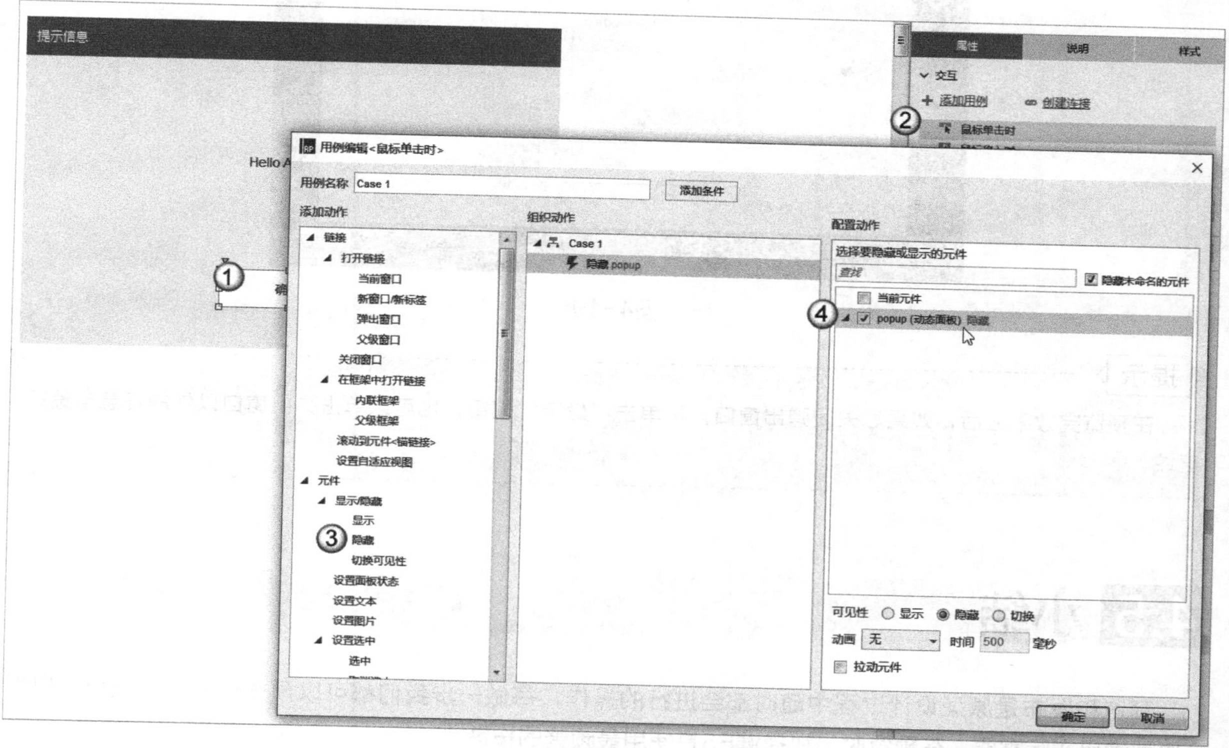

图4-18

① 选择“确定”按钮。

② 添加“鼠标单击时”事件。

③ 添加隐藏动作。

④ 选择动态面板popup。

单击“确定”按钮后，完成设置。

04 按快捷键F5预览

当以上操作都完成之后，就可以按快捷键F5预览我们的首个原型设计效果了，此时Axure会在默认的浏览器中打开原型页面。

单击页面中的“显示弹出窗口”按钮，弹出窗口以“淡出”的方式显示在浏览器的正中间，显示效果如图4-19所示。

图4-19

提示

在预览完效果之后，如果想关闭弹出窗口，可单击“确定”按钮，也可以单击弹出窗口以外的任意半透明区域。

4.5 小结

预览和发布是原型设计过程中随时都会进行的操作，每做一步我们都可以预览一下实际效果，以保证原型满足实际需要。在预览时，快捷键F5是使用最频繁的按键。

RP

05 FIVE 变量与函数的设置

变量与函数在 Axure 原型制作当中会经常用到，除了字义本身不容易理解外，实际应用时还是很简单的。本章先来介绍变量与函数的用法，为后面进行事件处理打好基础。

- 变量与函数的概念
- 全局变量与局部变量
- 变量、事件判断条件与字符串函数 substring 的使用

5.1 概述

变量：用来临时存储值的对象。

一些值或者计算结果可以存储到变量里，变量中的值可以随时修改。例如，一个叫作Name的变量，我们可以设置它的值为Axure，也可以随时更改为其他内容，如abc，存储后显示的是最后一次设置的值。

变量不能使用中文命名，只能以字母开头，最长为25个字符。

当给变量赋值后，我们就可再次使用它了，那么什么时候需要用到变量呢？

如果一个值需要经过表达式计算才能得到，或者需要在多个地方使用，那么使用变量会更方便。

函数：完成一定功能的操作。

Axure为一些常用对象提供了很多对应的函数，例如，针对字符串操作的函数和针对日期操作的函数。

5.2 变量和函数的常用类型

下面介绍Axure中常用的变量和函数类型。当我们在事件里设置“插入变量或函数”时，弹出的下拉列表里包括4项内容，即定义的变量、属性、函数和表达式操作符。属性和函数是针对Axure中的对象而言的，这些对象包括中继器/数据集、元件、页面、窗口、鼠标指针、Number、字符串、数学、日期和布尔，如图5-1所示。属性和函数的区别是属性使用时名称后面不带括号，直接引用即可，而函数则是带有括号和参数的。

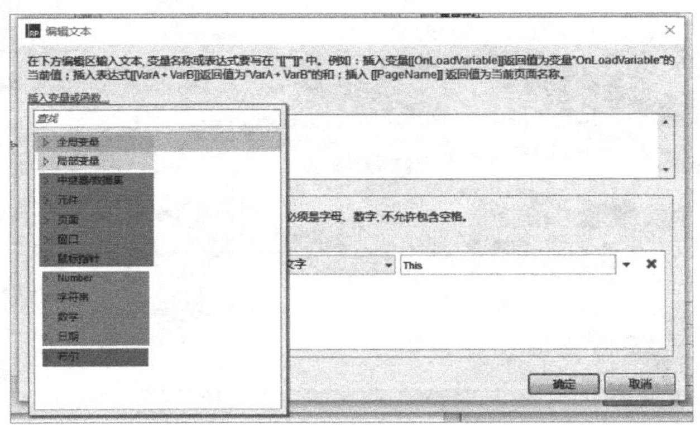

图5-1

变量：分全局变量和局部变量，定义的变量可以从“插入变量或函数...”下拉列表中的全局变量或局部变量子节点中进行选择或添加。

属性：包括中继器/数据集、元件、页面、窗口和鼠标指针。

函数： 包括Number、字符串、数学和日期4大类型的函数，并且每个对象均有自己的属性。

表达式操作符：布尔类型的操作表达式。

属性和函数的详细说明请参考附录。

5.3 插入变量或函数

在给文本内容赋值时，可通过“插入变量或函数...”将定义的变量和函数等加入表达式编辑框中。

变量或函数在使用时必须要在外层加入两对中括号：[[user_name]]。

表达式里可以拼入多个变量或函数：[[name]][[addr]]。

也可在变量的前后加入固定字符值，如名称：[[LVAR1.toUpperCase()]]，长度：[[LVAR1.length]]。

实例：转换输入内容为大写

实例位置	实例文件>CH05>转换输入内容为大写.rp
难易指数	★★☆☆☆
技术掌握	局部变量、字符串函数toUpperCase()
思路指导	不管是全局变量还是局部变量，变量的函数在使用方法上是一样的，变量名称后面通过“.”号引用函数名称，如果函数有参数，则需要设置相应的参数

在事件处理中，一些值需要通过函数来设置。在设置过程中可以插入函数，并结合数学表达式来完成设置。

★ 实例目标

将输入的字符串转换成大写，可以使用字符串的toUpperCase()。

完成后的原型效果如图5-2所示。

图5-2

★ 实例步骤

01 界面布局

添加一个提示标签“请输入卡号：”、文本输入框和一个“转换”按钮，并将文本输入框命名为txtText。

02 事件处理

这里我们希望在输入文本后单击“转换”按钮，输入框内的文字会被立即转换成大写，因此给按钮添加单击事件，如图5-3所示。

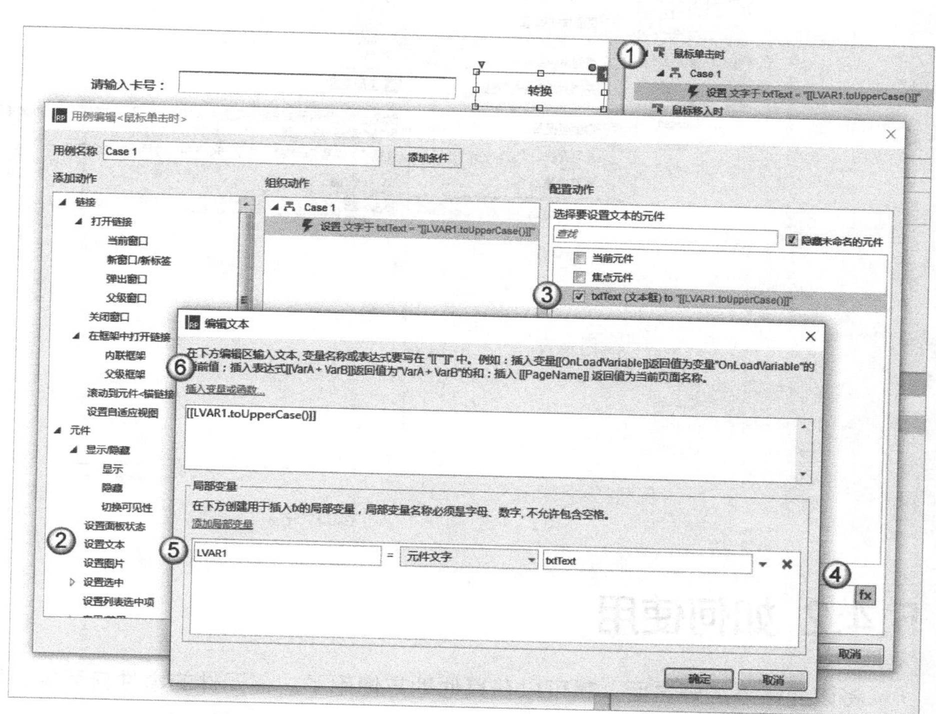

图5-3

① 添加单击“转换”按钮时的事件。

② 添加并设置文本动作。

③ 选择文本对象txtText。

④ 通过函数的方式操作。

⑤ 添加一个局部变量LVAR1，指向文字对象txtText的文字内容。

⑥ 使用字符串的toUpperCase()将输入的字母转换为大写。

03 按快捷键F5预览

在输入框内输入英文或数字，输入的内容会被转换成大写后重新赋值给输入框。

5.4 全局变量的添加与使用

如无特别说明，本书提到的变量指全局变量，在原型中各个地方都可以使用，是一个“全局”的概念。

5.4.1 添加方法

在菜单栏中执行“项目/全局变量...”命令，在弹出的窗口中单击+按钮，添加一个变量，如图5-4所示，添加时注意变量命名规则和它的长度。

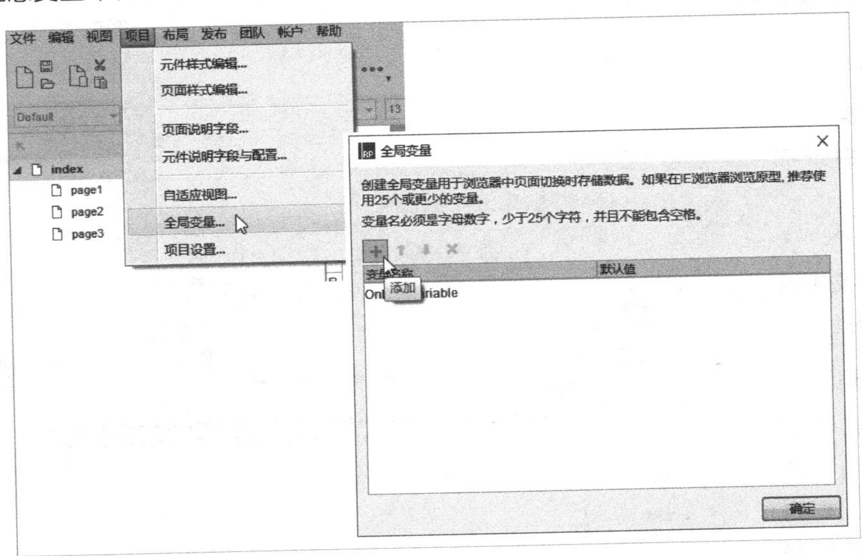

图5-4

5.4.2 如何使用

将该变量添加好之后，就可以在其他地方使用了。在元件的事件交互中，我们通过变量来代入值，例如，在设置按钮的文本内容时，可以通过变量来给按钮设置内容。

（1）在要设置的文本输入框的右侧单击fx图标，从弹出的窗口中选择定义好的变量，定义时注意插入的变量需要在两个中括号之间，如图5-5所示。

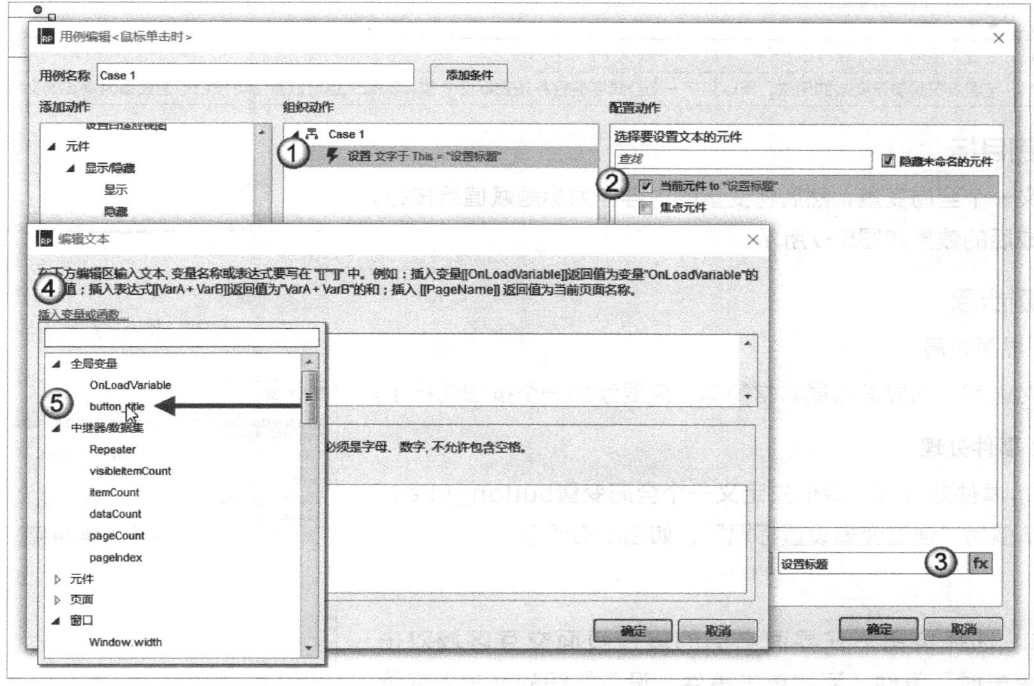

图5-5

（2）在上一步完成之后，单击“确定”按钮，完成变量设置，如图5-6所示。

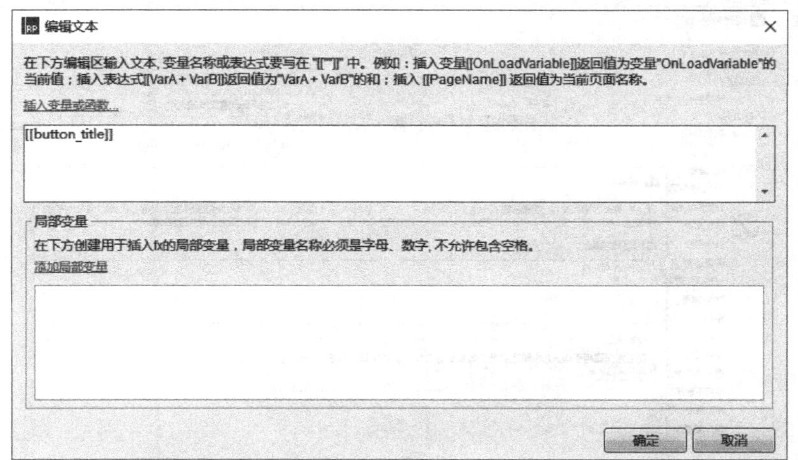

图5-6

提示

除了可以从“插入变量或函数...”下拉列表中选择变量名称以外，还可以直接在输入框中输入变量名称，并在名称前后加上两个中括号就可以了。

实例：通过变量给按钮标签赋值

实例位置	实例文件>CH05>通过变量给按钮标签赋值.rp
难易指数	★★☆☆☆
技术掌握	变量的使用
思路指导	这里仅仅是演示变量的用法，所以用了一个全局变量保存按钮标签的值，实际上也可以直接将按钮标签设置为需要的文本内容

★ 实例目标

定义一个全局变量，然后将变量的内容作为标题赋值给按钮。完成后的效果如图5-7所示。

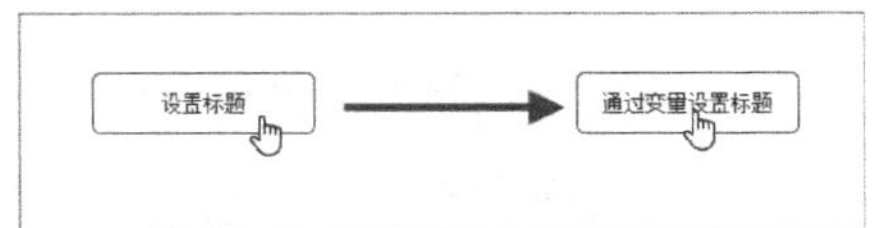

图5-7

★ 实例步骤

01 界面布局

针对该实例的界面布局非常简单，只要添加一个按钮就行了。

02 事件处理

（1）事件处理前，我们先定义一个全局变量button_title，设置默认值为“通过变量设置标题”，如图5-8所示。

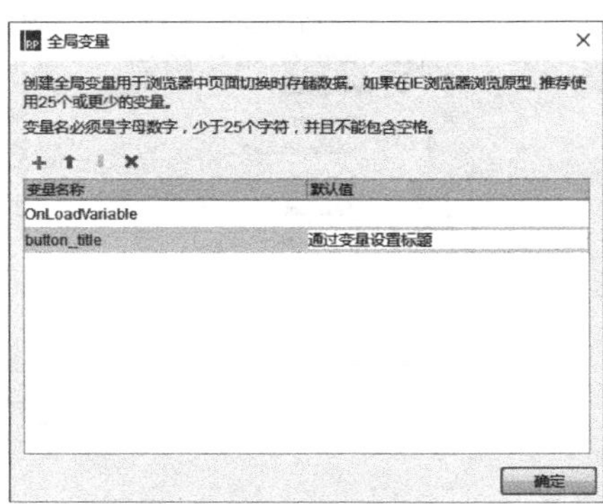

图5-8

（2）选择按钮，在界面右侧的属性页面交互区域双击“鼠标单击时”事件，添加单击事件，设置按钮的文本为变量button_title，如图5-9所示。

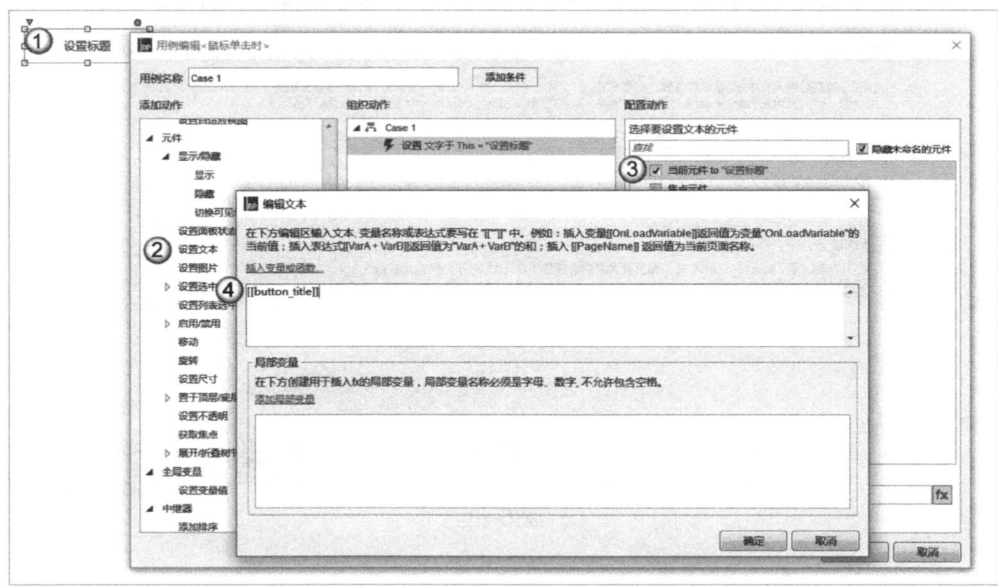

图5-9

03 按快捷键F5预览

预览时，检查“按钮标题”是否设置为变量指定的值。

5.5 局部变量的添加与使用

局部变量是指支持函数表达式的文本框在“编辑文本”对话框中添加的变量。

5.5.1 添加方法

单击输入框后面的图标fx，在弹出的“编辑文本”窗口的“局部变量”区域，单击“添加局部变量”添加变量，常见的有“设置文本”时的变量应用，如图5-10所示。

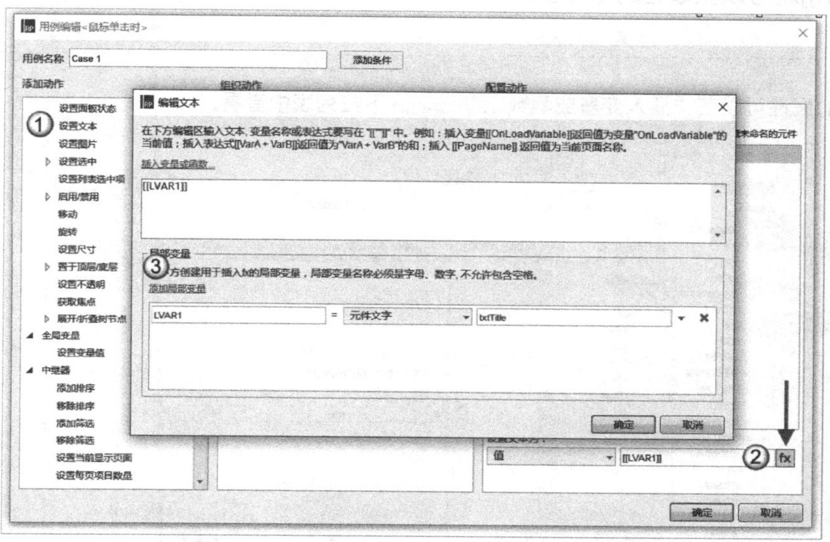

图5-10

在添加变量时可以选择添加多个，局部变量可以指定为选中状态、被选项、变量值、元件文字、焦点元件文字和元件这6种类型的值，如图5-11所示。

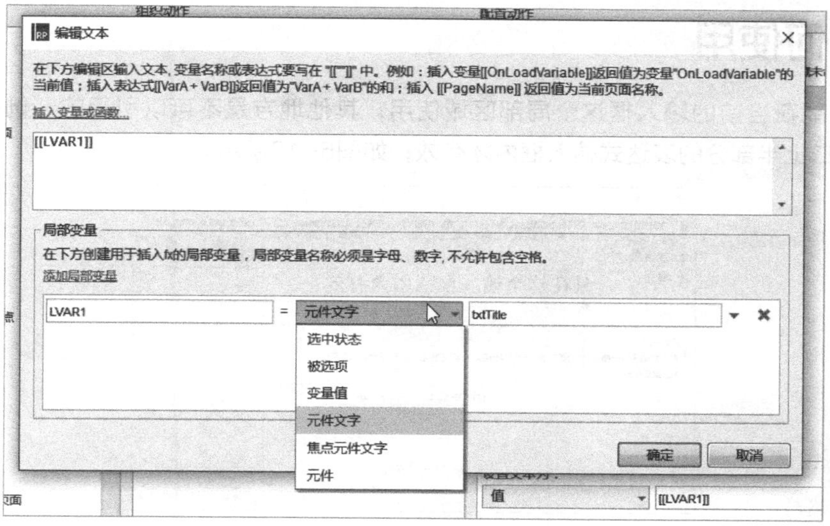

图5-11

选中状态：针对元件是否被选中的属性，值为true或false。

被选项：在列表元件中选中的文字内容。

变量值：这里指定义的全局变量值，如果定义了全局变量，这里可以引用。

元件文字：在默认情况下局部变量设置的值，指元件上显示的文本，如按钮标题和文本标签内容等。

焦点元件文字：当前界面上焦点停在其上的元件。

元件：这是一个对象，非常有用。因为元件本身有很多属性，所以在指定局部变量为元件时，就可以引用元件的属性了。例如，元件为矩形框，就可以获取它的宽度，假设矩形框元件名字为button，那么[[button.width]]就可以获取它的宽度了。

提示

元件所具有的属性可以在“插入变量或函数...”选项的下拉列表中查看。

5.5.2 如何使用

局部变量只能在当前的输入框这个局部区域使用，其他地方是不可以引用的。例如，在“编辑文本”这个弹出窗口上半部分的表达式输入框内才有效，如图5-12所示。

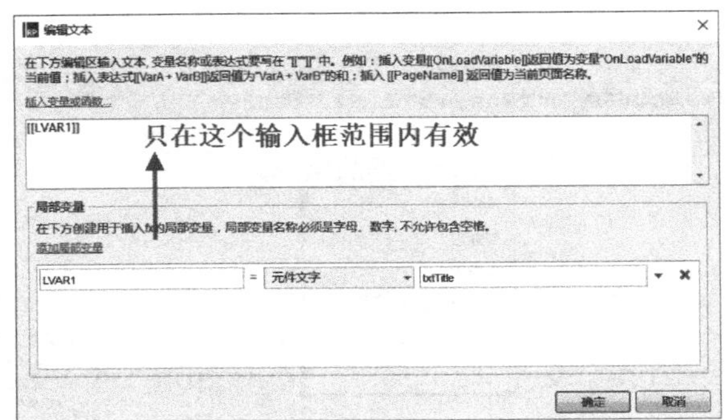

图5-12

实例：给按钮设置标签

实例位置	实例文件>CH05>给按钮设置标签.rp
难易指数	★★☆☆☆
技术掌握	局部变量的使用
思路指导	从文本输入框中获取文字内容之前，通过变量将文本输入框中的文本保存起来。可以直接使用局部变量取得输入框的文本内容，然后将局部变量的值设置给目标对象。甚至可以通过将文本输入框元件作为局部变量，然后引用它的text属性获取文本内容

★ 实例目标

在上一个实例的基础上，进一步完善全局变量，将输入的文本作为标题赋值给按钮。

完成后的效果如图5-13所示。

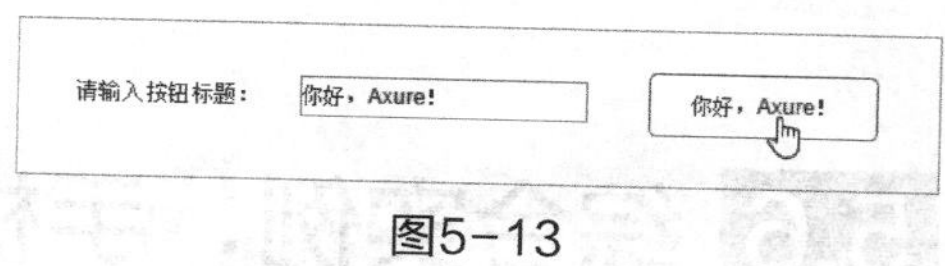

图5-13

★ 实例步骤

01 界面布局

在界面上添加一个名为“请输入按钮标题”的提示标签，再添加一个名为txtTitle 的输入框，如图5-14所示。

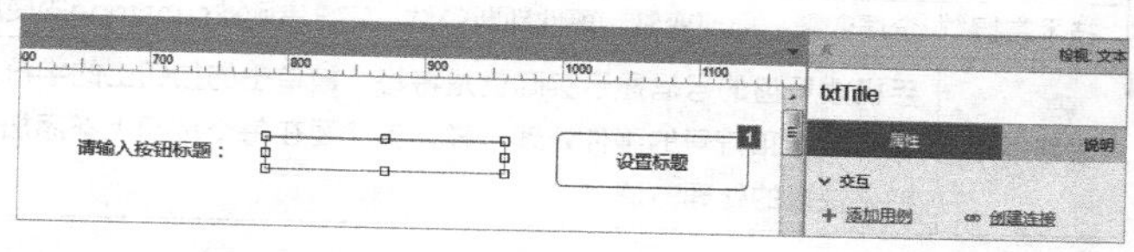

图5-14

02 事件处理

选择“设置标题”按钮，在属性页面下的交互列表里双击“鼠标单击时”事件，设置按钮文本内容，如图5-15所示。

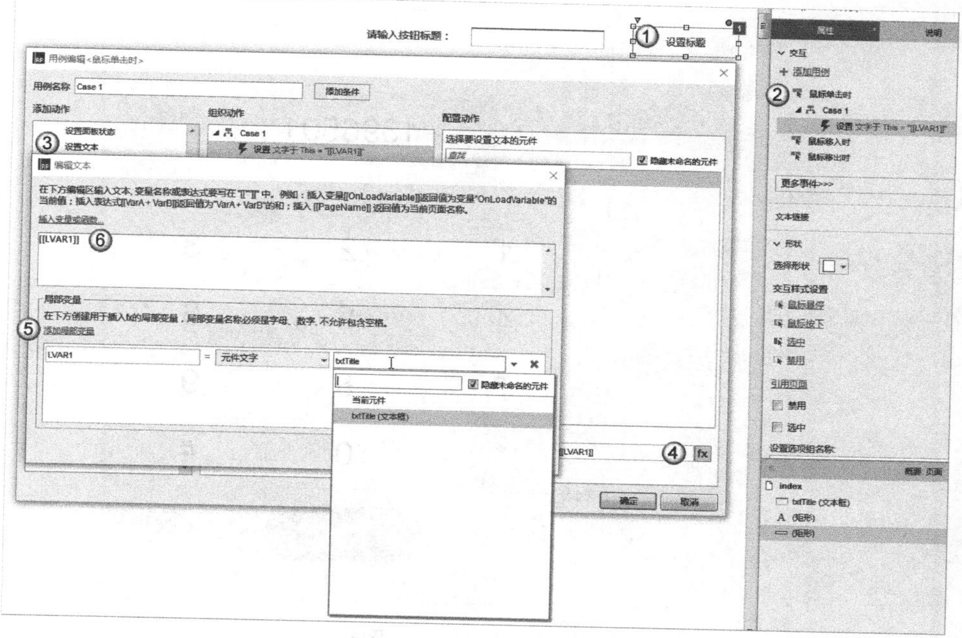

图5-15

① 选择按钮。

② 添加“鼠标单击时”事件。

③ 添加设置文本动作。

④ 插入函数和变量。

⑤ 添加局部变量，指向元件文字（这里也可以指向元件）。

⑥ 插入局部变量（如果第⑤步添加的局部变量指向的是元件，则这一步是[[LVAR1.text]]）。

03 按快捷键F5预览

预览时，在输入框里随便输入一些文字，再单击“设置标题”按钮，此时按钮的标签文字会被改成输入的文字，最后检查“按钮标题”是否设置为变量指定的值。

5.6 综合实例：手机拨号盘

实例位置	实例文件>CH05>手机拨号盘.rp
难易指数	★★★☆☆
技术掌握	全局变量、局部变量、事件判断条件、字符串函数substring的使用
思路指导	手机拨号盘的号码显示实际就是将每个被单击的按钮上的字符拼接起来，为了处理删除效果，使用了字符串的截取函数。因为这些数字和符号的事件处理一样，不需要在每个按钮上都添加一遍，事件是可以复制和粘贴的，对于相同的事件操作，复制粘贴是快捷的处理方法

★ 实例目标

在手机拨号盘中输入任意符号，支持号码的“输入”和“退格删除”，输入后单击“拨号”按钮，向输入的号码拨号。完成后的效果如图5-16所示。

图5-16

★ 实例步骤

01 界面布局

（1）手机拨号盘由10个数字按钮、一个星号按钮和一个井号按钮组成，这些按钮都由矩形框分划开来，背景为浅灰色，设置交互样式按下时背景为深灰色，如图5-17所示。

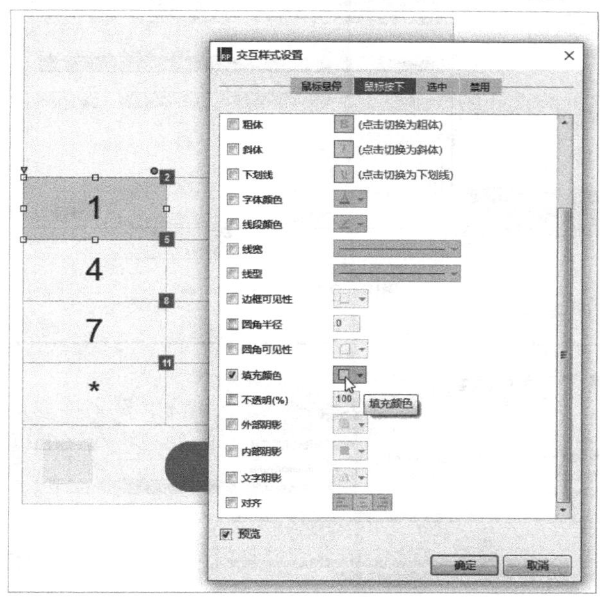

图5-17

（2）将绿色拨号按钮设置为绿底白字，调整圆角半径为60。拨号按钮左右分别是新增联系人和退格按钮，这两个按钮呈小图片样式，初始状态下是不显示的，在输入了号码后才会显示，若删除所输入的号码，这两个按钮会再次隐藏起来，如图5-18所示。

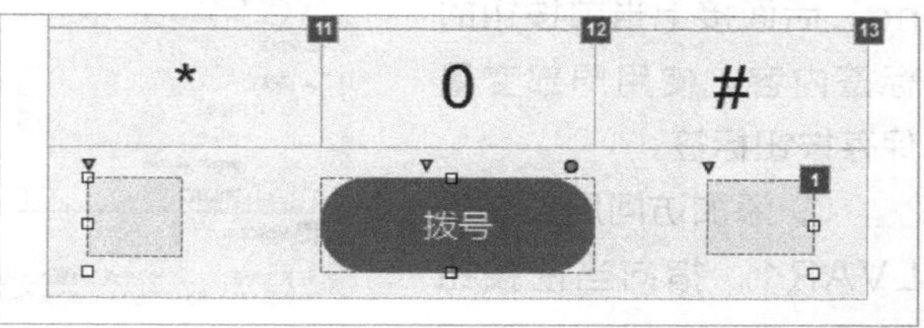

图5-18

（3）为了显示输入的号码，需要有一个输入框。设置输入框字体大小为36，设置文字对齐样式为居中，并命名为txtPhoneNo，选择“隐藏边框”和“只读”选项，设置背景颜色和其他按钮颜色一致，如图5-19所示。

（4）添加一个较大的灰色矩形框作为所有按钮的背景，完成后的界面布局效果如图5-20所示。

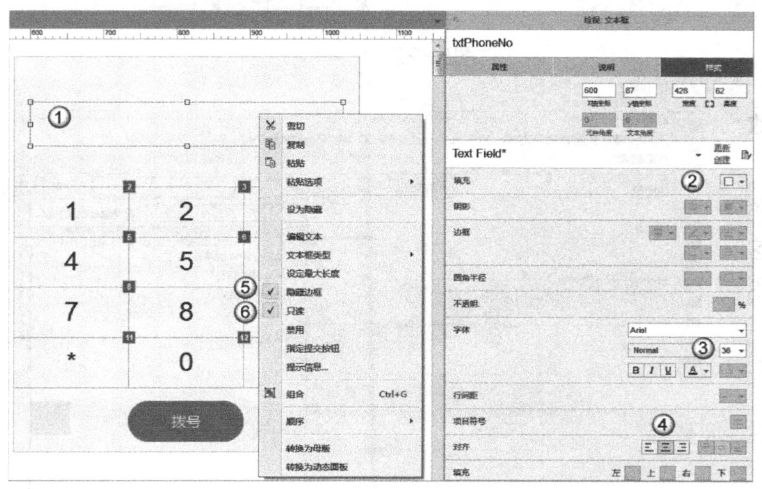

图5-19

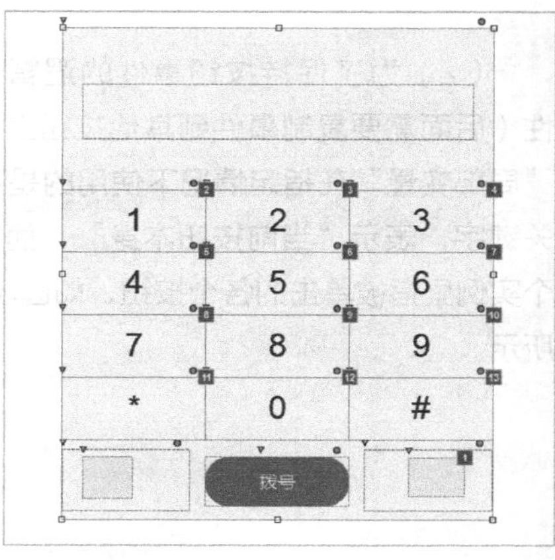

图5-20

02 添加全局变量

单击菜单栏“项目”的二级菜单“全局变量...”，添加一个全局变量phone_no，用来存储当前输入的号码，如图5-21所示。

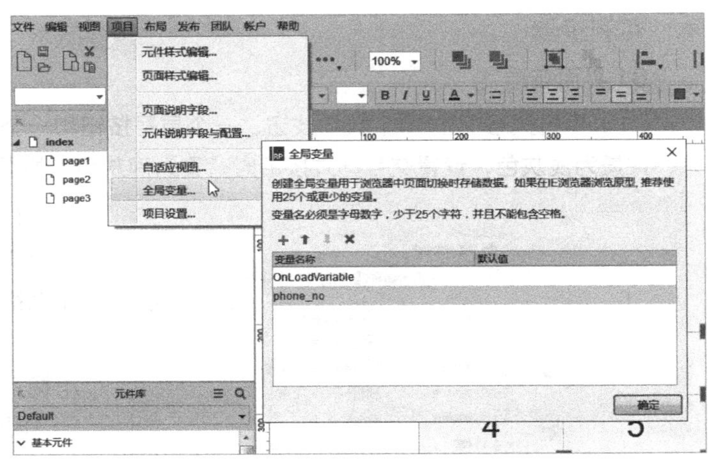

图5-21

03 交互事件处理

（1）数字按钮、星号按钮和井号按钮的事件处理都一样，单击按钮时给全局变量phone_no赋值。由于输入的号码是连续的，因此在赋值时需要拼上之前已经输入的号码，如图5-22所示。

① 拼接变量phone_no，后面接上当前按钮的标签内容，使用局部变量保存按钮标签。

② 添加访问局部变量LVAR1，指向当前按钮标签。

③ 将变量赋值给显示标签。

④ 显示“add”和“delete”按钮。

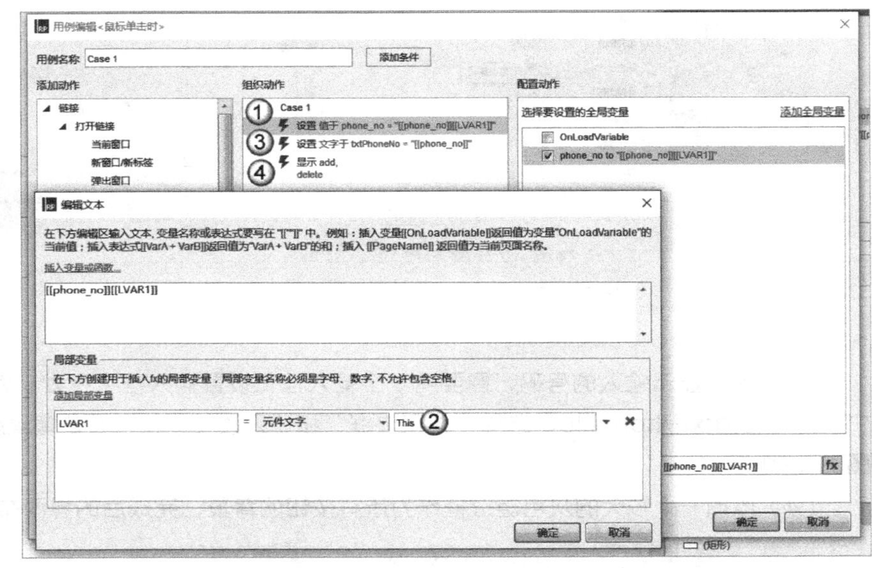

图5-22

（2）为了保持按钮事件的逻辑一致性（后面需要复制事件到其他按钮上），“局部变量”在指定情况下使用的是This关键字，表示“当前按钮本身”，而在这个实例里指被单击的各个按钮，如图5-23所示。

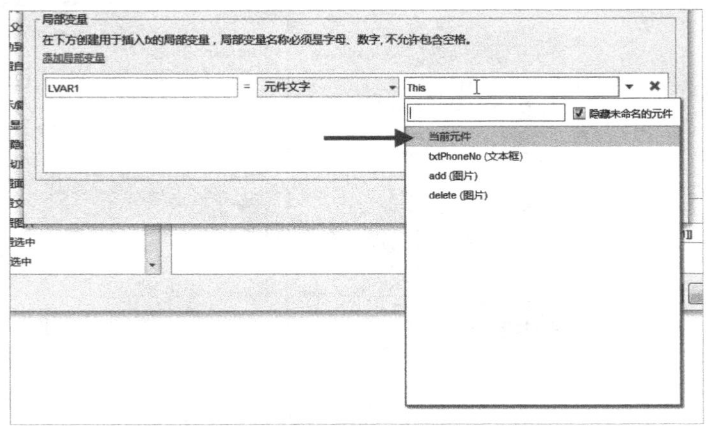

图5-23

提示

在局部变量的使用中，This关键字表示元件本身，即被操作的对象，在该实例中如按钮本身。使用This关键字的好处是不必给按钮另起名字，因为在实际应用中不会通过名字指定对象，这样的话按钮的事件处理逻辑就可以通用了。

如果想通过给按钮起名字来指定对象，那么在复制粘贴事件后，还需要修改每个事件中的名字，如此则会比较麻烦。

（3）在给变量phone_no赋值后，需要把这个变量值再设置到界面上显示号码的输入框里。

（4）在单击了“数字按钮”后，必然涉及号码的输入，这时就需要显示之前处于隐藏状态的两个按钮，即新增联系人和退格按钮。

04 复制和粘贴事件

复制数字按钮1上的事件，然后粘贴到其他数字按钮及星号按钮、井号按钮上，如图5-24所示。

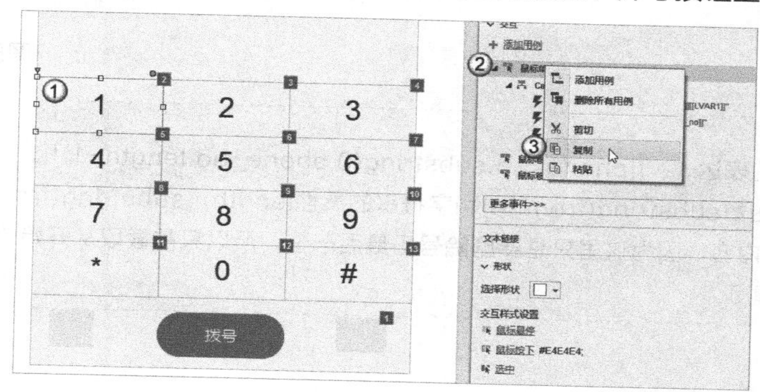

图5-24

05 事件处理

（1）双击“鼠标单击时”事件，添加事件处理，如图5-25所示。

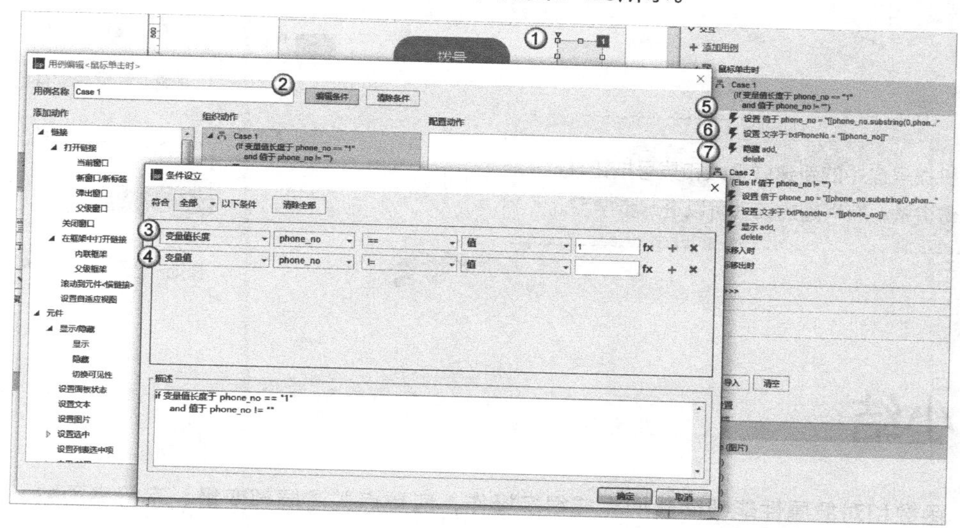

图5-25

① 选择“退格”按钮。

② 双击“鼠标单击时”事件，从弹出的用例编辑窗口中添加条件。

③ 添加判断变量值phone_no=1长度条件。

④ 添加判断变量值phone_no=空条件。

⑤ 删除显示的号码的最后一位。

⑥ 重新设置号码显示标签内容为变量值phone_no。

⑦ 同时隐藏新增联系人按钮和退格按钮。

（2）在删除号码最后一位时将显示新增联系人按钮和退格按钮。双击“鼠标单击时”事件，添加事件分支，前两步操作与上一步相同，最后一步显示add和delete按钮，如图5-26所示。

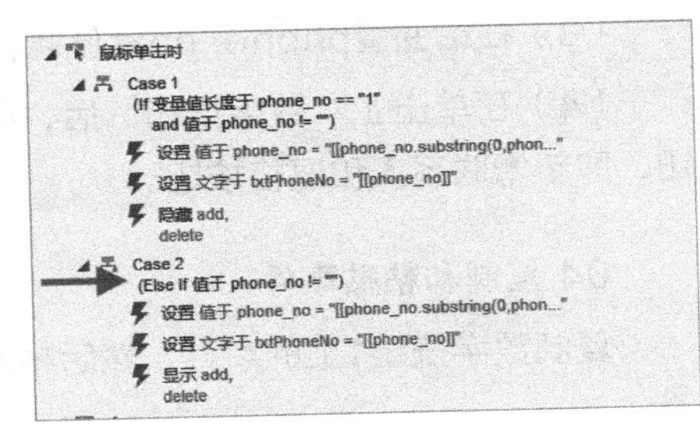

图5-26

提示

删除号码最后一位的表达式：[[phone_no.substring(0,phone_no.length-1)]]。

这里使用了字符串函数substring(from,to)和字符串的属性length，substring(from,to)表示从字符串中截取from到to位置之间的内容，因为这里只是要删除号码最后一位，所以只需截取从开始位置0到总长度(phone_no.length)减1的位置即可。

06 按快捷键F5预览

预览时，单击拨号盘上的任意按钮，然后再单击退格按钮，尝试删除输入的号码，如图5-27所示。

图5-27

提示

关于手机拨号盘中的新建联系人和拨号按钮事件的处理该处未做讲解，有兴趣的读者可以进一步学习。

5.7 小结

变量、函数和对象属性能帮助我们完成很多操作，应重点关注局部变量、字符串函数、元件属性和窗口属性的使用。

RP

06 SIX 事件处理

作为交互动作的体现，事件是设计原型过程中的重要环节。在 Axure 中，事件一般是指鼠标在目标对象上（按钮、形状、动态面板和页面等）进行操作时（鼠标经过、按下、松开和单击等），或者在目标对象初始化时触发的动作，在事件被触发时，可以在事件中处理一些逻辑关系。

- 事件的概念
- 主要元件事件，包括普通元件、动态面板、文本和页面事件
- 事件分支产生的原因和添加事件分支的方法
- 各类事件动作

6.1 概述

在Axure里，事件又叫用例，添加用例即是添加事件处理。默认每种元件只展示常用的事件，其他事件都隐藏在“更多事件>>>”下拉菜单里，如图6-1所示。

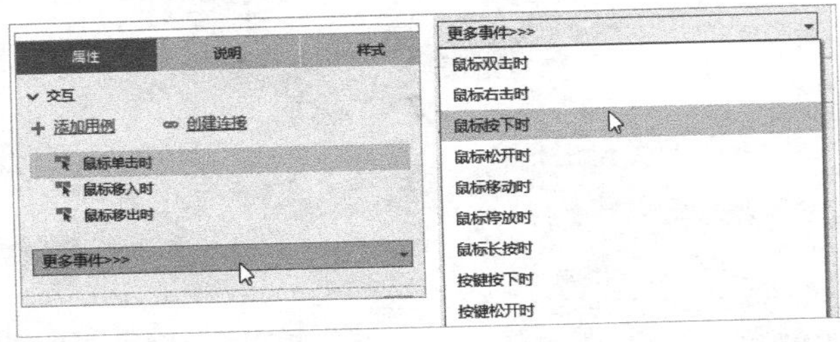

图6-1

举个简单的关于事件的例子，如果我们希望在单击界面上的按钮时，能弹出一个“提示信息”窗口，那么就需要在按钮的OnClick（单击）事件里处理显示弹出窗口的动作。

6.2 普通元件

普通元件包括按钮、矩形框、图片、文本标签、占位符和标记元件等，如图6-2所示。

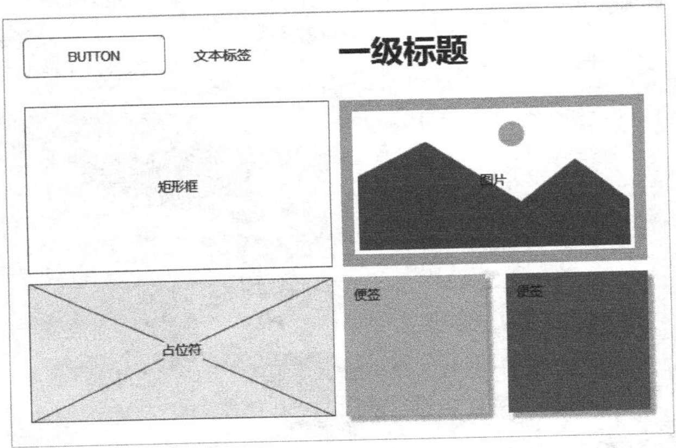

图6-2

针对以上这些普通元件，常用的事件包括OnClick（鼠标单击时）、OnMouseEnter（鼠标移入时）和OnMouseOut（鼠标移出时）。

OnClick（鼠标单击时）：当在按钮和占位符等元件上单击时，会响应此事件，这是最常用的事件，交互动作绝大部分在此事件上处理。

OnMouseEnter（鼠标移入时）：当光标移入元件范围时，触发此事件，每次移入时都会执行一次该事件。

OnMouseOut（鼠标移出时）：当光标移出元件范围时，触发此事件，每次移出时都会执行一次该事件。

实例：普通事件

实例位置	实例文件>CH06> 普通事件.rp
难易指数	★★☆☆☆
技术掌握	单击事件、鼠标移入移出事件处理
思路指导	这个例子同时演示了鼠标的3个典型事件，每个事件被触发后都可以执行一些动作，这些动作包括打开新的页面、显示或隐藏元件等。光标移入或移出时的另一个场景就是通过改变元件的样式来使用户获得反馈

★ 实例目标

以普通的按钮处理单击事件，光标经过和移出按钮区域时显示浮动提示信息。

完成后的效果如图6-3所示。

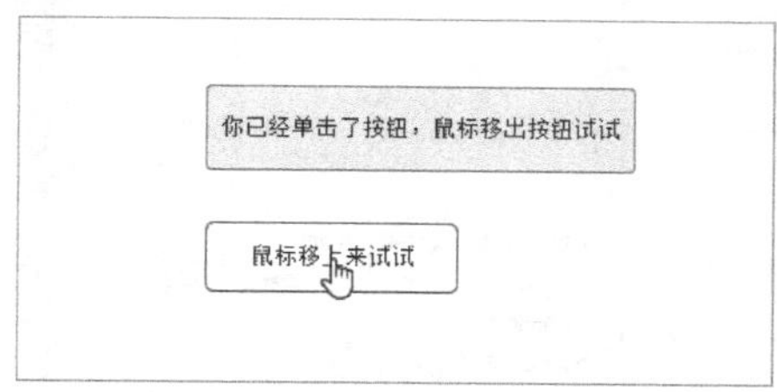

图6-3

★ 实例步骤

01 添加按钮

拖动一个按钮到设计区域，双击修改按钮文字为“鼠标移上来试试”，如图6-4所示。

02 添加提示信息矩形框

拖动一个矩形框，并命名为tips，然后修改宽度和高度至合适大小后移到按钮上方，设置背景为淡黄色，边框为深黄色，拖动矩形框左上角的小三角，调整圆角弧度为2，双击设置文字内容为“请在按钮上单击鼠标”，如图6-5所示。

> **提示**
>
> 在该实例中，交互开始时“提示信息”是不显示的，所以将提示信息设置好之后，需要选中提示信息框tips，单击鼠标右键，将其设置为“隐藏”状态。

图6-4

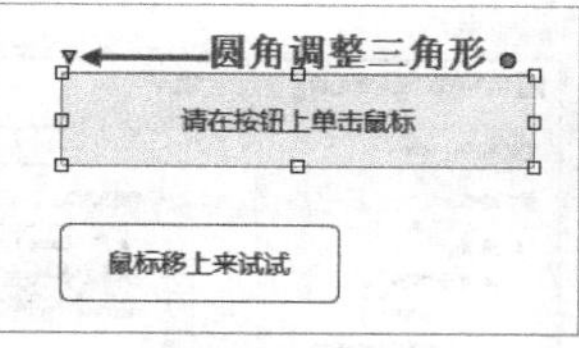

图6-5

03 事件处理

（1）选择按钮，在属性页面下的交互列表里双击“鼠标移入时”事件，添加事件用例，显示隐藏的tips提示框，设置完成后单击“确定”按钮，如图6-6所示。

① 选择“鼠标移上来试试”按钮。

② 添加“鼠标移入时”事件。

③ 添加显示动作。

④ 选择显示对象tips。

（2）按照上一步的操作形式，添加“鼠标移出时”事件，并隐藏tips提示框，如图6-7所示。

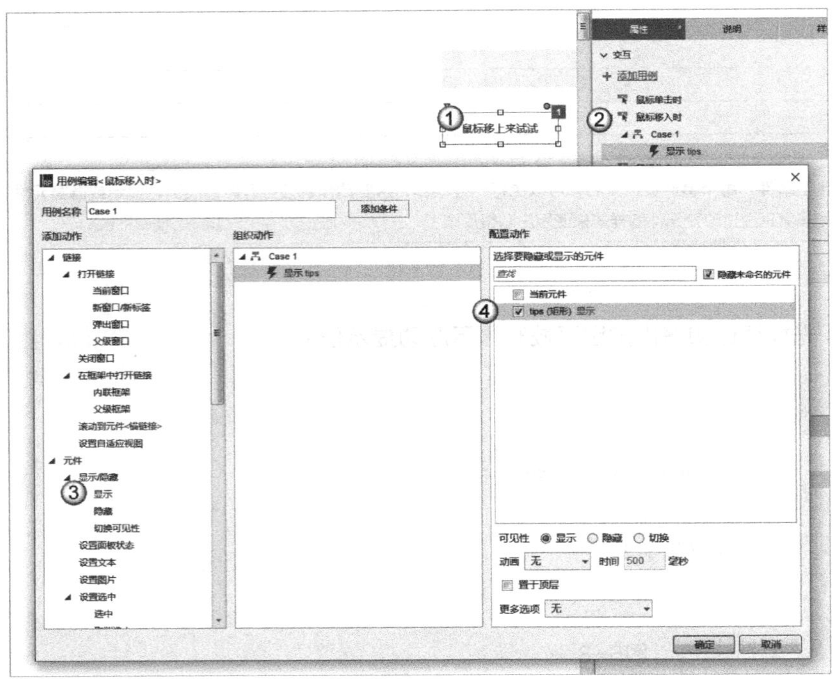

图6-6

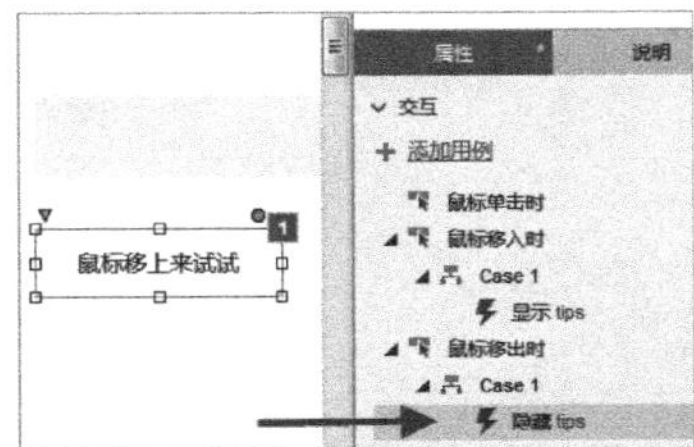

图6-7

（3）添加“鼠标单击时”事件，单击操作完成后修改提示文字的内容为“你已经单击了按钮，鼠标移出按钮试试”，如图6-8所示。

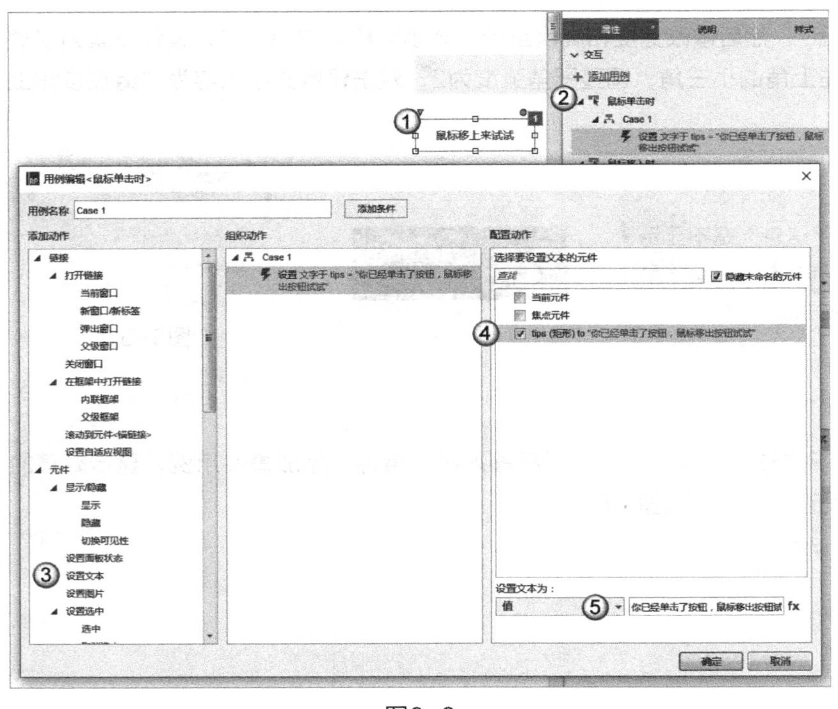

图6-8

① 选择“鼠标移上来试试”按钮。

② 添加“鼠标单击时”事件。

③ 添加设置文本动作。

④ 选择文本标签tips。

⑤ 设置文本内容“你已经单击了按钮，鼠标移出按钮试试”。

单击“确定”按钮，完成事件设置。

04 按快捷键F5预览

预览效果如图6-9所示。

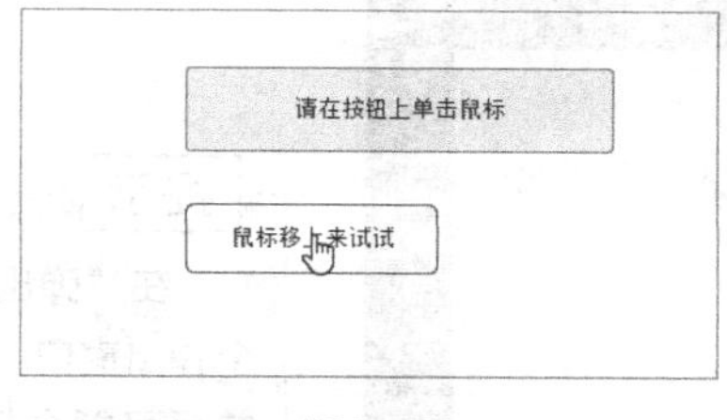

图6-9

6.3 动态面板

动态面板是一个比较特殊的元件，它有着其他元件所不具备的特殊事件。“状态”是动态面板特有的属性，一个动态面板可以有多个状态，每个状态里可以设置不同的内容，但同一时间只能显示里面的一种状态。

- OnPanelStateChange（**状态切换时**）：动态面板中设置状态时切换的动作。当从状态A切换到状态B时，此事件会发生。
- OnDrag（**拖动时**）：按住鼠标左键选择动态面板并拖动后，可以触发此事件。拖动的事件过程中可以获取信息并实时显示，如元件的位置信息，或者拖动动态面板后的效果。
- OnDragDrop（**拖动结束时**）：该动作发生在拖动事件后，拖动事件完成后松开鼠标左键，即可结束拖动操作。
- OnSwipeLeft（**向左拖动结束时**）：监视拖动的特殊动作，在向左侧拖动动态面板完成时，可触发此事件。
- OnSwipeRight（**向右拖动结束时**）：同OnSwipeLeft正好相反，在向右侧拖动动态面板完成时，触发此事件。
- OnLoad（**载入时**）：在动态面板内容初始化完成后触发，常常在这里做些准备工作，如变量设置和初始状态指定等。

实例：动态面板事件

实例位置	实例文件>CH06>动态面板事件.rp
难易指数	★★★☆☆
技术掌握	动态面板的拖动事件、拖动结束事件
思路指导	通常，弹出窗口是可以通过标题栏移动的，这样就可以看到被弹出窗口挡住的内容。因此可以在将标题栏转成动态面板后，通过给它添加拖动事件来移动整个弹出窗口，注意，因为是要移动整个弹出窗口，所以也需要将弹出窗口转成动态面板。为了获得拖动操作的反馈，可以在拖动和拖动结束时设置相应的提示信息

★ 实例目标

以第4章中的“4.4 综合实例：Hello Axure！”的原型效果为基础，实现拖动弹出窗口的标题栏和移动弹出窗口的原型效果。

完成后的效果如图6-10所示。

图6-10

提示

在“弹出窗口”实例中，单击按钮后会显示一个弹出窗口，但这个弹出窗口是固定不可移动的，并且可能会挡住背景上的部分内容。在该实例的原型中，我们可以通过移动弹出窗口来查看后面的内容。

★ 实例步骤

01 添加动态面板拖动事件

打开HelloAxure.rp文件，然后选择隐藏状态的动态面板popup，双击后选择state1进入动态面板编辑状态，选择提示内容标签，并命名为tips，接着选择蓝色标题栏，单击鼠标右键将标题栏单独转换为动态面板，目的是应用动态面板的拖动事件，如图6-11所示。

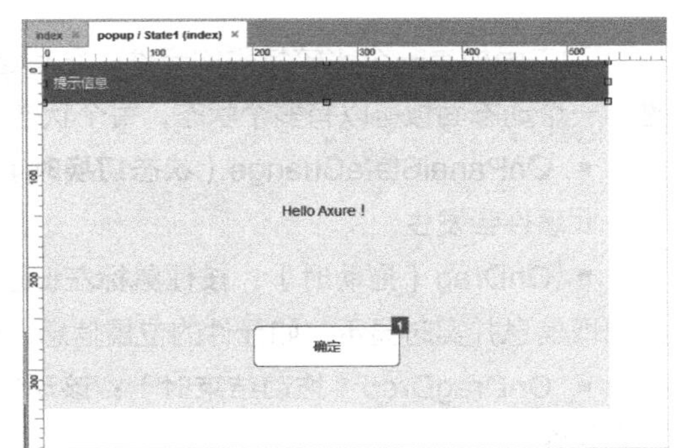

图6-11

02 添加标题栏拖动事件

选择标题栏动态面板，在属性页面下的交互列表里双击“拖动时”事件，在弹出的“用例编辑”窗口中选择“移动”动作，移动动态面板popup，并设置弹出面板的提示信息tips为“拖动弹出窗口中...”，如图6-12所示。

① 选择标题栏矩形。

② 双击“拖动时”事件。

③ 移动标题栏，选择移动动态面板popup。

④ 设置tips文件内容为“拖动弹出窗口中...”。

图6-12

03 添加标题栏拖动结束事件

双击“拖动结束时”事件，在弹出的“用例编辑”窗口中，设置弹出窗口中的提示信息内容为“拖动结束”，如图6-13所示。

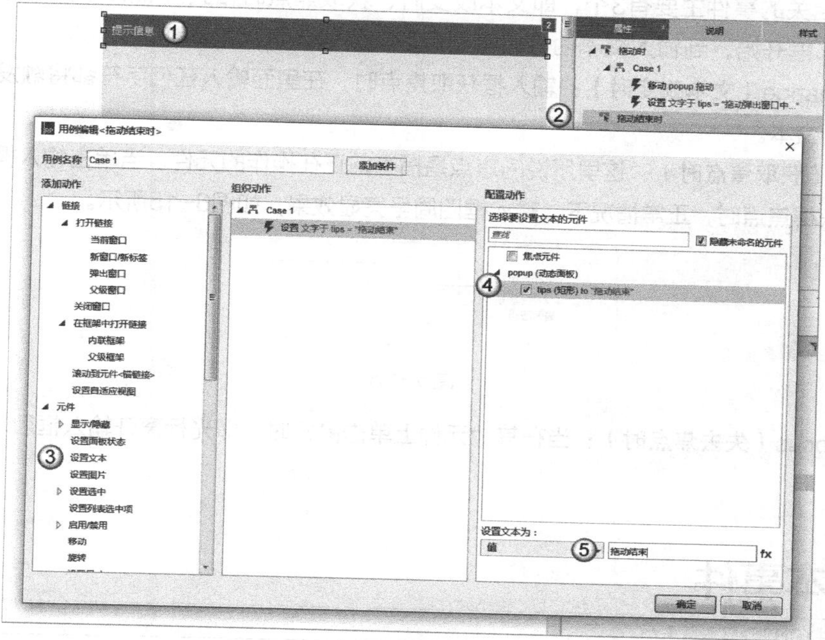

图6-13

① 选择标题栏矩形。

② 双击“拖动结束时”事件。

③ 添加设置文本动作。

④ 选择文本标签tips。

⑤ 设置文字内容为“拖动结束”。

04 按快捷键F5预览

单击“显示弹出窗口”按钮后，显示弹出窗口，单击标题栏并按住鼠标移动弹出窗口，此时光标自动显示为“拖动”状态，弹出窗口中的提示内容变为“拖动弹出窗口中...”，松开鼠标后，弹出窗口移动到指定位置，提示内容变为“拖动结束”，如图6-14所示。

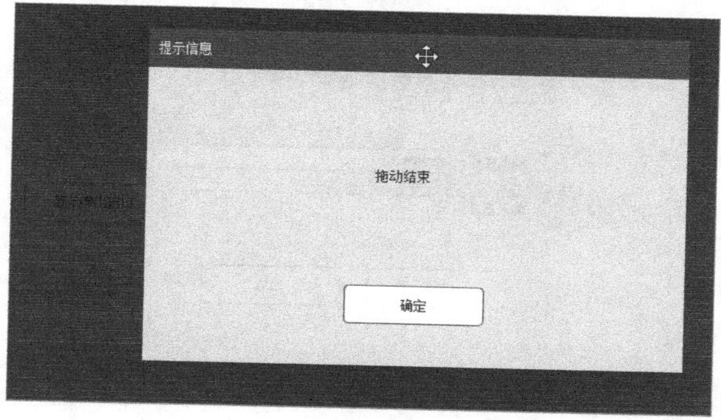

图6-14

6.4 文本

和文本输入相关的事件主要有3个，即文本改变时、获取焦点时和失去焦点时。该类事件可以监控从单击鼠标选择输入框开始，到输入文本内容，再到最后离开输入框时的动作。

- OnTextChange（**文本改变时**）：输入框获取焦点时，在里面输入任何字符都将触发此事件，可以实时获取当前输入的文本。
- OnFocus（**获取焦点时**）：这里所说的焦点是指当前正在操作的元件。当单击输入框时，会获得当前的焦点。输入框获得焦点时，正常情况下，输入框四周呈亮显效果，如图6-15所示。

图6-15

- OnLostFocus（**失去焦点时**）：当在其他元件上单击鼠标时，即光标离开输入框后，将触发失去焦点时事件。

实例：文本事件

实例位置	实例文件>CH06>文本事件.rp
难易指数	★★★☆☆
技术掌握	获取焦点事件、失去焦点事件、文本内容改变事件、条件判断、局部变量
思路指导	这个实例模拟了输入框的自有属性——“提示文字”的设置，直接设置这个属性就可以实现这个实例中的效果，该实例很好地演示了输入框在获得焦点和失去焦点时的事件处理情况

★ 实例目标

模拟“用户登录”窗口，默认时用户名称输入框内显示“请输入姓名”提示信息，在获得焦点后，清除提示信息。

如果没有输入内容，离开输入框后，输入框内再次显示“请输入姓名”提示信息。

如果已经输入了内容，离开输入框后，保持已经输入的内容不变，输入框下方实时显示当前输入的内容。

完成后的效果如图6-16所示。

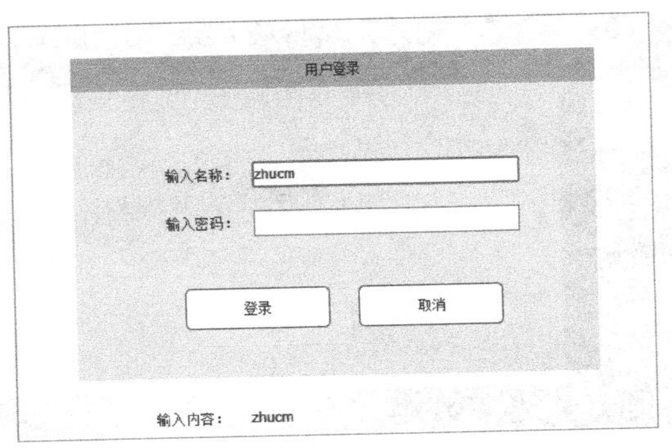

图6-16

提示

该实例仅仅演示了文本输入框的几个事件，实例本身的功能可以通过直接设置文本输入框的“提示文字”属性来实现。

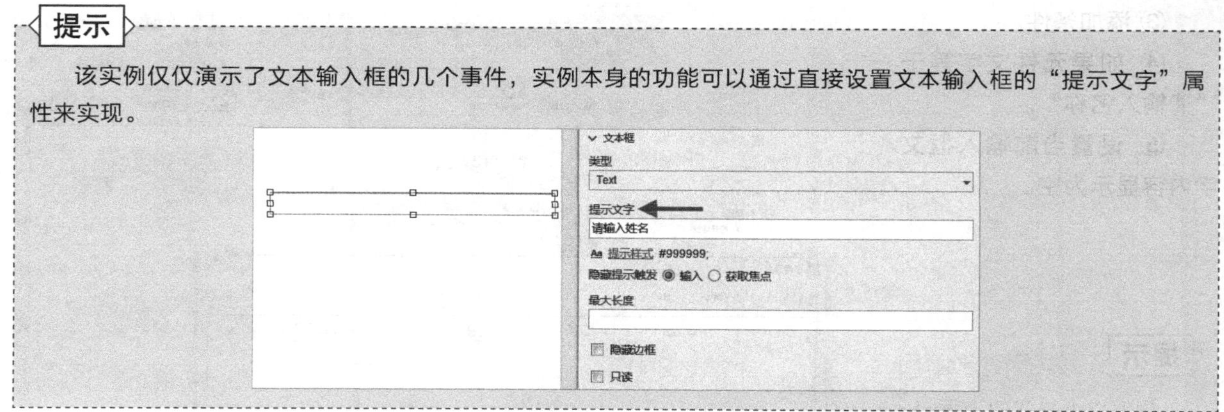

★ 实例步骤

01 界面布局

（1）添加两个矩形框，分别作为窗口的标题和背景，并调整好大小和位置，将标题栏文字设置为“用户登录”。

（2）添加一个标签和输入框，用来提示用户输入用户名称，并将输入框命名为txtName，将输入框文字设置为“请输入名称”。

（3）添加一个标签和输入框，用来提示用户输入用户密码，并将输入框命名为txtPass。

（4）添加两个按钮，作为“登录”按钮和“取消”按钮，不过这两个按钮在这里没有实际用处。

（5）在窗口下方添加两个文本标签，一个用来提示用户输入内容，另一个用来显示输入框中输入的文字内容，添加好之后命名为txtInput。

完成后的界面布局如图6-17所示。

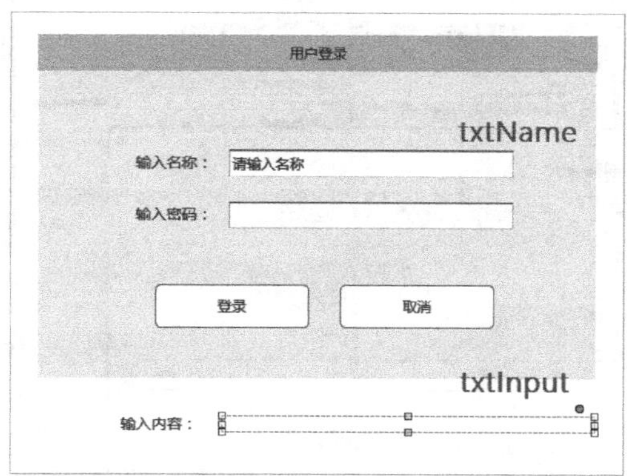

图6-17

02 获得焦点事件

选中txtName，双击“获取焦点时”事件，打开“用例编辑”窗口，进行设置，设置效果如图6-18所示。

①选择txtName输入框。

② 双击选择“获取焦点时”事件。

③ 添加条件。

④ 如果元件文字等于“请输入名称”。

⑤ 设置当前输入框文字内容显示为空。

提示

根据以上描述的流程，需要添加判断条件。如果当前输入框文本内容为“请输入名称”，需要清空输入框里的内容，否则将保留输入框内容。

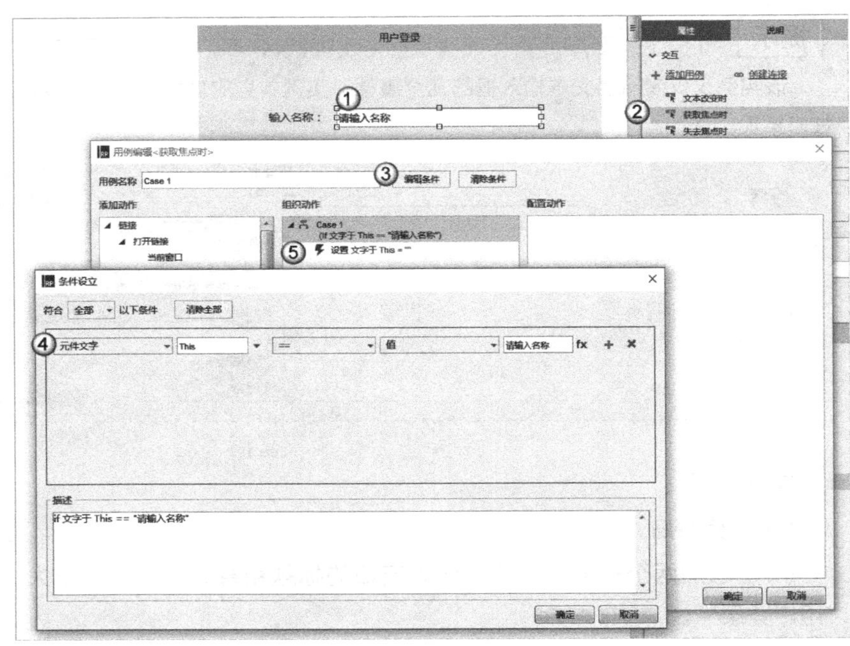

图6-18

03 失去焦点事件

失去焦点时仍然要添加判断条件，如果输入框文本内容显示为空，则再次设置输入框提示内容为“请输入名称”，设置效果如图6-19所示。

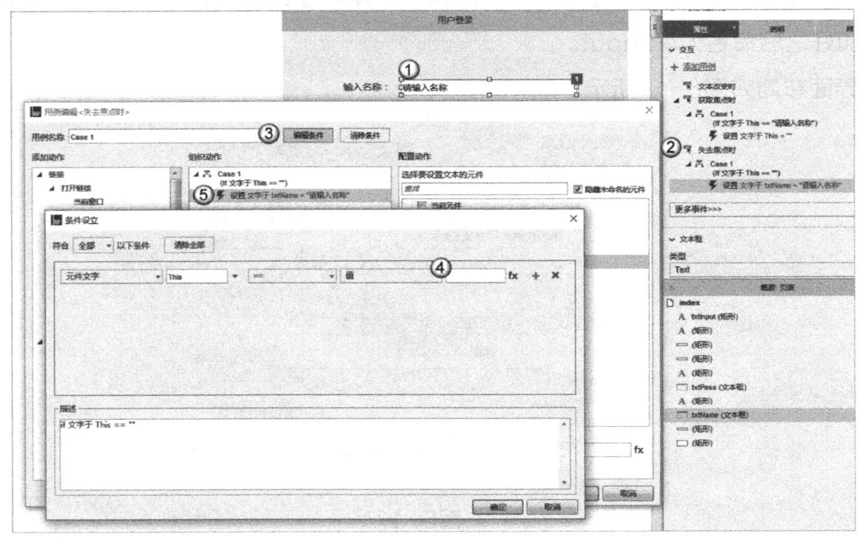

图6-19

① 选择txtName输入框。

② 双击“失去焦点时”事件。

③ 添加条件。

④ 设置当前元件文字内容为空。

⑤ 设置txtName的内容为“请输入名称”。

04 文本改变事件

在输入文本时，下方的txtInput显示输入的内容，如图6-20所示。

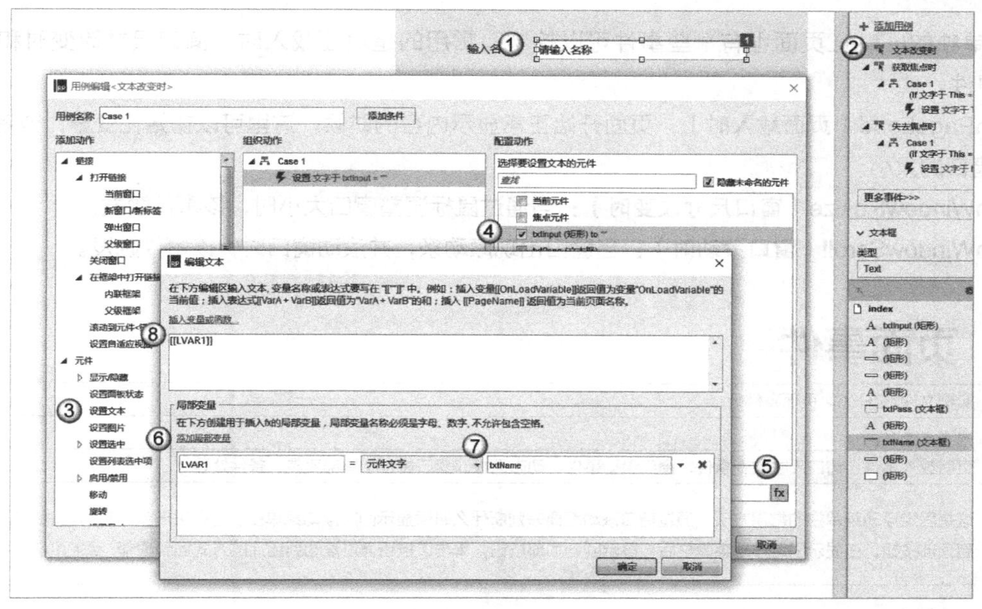

图6-20

① 选择txtName输入框。

② 双击“文本改变时”事件。

③ 设置文本，指定txtInput的内容为txtName中的内容。

④ 使用变量的方式设置。

⑤ 在弹出的变量窗口中“添加局部变量”，从下拉框中选择txtName。

⑥ 添加局部变量LVAR1。

⑦ 选择txtName输入框。

⑧ 添加局部变量LVAR1。

05 按快捷键F5预览

单击“输入名称”输入框，开始输入文字，然后单击下面的“输入密码”输入框，体验失去焦点时事件，如图6-21所示。

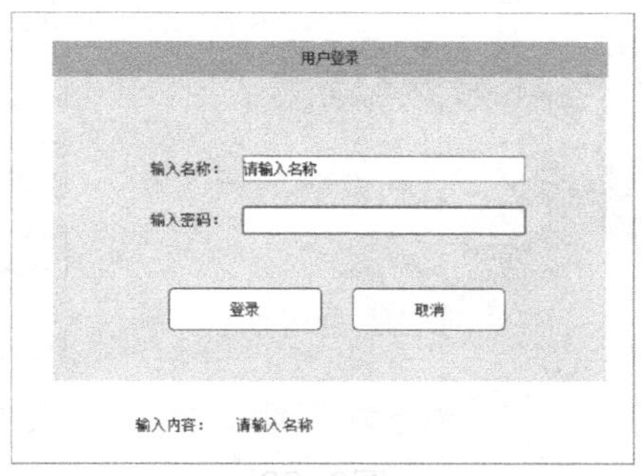

图6-21

6.5 页面

每个单独的HTML页面也有一些事件可以控制，常用的是页面载入时、窗口尺寸改变时和窗口滚动时这3个事件。

- OnPageLoad（**页面载入时**）：页面开始正常显示内容的时候，这里可以初始化变量，或者获取一些信息，如窗口的大小。
- OnWindowResize（**窗口尺寸改变时**）：当通过鼠标调整窗口大小时，该事件触发。
- OnWindowScroll（**窗口滚动时**）：当窗口出现滚动条，并滚动窗口时，该事件触发。

实例：页面事件

实例位置	实例文件>CH06> 页面事件.rp
难易指数	★★★★☆
技术掌握	页面载入事件、窗口尺寸改变事件、窗口滚动事件、动态面板、窗口属性、局部变量、条件处理
思路指导	这是固定浮动菜单栏的常用方法，通过窗口滚动距离来判断什么时候显示固定浮动菜单栏。可以进一步完善的功能是在右下角添加回到顶部按钮，在显示固定浮动菜单栏后，显示回到顶部按钮，单击该按钮通过滚动到锚点的方式回到顶部，然后再隐藏该按钮

★ 实例目标

页面内容居中显示，在窗口大小改变时仍然保持居中效果，窗口滚动超过一定距离后显示顶部菜单栏，小于一定距离时隐藏顶部菜单栏。

完成后的效果如图6-22所示。

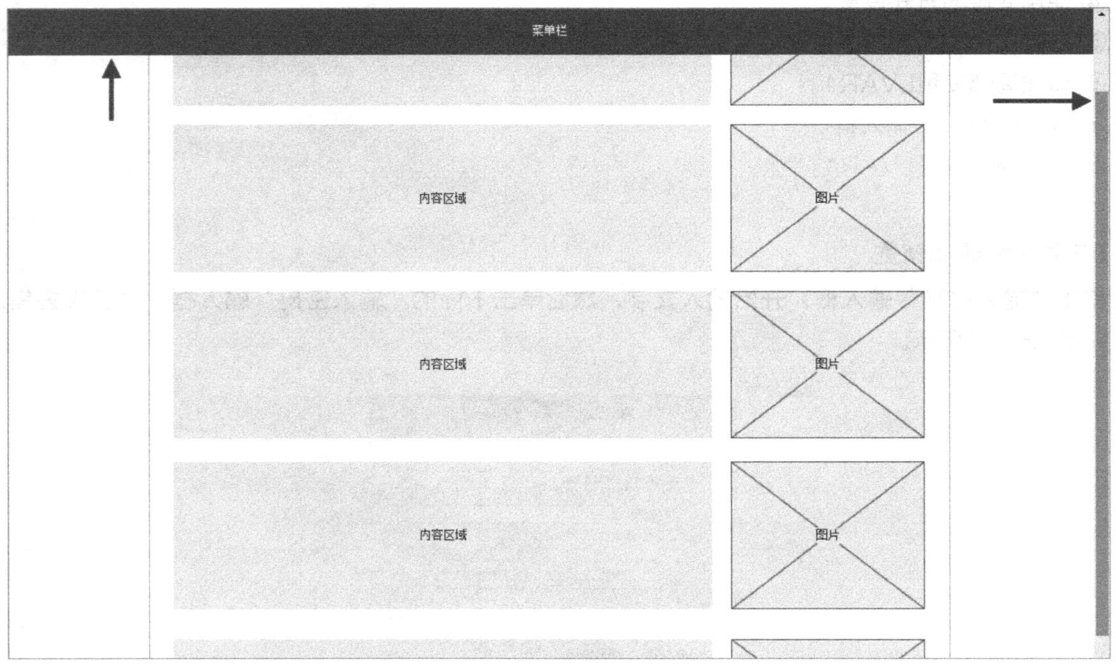

图6-22

★ 实例步骤

01 界面布局

在界面中沿垂直方向放置一些元件，直至在浏览器窗口的垂直方向出现滚动条，完成后的效果如图6-23所示。

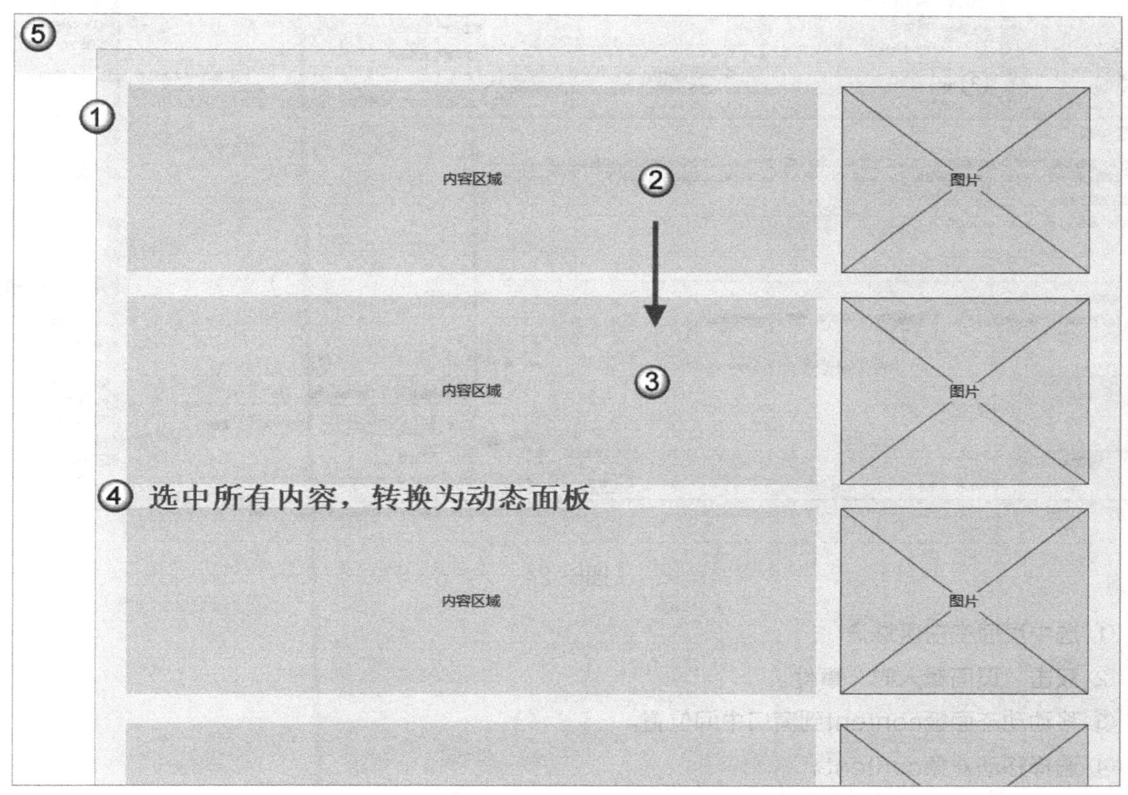

图6-23

① 添加一个矩形框作为背景。

② 添加一个灰色矩形框和点位符，模拟内容和图片区域。

③ 选中内容和图片两个元件，连续复制粘贴5次（快捷键Ctrl+D），并依次排列在下方，使高度超过浏览器高度，出现滚动条。

④ 选中所有元件，右键转换为动态面板，命名为content。

⑤ 添加一个矩形框作为顶部菜单栏，命名为title，背景设置为蓝色，文字为白色，内容为“菜单栏”，并单击右键设置为“隐藏“状态。

提示

快捷键Ctrl+D综合了复制快捷键Ctrl+C和粘贴快捷键Ctrl+V两种功能，因此这一步可以同时完成“复制”与“粘贴”操作。

02 添加页面载入事件

（1）在页面载入时，设置动态面板在浏览器的水平中间位置，如图6-24所示。

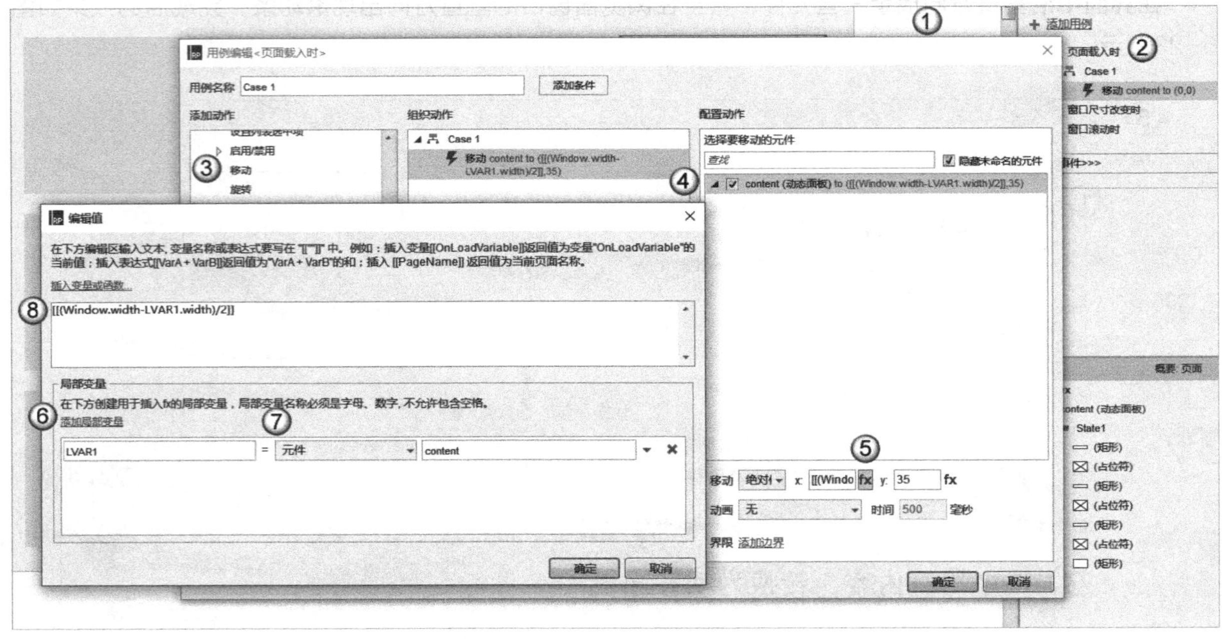

图6-24

① 选中页面空白区域。

② 双击“页面载入时”事件。

③ 移动动态面板content到窗口中间位置。

④ 选择移动对象content。

⑤ 插入变量和函数。

⑥ 添加局部变量。

⑦ 设置局部变量指向元件对象content。

⑧ 表达式为[[(Window.width-LVAR1.width)/2]]。

（2）设置顶部菜单栏的大小与窗口宽度一致。窗口宽度通过插入窗口对象的属性Window.width即可设置，最后设置title的宽度表达式：=[[Window.width]]，如图6-25所示。

① 在页面载入事件中继续添加动作处理。

② 添加设置尺寸动作。

③ 选择设置尺寸对象title。

④ 通过变量和函数表达式实现。

⑤ 插入变量和函数。

⑥ 选择窗口宽度属性Window.width。

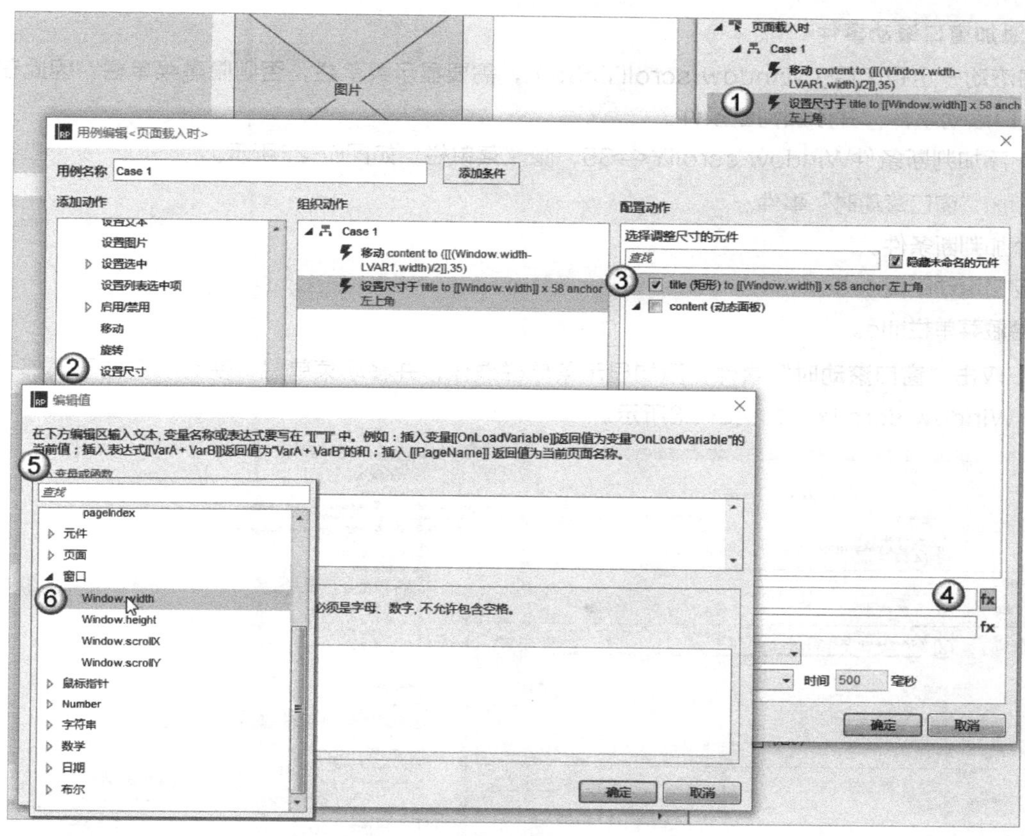

图6-25

03 添加窗口尺寸改变事件

在窗口尺寸发生改变时，我们希望页面内容仍然保持在窗口中间位置，页面载入事件已经实现这个操作，因此直接复制“页面载入事件”，粘贴到“窗口尺寸改变时”上即可，如图6-26所示。

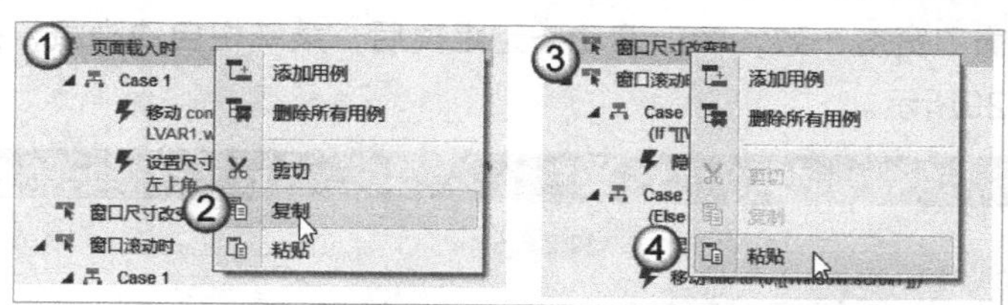

图6-26

① 选择“页面载入时”事件，单击鼠标右键弹出菜单。

② 复制事件。

③ 选择“窗口尺寸改变时”事件，单击鼠标右键弹出菜单。

④ 粘贴事件。

提示

添加多个事件时，可以通过对上一个添加好的事件执行复制和粘贴操作来，添加新的事件，避免重复设置。

04 添加窗口滚动事件

窗口滚动一定距离后（Window.scrollY>35），需要显示菜单栏，否则隐藏菜单栏，因此在这里需要控制窗口滚动事件，并添加判断条件。

（1）添加判断条件Window.scrollY<=35，隐藏菜单栏，如图6-27所示。

① 添加“窗口滚动时”事件。

② 添加判断条件。

③ 窗口滚动距离<=35。

④ 隐藏菜单栏title。

（2）双击“窗口滚动时”事件，添加显示菜单栏操作，并移动菜单栏，使其一直位于顶部，即保持位置等于Window.scrollY，如图6-28所示。

图6-27

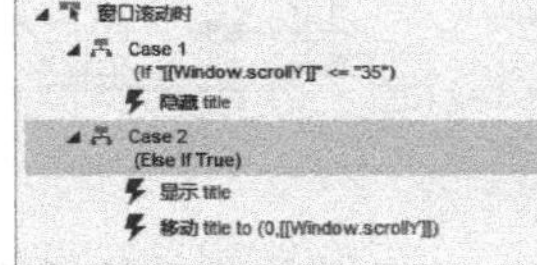

图6-28

05 按快捷键F5预览

菜单栏宽度保持与窗口宽度一致，窗口滚动一定距离后，菜单栏自动隐藏，并显示之前处于隐藏状态的动态面板，如图6-29所示。

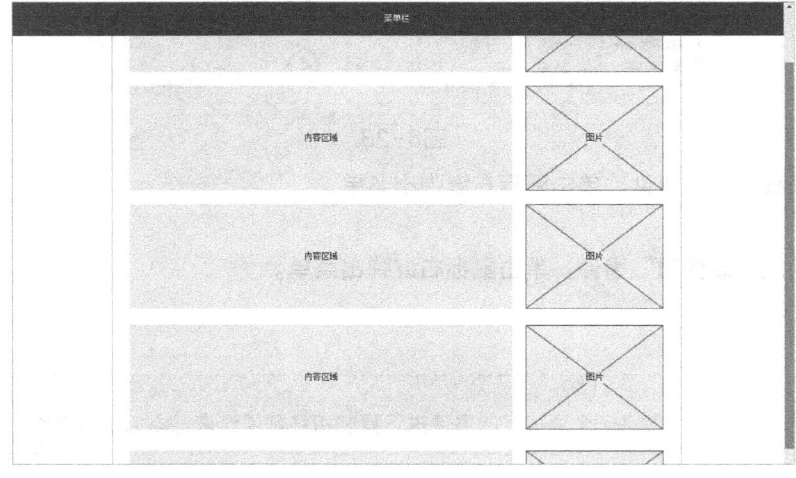

图6-29

6.6 事件分支

事件分支是指某个事件可能有多个不同的执行结果，例如，在单击按钮时我们希望既能显示成功提示信息，也可以显示失败提示信息。通过双击事件名称可以添加多个事件分支。

6.6.1 事件分支的产生

实际生活中，同一事件常会出现不同的结果，这时可以使用事件分支来体现不同场景下的结果。

给元件添加事件分支后，单击元件时会出现下拉菜单，选择执行哪个分支，如图6-30所示。

例如，上述单击事件有两个分支，分别显示按钮文字设置的不同内容，如图6-31所示。

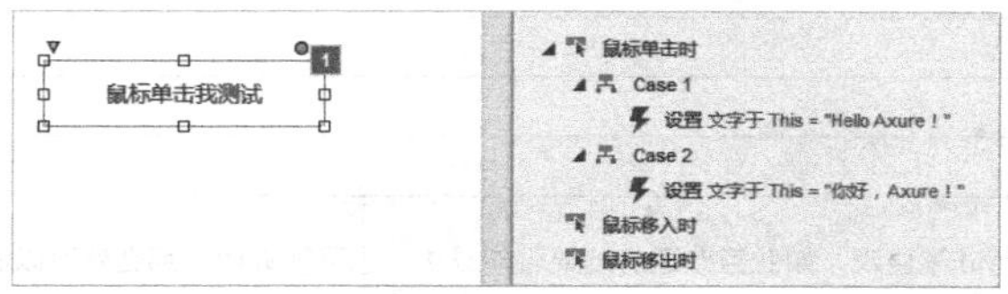

图6-30

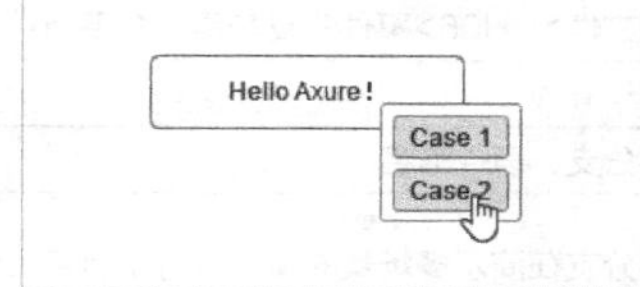

图6-31

6.6.2 事件分支的命名

在默认情况下，每次双击事件名称添加事件分支时，显示的名字顺序一般为Case 1、Case 2……，而该类型名称不容易看出来具体指的是哪个分支，所以这里可以对事件分支重新命名。

双击Case 1，在弹出的窗口中修改事件分支的名称，如图6-32所示。

① 选择按钮。

② 添加单击事件。

③ 修改事件名称。

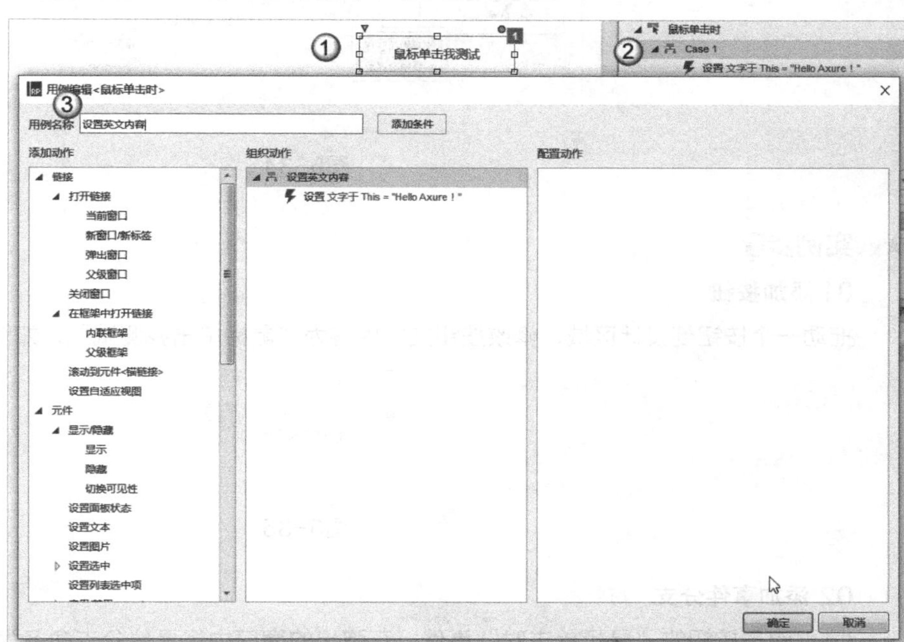

图6-32

事件分支重新命名后的效果如图6-33所示。

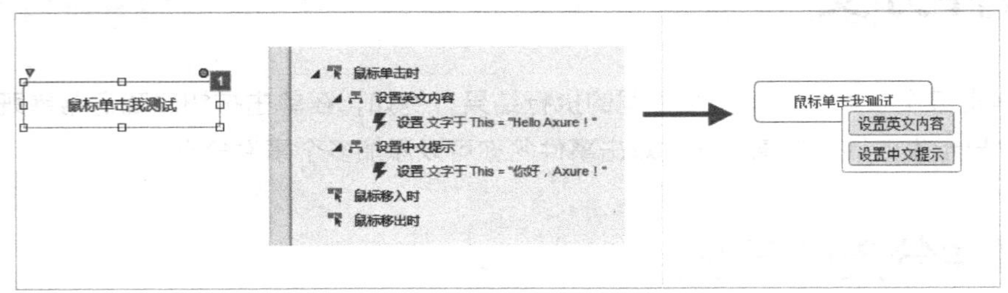

图6-33

实例：事件分支与事件命名

实例位置	实例文件>CH06>事件分支与事件命名.rp
难易指数	★★☆☆☆
技术掌握	事件分支、事件命名
思路指导	事件分支在演示多场景的情况下特别有用，而且非常直观，如业务办理的结果可能成功，也可能失败，那么就可以添加两个事件分支显示不同的结果。在操作过程中，尽量准确命名各事件分支，方便区分

★ 实例目标

单击按钮，显示设置按钮内容的两个事件分支，选择“设置英文内容”时，按钮文字内容为Hello Axure!，选择“设置中文提示”时，按钮文字内容为“你好，Axure！”。

完成后的效果如图6-34所示。

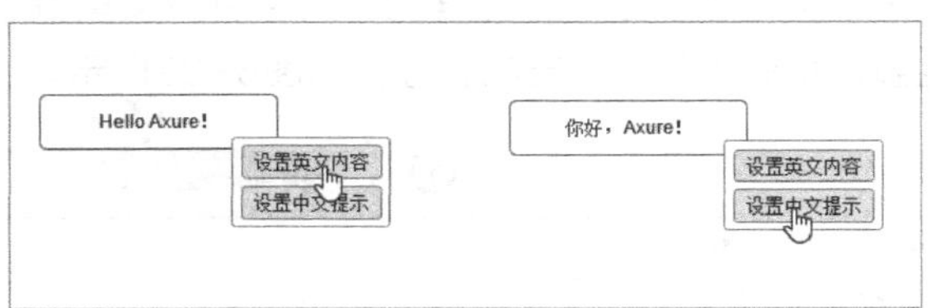

图6-34

★ 实例步骤

01 添加按钮

拖动一个按钮到设计区域，修改按钮文字内容为“鼠标单击我测试”，如图6-35所示。

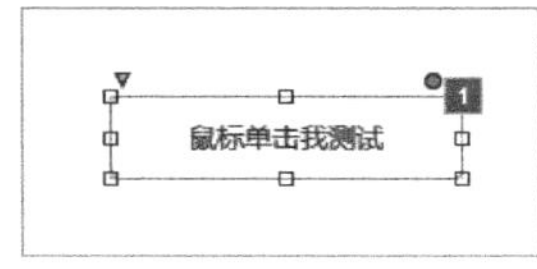

图6-35

02 添加事件分支

（1）双击按钮的“鼠标单击时”事件，在弹出的窗口中将事件分支命名为“设置英文内容”，并设置按钮的文字内容为“Hello Axure！”，如图6-36所示。

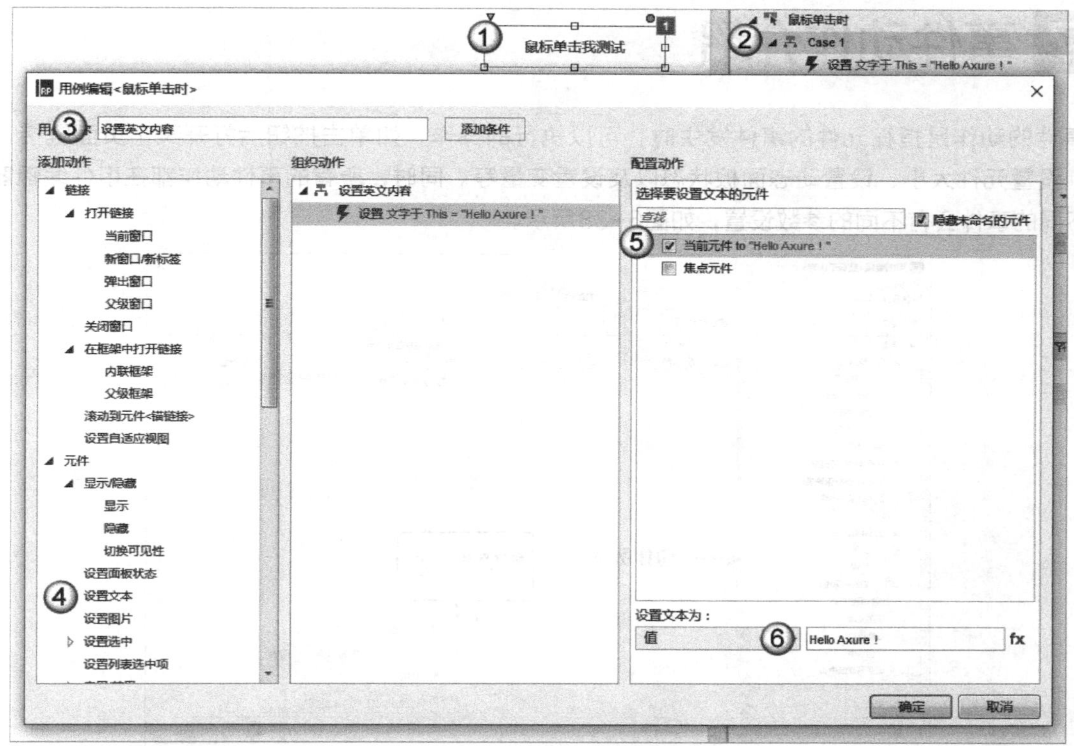

图6-36

① 选择按钮“鼠标单击我测试”。

② 双击“鼠标单击时”事件。

③ 将事件名称命名为“设置英文内容”。

④ 设置文本内容。

⑤ 选择设置文本的对象为当前元件，即按钮。

⑥ 设置文字内容为“Hello Axure!”。

（2）用与上一步同样的方法添加另外一个事件分支，并将该事件分支命名为“设置中文提示”，设置按钮的文字内容为“你好，Axure!”。

03 按快捷键F5预览

预览效果如图6-37所示。

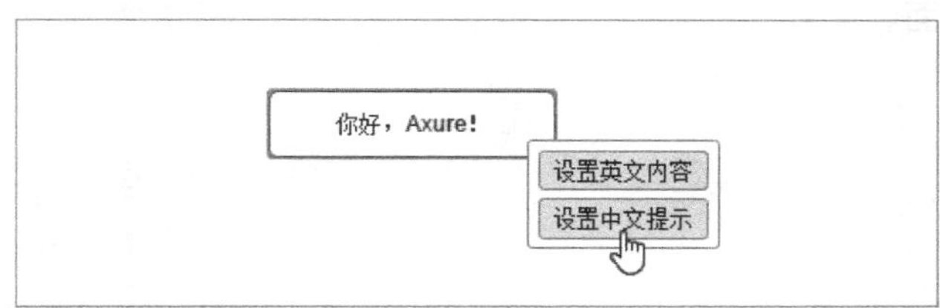

图6-37

6.7 事件动作介绍

事件的动作是指在元件的事件发生时，可以执行的操作，如单击按钮后打开某个页面链接、移动元件、设置元件大小、设置动态面板状态以及设置变量等。同时，所有的事件动作都在事件编辑器里设置，不同的事件会有不同的参数设置，如图6-38所示。

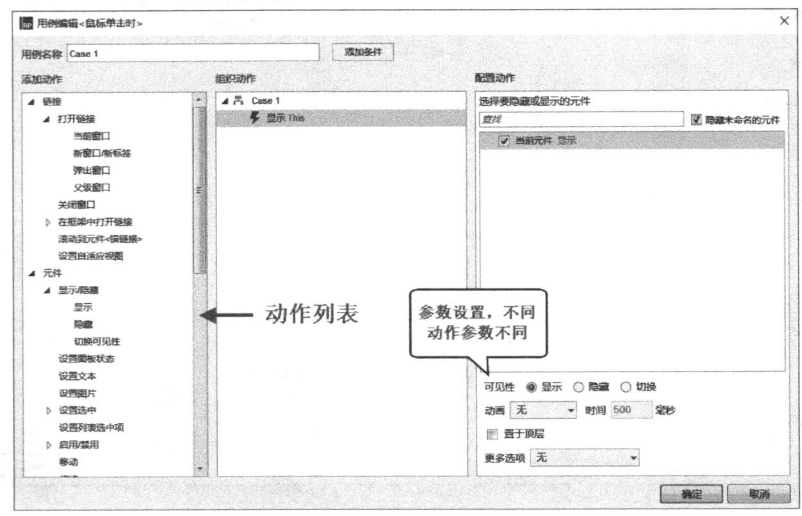

图6-38

6.7.1 链接动作

链接动作是和页面的URL地址相关的操作，如图6-39所示。

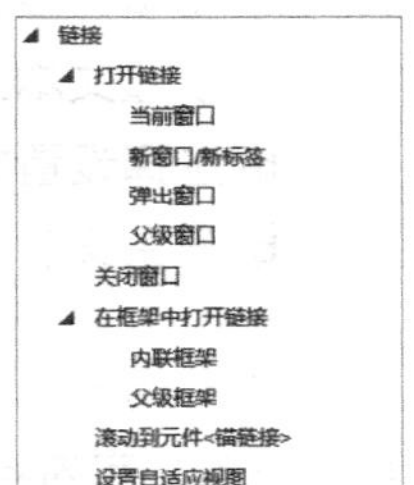

图6-39

◇ 打开链接

打开链接分为以下几种场景。

- **当前窗口：** 在当前显示页面打开新的URL页面，覆盖当前页面正在显示的内容，可以通过浏览器的后退键返回上一页面。
- **新窗口/新标签：** 如果浏览器支持新窗口或者新标签的打开，则会在新的浏览器窗口或者新的标签页里打开指定的URL页面。
- **弹出窗口：** 以单独的弹出窗口方式显示新的页面，弹出窗口可以设置是否显示菜单栏和工具栏。
- **父级窗口：** 当A页面在新的页面或弹出窗口中打开B页面，而B页面又在“父窗口”中打开C页面，则结果是在A页面中打开C页面。

◇ 关闭窗口

关闭打开的页面窗口。

◇ 滚动到元件

如果页面较长，出现滚动条，可以通过“滚动到元件”动作，将页面定位到指定位置。

实例：不同的链接打开方式

实例位置	实例文件>CH06>不同的链接打开方式.rp
难易指数	★★★☆☆
技术掌握	打开链接、关闭窗口、滚动到元件
思路指导	链接动作指在多个页面间跳转，或者同一个页面上的锚点定位。这种页面间的跳转和真正的页面跳转功能完全一样，所以浏览器的“后退”按钮对同一窗口的页面跳转同样有效

★ 实例目标

练习在当前窗口打开页面、在新窗口打开页面、显示弹出窗口以及滚动到元件锚点这4种方法。

完成后的效果如图6-40所示。

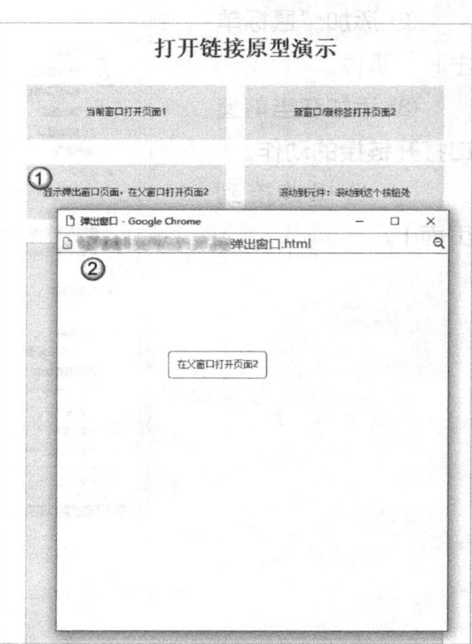

图6-40

★ 实例步骤

01 界面布局

（1）添加一个标题文字标签以及4个矩形框作为按钮。按钮标签分别为“当前窗口打开页面1”“新窗口/新标签打开页面2”“显示弹出窗口页面，在父窗口打开页面2”“滚动到元件：滚动到这个按钮处”。

（2）在以上4个矩形框下新增一个矩形，设置高度为1500，使浏览器窗口出现滚动条，用于演示“滚动到这个按钮处”动作。

（3）将站点地图的几个页面重命名。选中页面后，按快捷键F2重新将这些页面分别命名为首页、页面1、页面2和弹出窗口，如图6-41所示。

（4）双击打开站点地图“页面1”，添加一个“确定”按钮，然后双击打开站点地图“页面2”，添加一个图片元件，并将其大小调整到合适状态，如图6-42所示。

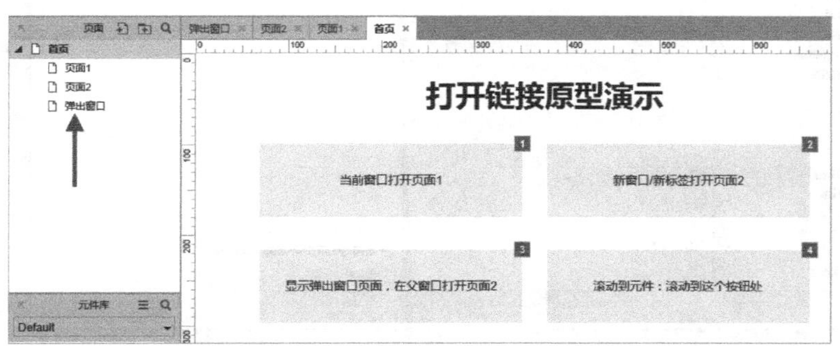

图6-41

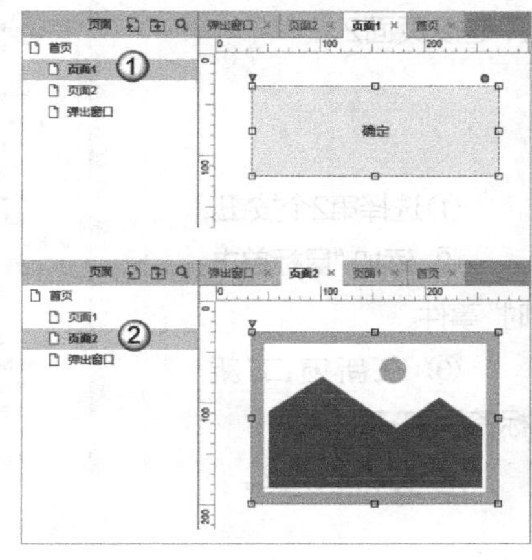

图6-42

02 事件处理

（1）在当前窗口中打开页面1，如图6-43所示。

①选择第1个按钮。

② 添加“鼠标单击时”事件。

③ 添加在当前窗口打开链接的动作。

④ 选择链接到页面1。

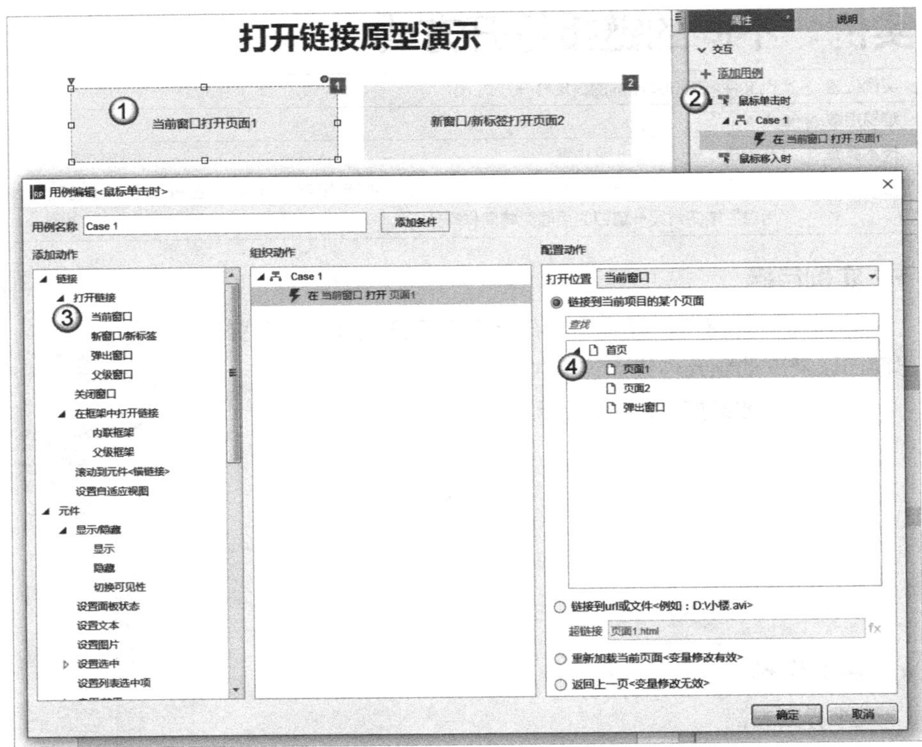

图6-43

（2）在新窗口/新标签中打开页面2，如图6-44所示。选择第2个按钮并添加事件，方法同第1个按钮一致，添加“新窗口/新标签”动作，打开链接页面2。

①选择第2个按钮。

② 添加“鼠标单击时”事件。

③ 在新窗口/新标签页打开。

④ 打开页面2。

图6-44

（3）显示弹出窗口页面，在前一个窗口打开页面2，如图6-45所示。选择第3个按钮并添加事件，添加方法同第1个按钮一致，添加“弹出窗口”动作，并选择页面“弹出窗口”。

① 选择第3个按钮。

② 添加“鼠标单击时”事件。

③ 选择弹出窗口。

④ 选择弹出窗口页面。

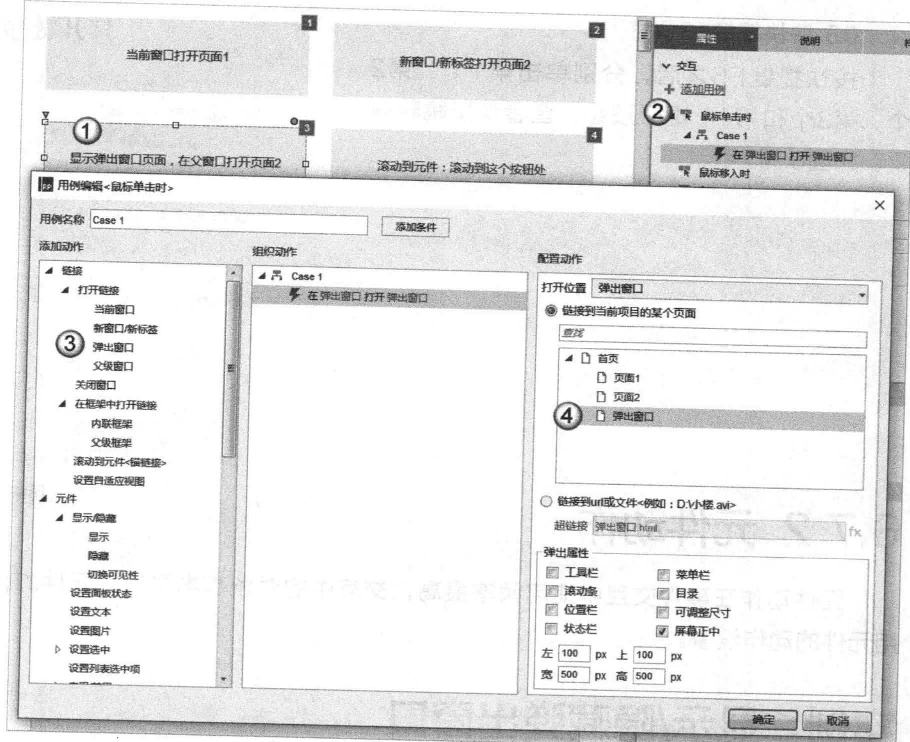

图6-45

（4）滚动到元件，并应用垂直滚动动画效果，如图6-46所示。

① 选择第4按钮。

② 添加“鼠标单击时”事件。

③ 添加滚动到元件动作。

④ 选择滚动对象为当前元件。

⑤ 选择仅在垂直方向滚动。

⑥ 配合线性动画效果，滚动时显示滚动动画。

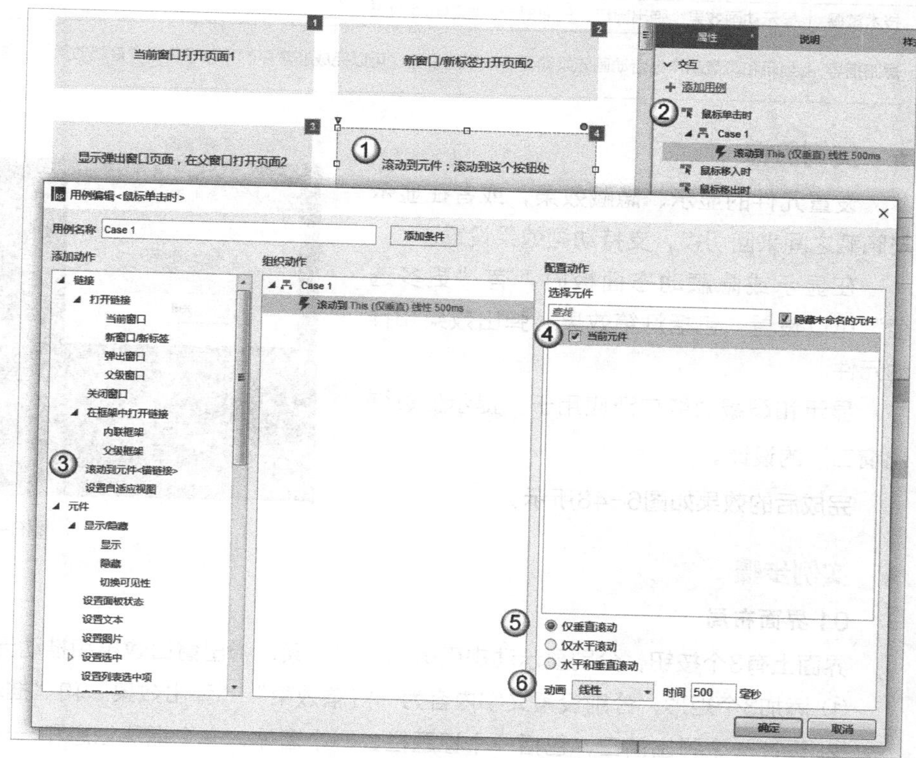

图6-46

03 按快捷键F5预览

按快捷键F5之后，分别单击第1个、第2个、第3个和第4个矩形按钮，查看链接跳转效果，如图6-47所示。

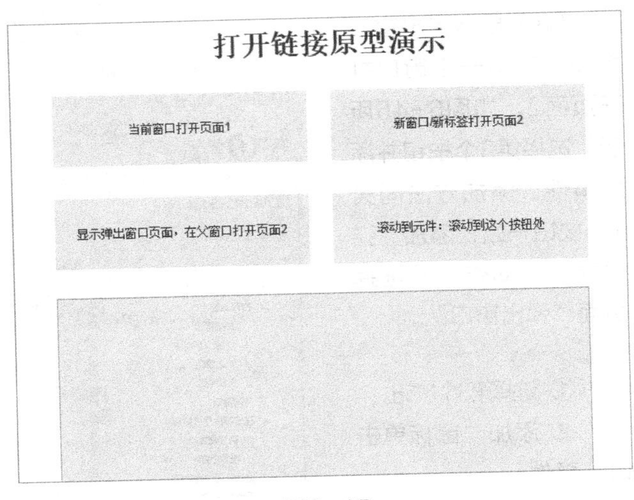

图6-47

6.7.2 元件动作

元件动作在事件交互中使用频率最高，交互中的对象基本是针对元件的，因此这里重点介绍几类常用元件的动作设置。

实例：显示/隐藏弹出窗口

实例位置	实例文件>CH06>显示/隐藏弹出窗口.rp
难易指数	★★★☆☆
技术掌握	显示动画效果、弹出窗口、气泡提示、推动元件效果
思路指导	显示和隐藏动作结合动画效果和更多选项的设置，可以完成非常多的原型场景。“灯箱效果”便是弹出窗口的典型用法

★ 实例目标

设置元件的显示、隐藏效果，或者在显示与隐藏之间来回切换，支持动画效果设置。

在显示或隐藏动态面板时，有“更多选项”可以设置，包括灯箱效果、弹出效果和推动元件。

显示和隐藏功能广泛应用于“提示信息弹出窗口”的设计。

完成后的效果如图6-48所示。

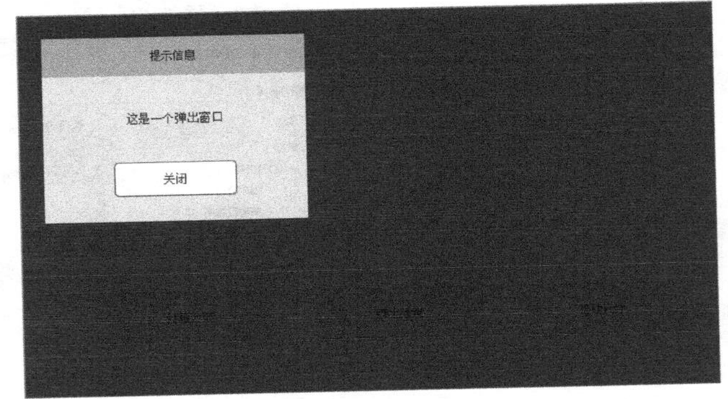

图6-48

★ 实例步骤

01 界面布局

界面上有3个按钮，分别显示动态面板的灯箱效果、弹出窗口效果和推动元件效果。

① 添加3个矩形，分别设置文字内容为“灯箱效果”“弹出效果”和“推动元件”。

② 设计一个弹出窗口，包括一个标题栏、一个窗体、一个提示信息和一个按钮，选中后转换为动态面板，并命名为popup1。

③ 添加一个矩形框，调整为下方带指示箭头的矩形，设置背景为淡黄色，边框为深黄色，输入文字内容为“弹出气泡提示信息”，选中后单击右键转换为动态面板，并命名为popup2。

④ 添加一个矩形框，设置文字内容为“将推动它下方的元件距离为这个矩形的高度”，选中后单击右键转换为动态面板，并命名为popup3，如图6-49所示。

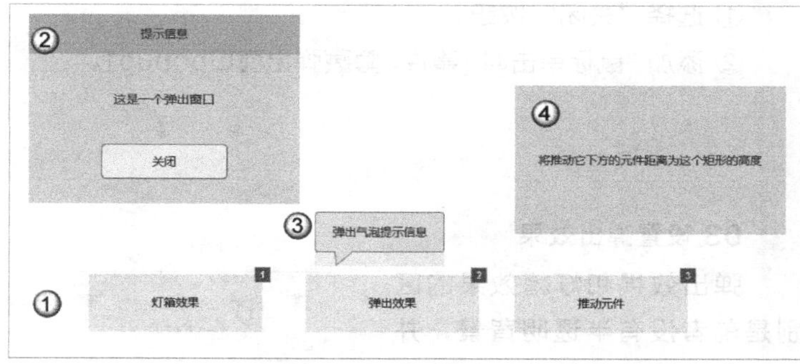

图6-49

完成之后，将3个动态面板初始默认状态设置为“隐藏”，如图6-50所示。

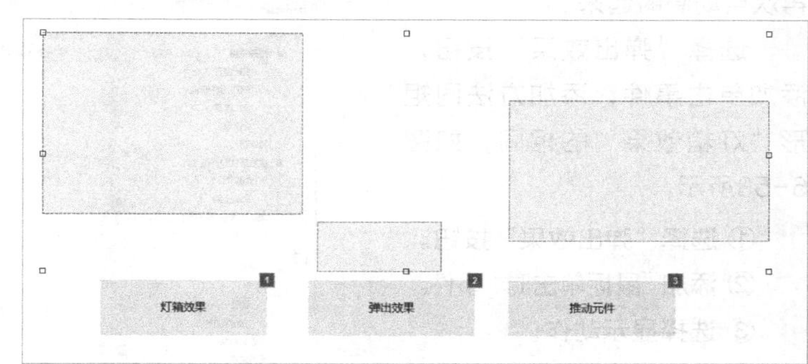

图6-50

02 设置灯箱效果

灯箱效果可以设置弹出的动态面板的半透明背景，单击动态面板之外的半透明背景处自动关闭弹出的动态面板。

（1）选择“灯箱效果”按钮，添加单击事件，如图6-51所示。

① 选择“灯箱效果”按钮。

② 添加“鼠标单击时”事件。

③ 添加显示动作。

④ 选择弹出窗口popup1。

⑤ 设置显示动画为淡入淡出。

⑥ 在“更多选项”里选择“灯箱效果”。

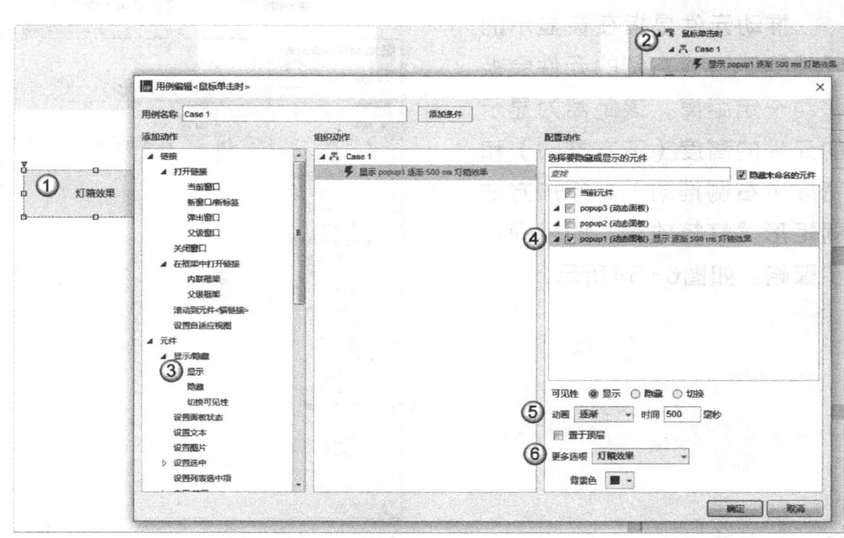

图6-51

（2）双击动态面板弹出窗口popup1，选择state1，给按钮“关闭”添加单击事件，如图6-52所示。

① 选择“关闭”按钮。

② 添加“鼠标单击时”事件，隐藏弹出窗口popup1。

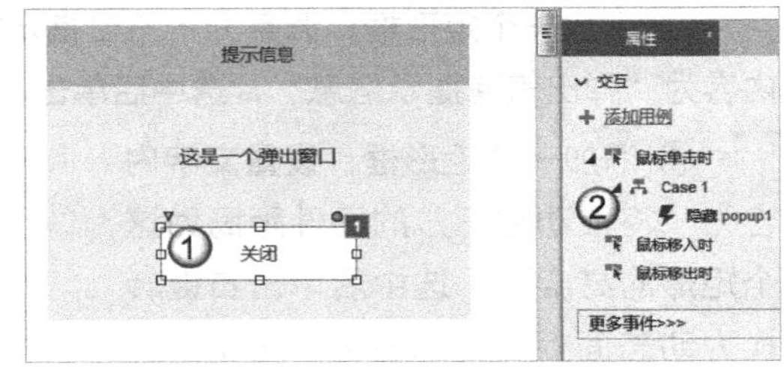

图6-52

03 设置弹出效果

弹出效果和灯箱效果的区别是前者没有半透明背景，并且在移动鼠标后显示的元件会再次自动隐藏起来。

选择“弹出效果”按钮，添加单击事件，添加方法同矩形“灯箱效果”的相同，如图6-53所示。

① 选择“弹出效果”按钮。

② 添加“鼠标单击时”事件。

③ 选择显示动作。

④ 选择弹出窗口popup2。

⑤ 选择向上滑动动画。

⑥ 在“更多选项”中选择“弹出效果”。

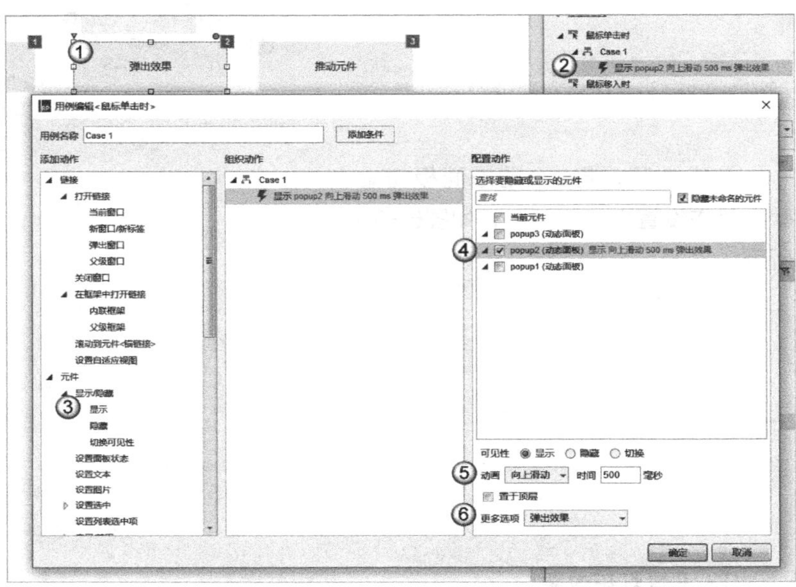

图6-53

04 设置推动元件

推动元件是指在被显示的元件的下方或右侧的元件会被移动一定距离，该距离为显示的元件的高度（下方推动）和宽度（右侧推动），添加方法同矩形“灯箱效果”的相同，步骤略。如图6-54所示。

图6-54

05 按快捷键F5预览

① 单击“灯箱效果”按钮，弹出提示窗口，单击“关闭”按钮后隐藏弹出窗口。

② 单击“弹出效果”按钮，然后任意移动一下鼠标，弹出窗口消失。

③ 单击“推动元件”按钮，当前按钮被推到矩形框下方。

效果如图6-55所示。

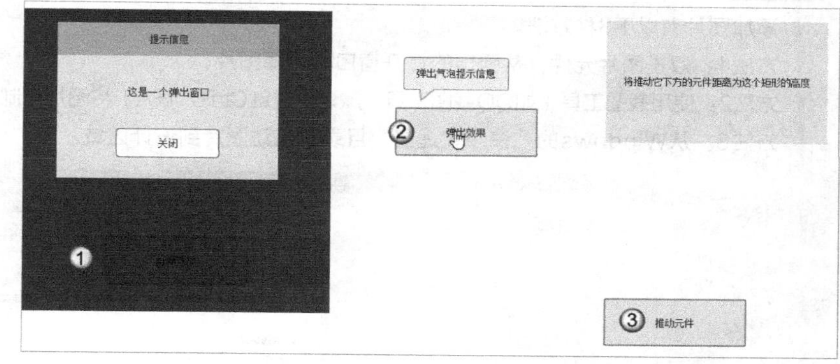

图6-55

实例：自动水平幻灯片

实例位置	实例文件>CH06>自动水平幻灯片.rp
难易指数	★★★★☆
技术掌握	动态面板、状态切换、动态面板动画效果
思路指导	自动幻灯片是动态面板的典型应用，在多个状态间自动切换以实现幻灯片效果，只需要简单设置一下动态面板的下一个状态的显示方式，然后勾选相应的选项即可，再配合动画切换功能，可以完美地实现自动幻灯片效果

★ 实例目标

页面中的幻灯片定时自动切换为下一张，显示完最后一张再回到第1张，循环显示。

完成后的效果如图6-56所示。

图6-56

★ 实例步骤

01 界面布局

准备3张同样大小的图片，尺寸为400×300，如图6-57所示。

① 添加一个图片元件，双击导入第1张图片，选择图片，单击右键转换为动态面板，并命名为ppt。

② 复制动态面板的状态state1为state2和state3。

③ 双击打开state2，导入第2张图片。

④ 双击打开state3，导入第3张图片。

图6-57

提示

添加图片有以下3种方法。

方法1：双击图片元件，从弹出的打开窗口中选择图片。

方法2：使用截图工具（如QQ截图工具，默认快捷键Ctrl+Alt+A）将图片复制粘贴到Axure里。

方法3：从Windows的“资源管理器”目录里拖动图片到设计区域。

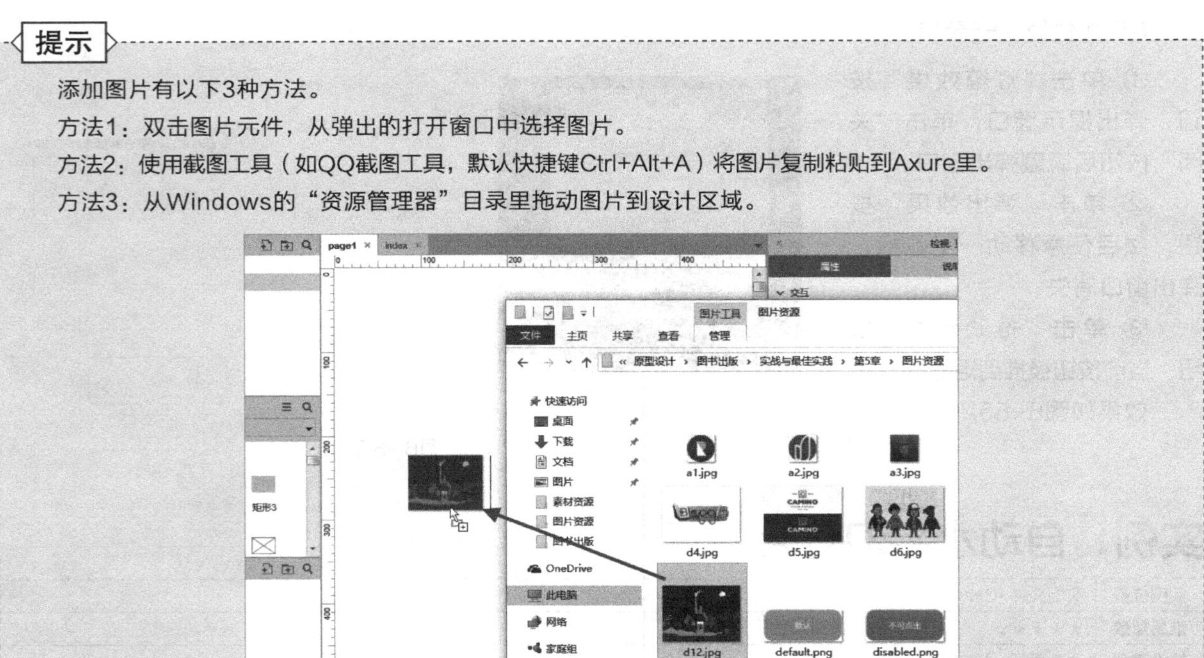

02 设置交互样式

（1）设置状态改变事件。状态改变时，设置动态面板状态为下一个并勾选“向后循环”和“循环间隔”选项，进入和退出动画都为“向左滑动”，如图6-58所示。

① 选择动态面板ppt。

② 添加“状态改变时”事件。

③ 添加设置面板状态动作。

④ 选择动态面板ppt。

⑤ 选择状态为“Next”，表示下一个状态。

⑥ 勾选“向后循环”选项。

⑦ 设置循环间隔为1000毫秒。

⑧ 进入和退出动画均为向左滑动。

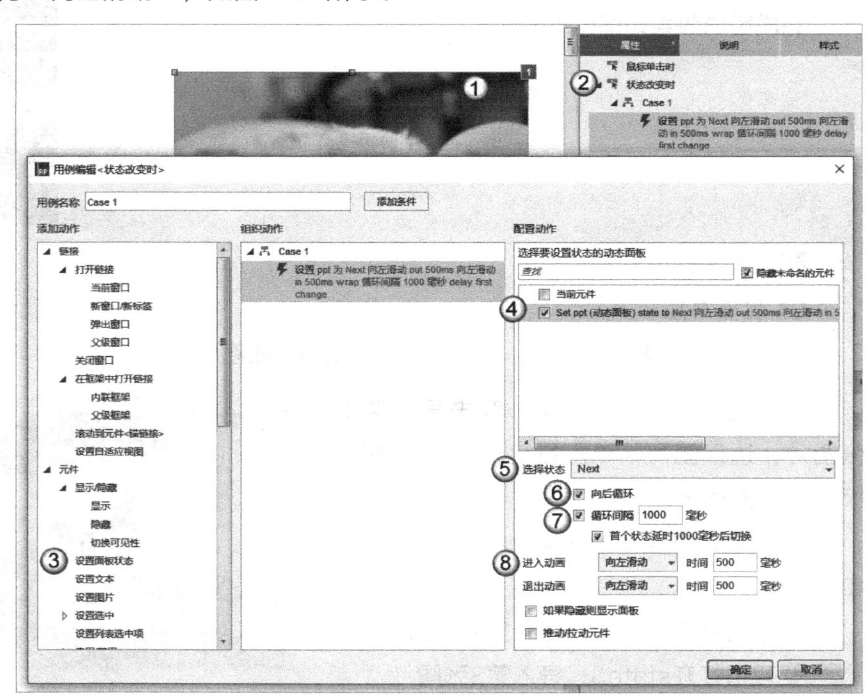

图6-58

（2）设置载入事件。为了能响应状态切换事件，在载入时设置初始状态为State2，这样就会触发状态改变事件，如图6-59所示。

① 选择动态面板ppt。

② 添加“载入时”事件。

③ 添加设置面板状态动作。

④ 选择动态面板ppt。

⑤ 选择状态为State2。

⑥ 设置进入和退出动画均为向左滑动。

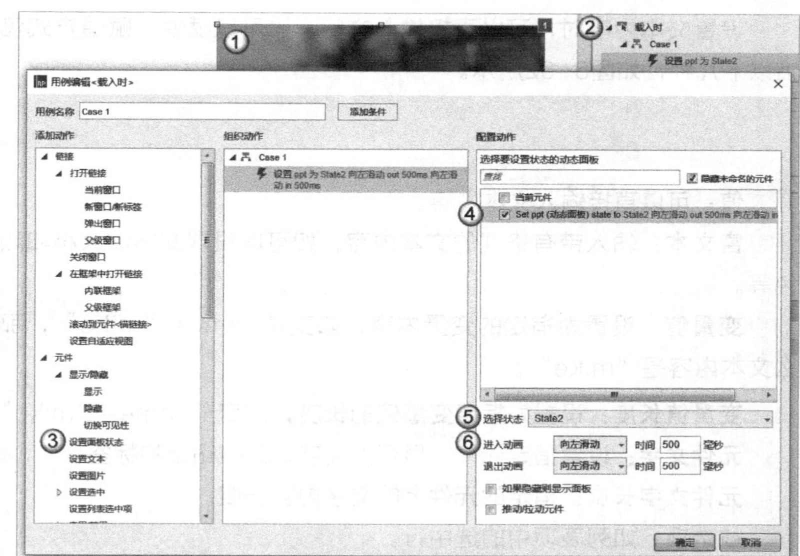

图6-59

03 按快捷键F5预览

预览时，动态面板中首先会显示第2张图片，然后显示第3张，接着返回显示第1张图片，如图6-60所示。

图6-60

实例：文本设置

实例位置	实例文件>CH06>文本设置.rp
难易指数	★★★☆☆
技术掌握	设置文本内容的类型
思路指导	文本设置动作操作简单，广泛应用于实际场景中，如按钮标题、提示信息、窗口标题、页面标题和变量设置等

★ 实例目标

给带有文字内容的元件设置文字，如矩形框、文本标签和变量等。

完成后的效果如图6-61所示。

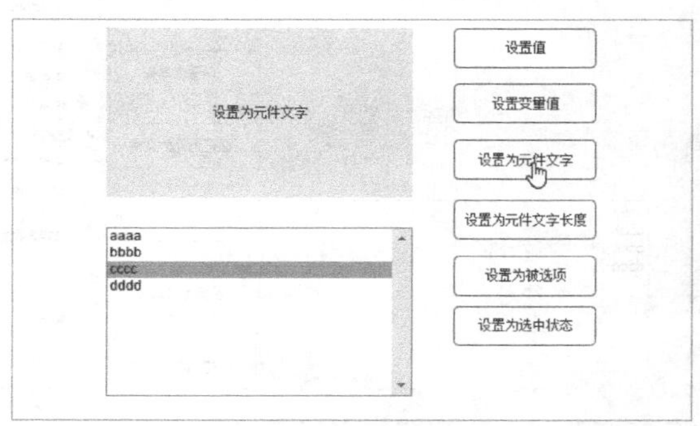

图6-61

设置文本内容时，可以直接输入文字，也可以赋值，赋值方式包括以下几种，如图6-62所示。

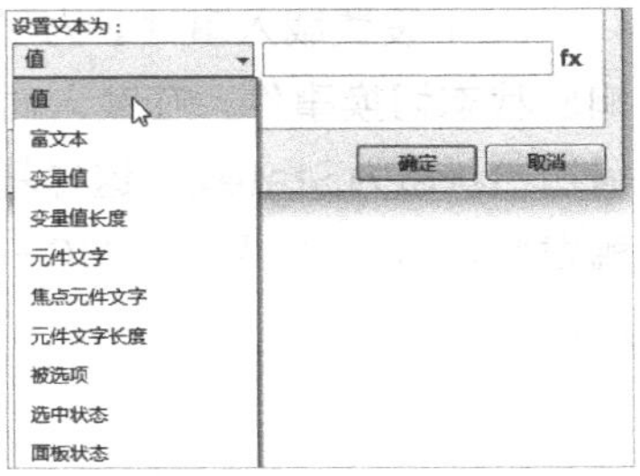

图6-62

值：可以直接输入文本内容。

富文本：输入带有格式的文本内容，如可以设置文字的大小和颜色等。

变量值：设置为指定的变量内容，如变量name=“mike”，那么文本内容是“mike”。

变量值长度：设置为指定变量值的长度，如变量name=“mike”，那么长度是4。

元件文字：设置指定元件上显示的文字，如按钮上的标签。

元件文字长度：指定的元件上的文字内容长度。

被选项：如列表项中的选中行。

选中状态：显示当前元件是否为选中状态，结果为false或true。

面板状态：设置为指定的动态面板状态名称。

★ 实例步骤

01 界面布局

（1）添加一个矩形框，作为目标文本设置对象，然后添加6个按钮，分别设置6种类型的值，添加一个列表框，并命名为list，里面输入4个选项，作为设置被选项时的数据来源。

（2）针对“设置为选中状态”按钮，单击鼠标右键，从弹出的菜单中选择“选中”选项，如图6-63所示。

（3）设置默认的全局变量OnLoadVariable=“Hello”，如图6-64所示。

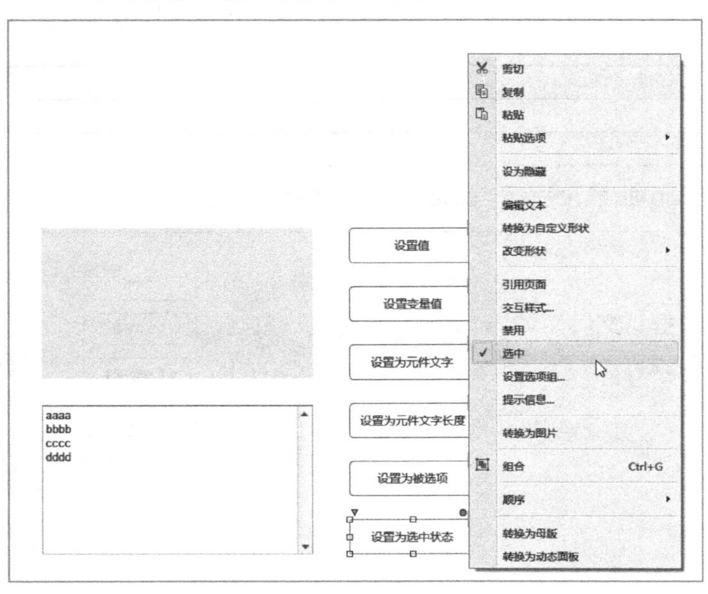

图6-63

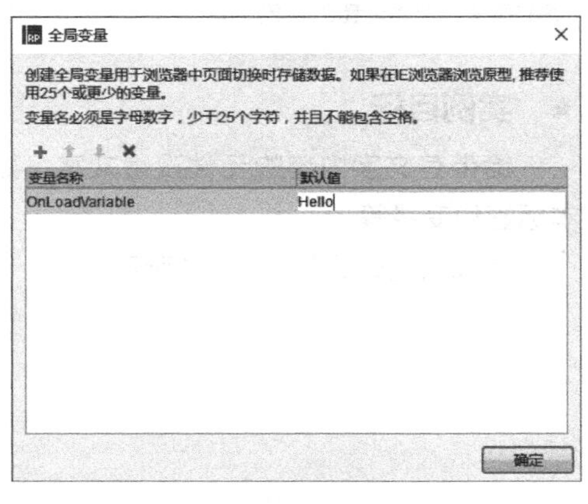

图6-64

02 设置按钮交互事件

查看每一个按钮的事件设置，图6-65所示的序号分别对应的是6个按钮的文字设置方式，其中输入框中的“This”表示当前元件，这里指被单击的按钮。

03 按快捷键F5预览

预览时分别单击6个按钮，查看设置的效果，如图6-66所示。

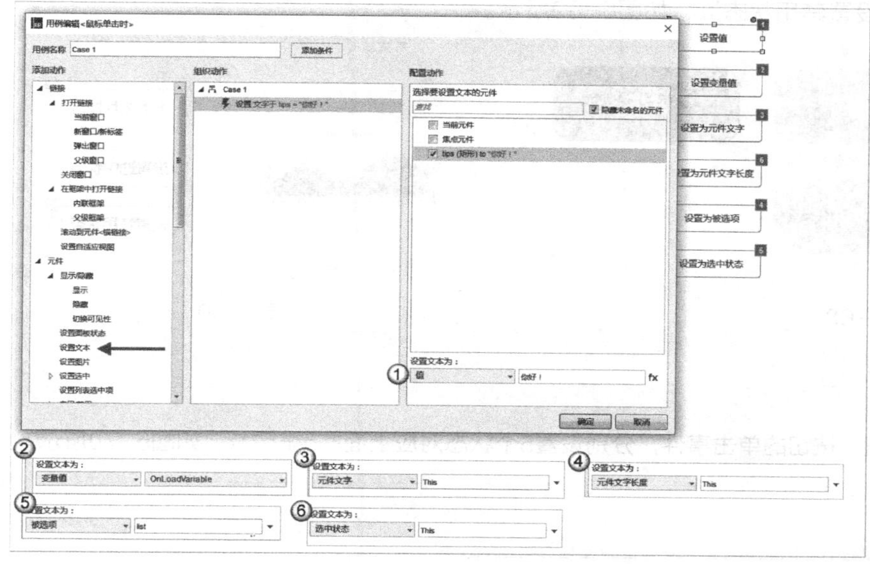

图6-65

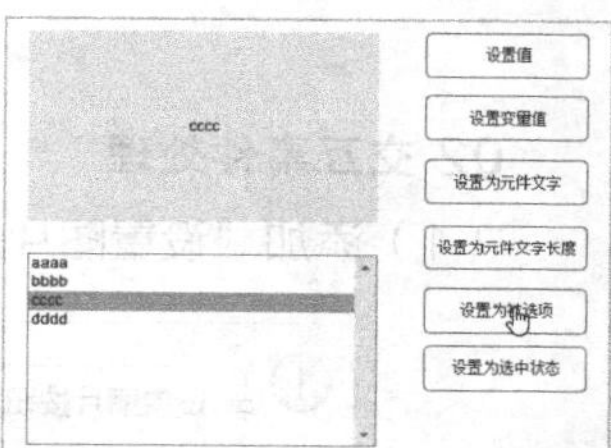

图6-66

实例：设置图片按钮

实例位置	实例文件>CH06>设置图片按钮.rp
难易指数	★★☆☆☆
技术掌握	设置图片
思路指导	随着扁平化设计风格的流行，图形化按钮已不是很常见。如今，通过调整矩形框的边框、背景、圆角大小和交互样式就可以得到想要的按钮效果

★ 实例目标

设置用于表现按钮默认状态、鼠标悬停状态、鼠标按下状态、选中状态和禁用状态的5张图片，除了可以直接设置图片外，还可以通过变量指定图片来源，然后选用4张不同的图片来表现按钮的4个状态。

完成后的效果如图6-67所示。

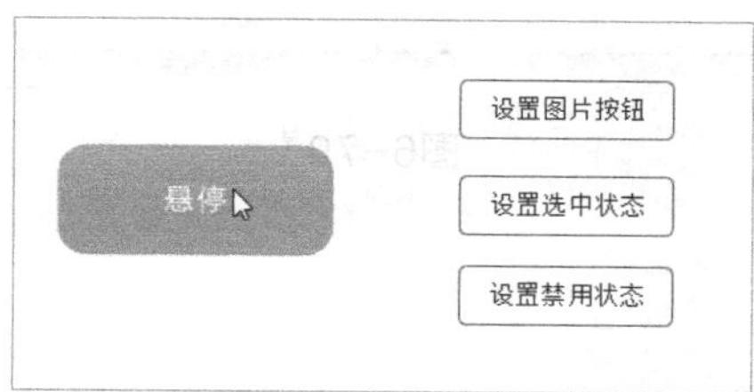

图6-67

★ 实例步骤

01 界面布局

（1）准备5张图片，分别作为按钮的默认、悬停、按下、选中和禁用状态的图片，确保图片大小一致，如图6-68所示。

（2）添加一个图片元件到设计区域，并命名为img_button，再添加3个按钮分别命名为“设置图片按钮”“设置选中状态”和“设置禁用状态”，如图6-69所示。

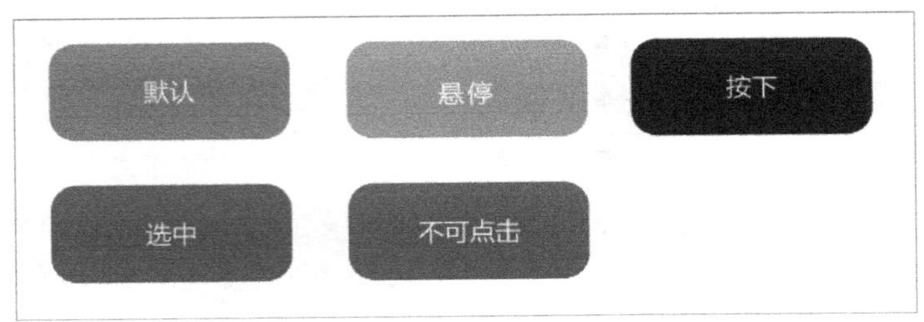

图6-68

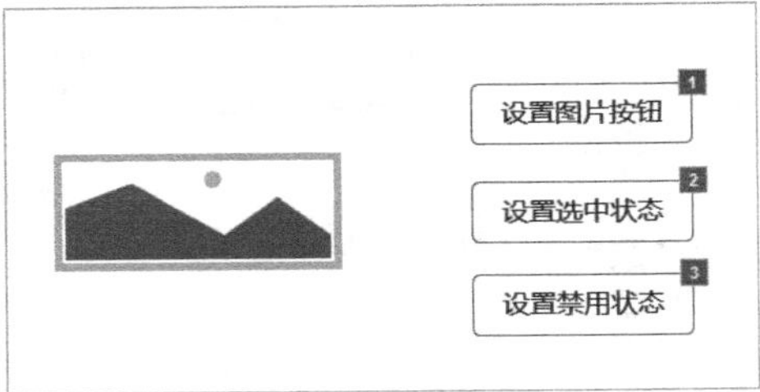

图6-69

02 交互事件处理

（1）添加“设置图片按钮”按钮的单击事件，分别设置5个状态对应上面的5张图片，如图6-70所示。

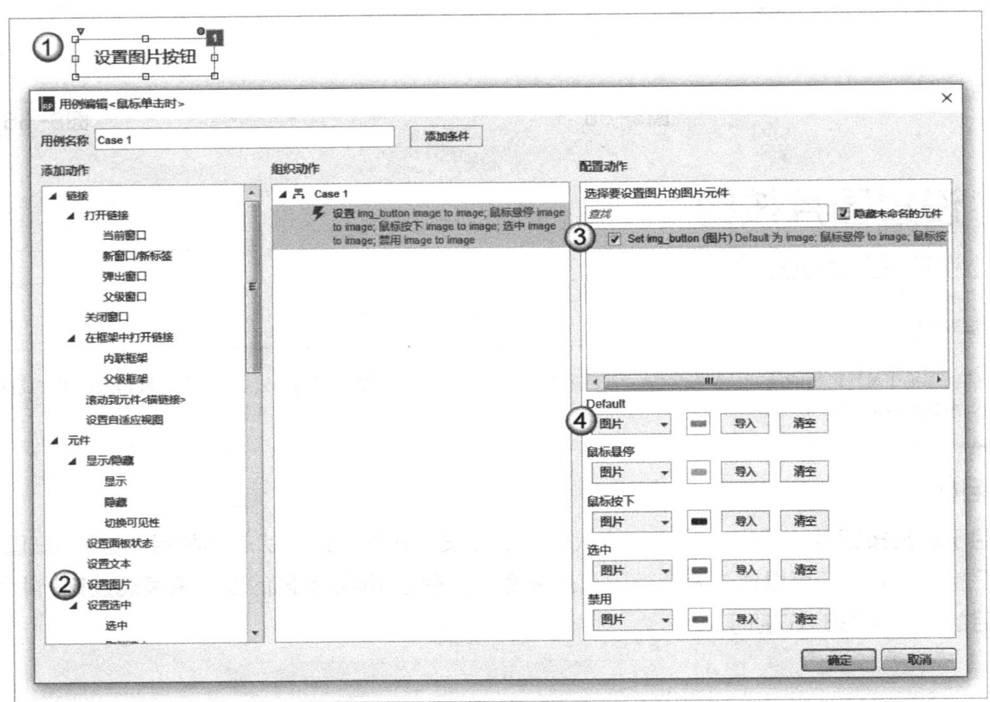

图6-70

① 选择按钮，添加单击事件。

② 添加设置图片动作。

③ 选择图片按钮img_button。

④ 分别设置5个状态图片，单击“导入”按钮选择对应的图片。

（2）添加“设置选中状态”按钮的单击事件，如图6-71所示。

① 选择按钮，添加单击事件。

② 设置选中动作。

③ 选择图片按钮img_button。

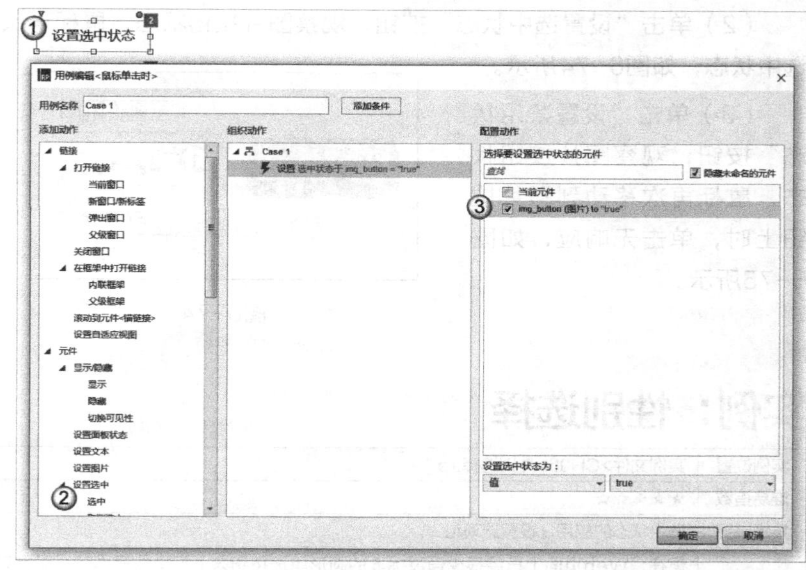

图6-71

（3）添加“设置禁用状态”按钮的单击事件，如图6-72所示。

① 选择按钮，添加单击事件。

② 设置禁用动作。

③ 选择图片按钮img_button。

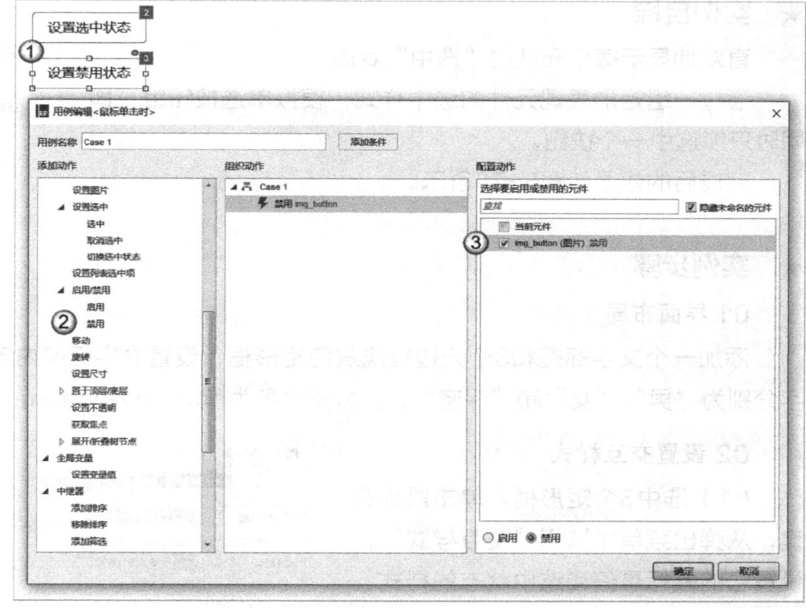

图6-72

03 按快捷键F5预览

（1）单击“设置图片按钮”按钮后，移动鼠标到图片按钮上，单击按钮，观察按钮的变化，如图6-73所示。

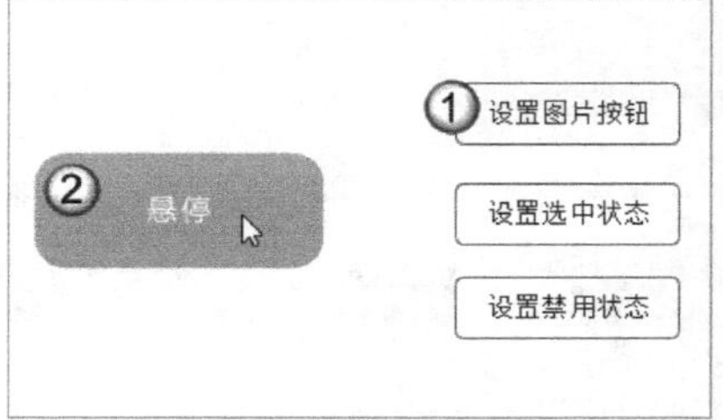

图6-73

（2）单击“设置选中状态”按钮，观察图片按钮状态，鼠标再次移动到图片按钮上时，单击显示为选中状态，如图6-74所示。

（3）单击“设置禁用状态”按钮，观察图片按钮状态，鼠标再次移动到图片按钮上时，单击无响应，如图6-75所示。

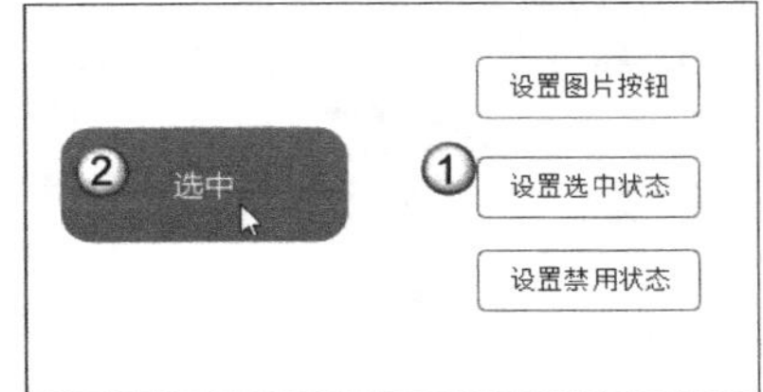

图6-74

图6-75

实例：性别选择

实例位置	实例文件>CH06>性别选择.rp
难易指数	★★★☆☆
技术掌握	选中状态的应用、设置选项组
思路指导	现在，Web页面上已经很少通过标准的圆形单选按钮来进行单选操作了，而是采用样式丰富的图形化单选按钮，这样更直观。在Axure里，选项组就是为实现这种效果而设计的，但是需要结合元件的选中属性一起使用

★ 实例目标

直观地显示每个元件的“选中”状态。

通过一组矩形表现元件的选中样式，模拟单选按钮组，即同时只能选中一个按钮。

完成后的效果如图6-76所示。

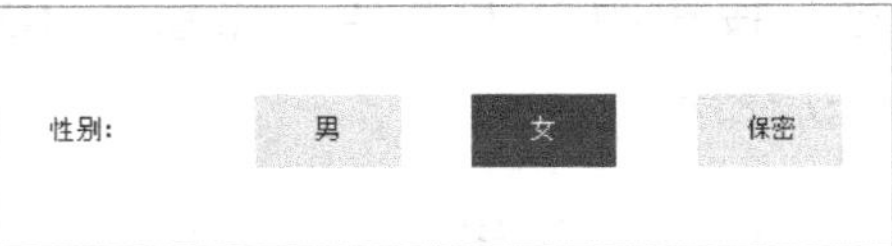

图6-76

★ 实例步骤

01 界面布局

添加一个文字标签和3个无边框浅灰色矩形框，设置文字标签内容为“性别：”，3个矩形框中的文字分别为“男”“女”和“保密”，并分别命名为nan、nv和baomi，如图6-77所示。

02 设置交互样式

（1）选中3个矩形框，单击鼠标右键，从弹出菜单中选择“交互样式”，设置它的鼠标悬停和选中状态的样式，鼠标经过时颜色变深一点儿，选中后的样式为蓝底白字，如图6-78所示。

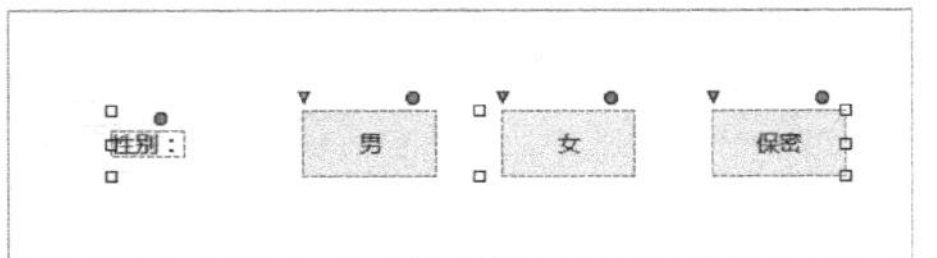

图6-77

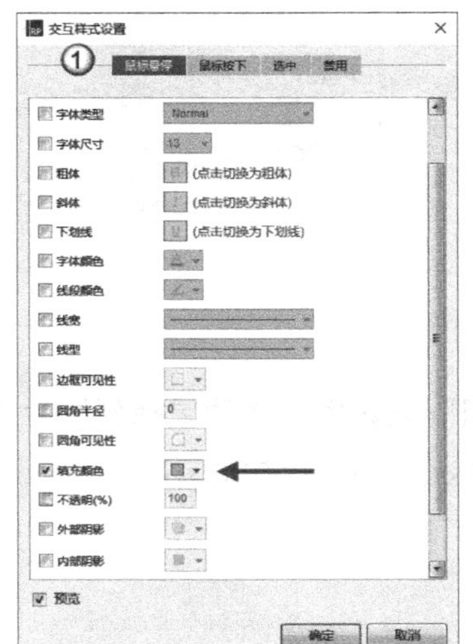

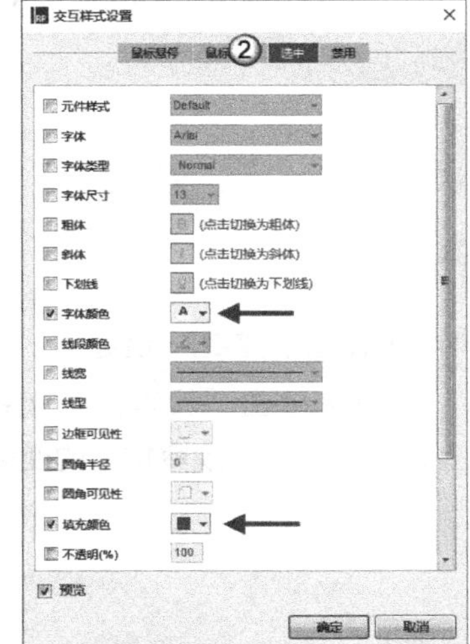

图6-78

（2）选中“男”按钮，单击鼠标右键，设置初始状态为“选中”，如图6-79所示。

（3）选中3个按钮，单击鼠标右键，在弹出的“设置选项组名称：”窗口中将Group Name(组名)设置为sex，相同组名的元件为同一组按钮，如图6-80所示。

> **提示**
>
> 在设计过程中，默认设置按钮为“选中”状态，不能实时看到选中效果，需要在预览或导出之后才能看到。

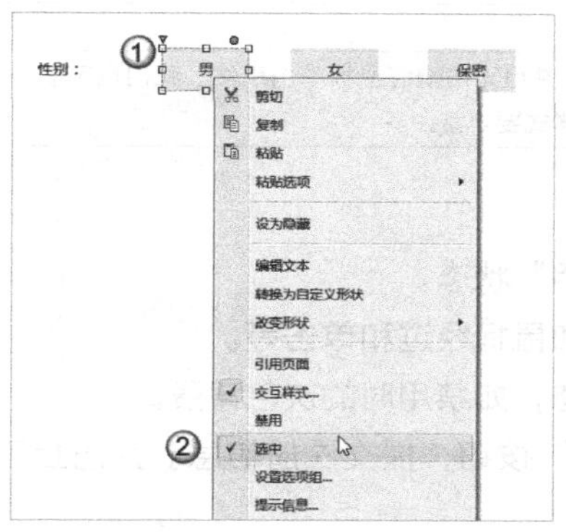

图6-79

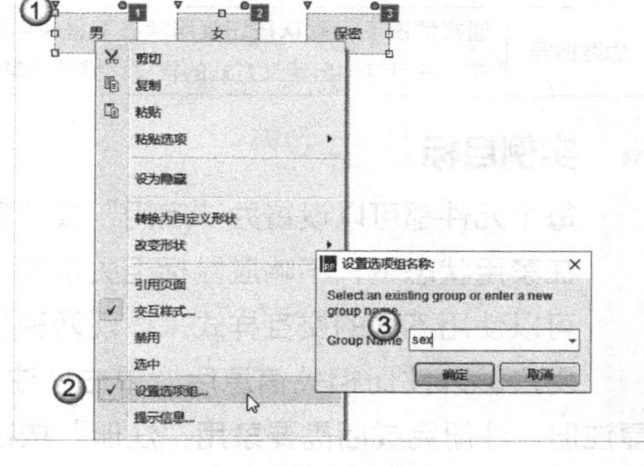

图6-80

03 事件处理

单选按钮的原理是任何时候都只能有一个按钮为“选中”状态。选择“男”按钮，添加单击事件，设置当前按钮为“选中”状态，如图6-81所示。

① 选择第1个矩形框。

② 添加“鼠标单击时”事件。

③ 设置选中状态。

④ 选中当前元件。

图6-81

> **提示**
>
> 在以上操作中，由于另外两个按钮事件与“男”按钮的事件相同，所以这里可复制“男”按钮的单击事件，粘贴到“女”按钮和“保密”按钮的单击事件上，避免重复设置。

04按快捷键F5预览

分别单击3个按钮，查看效果，同一时间只会有一个按钮处于选中状态，如图6-82所示。

图6-82

实例：用户注册

实例位置	实例文件>CH06>用户注册.rp
难易指数	★★☆☆☆
技术掌握	启用状态、禁用状态
思路指导	通常情况下，默认按钮禁用状态下是灰色的，并且无法响应鼠标单击事件。我们也可以通过元件的交互样式设置禁用时的样式，并且这种自定义方式的样式比默认的禁用样式要丰富许多

★ 实例目标

每个元件都可以设置为“启用”或“禁用”状态。

在禁用状态下，不响应鼠标相关事件，如鼠标经过和单击等。

可以使用不同的交互样式来体现两种状态，如禁用时的灰色背景。

用户输入注册相关信息后，单击“注册”按钮，提交注册信息。为防止用户误单击“注册”按钮重复注册，注册完成后需要禁用“注册”按钮。

完成后的效果如图6-83所示。

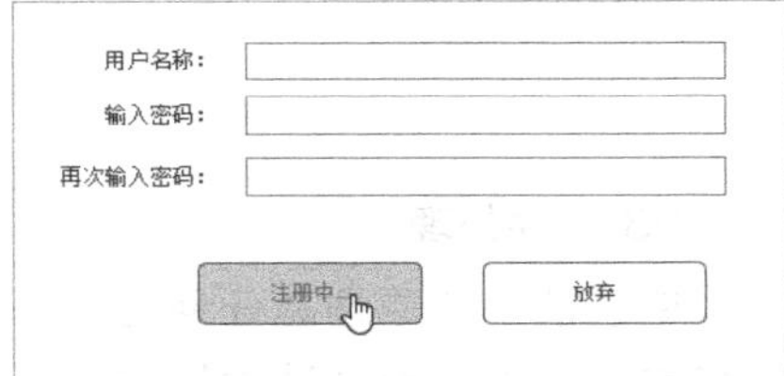

图6-83

★ 实例步骤

01 界面布局

（1）为保证原型的完整性，同时简化原型，只添加注册用的姓名、输入密码、再次输入密码和标签，同时添加两个按钮，分别为“注册”和“放弃”，如图6-84所示。

（2）选择“注册”按钮，单击鼠标右键，设置“交互样式”，设置禁用样式为灰色背景，设置字体颜色为浅黑色，如图6-85所示。

图6-84

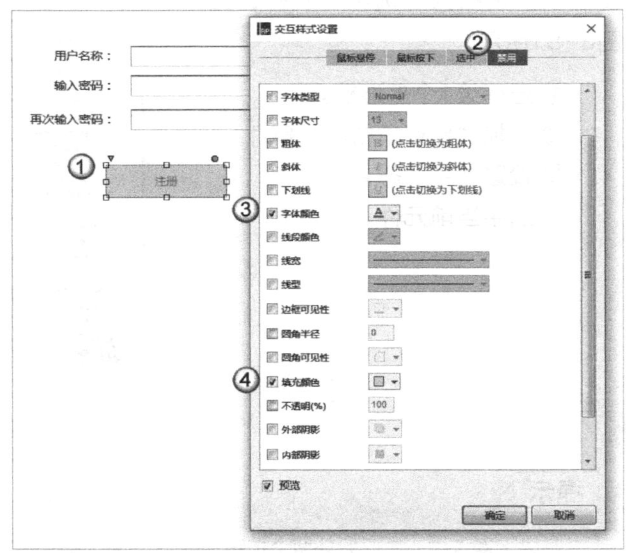

图6-85

02 事件处理

给“注册”按钮添加单击事件，设置它的状态为“不可用”，同时设置按钮文字为“注册中...”，如图6-86所示。

03 按快捷键F5预览

单击“注册”按钮查看效果，按钮为灰色，文字显示为“注册中...”，预览效果如图6-87所示。

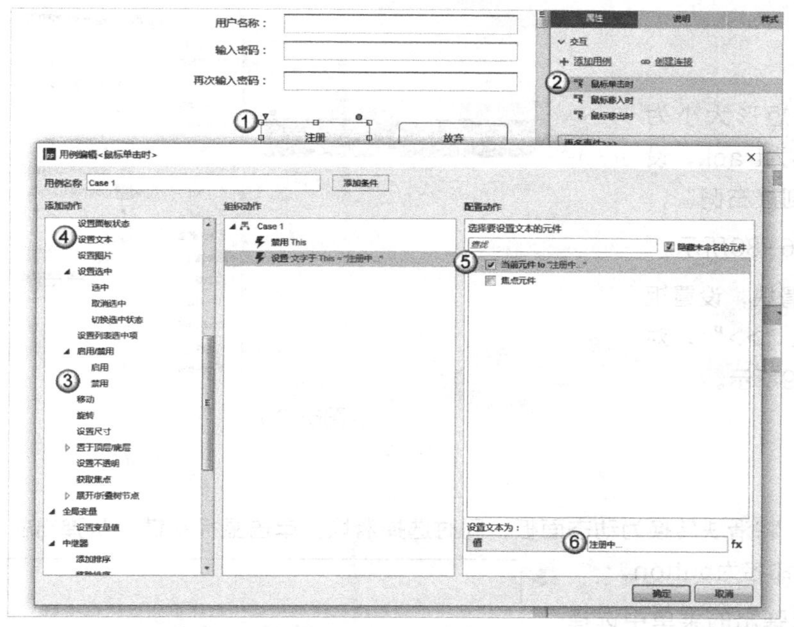

图6-86

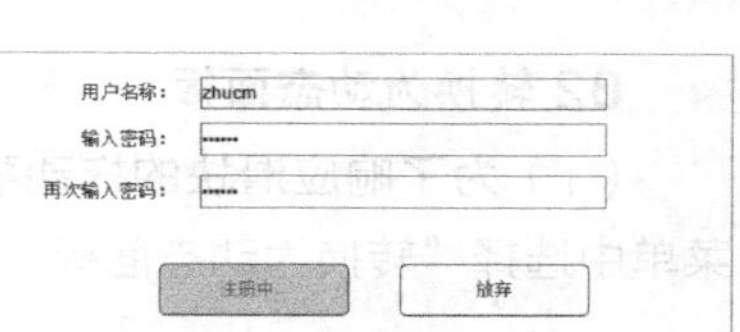

图6-87

实例：滑动验证码

实例位置	实例文件>CH06>滑动验证码.rp
难易指数	★★★☆☆
技术掌握	移动、限制移动范围、局部变量、条件判断
思路指导	本实例的操作有两个关键点，一个是限制在水平方向上移动，另一个是限制在一定范围内移动，都是通过设置移动时的属性来实现的

移动动作可将元件以相对位置或绝对位置的方式移动到指定位置，可设置移动时的动画效果，也可以设置将移动的范围限定在某个区域内。

目前，除了传统的“随机数字+字母验证码”的验证方式以外，还出现了“滑动验证码”的验证方式。

★ 实例目标

在水平方向上拖动滑块到右侧，以“解锁”的方式实现验证码的验证，如果没有拖动到最右侧，则滑块自动回到原处。

完成后的效果如图6-88所示。

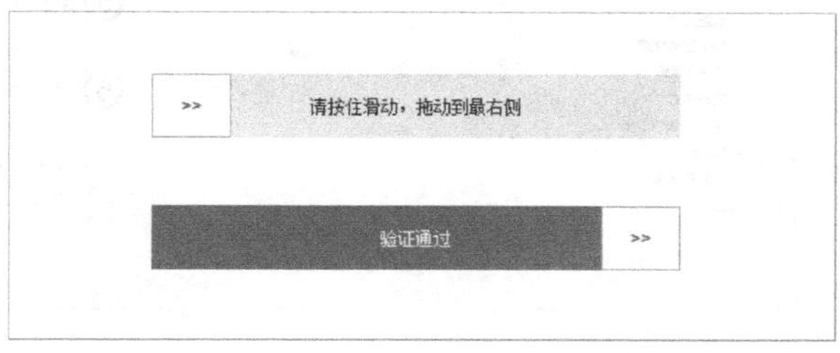

图6-88

★ 实例步骤

01 界面布局

（1）添加无边框矩形，设置矩形大小为400×50，作为滑动的轨道，并命名为track，设置文本内容为“请按住滑块，拖动到最右侧”，设置选中时的样式为绿底白字，如图6-89所示。

（2）添加一个有边框矩形作为滑块，设置矩形大小为60×50，设置文字内容为“>>”，对齐放在拖动轨道的最左边，如图6-89所示。

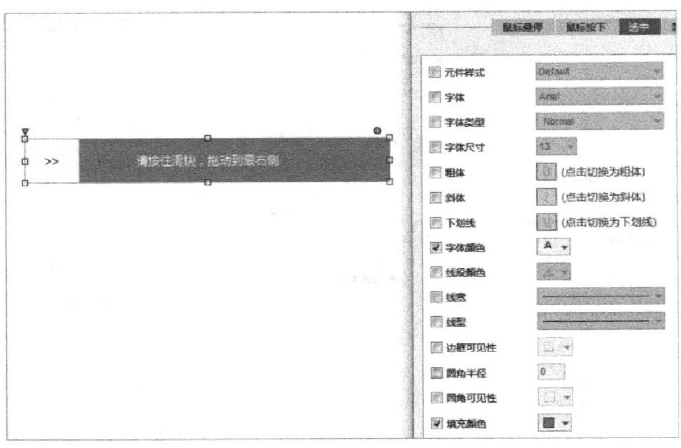

图6-89

02 转换为动态面板

（1）为了响应滑块的拖动事件，将滑块转换为动态面板，同时选择滑块，单击鼠标右键，从弹出的菜单中选择“转换为动态面板”，并命名为button。

（2）选中轨道和滑块，同样从弹出的菜单中选择“转换为动态面板”，作为一个完整的复合元件，如图6-90所示。

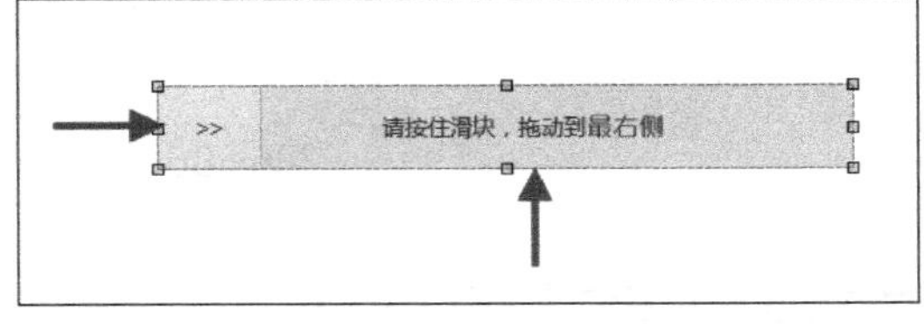

图6-90

03 添加拖动事件，限制滑块移动范围

选择滑块动态面板，处理拖动事件，拖动事件触发后，限制只能沿*x*轴方向且只能在轨道范围内移动，轨道的范围为左上角（0,0）到右下角(400,50)，并添加4个边界范围，如图6-91所示。

① 选择滑块动态面板。

② 添加“拖动时”事件。

③ 添加移动动作。

④ 选择移动对象为当前元件。

⑤ 移动类型为只在水平方向拖动。

⑥ 添加边界限制，分别添加左侧、右侧、顶部和底部的限制范围为>=0、<=400、>=0和<=50。

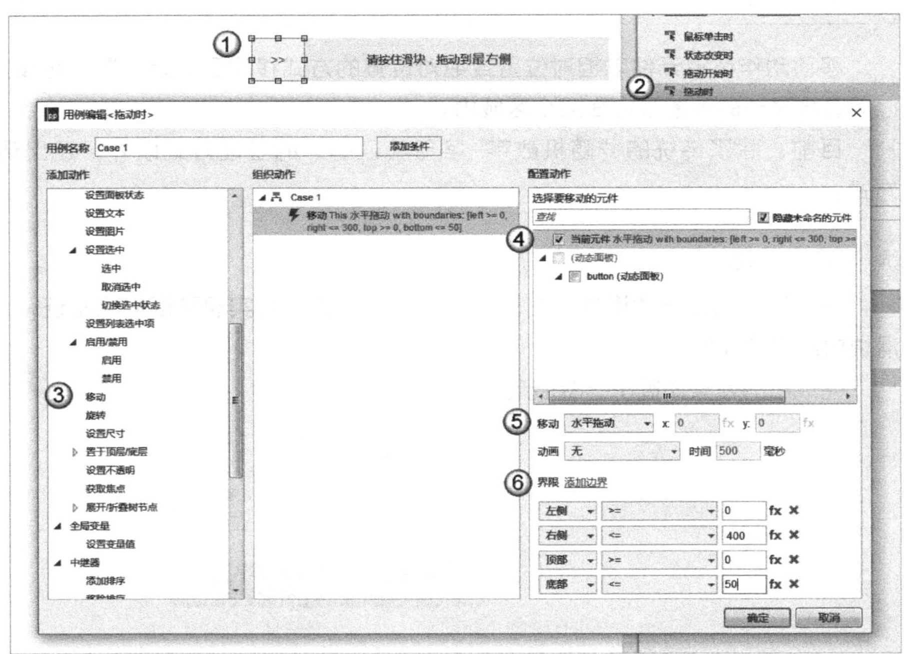

图6-91

04 添加拖动结束事件，校验滑块移动位置

（1）拖动结束后，松开鼠标校验当前滑块的水平位置，如果移动到最右侧说明移动成功，如图6-92所示。

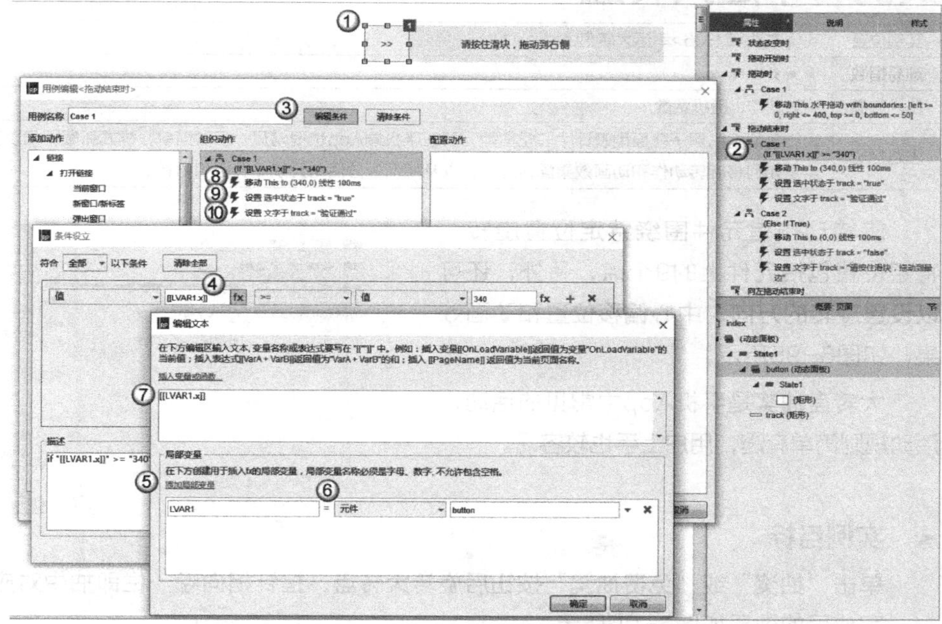

图6-92

① 选择滑块动态面板。

② 添加“拖动结束时”事件。

③ 添加条件判断。

④ 添加条件为判断滑块的*x*位置>=340。

⑤ 添加局部变量。

⑥ 局部变量LVAR1指向滑块动态面板元件button。

⑦ 表达式为滑块的*x*位置，即LVAR1.x。

⑧ 移动滑动（当前元件，即This）到（340,0）处，配合线性动画。

⑨ 设置轨道track为选中状态，这样会显示绿底白字效果。

⑩ 设置轨道track显示的文字为“验证通过”。

（2）添加事件分支，双击“拖动结束时”事件，逻辑上与上面相反，如图6-93所示。

① 移动滑块到（0,0）位置，配合线性动画。

② 取消轨道track选中状态。

③ 设置轨道文字内容为“请按住滑块，拖动到最右侧”。

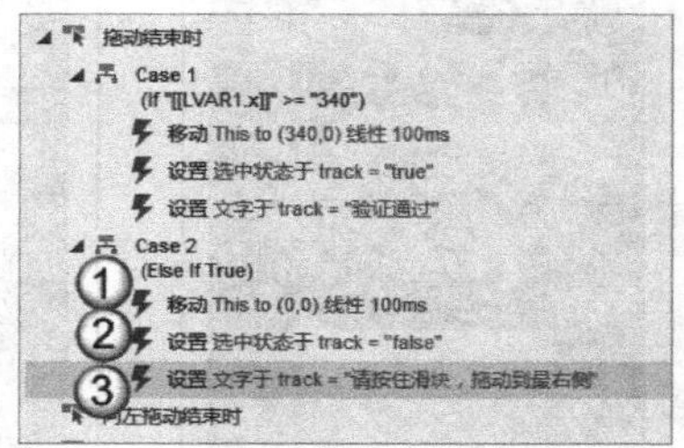

图6-93

05 按快捷键F5预览

预览时拖动滑块，检查是否只能在限制范围内移动，并移动到滑块轨道的最右侧，如图6-94所示。

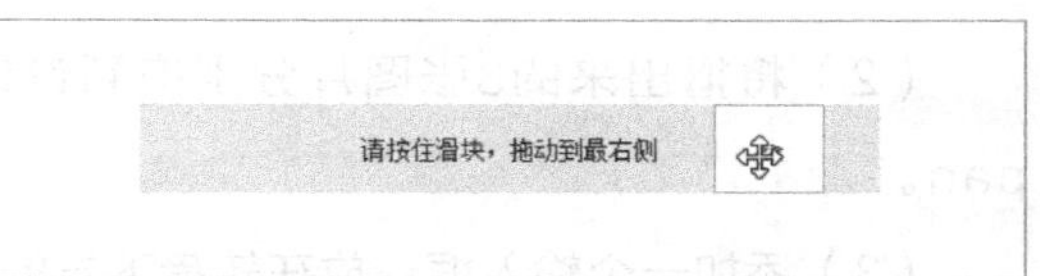

图6-94

实例：幸运大转盘

实例位置	实例文件>CH06>幸运大转盘.rp
难易指数	★★★☆☆
技术掌握	旋转动作、随机函数
思路指导	大转盘抽奖的例子在原型设计中非常典型，且在手机端App也很常见，玩法简单，样式新颖，和现实商场中的转盘活动很相似。重点是如何将旋转动作和动画效果配合起来，以及如何拆分活动元素（转盘和指针）

旋转动作指元件围绕特定位置旋转，特定位置包括元件上的9个点，另外，还可以设置旋转的方向、中心偏移位置和动画效果，如图6-95所示。

大转盘抽奖是手机App中常见的活动，活动规则简单有趣，用户上手也较容易。

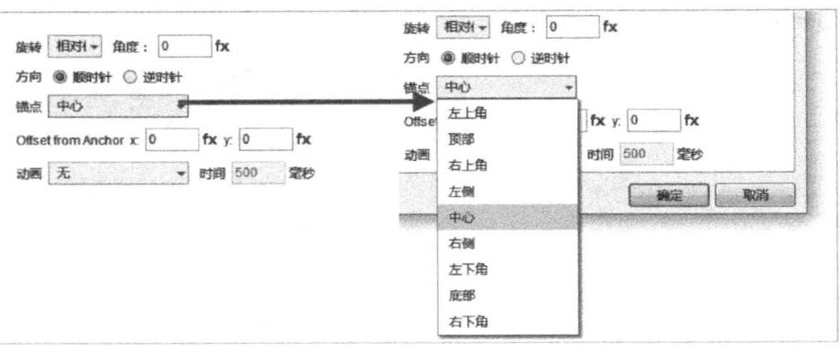

图6-95

★ 实例目标

单击“抽奖”或“免费抽奖”按钮后旋转大转盘，指针指向哪一栏即抽中对应奖品。

完成后的效果如图6-96所示。

★ 实例步骤

01 界面布局

（1）从网络上找一张“大转盘”图片，使用Photoshop等工具将其中的背景、转盘和指针分别抠出来，注意将转盘和指针分别保存成带有透明背景的png格式文件，如图6-97所示。

图6-96

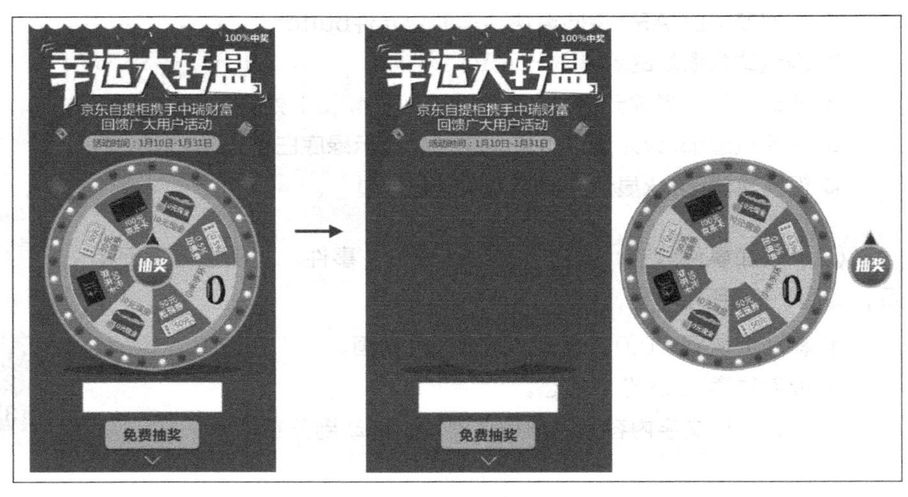

图6-97

（2）将抠出来的3张图片分别拖到设计区域，然后按原始位置将它们排列好，并将转盘命名为pan。

（3）添加一个输入框，放在转盘下方的空白区域，同时设置提示文字为“请输入手机号码”，然后单击鼠标右键并选择“隐藏边框”选项。

（4）考虑到背景图片上已经有一个“免费抽奖”按钮图形，因此不必重复制作，只需要直接添加一个热区实现按钮功能即可，完成后的效果如图6-98所示。

图6-98

02 事件处理

（1）单击转盘中间的“抽奖”按钮或者下方的“免费抽奖”按钮，将转盘任意转动一个角度，停下来后指针指向哪一栏即抽中对应奖品。

（2）给“抽奖”指针添加单击事件，随机旋转一个角度，通过数学随机函数来设置，添加“缓慢退出”的动画效果，如图6-99所示。

① 选择“抽奖”按钮。

② 添加“鼠标单击时”事件。

③ 添加旋转动作。

④ 设置旋转对象为转盘“pan”。

⑤旋转方式为“相对位置”，顺时针方向，围绕中心点旋转，旋转角度为[[Math.random()*360*4+720]]，表达式解释如下。

Math.random()：产生一个0~1的小数。

Math.random()*360*4：在0~360*4范围内产生一个随机值，360度为一圈，4*360为4圈，即随机旋转4圈。

720：保证至少旋转2圈，2×360=720。

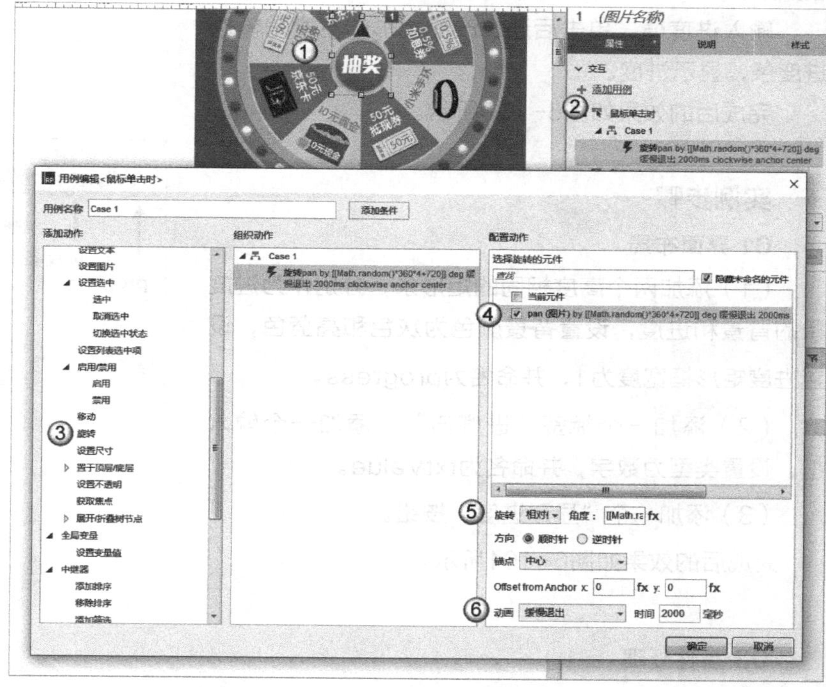

图6-99

⑥ 配合动画缓慢退出，时间长一点儿，设置为2000毫秒。

（3）复制“抽奖”按钮的单击事件，粘贴到下面的“免费抽奖”按钮的热区单击事件上。

提示

数学函数Math.random()的结果为一个0~1的小数，因此，它乘以某个整数，得到的结果是0到该整数的一个随机数。

03 按快捷键F5预览

单击“抽奖”按钮或者下方的“免费抽奖”按钮，大转盘转动一定角度后停止。

实例：动态进度条

实例位置	实例文件>CH06>动态进度条.rp
难易指数	★★☆☆☆
技术掌握	设置尺寸
思路指导	设置尺寸功能的使用场合并不多，用法本身很简单，只需要重新设置元件的宽度和高度即可。可以通过变量去设置，并确保设置的矩形柜的高度和窗口宽度一致。（浏览器窗口的宽度可以通过Window.width获取，在页面载入时和窗口尺寸改变时设置矩形大小）

★ 实例目标

改变元件的宽度和高度，并配合动画设置动态缩放效果。

输入进度值，单击后通过改变矩形的宽度来模拟进度条，显示进度。

完成后的效果如图6-100所示。

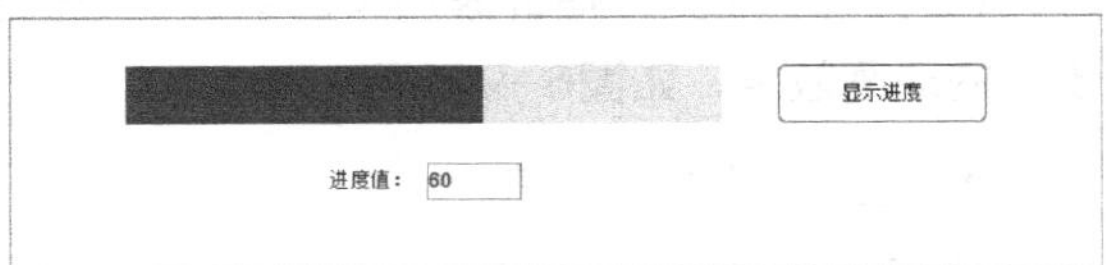

图6-100

★ 实例步骤

01 界面布局

（1）添加两个高度相同的矩形条，分别作为进度条的背景和进度，设置背景颜色为灰色和亮蓝色，设置进度矩形框宽度为1，并命名为progress。

（2）添加一个标签“进度值”，添加一个输入框，设置类型为数字，并命名为txtValue。

（3）添加一个“显示进度”按钮。

完成后的效果如图6-101所示。

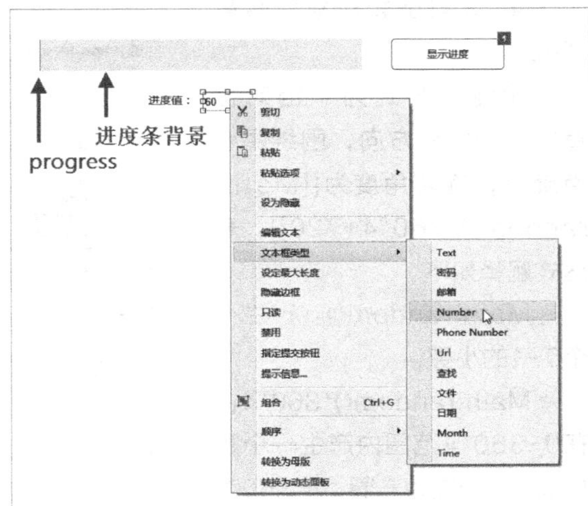

图6-101

02 事件处理

添加“显示进度”按钮的单击事件，获取输入框内的值，计算进度条progress的宽度=[[400*LVAR1/100]]，其中局部变量LVAR1是输入框txtValue的数值，如图6-102所示。设置进度条时指定一个线性的动画，这样在设置进度后，进度会动态显示到指定值。

① 添加设置尺寸动作。

② 设置尺寸，恢复宽度为1 。

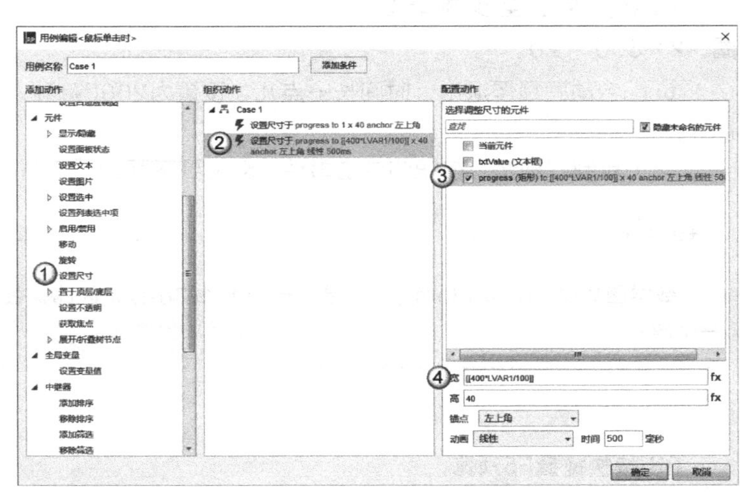

图6-102

③ 选择进度对象progress。

④ 设置进度条宽度为[[400*LVAR1/100]]，进度条的背景高度为400，因此进度值需要乘以（400/100=4）倍。

提示

图6-102所示的②中的第1个动作是设置进度条progress的宽度为1，这样能确保每次都从① 开始动态显示到指定的值。

03 按快捷键F5预览

在输入框中输入一个数值，然后单击“显示进度”按钮，如图6-103所示。

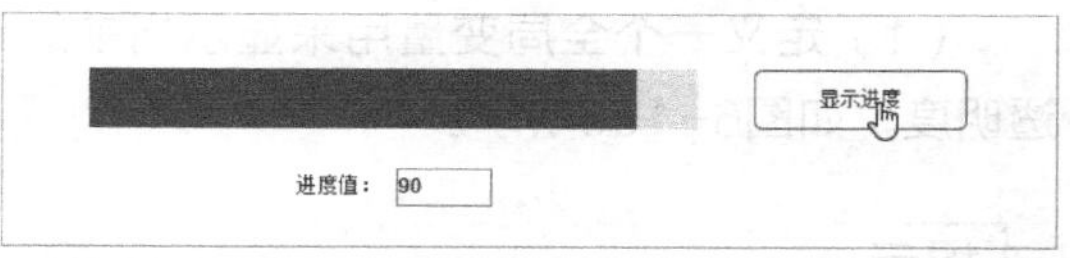

图6-103

实例：图片透明度调整

实例位置	实例文件>CH06>图片透明度调整.rp
难易指数	★★★★☆
技术掌握	移动、拖动事件、限制移动范围、透明度设置、全局变量、局部变量
思路指导	透明度调整就是修改图片元件的透明度属性，范围为0~100，即从完全不可见到完全可见，可以使用滑块的方式进行调节，也可以通过输入框输入数值来设置透明度。本实例同时演示了关于拖动动作的经典场景

默认状态下元件都是不透明的，可以通过调整透明度来设计元件的透明效果。

★ 实例目标

拖动滑块，调整图片的不透明度，从不透明到完全透明，实时显示当前的透明度值。

完成后的效果如图6-104所示。

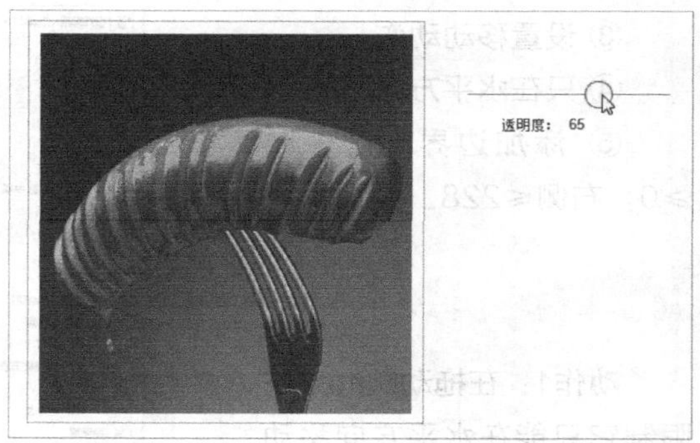

图6-104

★ 实例步骤

01界面布局

（1）添加一个有边框矩形，作为图片的背景。

（2）在背景上添加一张图片，并将图片命名为image。

（3）在图片右侧添加一条水平线，作为滑杆，在滑杆左侧添加一个圆形作为滑块。在圆形的下方添加两个文字标签，一个设置为“透明度”，另一个设置为0，并命名为current_value，用来显示当前调整的透明度值。

为了响应滑块的拖动事件，将滑块转换为动态面板，并命名为button，然后将button、水平线和两个文字标签一起选中，再次转换为动态面板，如图6-105所示。

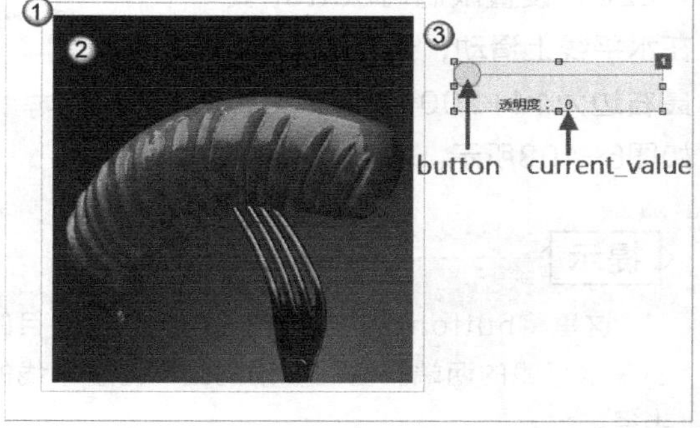

图6-105

提示

在将按钮button、水平线和两个文字标签选中并转换为动态面板之后，一般不需要命名，因为在后续操作中不会对它们进行处理，只是为了方便计算内部的按钮的位置。

02事件处理

这里主要是处理动态面板button的拖动事件，根据当前拖动的距离来计算透明度值，然后将这个值设置为图片的透明度。

（1）定义一个全局变量用来显示当前的值，并设置为图片的透明度，如图6-106所示。

提示

需要多次使用某个值时，可以以变量的形式将其暂时保存起来，便可用它来给其他元件赋值，这也是变量应用的典型场景。

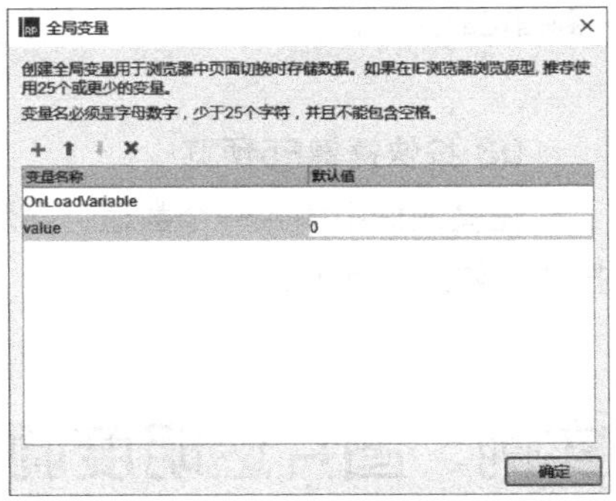

图6-106

（2）button的拖动事件中的动作列表如图6-107所示。

① 选择圆形元件。

② 添加“拖动时”事件。

③ 设置移动动作。

④ 只在水平方向移动。

⑤ 添加边界限制，左侧≥0，右侧≤228。

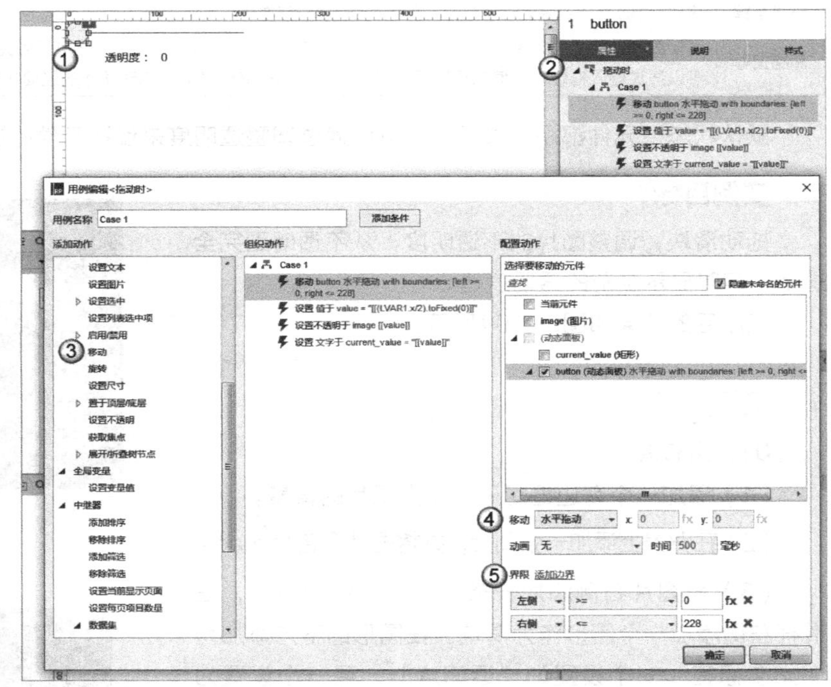

图6-107

动作1：在拖动button时，限制它只能在水平方向移动，并限制它的左右边界为 ≥ 0和 ≤228，设置限制时button要在水平线上滑动，最左边为0，最右边为14+200+14=228，如图6-108所示。

提示

这里将button移动的距离设置为228，目的是确保两个圆的圆心在水平线的两端，因此移动的距离为水平线的长度加上两个圆的半径。

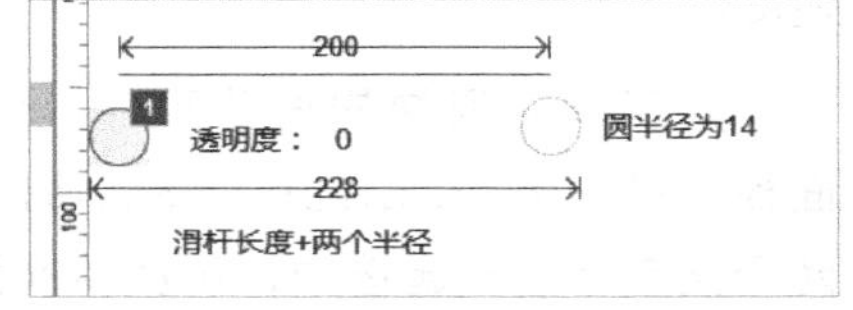

图6-108

动作2：计算透明度值，并将结果放在全局变量value中，计算公式为=[[(LVAR1.x/2).toFixed(0)]]，即圆形按钮button的位置除以2后去掉小数【toFixed(0)】部分。这里除以2的原因是滑杆的长度为200，但透明度是以100为最大值。

图6-109所示的局部变量指向的是元件button对象，目的是在表达式中能使用它的位置属性LVAR1.x。

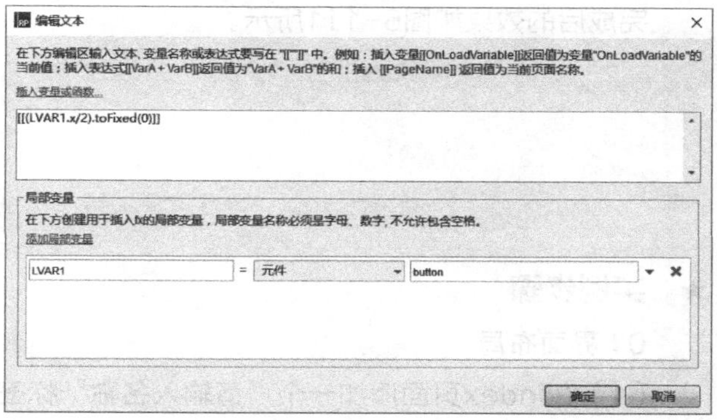

图6-109

动作3：将计算后的透明度值设置为图片的透明度，完成图片的透明度设置。

动作4：使用current_value标签显示当前透明度值，并实时查看调整值。

03按快捷键F5预览

在页面中拖动圆形按钮，确保其只在水平方向和滑杆范围内移动，将计算出的透明度值应用到图片的透明度属性上，能实时显示透明度值，如图6-110所示。

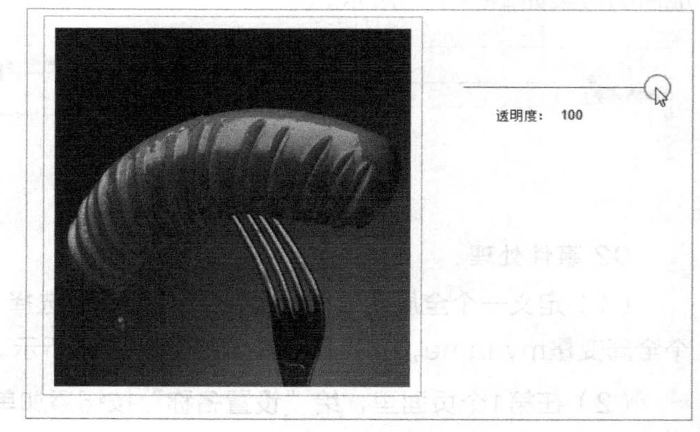

图6-110

6.7.3 全局变量动作

全局变量在所有的原型页面中都有效，多个页面之间可以共用同一个全局变量，这就是“全局”的概念。给指定的全局变量赋值的动作比较简单，设置变量值的动作也十分常用。

实例：转换输入内容为大写

实例位置	实例文件>CH05>转换输入内容为大写.rp
难易指数	★★☆☆☆
技术掌握	局部变量、字符串函数toUpperCase()
思路指导	不管是全局变量还是局部变量，变量的函数在使用方法上是一样的，变量名称后面通过“.”号引用函数名称，如果函数有参数，需要设置相应的参数

★ 实例目标

设置一个全局变量，在第1个页面中给全局变量赋值，在第2个页面中检查是否能获取赋值后的变量。打开第2个页面后，显示的名称为第1个页面输入的。

完成后的效果如图6-111所示。

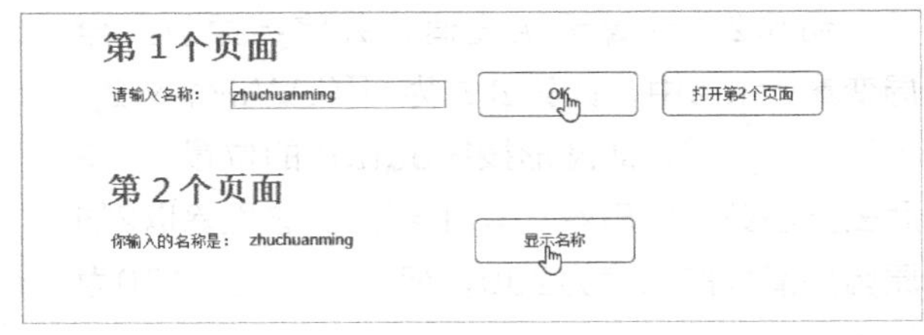

图6-111

★ 实例步骤

01 界面布局

（1）在index页面添加一个“请输入名称”标签；添加一个输入框，并命名为txtUserName；添加一个名称为“设置名称”的按钮，并命名为btnSetName；添加一个“打开第2个页面”按钮。设置完成后的效果如图6-112所示。

（2）双击page2，添加一个“你输入的名称是”标签；添加一个标签，并命名为txtResult，内容为空，用于显示第1个页面设置的变量值；添加一个名称为“显示名称”的按钮，用来显示变量值。设置完成后的效果如图6-113所示。

图6-112　　图6-113

02 事件处理

（1）定义一个全局变量myname，在菜单中选择“项目/全局变量...”选项，在弹出的窗口中添加一个全局变量myname，初始值为空，如图6-114所示。

（2）在第1个页面里，给“设置名称”按钮添加单击事件，设置输入框的内容（局部变量LVAR1）到变量myname中，同时为了响应单击按钮，将按钮名称改为“OK”，如图6-115所示。

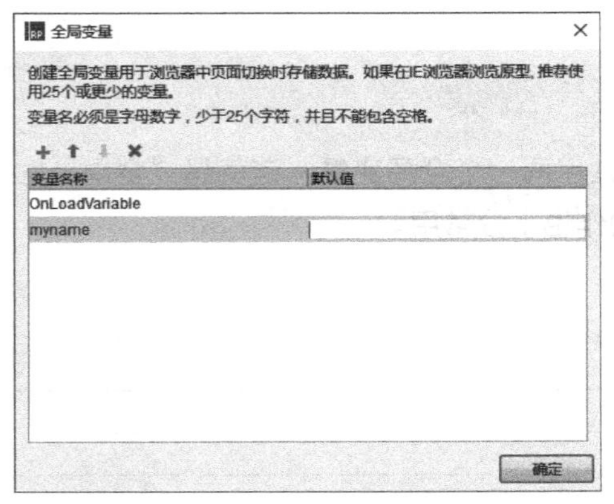

图6-114

① 选择按钮，添加“鼠标单击时”事件。

② 设置全局变量值myname等于局部变量，局部变量指的是输入框的内容。

③ 设置当前按钮标签为OK。

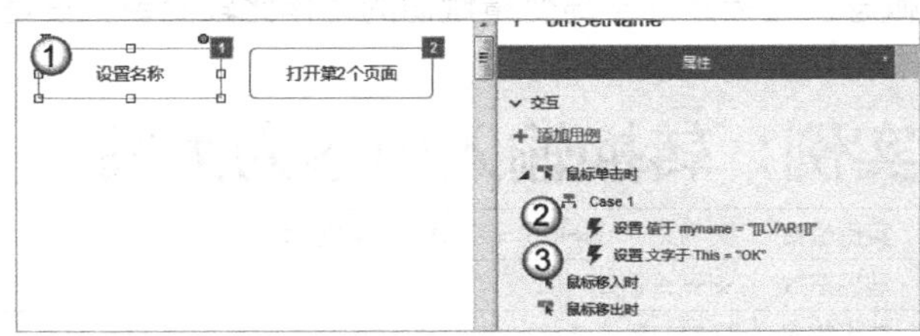

图6-115

（3）给“打开第2个页面”添加单击事件，在新窗口中打开页面page2，同时将第1个按钮的名称改回原来的“设置名称”，如图6-116所示。

① 选择按钮，添加“鼠标单击时”事件。

② 在新窗口/新标签中打开页面page2。

③ 设置按钮btnSetName文字为“设置名称”。

（4）在第2个页面里，给“显示名称”按钮添加单击事件，显示变量内容到标签txtResult中，如图6-117所示。

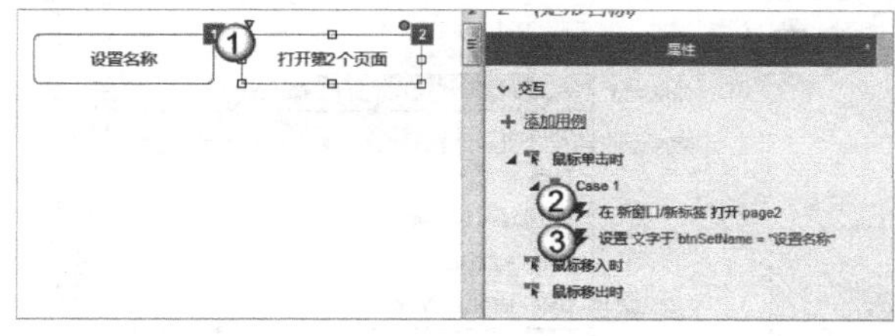

图6-116

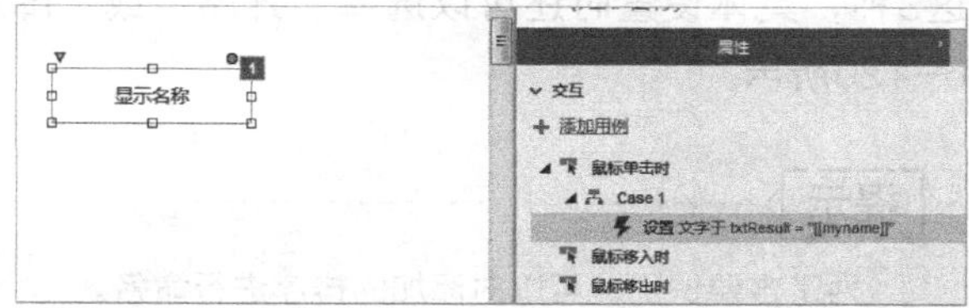

图6-117

03 按快捷键F5预览

在第1个页面中，在输入框内输入任意文本内容，单击“设置名称”按钮，然后单击“打开第2个页面”按钮，在新窗口中检查变量是否设置正确。

6.7.4 中继器动作

中继器是一个数据容器，同时也是一个二维数据表格，又叫数据集，如图6-118所示。

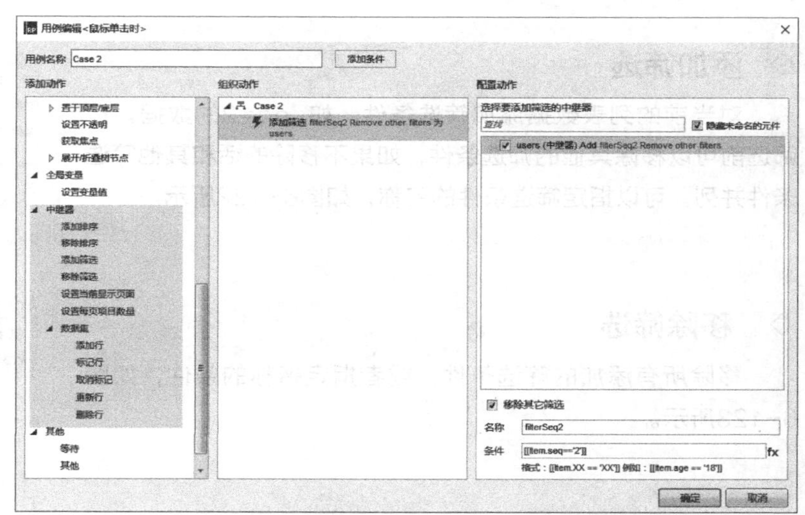

图6-118

中继器可以对数据进行过滤，具有添加、删除或修改数据等功能。以下面的数据为例，我们可以利用中继器根据序号、姓名或年龄对这些数据进行排序，也可以对图6-119所示的表格里的数据做增加或删除处理。

序号	姓名	年龄	性别	地址
1	范明水	42	男	河北省石家庄市
2	赵小曼	25	女	湖南省湘潭市
3	陈可平	40	男	湖北省武汉市
4	胡庆伟	39	男	北京市
5	王海	39	男	安徽省马鞍山市

图6-119

下面简单介绍一下中继器的排序、筛选和设置显示状态等功能，在“第9章　中继器的操作”中会详细介绍其他的动作。

◇ 添加排序

对指定字段进行排序，排序的类型有数字、文本和日期这3种，具体设置时还可以选择“升序”或“降序”，如图6-120所示。

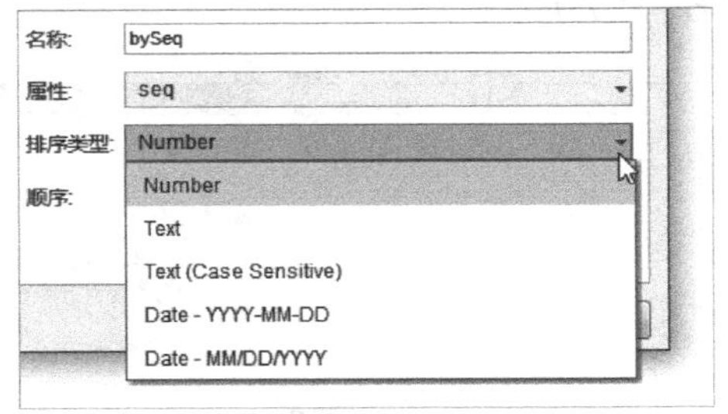

图6-120

提示

为了方便识别，可以对添加的排序进行命名。

◇ 移除排序

移除指定名称的排序，也可以移除所有添加的排序，如图6-121所示。

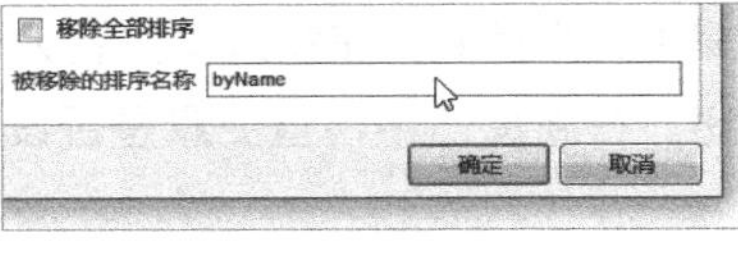

图6-121

◇ 添加筛选

对当前的列表数据添加筛选条件，如seq=2的数据。在筛选前可以移除其他的筛选条件，如果不移除的话和其他筛选条件并列。可以指定筛选条件的名称，如图6-122所示。

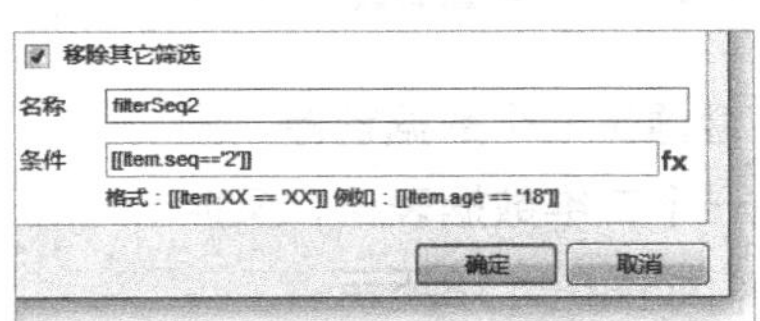

图6-122

◇ 移除筛选

移除所有添加的筛选条件，或者指定名称的条件，如图6-123所示。

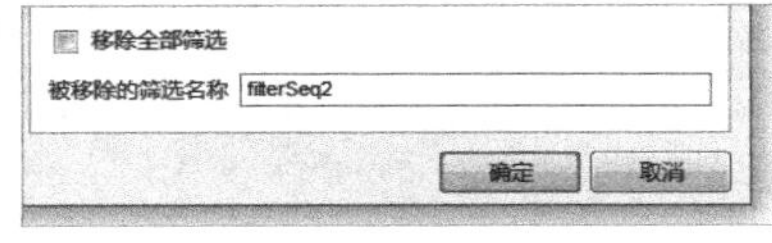

图6-123

◇ 设置当前显示页面

当中继器的数据是以分页方式显示的时候，若要显示指定页的数据，输入页码即可，也可以直接显示下一页、上一页或最后一页，如图6-124所示。

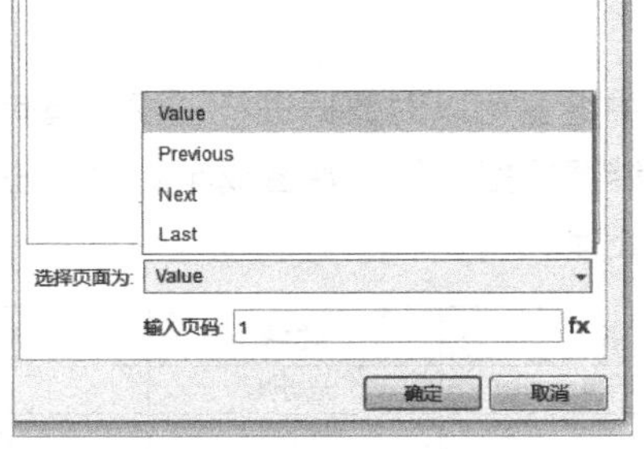

图6-124

◇ 设置每页显示数量

在分页显示时，可设置每页显示的数量，如图6-125所示。

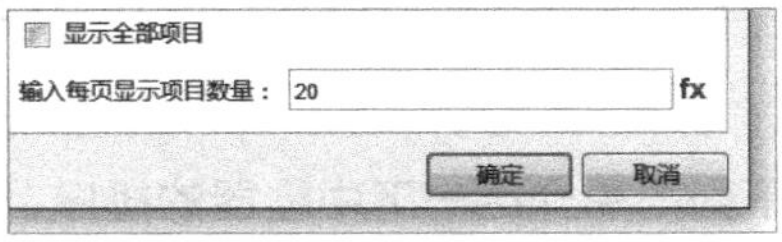

图6-125

◇ 添加行

在当前的数据集里添加一条或多条新的数据，添加的字段和定义的字段一致，如图6-126所示。

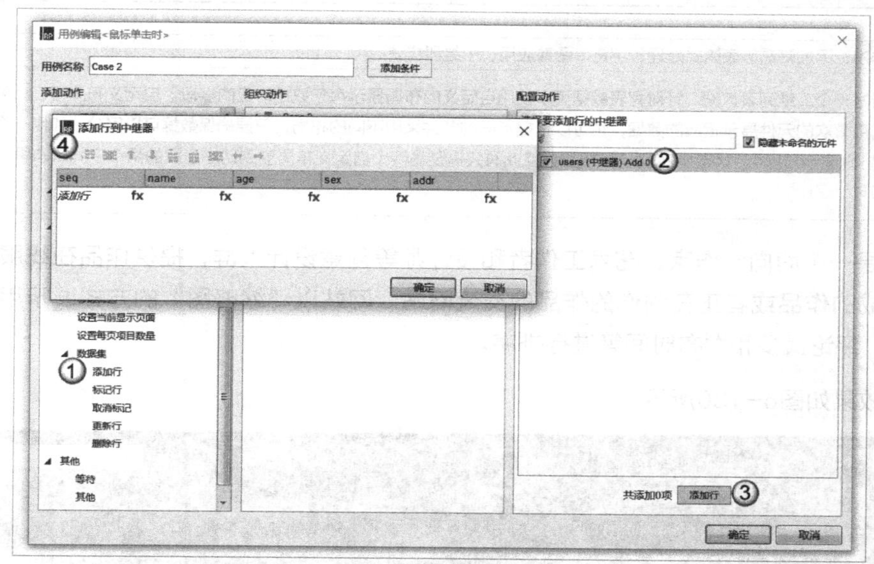

图6-126

① 选择添加行动作。

② 选择中继器。

③ 添加行。

④ 插入数据，可以通过变量插入。

◇ 标记/取消标记行

给符合条件的数据集打上标记，目的是在删除行和更新行时，可以对指定标记的数据进行删除和更新，标记的方式和添加筛选条件的方式类似。

对做了标记的行重新取消标记，用法和标记行一样，可以取消全部标记或者指定条件的标记，如图6-127所示。

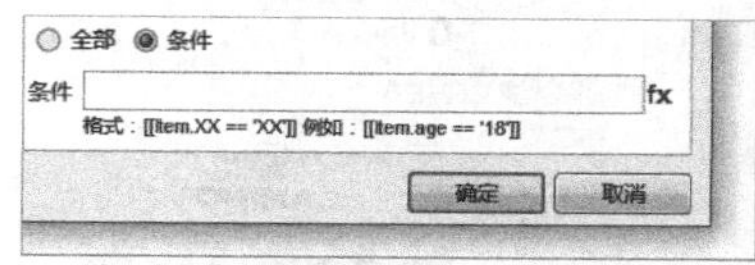

图6-127

◇ 更新行

根据条件或者之前标记的行对数据进行更新，可选择要更新的一列或多列，如图6-128所示。

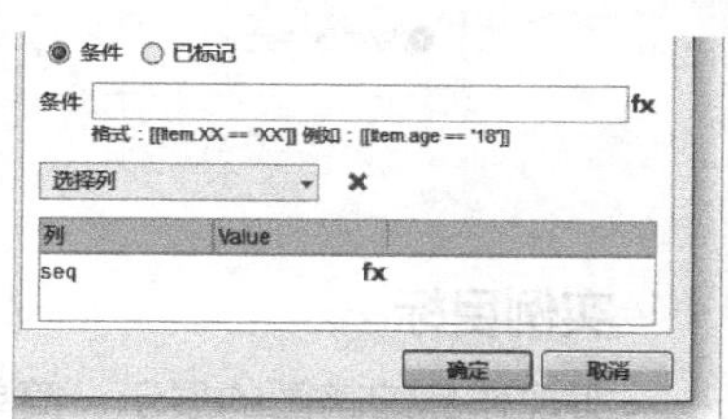

图6-128

◇ 删除行

删除指定条件的行，或者之前有标记的行，如图6-129所示。

图6-129

实例：dribbble网站的作品显示与过滤

实例位置	实例文件>CH06> dribbble网站的作品显示与过滤.rp
难易指数	★★★★☆
技术掌握	添加排序、添加筛选、表达式处理、字符串函数应用、中继器样式
思路指导	中继器是一个二维列表数据，针对列表数据可以使用自定义的布局显示每条数据对应的字段。自定义布局可以让列表样式更加丰富，可以选用喜欢的元件展示相应的数据，也可以根据不同的条件采用不同的布局，只要确保数据可以区分。如用一个状态字段来区分，状态是1则显示布局1，状态是2则显示布局2，且此时只需要将两个自定义布局放到动态面板的两个不同状态里，根据条件设置不同状态即可

dribbble是一个面向创作家、艺术工作者和设计师等创意设计人群，提供作品在线服务，供网友在线查看已经完成的作品或者正在创作的作品的交流网站。网站以“缩略图”的方式展示用户的作品，可根据查看最多、评论最多和发布时间等进行排序。

网站首页效果如图6-130所示。

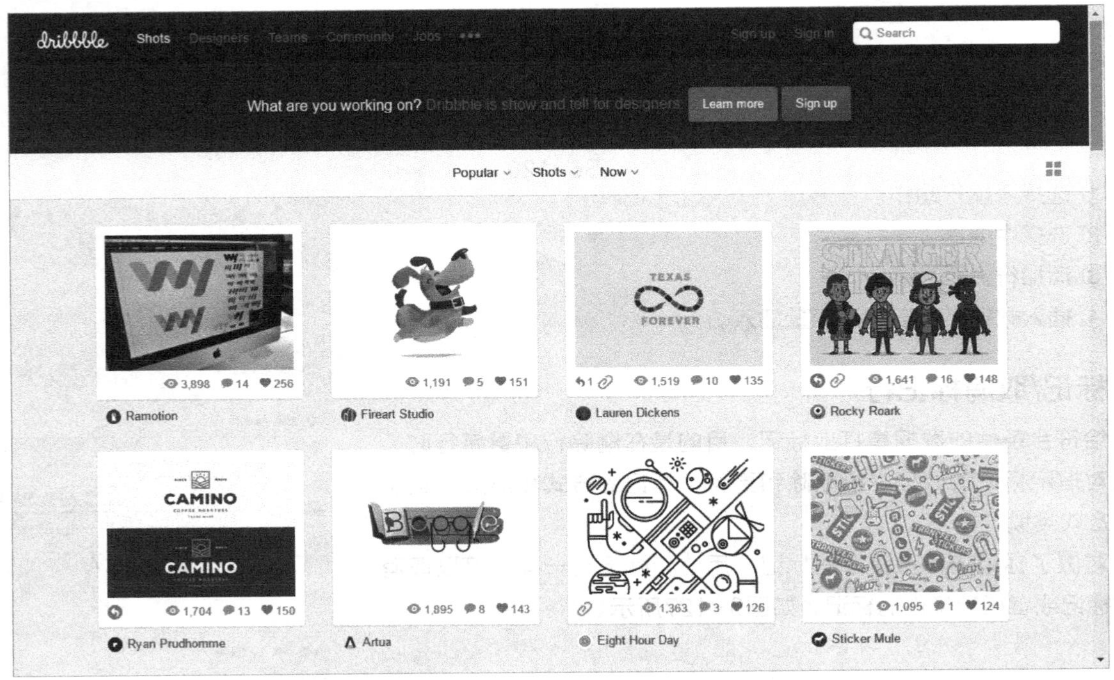

图6-130

★ 实例目标

实现作品缩略图的展示、简单排序和过滤功能，鼠标经过缩略图时显示作品简要信息。

★ 实例步骤

01 网站分析

（1）在默认状态下，显示作品的缩略图、查看数、评论数和收藏数，而鼠标经过时则显示当前作品的简要信息。

（2）在作品下方显示作者或工作室信息。

（3）提炼出显示以上信息所需要的数据集字段，如图片地址、查看数、评论数、收藏数、作者名称、作者头像URL和作品简要信息等。完成后的效果如图6-131所示。

（4）dribbble网站提供了多种排序方法，如图6-132所示。

图6-131

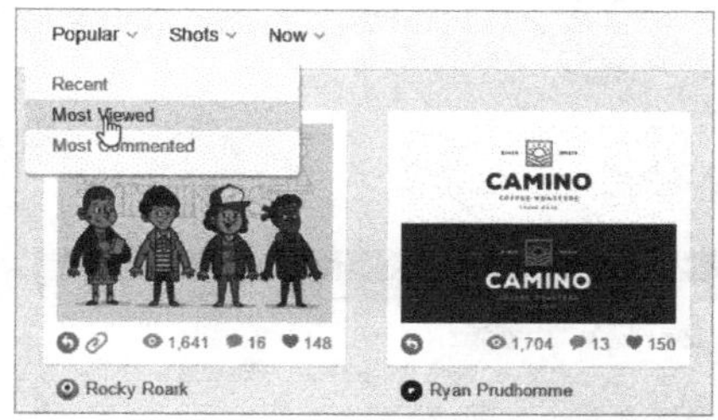

图6-132

（5）为了简化处理，这里添加两个排序条件，一个是根据查看数排序，另一个是根据评论数排序。原型的最终效果如图6-133所示。

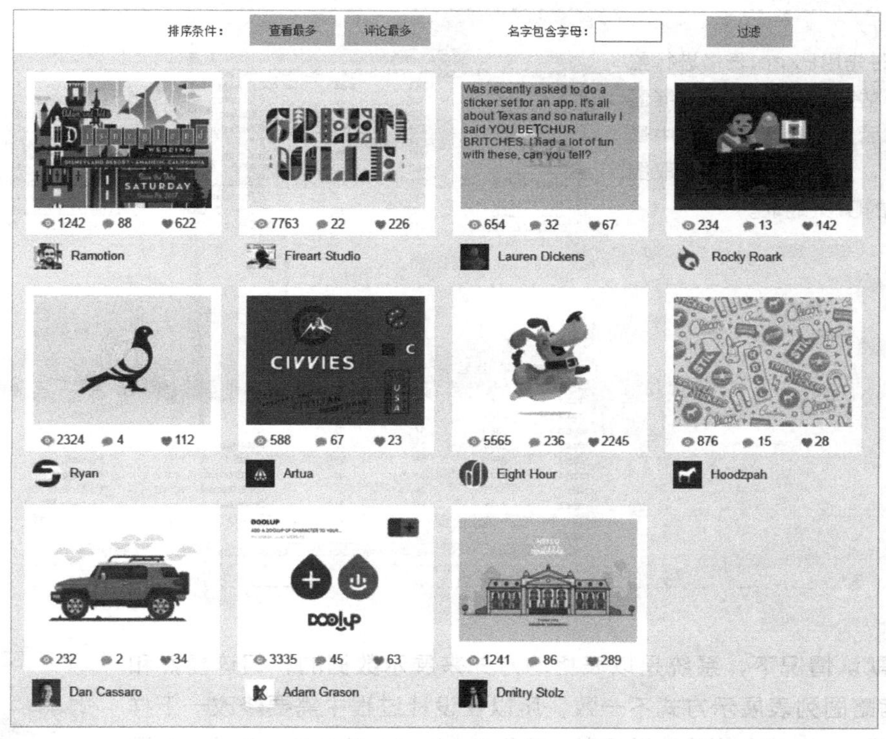

图6-133

02 界面布局

（1）页面背景设置为灰色，背景上方添加一个矩形框作为标题栏，并添加两个排序条件，分别是“查看最多”和“评论最多”，背景下方添加一个中继器元件，并命名为works（过滤条件部分稍后添加），如图6-134所示。

（2）设计中继器的数据集和样式，添加前面所说的图片地址、查看数、评论数、收藏数、作者名称、作者头像URL和作品简要信息字段，注意字段名称不能以中文命名，如图6-135所示。

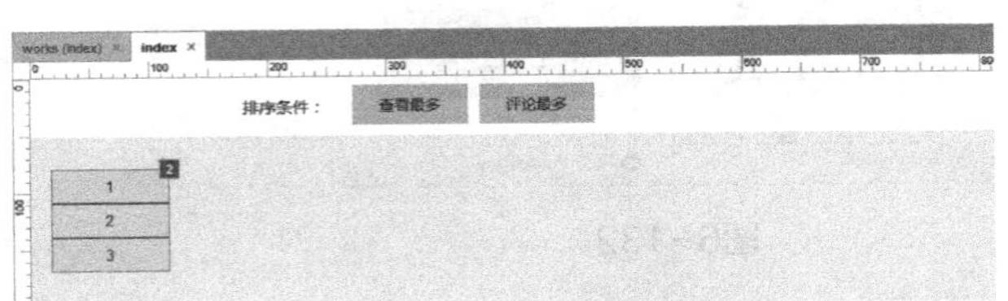
图6-134

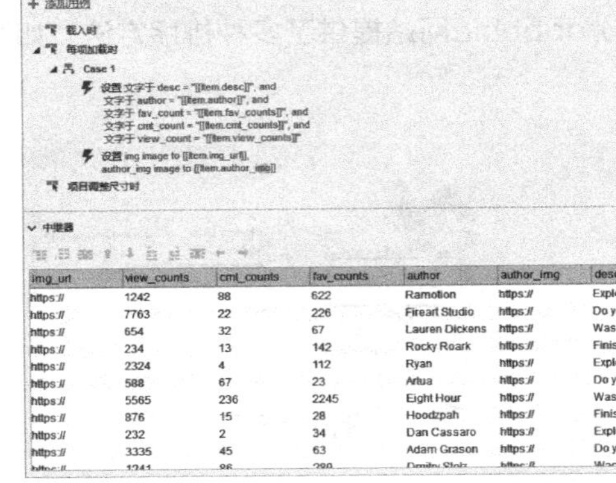
图6-135

提示

数据准备时先用Excel表格进行整理，然后复制粘贴到Axure的中继器里（粘贴完成后注意删除中继器中最后的空白行），列出介绍如何获取图片和作者头像的URL地址。

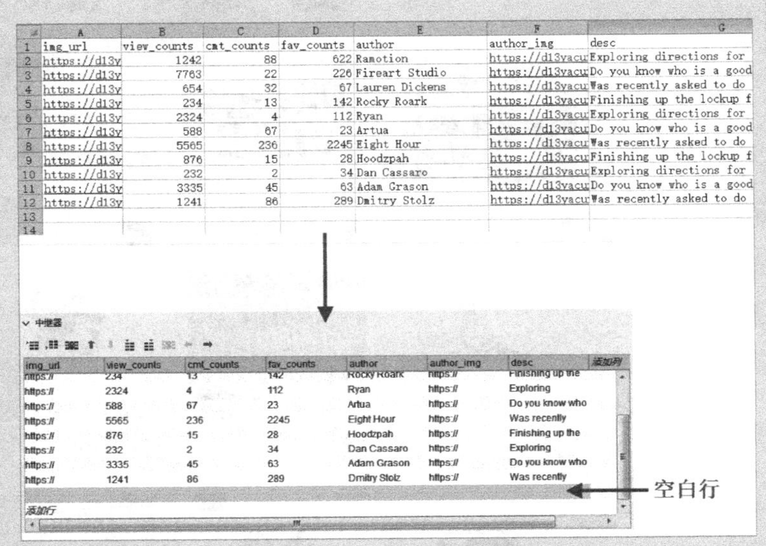

（3）在默认情况下，系统是以表格的方式来展示数据的，但这显然和dribbble的缩略图列表展示方式不一致，所以在设计过程中需要修改一下样式，双击中继器works进入样式编辑状态，并参考dribbble的缩略图样式，如图6-136所示。

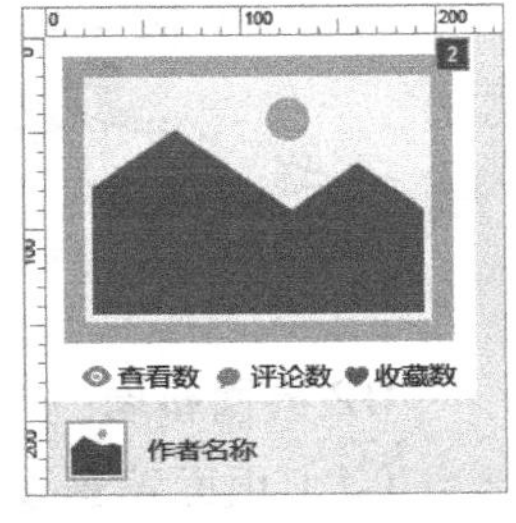

图6-136

（4）添加背景框、图片、简单的矩形框、图标、标签、作者头像和作者名称。

提示

鼠标经过图片时显示的作品简要信息是在一个白色的、半透明的且无边框的矩形上设置的，默认为隐藏状态。

（5）设置数据的显示方式为“网格排布”，每行排布4张图片，行列间距为20，设置好后可以直接在设计状态下看到显示效果，如图6-137所示。

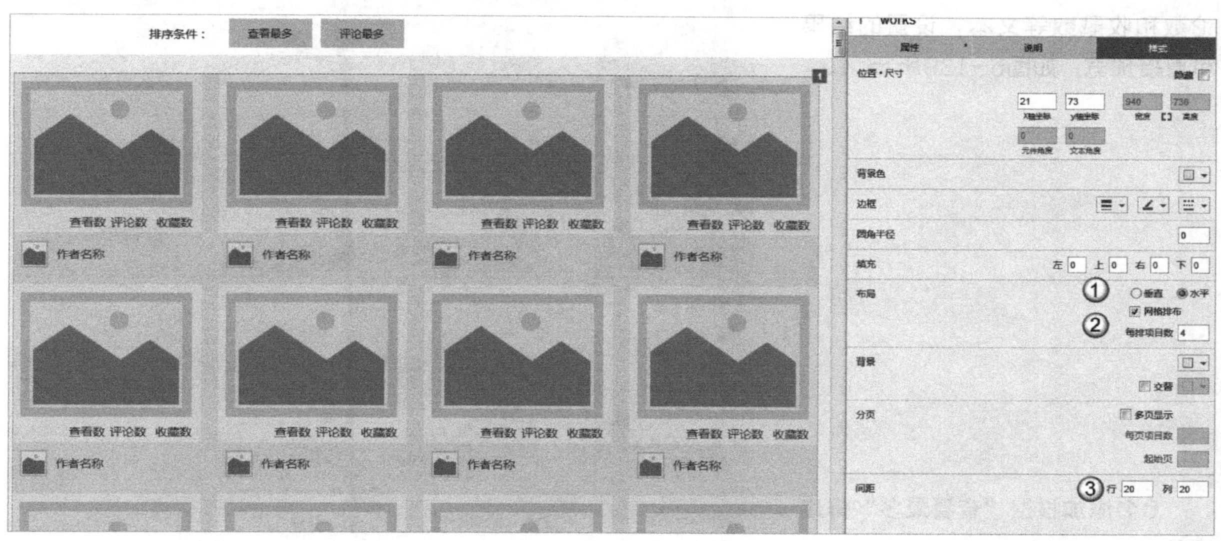

图6-137

03 添加数据加载事件

（1）给里面的元件赋值，添加中继器的“每项加载时”事件，如图6-138所示。

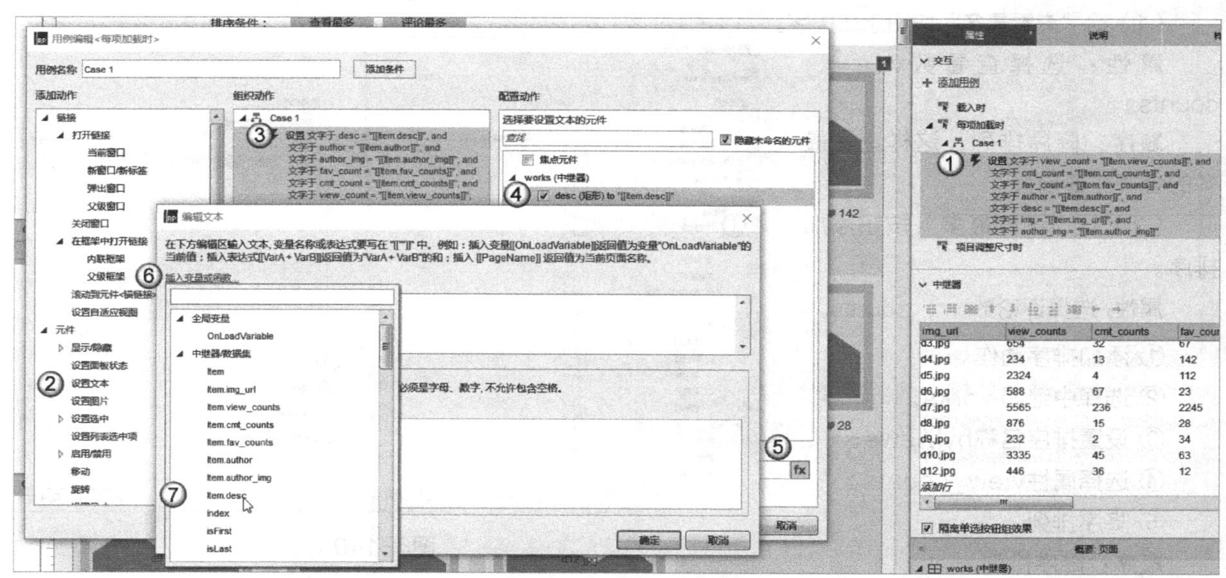

图6-138

① 修改“每项加载时”事件。

② 添加设置文本动作。

③ 设置各个元件的文本内容。

④ 以作品描述desc为例。

⑤ 通过插入变量和函数表达完成。

⑥ 插入变量或函数。

⑦ 从下拉列表中选择中继器的Item.desc字段。

（2）其他元件的赋值方法和以上方法一致，分别设置查看数、评论数和收藏数等文本，设置的结果可直接预览，如图6-139所示。

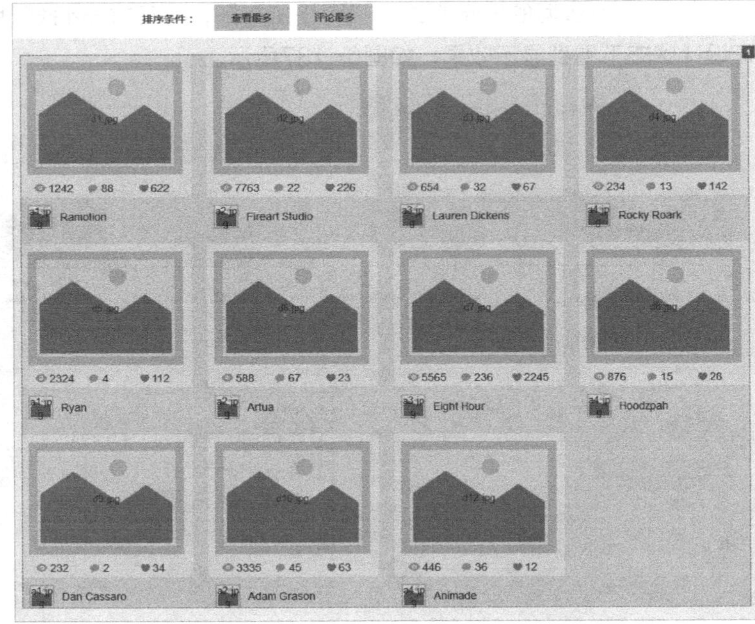

图6-139

04 添加根据“查看最多”排序事件

选择“查看最多”按钮，添加单击事件，设置中继器添加排序条件，如图6-140所示。

（1）给“查看最多”按钮添加排序。

属性： 选择查看数view_counts。

顺序： 降序排列，这样查看最多的会排在最前面。

（2）给“评论最多”按钮添加排序。

属性: 选择评论数cmt_counts。

① 添加排序动作。

② 选择中继器works。

③ 设置排序名称byViews。

④ 选择属性view_counts。

⑤ 降序排列。

顺序： 降序排列。

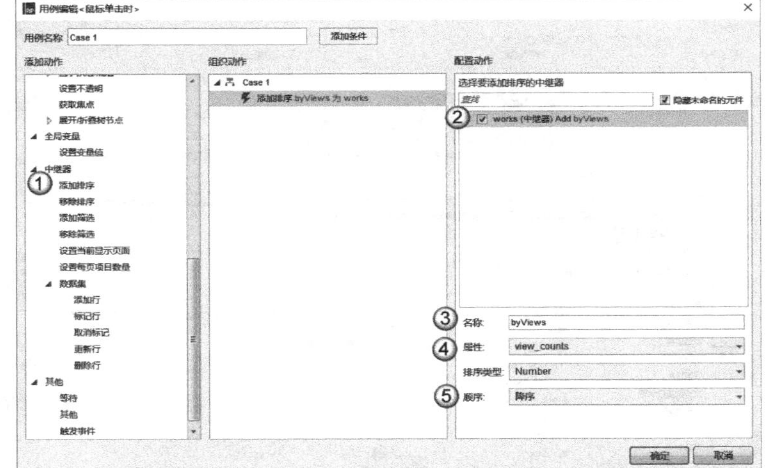

图6-140

05 添加过滤条件

（1）在标题栏添加一个过滤条件，根据输入的名字模糊过滤，输入框名字为txtFilter，如果输入框为空则显示所有，否则根据输入框中的输入文字过滤，如图6-141所示。

图6-141

（2）给“过滤”按钮添加单击事件，如图6-142所示。

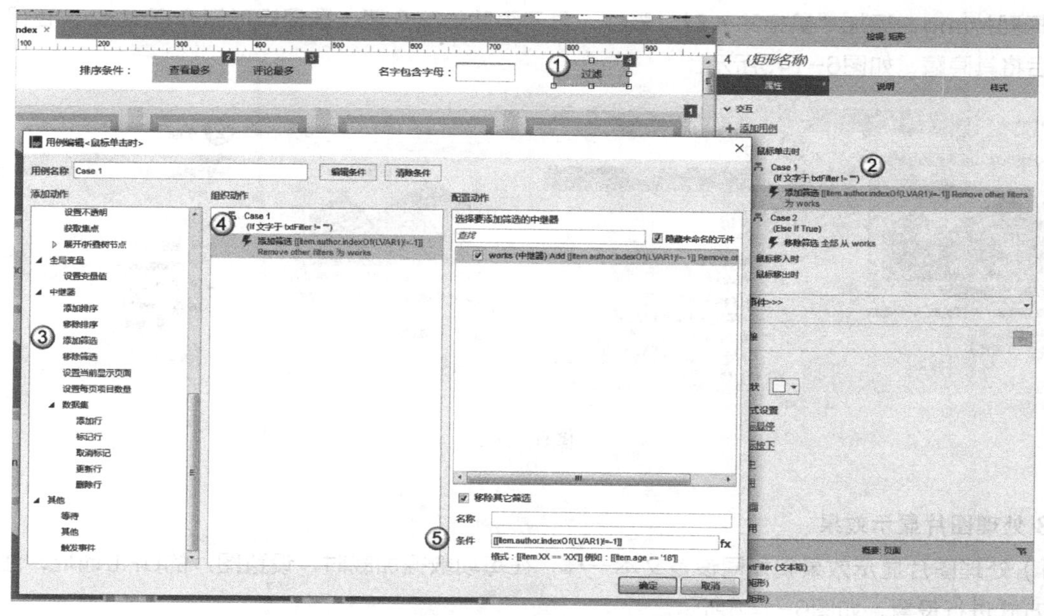

图6-142

① 选择“过滤”按钮。

② 添加“鼠标单击时”事件。

③ 添加筛选条件。

④ 添加条件判断，如果输入框文字内容不为空。

⑤ 添加筛选条件，条件表达式为[[Item.author.indexOf(LVAR1)!=-1]]，即作者名字中包含输入框的内容（局部变量LVAR1为输入框txtFilter内的文本）。

（3）添加事件分支，在输入框文本为空时移除所有筛选条件，如图6-143所示。

图6-143

提示

字符串函数indexOf用来检查某个字符串中是否包含特定字符串，如果不包含将返回-1，如果包括则返回特定字符串的位置，这里条件设置为不等于-1，表示包含了输入的字符串。例如，检查字符串Hello中是否包含字符串el，结果为1（位置从0开始）；检查是否包含“xy”，则返回-1，因为Hello里没有xy。

06 按快捷键F5预览

在不考虑图片完全正常显示的情况下，单击“查看最多”按钮，按查看数倒序排列；单击“评论最多”按钮，按评论数倒序排列，输入字母an，单击“过滤”按钮，显示作者名字中包含an的作品，如图6-144所示。

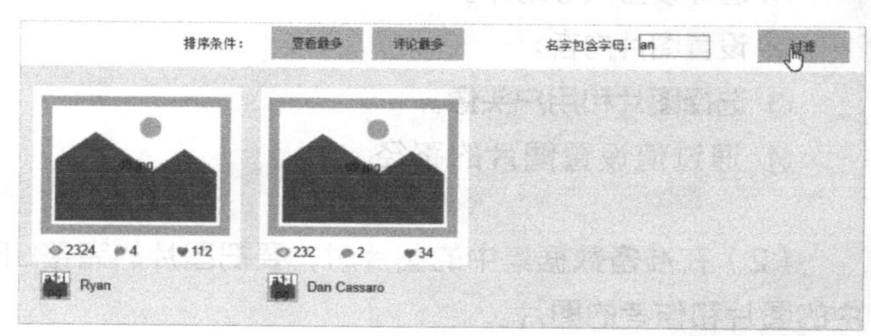

图6-144

07 添加“鼠标经过图片时”事件

选择图片img，添加“鼠标移入时”事件，显示隐藏的简介框，选择矩形简介框desc，在鼠标移出简介框后将其隐藏，如图6-145所示。

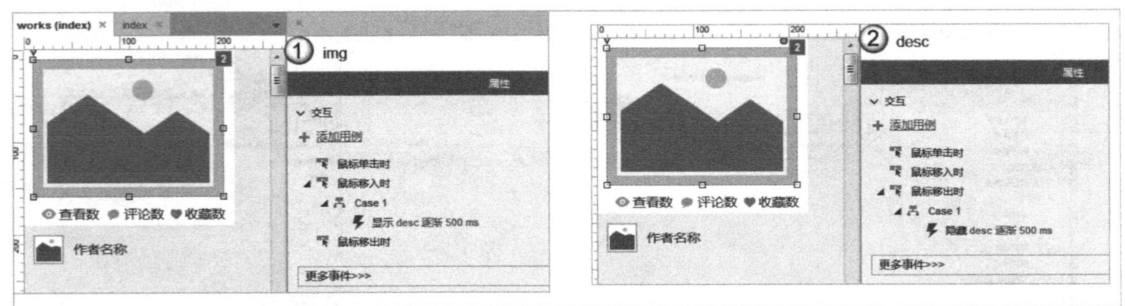

图6-145

08 处理图片显示效果

（1）处理图片显示效果就如同设置文本一样，在每项数据加载时，设置图片的URL地址，注意通过变量的方式进行设置，如图6-146所示。

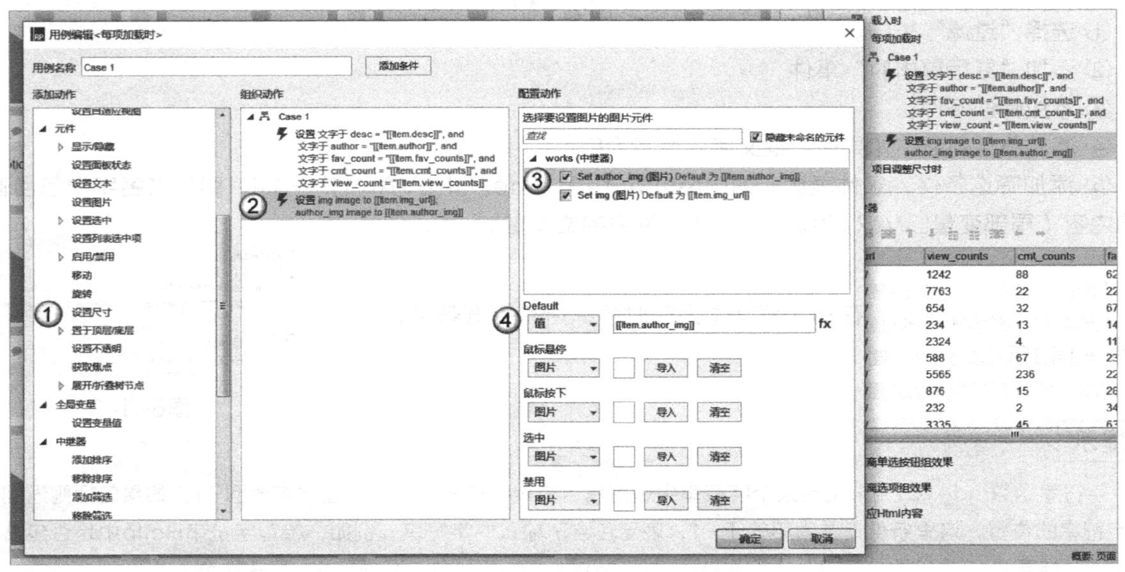

图6-146

① 选择设置尺寸动作。

② 设置图片内容。

③ 选择图片和用户头像。

④ 通过值设置图片的路径。

（2）在准备数据集中的图片时，要把图片的完整URL地址准备好，该实例中使用的是dribbble网站中的图片和作者的图片。

> **提示**
>
> 访问dribbble网站，需要单击鼠标右键，查看源码，然后从源码里找出对应的图片地址和作者头像。
>
> 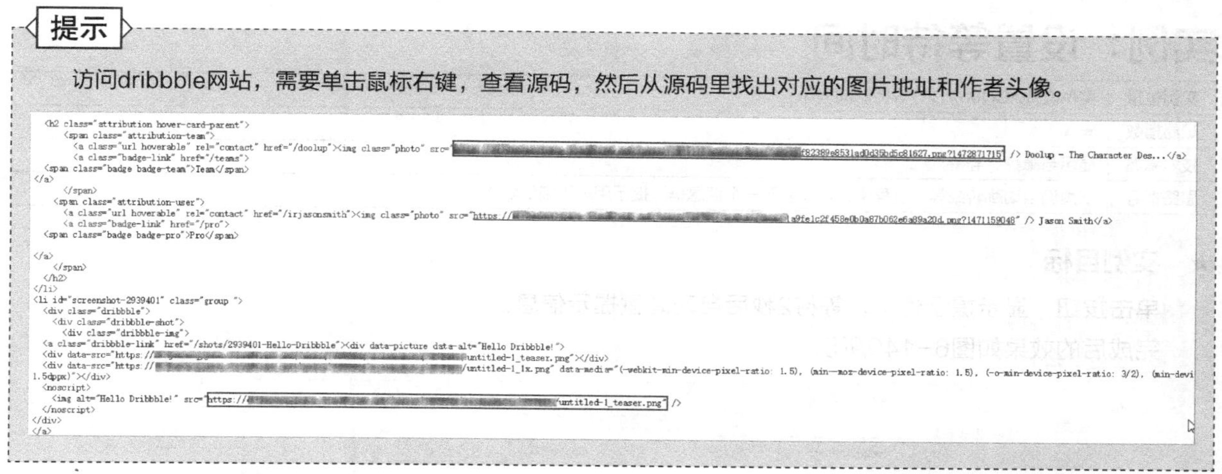

09 按快捷键F5做二次预览

在过滤的输入框中输入大写字母A，单击“过滤”按钮，查看过滤结果，鼠标移入缩略图时显示简介信息，如图6-147所示。

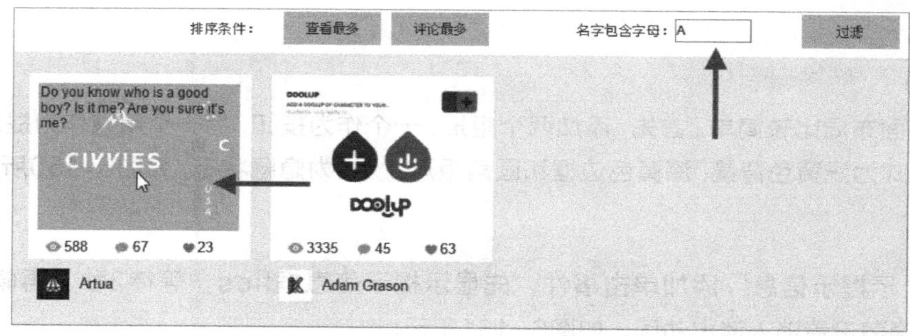

图6-147

6.7.5 其他动作

其他动作包括等待时间、弹出指定文本内容和触发事件。

◇ 等待时间

在设置等待时间动作时，“等待时间”输入框中只能输入具体的数字，不可以使用变量设置，如图6-148所示。

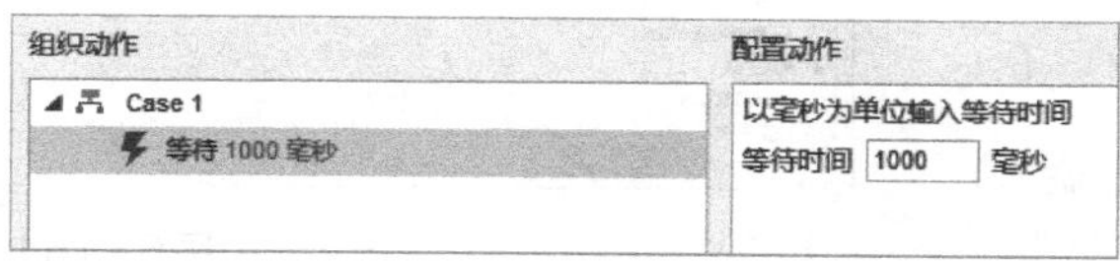

图6-148

实例：设置等待时间

实例位置	实例文件>CH06>设置等待时间.rp
难易指数	★★☆☆
技术掌握	显示与隐藏、等待
思路指导	在页面自动跳转或等待过程中，可以显示一个信息框，提示用户当前的状态

★ 实例目标

单击按钮，显示提示信息，等待2秒后自动隐藏提示信息。

完成后的效果如图6-149所示。

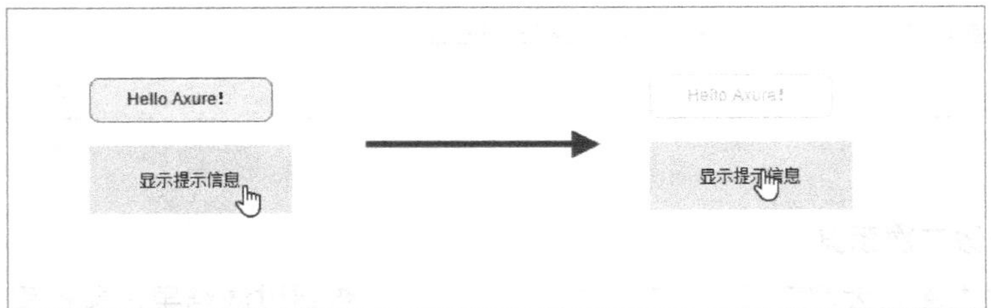

图6-149

★ 实例步骤

01界面布局

该实例的界面布局比较简单。首先，添加两个矩形，一个作为按钮，另一个用来作为提示信息框tips，添加好后设置样式为浅黄色背景、深黄色边框和圆角矩形，初始为隐藏状态，如图6-150所示。

02事件处理

给按钮“显示提示信息”添加单击事件，先显示提示信息框tips，等待2秒，再隐藏提示信息框tips，为显示和隐藏设置淡入淡出动画，如图6-151所示。

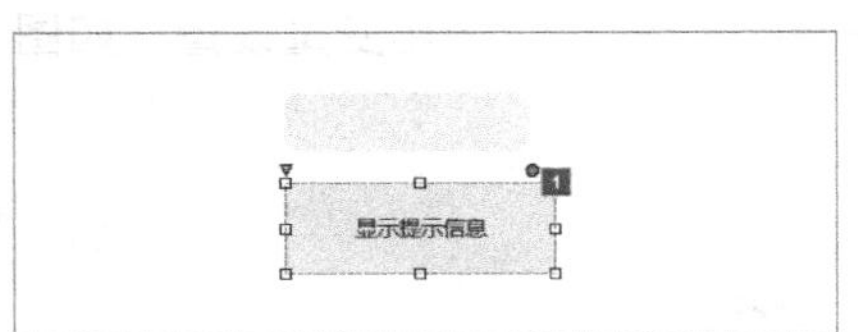

图6-150

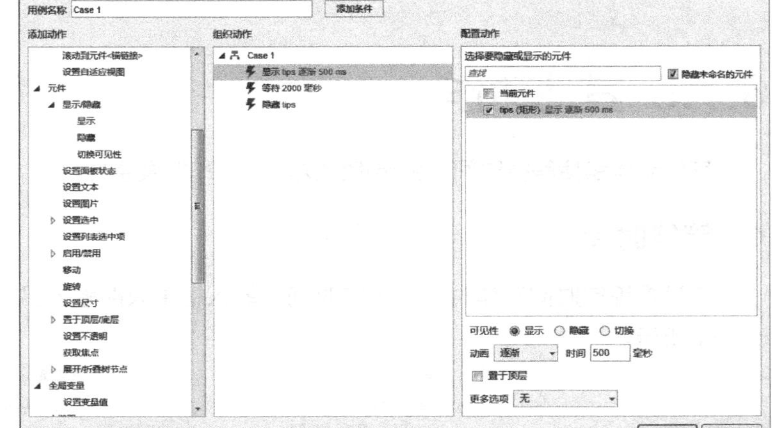

图6-151

03 按快捷键F5预览

单击按钮，显示提示信息，无须进行任何操作，等待2秒后提示信息窗口自动淡出并隐藏起来。

◇ 弹出指定文本内容

该动作用于显示一个带有“关闭”按钮的弹出窗口，窗口中的内容可以自行输入，如图6-152所示。显示的效果如图6-153所示。

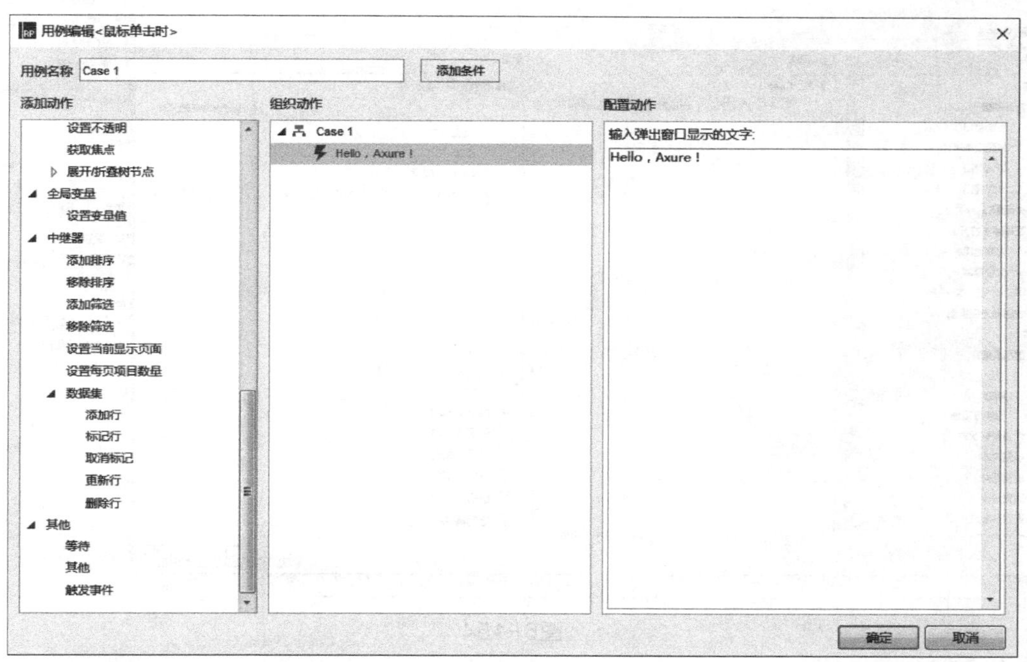

图6-152

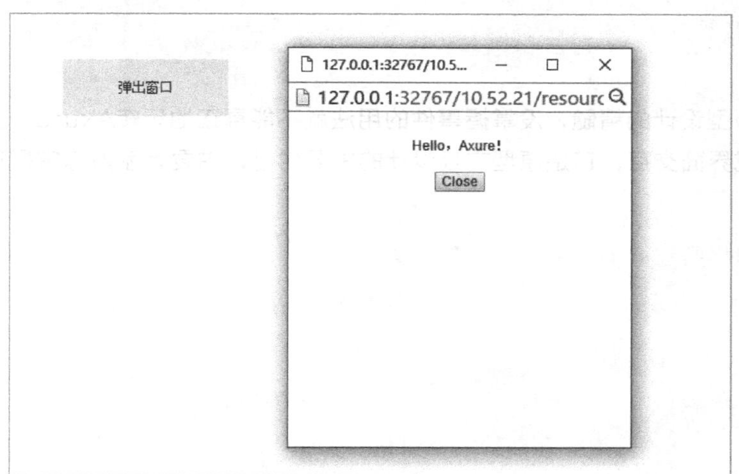

图6-153

◇ 设置触发事件

触发事件用于触发指定元件的指定事件，如单击B按钮时要触发A按钮上设置的单击事件，则可以选择要触发的按钮buttonA，勾选它的单击事件，如图6-154所示。

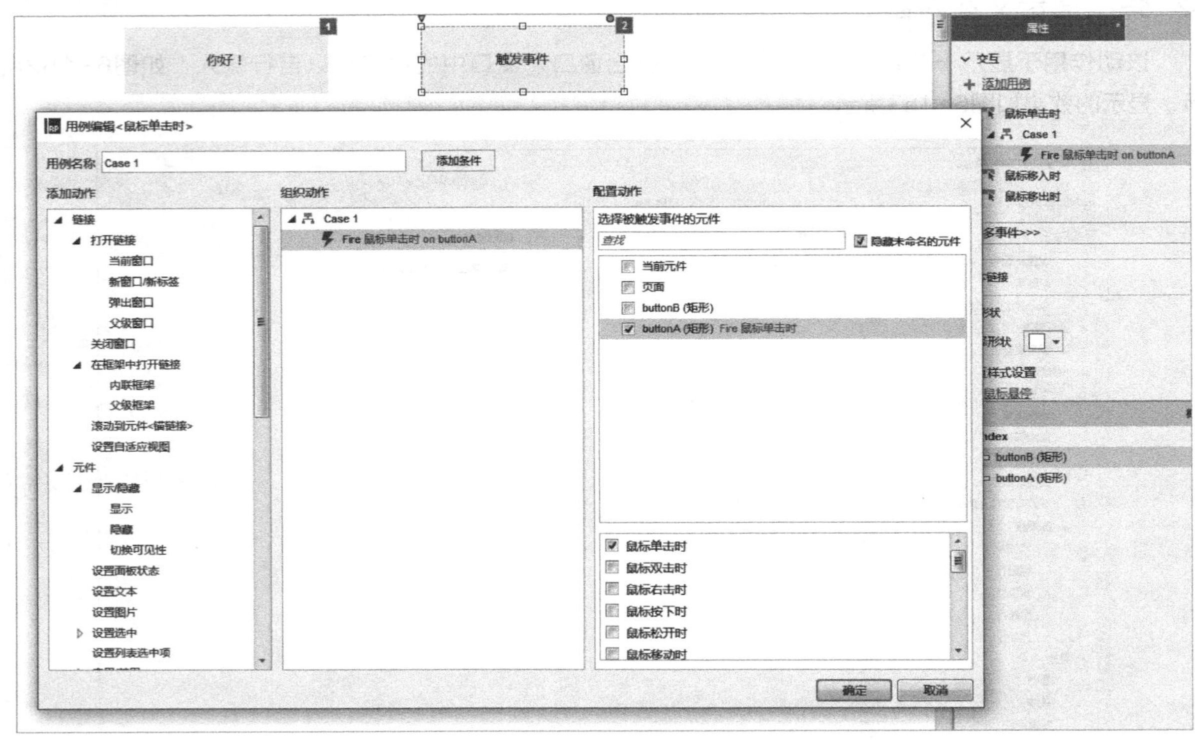

图6-154

6.8 小结

事件是Axure原型设计的精髓，没掌握事件的用法就不能真正地玩转Axure，因为只有将事件与动作结合起来才能完成界面交互，它是原型交互设计的主要内容，需要大家熟练掌握每种元件特有的事件类型。

RP

07 SEVEN 动画效果的设置

前端界面 CSS3 支持很多动画效果，尤其是针对一些活动页面或主题页面。在开发一些移动 App 或者手机触屏版 HTML5 页面时，移动端为了向用户提供更好的体验，也会增加一些动画交互效果。

因此，在设计原型时，可以为交互环节预设一些动画效果。动画效果可以很好地增强交互的趣味性，避免界面过于死板。

- 动画效果的应用范围
- 常见交互动作中的动画效果设置

7.1 动画效果的应用范围

在Axure中，当设置如下动作的时候，可以同时设置动画效果。

- **显示/隐藏元件**
- **设置动态面板状态**
- **移动元件**
- **旋转元件**
- **设置尺寸**
- **设置透明度**

配合以上动作本身的参数，可以显示不同的动画效果。

在这些可以设置动画效果的动作中，显示/隐藏元件和设置动态面板状态的可选动画类型一致，如图7-1所示，移动元件、旋转元件、设置尺寸和设置透明度的可选动画类型一致，如图7-2所示。

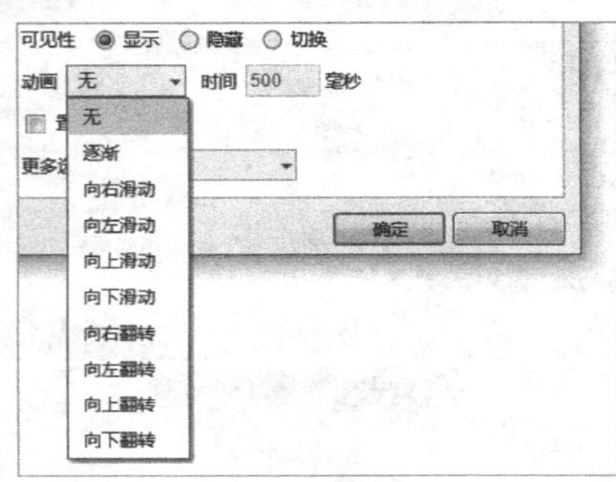

图7-1

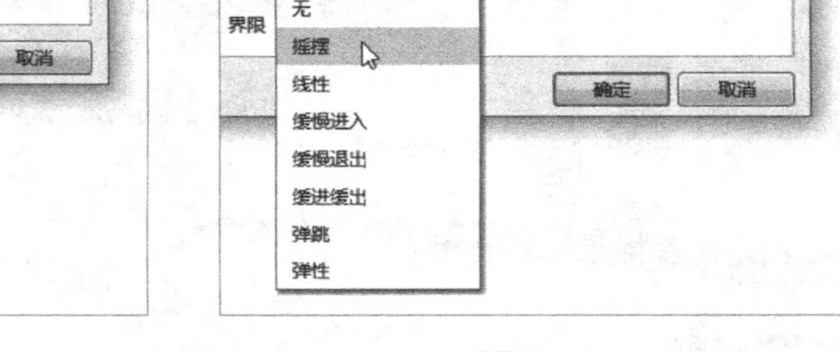

图7-2

7.2 显示/隐藏元件

配合动画效果，能让元件显示/隐藏时不会那么唐突，如弹出窗口的“淡入淡出”效果，显示/隐藏动作的参数如图7-3和图7-4所示。

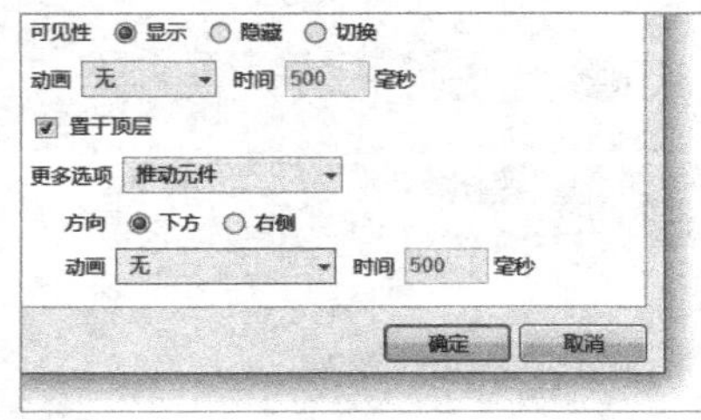

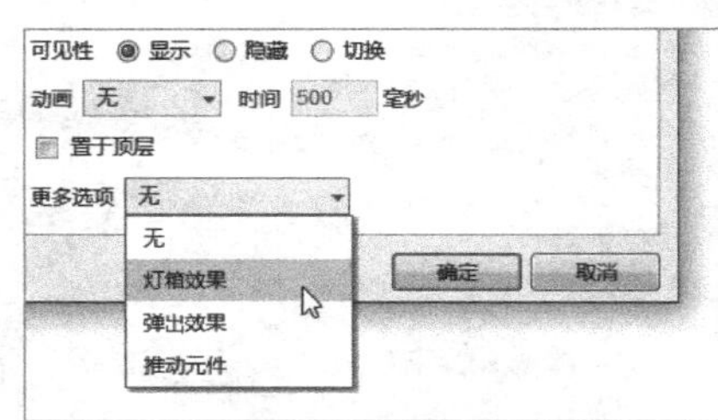

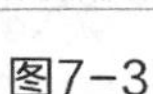
图7-3　　图7-4

置于顶层：不管元件之前处于哪一层，在显示/隐藏时将它调整到最顶层显示，确保它不被其他元件挡住。

灯箱效果：默认背景为半透明的黑色，可以指定背景颜色。

弹出效果：以弹出方式显示，弹出对象为半透明背景，鼠标移出时弹出对象会自动隐藏。

推动元件：这个选项具有更多的参数，它将元件下方（或右方）的其他元件向下（或向右）推动一段距离，同时在移动时可以设置动画效果。

实例：显示/隐藏按钮气泡提示信息

实例位置	实例文件>CH07>显示/隐藏按钮气泡提示信息.rp
难易指数	★★☆☆☆
技术掌握	显示与隐藏、动画设置
思路指导	在鼠标经过按钮时，配合动画显示提示信息，可以取代系统默认的提示信息显示框，让提示效果更生动有趣

★ 实例目标

鼠标经过按钮时显示浮动提示信息，移出按钮时提示信息隐藏。

完成后的效果如图7-5所示。

图7-5

★ 实例步骤

01 界面布局

（1）添加两个矩形框，一个作为按钮，双击后输入文字“鼠标移上来试试”。另一个用于显示提示信息，并将该矩形框调整为气泡形状，调整好下方箭头和圆角，并命名为tips，设置浅黄色背景和深黄色边框，文字提示内容为“Hello Axure!”，如图7-6所示。

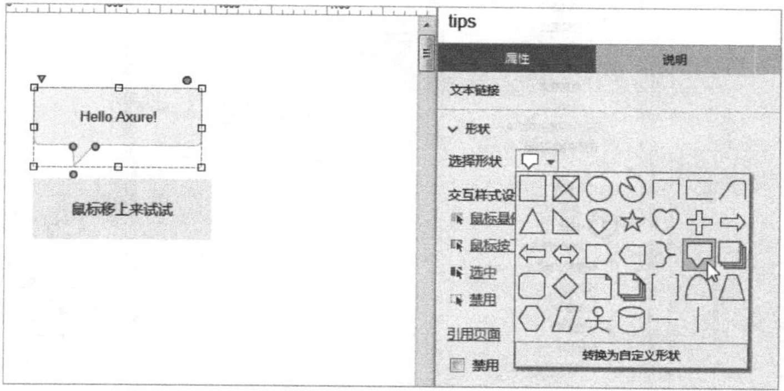

图7-6

（2）将气泡tips设置为隐藏状态，使其在鼠标移入按钮时才显示。

02 事件处理

（1）给按钮添加鼠标移入事件和鼠标移出事件，选择按钮，添加鼠标移入事件，如图7-7所示。

① 选择“鼠标移上来试试”按钮。

② 添加“鼠标移入时”事件。

③ 添加显示动作。

④ 选择显示对象tips。

⑤ 设置动画为“逐渐”，时长500毫秒。

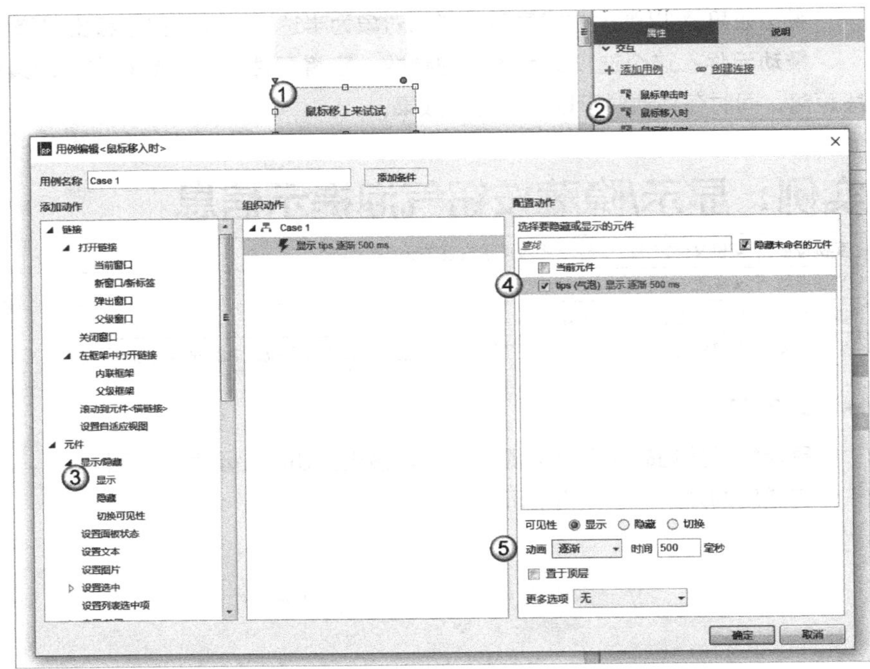

图7-7

（2）添加按钮的“鼠标移出时”事件，与显示逻辑相反，隐藏气泡tips，并设置动画效果为“逐渐”，如图7-8所示。

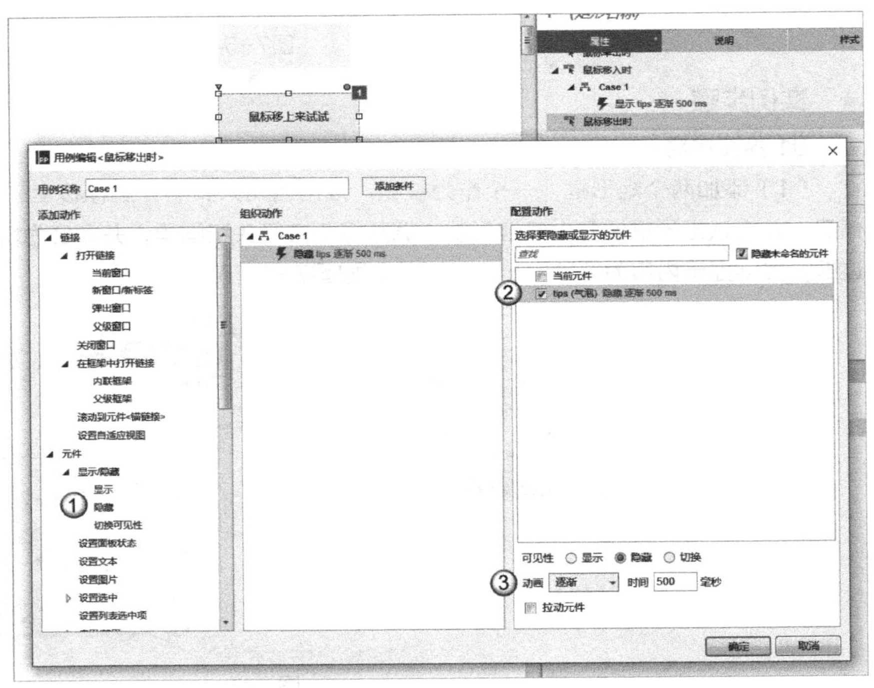

图7-8

03 按快捷键F5预览

将鼠标移到按钮上面，气泡以“淡入”的方式显示，再将鼠标移出按钮，气泡以“淡出”的方式隐藏。

7.3 设置动态面板状态

动态面板有多个状态，在多个状态间切换时可以设置过渡动画效果，例如自动幻灯片的展示效果。由于动态面板的多状态特性，它可以同时设置上一个状态退出、下一个状态进入时的动画，动作的可选参数如图7-9所示。

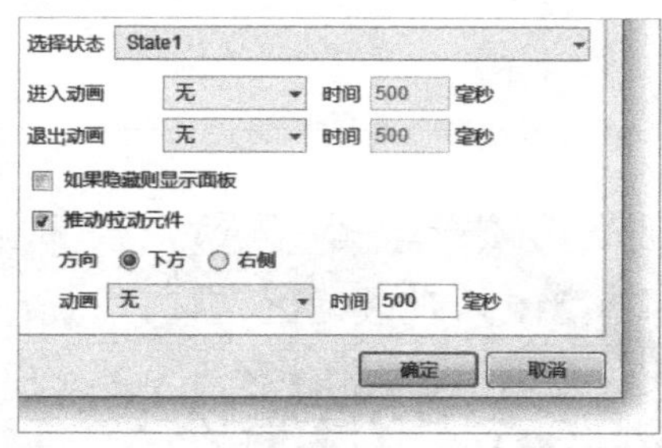

图7-9

进入动画：进入下一个状态时的动画。

退出动画：退出上一个状态时的动画。

如果隐藏则显示面板： 不管动态面板之前是否隐藏，勾选后则会显示。

推动/拉动元件：同显示/隐藏元件时“更多选项”中的“推动元件”，在显示元件时会推动它下方或右侧的元件，使当前元件有足够的显示空间。

实例：自动垂直幻灯片

实例位置	实例文件>CH07>自动垂直幻灯片.rp
难易指数	★★★☆☆
技术掌握	设置动态面板状态、状态切换动画
思路指导	垂直幻灯片和水平幻灯片的实现方式完全一样，同样是通过动态面板来完成，只是布局不同而已

我们在6.7.2小节的第2个实例中已完成了自动水平幻灯片效果制作，接下来看看如何制作自动垂直幻灯片效果。

★ 实例目标

不设置自动轮播，在鼠标经过幻灯片标题时切换。

完成后的效果如图7-10所示。

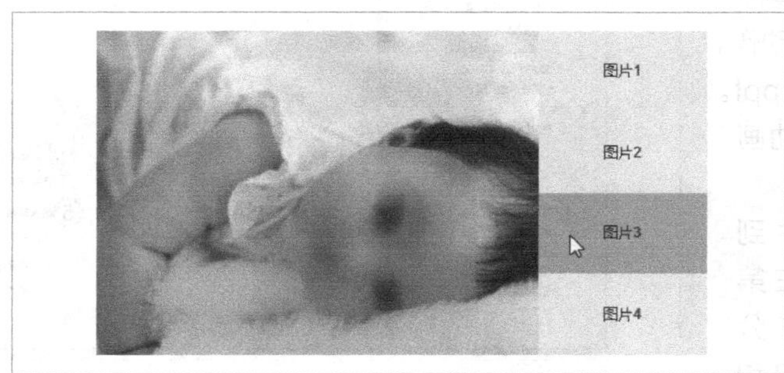

图7-10

★ 实例步骤

01 界面布局

（1）准备4张大小均为400×300的图片，拖动一张图片到设计区域，单击鼠标右键，将其转换为动态面板，并命名为ppt，如图7-11所示。

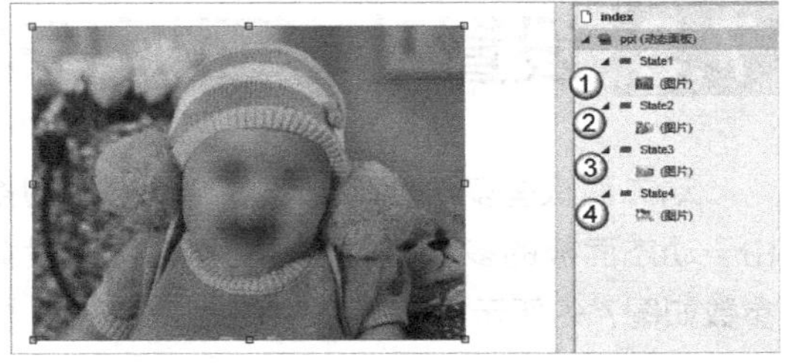

图7-11

（2）将动态面板中的State1状态复制3个，然后逐一替换掉其中的图片。

（3）在动态面板右侧添加4个矩形作为指示按钮，然后选中这4个矩形，单击鼠标右键，在弹出菜单中选择“交互样式...”选项，并设置鼠标悬停时的背景填充色为深灰色，作为鼠标移入时的反馈效果，如图7-12所示。

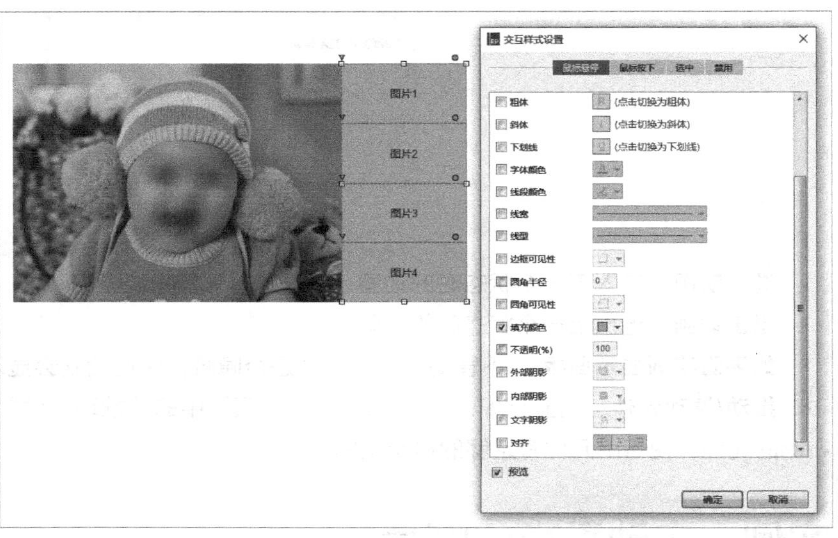

图7-12

02 事件处理

为图片1设置鼠标移入事件，在移入时设置切换动态面板状态到State1，并设置动态面板的进入动画和退出动画为“向上滑动”，如图7-13所示。

① 选择“图片1”按钮。

② 添加“鼠标移入时”事件。

③ 添加设置面板状态动作。

④ 选择动态面板对象ppt。

⑤ 设置进入和退出动画为“向上滑动”。

复制按钮1的事件到其他3个按钮上，并在第⑤步里设置面板状态分别为State2、State3和State4。

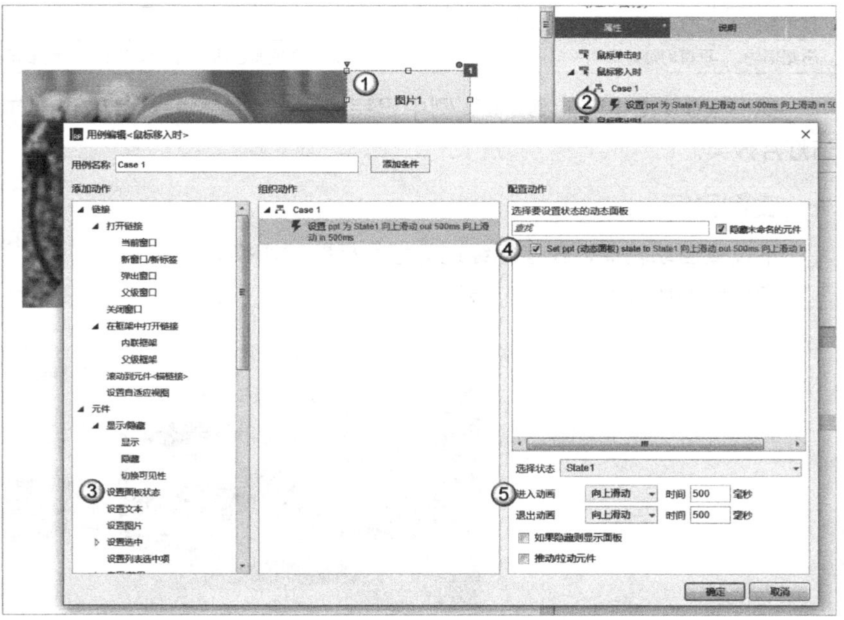

图7-13

03 按快捷键F5预览

鼠标分别移入图片1、图片2、图片3和图片4上，幻灯片分别向上滑动显示。

> **提示**
>
> 这里需要思考一个问题：如何实现在鼠标从上到下移入按钮时的动画效果为“向上滑动”，而从下到上移入按钮时的动画效果为“向下滑动”呢？因为这才是我们常见的网站幻灯片的播放效果。

7.4 移动元件

移动元件是将元件从*A*点移动到*B*点的操作，这个也是动画效果应用的非常典型的场景，动作的可选参数如图7-14所示。

移动：设置是以当前元件的相对位置还是绝对位置移动，需要指定目标位置*x*、*y*。

界限：设置移动元件时的范围，可设置4个方向的限制范围。

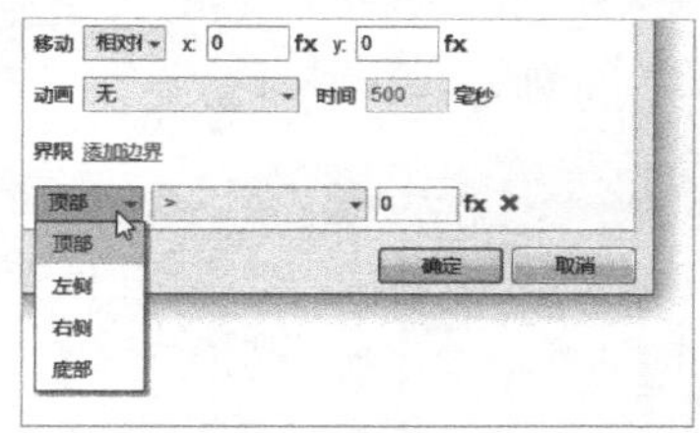

图7-14

实例：显示/隐藏动态浮动气泡

实例位置	实例文件>CH07>显示/隐藏动态浮动气泡.rp
难易指数	★★★☆☆
技术掌握	显示与隐藏元件、移动元件、动画效果设置
思路指导	显示动态浮动气泡只需将要显示的内容移动一小段距离，隐藏时再移动到原处，一段简单的动画会给用户带来不一样的交互体验

★ 实例目标

在“显示/隐藏按钮气泡提示信息”实例的基础上，优化它的动画效果，增添一定的趣味性。鼠标经过时，在显示提示的同时向上移动一小段距离，鼠标离开时，在隐藏提示的同时向下移动一小段距离。

完成后的效果如图7-15所示。

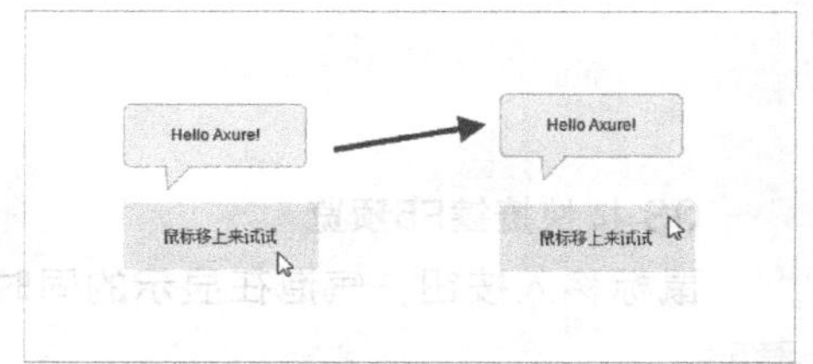

图7-15

★ 实例步骤

01 界面布局

打开 “显示/隐藏按钮气泡提示信息.rp”文件，并将其另存为“显示/隐藏动态浮动气泡.rp”文件，界面布局和原来保持一致，无须改动。

02 事件处理

（1）在鼠标移动事件中，双击Case 1原来的事件，添加移动动作，向上移动tips相对位置至-10，为移动添加线性动画效果，如图7-16所示。

① 选择按钮对象。

② 添加“鼠标移入时”事件。

③ 添加移动动作。

④ 选择移动对象tips。

⑤ 设置按相对位置移动，在y方向移动-10。

⑥ 配合线性动画。

图7-16

（2）移出事件的动作正好相反，也是添加一个移动动作，y方向移动到相对位置10，如图7-17所示。

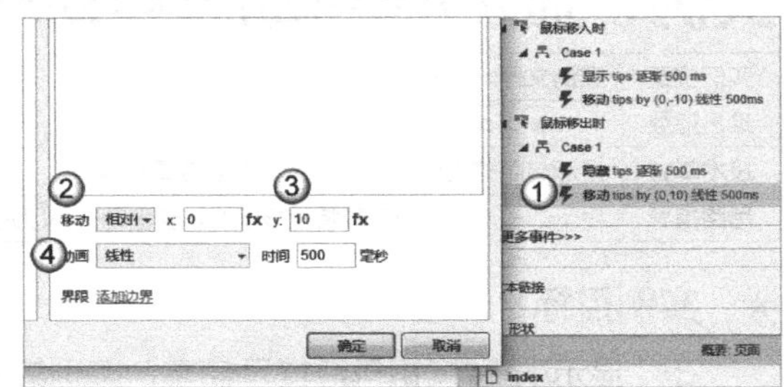

图7-17

03 按快捷键F5预览

鼠标移入按钮，气泡在显示的同时向上移动一小段距离;移出按钮时，气泡向下移动一段距离后隐藏。

7.5 旋转元件

将元件旋转一定角度，相关参数较多，如图7-18所示。

旋转：以相对位置或者绝对位置旋转一定角度。

方向：有两种选择，即顺时针或逆时针。

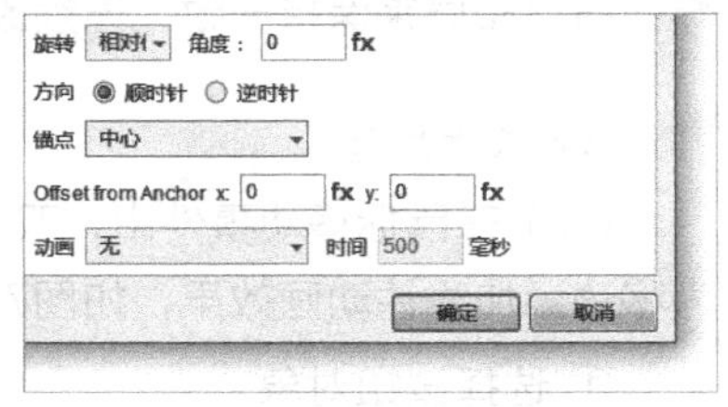

图7-18

锚点：可设置元件上的9个关键位置点，即周边8个点和中心点，如图7-19所示。

关于锚点的偏移位置，如偏移中心位置（10,30）处旋转，此时要旋转的对象的位置并不在中心处。以图7-20为例，手表的时针是围绕着红色箭头所指之处旋转的，因此要偏移下方顶点一定的位置。

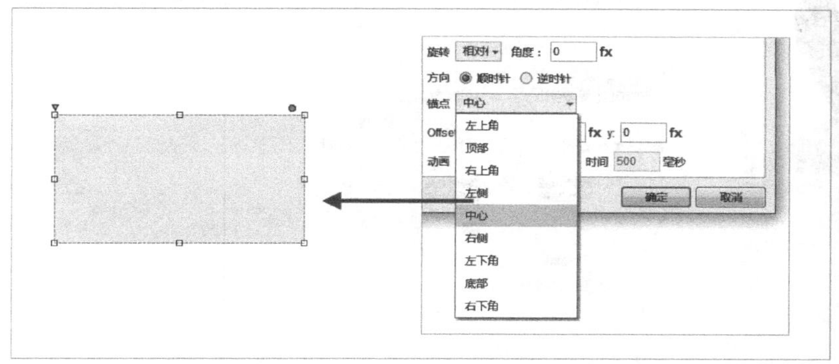

图7-19

图7-20

实例：制作旋转的风车

实例位置	实例文件>CH07>制作旋转的风车.rp
难易指数	★★★☆☆
技术掌握	显示/隐藏元件、移动元件、动画效果设置
思路指导	在原型设计中，风车旋转的实现方法和大转盘同理，只需要将背景与要转动的对象分开，转动的对象围绕中心点转动即可。通过调节参数可以设置不同的转动速度和方向，其中动画的设置是关键点

★ 实例目标

为风车设置旋转方式和旋转的速度。

完成后的效果如图7-21所示。

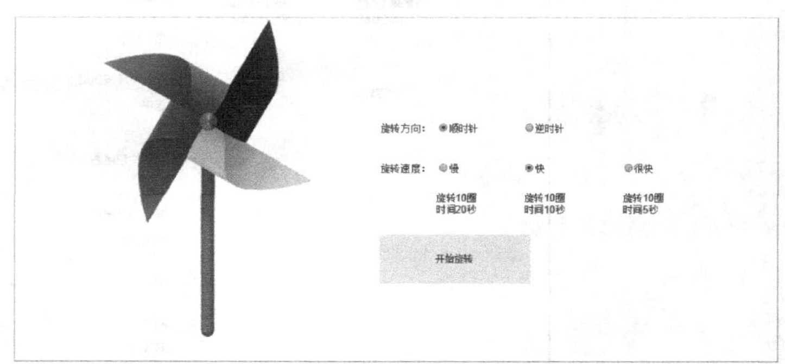

图7-21

★ 实例步骤

01 界面布局

（1）准备一张风车图片，使用Photoshop 工具将手柄和转轮分开，两个图片均保存成背景透明的png格式，转轮的中心位置在图片的中心，如图7-22所示。

图7-22

（2）在Axure中，导入上一步保存的两张图片并设置好位置，同时将风车转轮命名为fengche。

（3）设置元件其他参数，如图7-23所示。

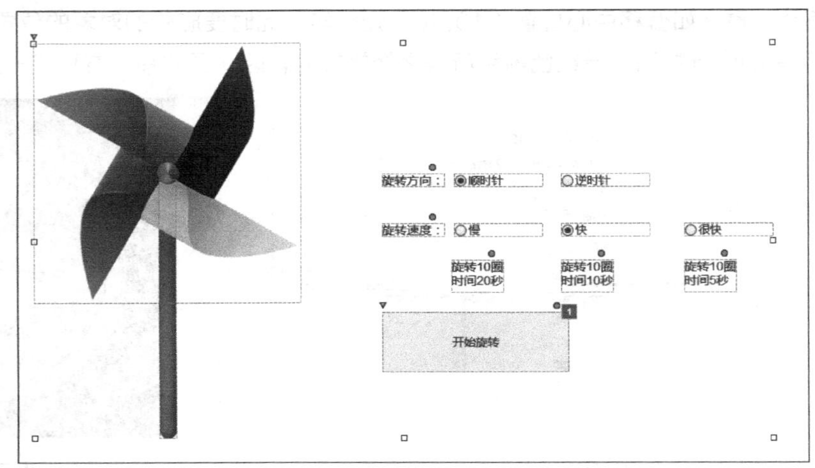

图7-23

（4）将“顺时针”和“逆时针”两个单选按钮分别命名为d1和d2，同时将这两个按钮选中后编组，并命名为direction，同一组内的元件只能选中一个，如图7-24所示。

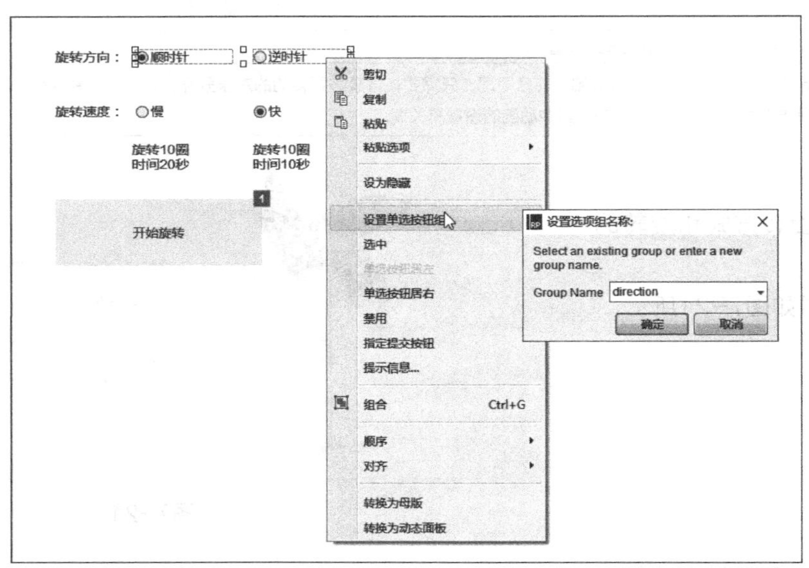

图7-24

（5）将单选按钮“慢”“快”和“很快”依次命名为s1、s2和s3，然后选中这3个按钮，并单击鼠标右键，编成组speed。

02 事件处理

根据上面提供的旋转条件，顺时针和逆时针旋转时均有慢、快和很快3种情况。

（1）选择“开始旋转”按钮，双击“鼠标单击时”事件，添加第1个条件分支，如图7-25所示。

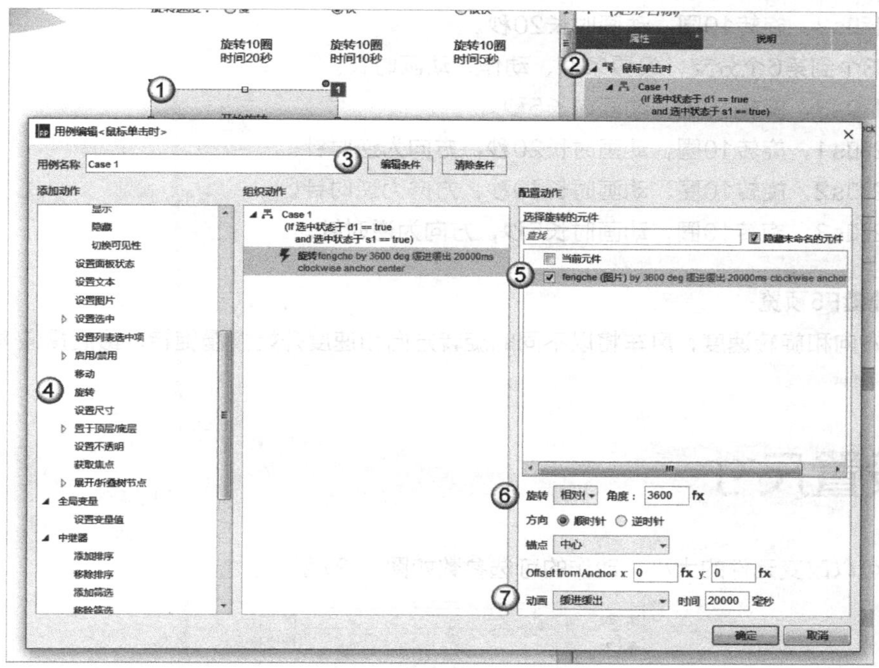

图7-25

① 选择“开始旋转”按钮。

② 添加“鼠标单击时”事件。

③ 添加条件，设置d1和s1的选中状态等于true。

④ 设置旋转动作。

⑤ 选择旋转对象fengche。

⑥ 旋转转轮fengche共10圈，即3600度，锚点位置为图片中心位置。

⑦ 设置动画时长为20秒，即20000毫秒，动画效果为“缓进缓出”，即慢慢开始，最后慢慢结束。

（2）双击“鼠标单击时”事件，添加另一个条件分支，如果d1和s2选中，则旋转10圈，动画时长为10秒，完成后的条件分支信息如图7-26所示。

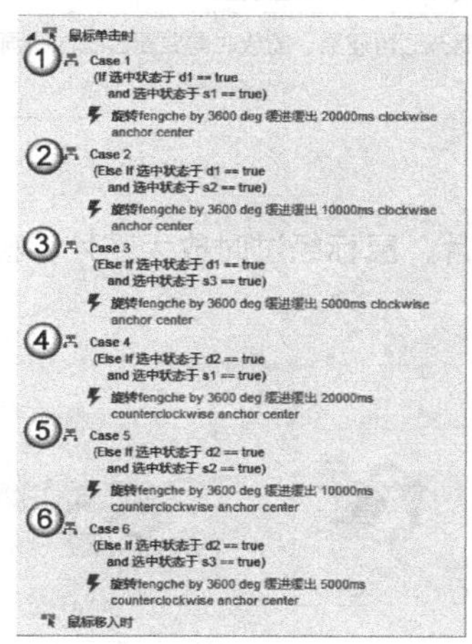

图7-26

① 选中d1和s2，旋转10圈，动画时长20秒。
② 添加第3个到第6个分支，设置条件、动作、动画时长。
③ 选中d1和s3，旋转10圈，动画时长5秒。
④ 选中d2和s1，旋转10圈，动画时长20秒，方向为逆时针。
⑤ 选中d2和s2，旋转10圈，动画时长10秒，方向为逆时针。
⑥ 选中d2和s3，旋转10圈，动画时长5秒，方向为逆时针。

03 按快捷键F5预览

分别选择方向和旋转速度，风车将以不同的旋转方向和速度开始慢慢旋转，最后慢慢停下来。

7.6 设置尺寸

设置尺寸可以改变元件的大小，动作的可选参数如图7-27所示。

图7-27

宽/高： 可以通过变量来设置元件的宽度和高度。

锚点： 以此锚点为中心重新设置宽度和高度。

实例：设置图片缩放效果

实例位置	实例文件>CH07>设置图片缩放效果.rp
难易指数	★★★☆☆
技术掌握	对齐与分布、鼠标移入、鼠标移出、改变元件大小、动画设置
思路指导	鼠标经过图片时，当前图片稍微放大，离开后再还原，缩放时需要配合线性动画效果。对于这样的交互，展示幅度不需要太大，有一点儿鼠标反馈即可，主要是从细节上体现

★ 实例目标

浏览页面中水平平均分布的4张图片，鼠标经过时放大图片，移出时缩小图片。

完成后的效果如图7-28所示。

图7-28

★ 实例步骤

01 界面布局

（1）拖动4张尺寸均为200×150的图片到设计区域，无须命名图片，选择顶部对齐，如图7-29所示。

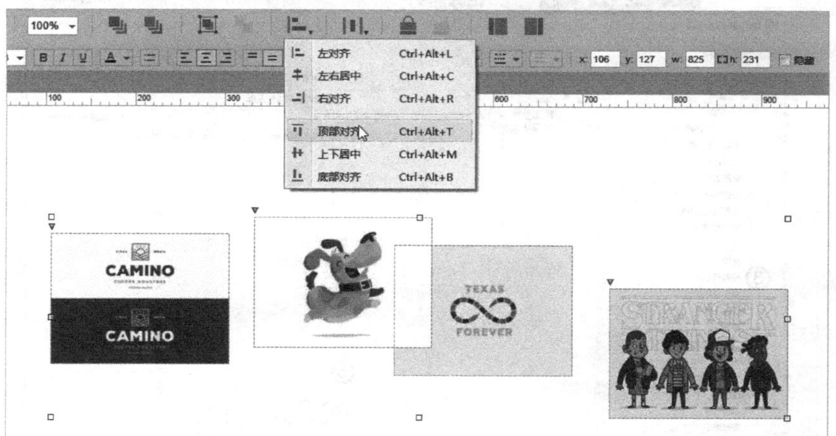

图7-29

（2）将图片水平分布后排列整齐，如图7-30所示。

图7-30

02 事件处理

（1）选择第1张图片，添加鼠标移入事件，设置宽度分别比原来大一点儿，以模拟放大效果，如图7-31所示。

① 选择图片。

② 添加“鼠标移入时”事件。

③ 设置尺寸。

④ 选择当前元件，注意不是指定元件名称，以保证事件可以共用。

⑤ 设置宽度为220，高度为165。

⑥ 以中心为基点改变图片大小。

⑦ 设置动画效果为“缓进缓出”。

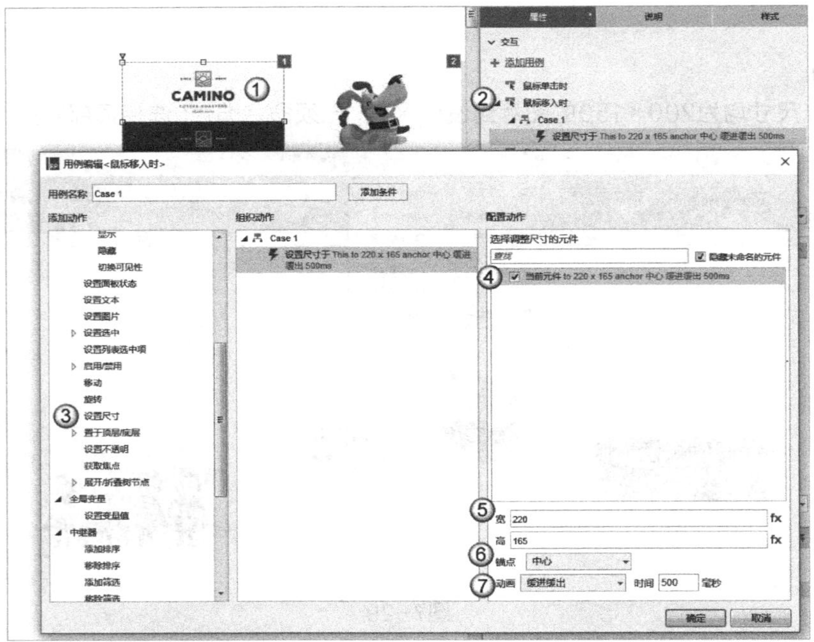

图7-31

（2）添加图片的鼠标移出事件，和鼠标移入事件相同，将大小设置为原始大小即200×150，其他参数不变。

03 复制事件

复制第1张图片的“鼠标移入时”和“鼠标移出时”事件，粘贴到另外3张图片对应的事件上，如图7-32所示。

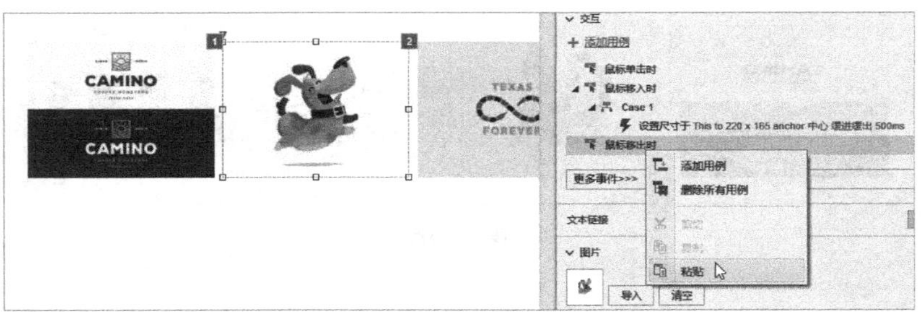

图7-32

04 按快捷键F5预览

对页面中的4张图片逐一做“移入”和“移出”操作，图片在鼠标移入时稍微放大，移出时还原为原始大小。

7.7 小结

动画给原型设计带来生动有趣的交互效果。Axure提供的默认动画效果可以基本满足我们日常原型设计的需要，注意原型动画效果的应用要适度。

RP

08 EIGHT 动态面板的设置

动态面板是原型设计中非常重要、使用频率非常高的一个元件，可应用于各种场景，我们必须掌握它的使用方法。可以说，一个典型的原型基本离不开动态面板的应用。

- 动态面板的两个重要属性的设置
- 动态面板主要事件
- 动态面板状态切换动画

8.1 概述

在Axure原型库里我们所看到的动态面板图标是由连续的3张“纸”组成的。每张“纸”就是一个状态，每张“纸”上都有不同的内容，通过设置，我们可以查看指定“纸”的内容，如图8-1所示。

图8-1

在切换显示每张“纸”的时候，可以设置动画效果，让切换过程更加自然、生动。

因为动态面板元件的特殊性，它会有特定的事件，支持各种情况下的事件触发，以便于控制交互效果。

动态面板是一个“整体”，意味着它里面所有的“纸张”及内容可以被当作一个独立的元件。当选中一个动态面板时，就选中了动态面板里面所有的内容。移动动态面板时，它会被“整体”移动。

图8-2所示的“弹出窗口”中，所有内容（包括标题栏、图标、文字和按钮等）都在一个动态面板里，因此我们可以对它们进行整体操作，如移动、显示或隐藏等。

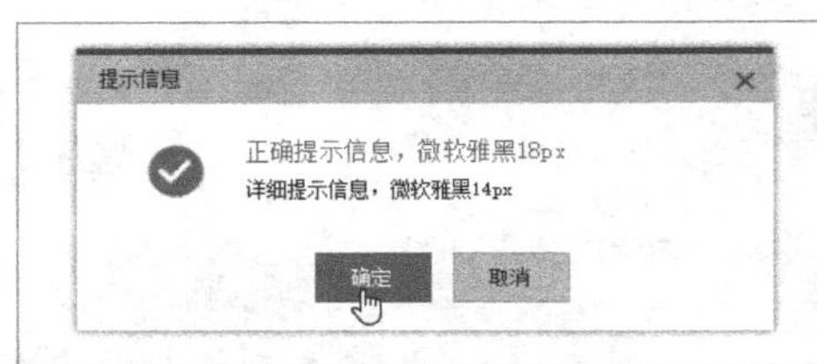

图8-2

8.2 动态面板的属性

动态面板作为一个如此神奇的元件，肯定有独特的属性，其中最重要的两个属性分别是“自动调整为内容尺寸”和“固定到浏览器”。

实例：自动调整为内容尺寸

实例位置	实例文件>CH08>自动调整为内容尺寸.rp
难易指数	★★☆☆☆
技术掌握	自动调整为内容尺寸
思路指导	默认情况下，尺寸是根据内容自动调整的，除非手动调整了动态面板的大小，或者取消对“自动调整为内容尺寸”属性的选择。在该实例中我们故意将动态面板两个状态中的内容设置为不同大小，通过改变“自动调整为内容尺寸”属性，来比较两者的不同

当我们从“元件库”中拖动一个动态面板到设计区域，或者单击鼠标右键选择任意元件转换成一个动态面板时，在默认情况下，动态面板的大小是根据内容的大小自动调整的，即如果动态面板有两个状态，每个状态里的内容所占区域大小不同时，都能根据内容大小自动调整。

提示

在原型设计中，当我们手动调整动态面板的大小时，“自动调整为内容尺寸”选项就会自动取消选择，这时每个状态中只有在这个区域内的内容才可见，在区域之外则不可见。

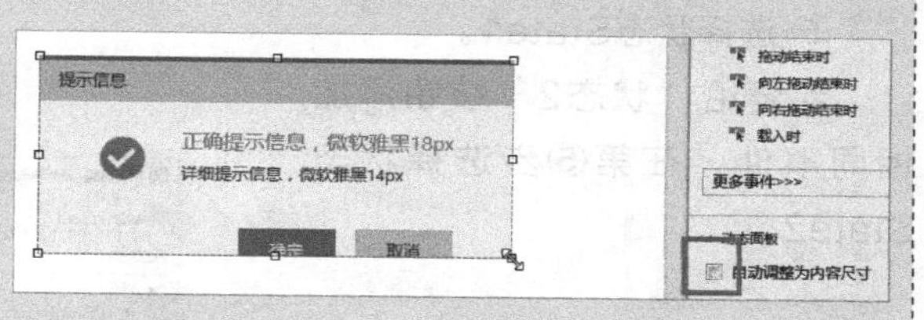

下面，我们看看两个区域内不同大小的内容在“自动调整为内容尺寸”选项选中与未选中时的实际差别和效果。

★ 实例目标

完成对动态面板属性“自动调整为内容尺寸”的设置。

完成后的效果如图8-3所示。

★ 实例步骤

01 添加按钮动态面板

拖动一个按钮到设计区域，然后选择按钮，单击鼠标右键，在弹出的菜单中将其转换为动态面板，并命名为panel，如图8-4所示。

提示

在默认情况下，动态面板的大小和添加的按钮大小一致。

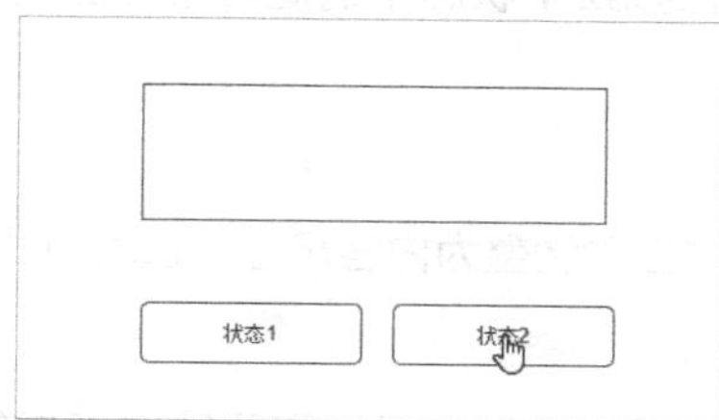

图8-3

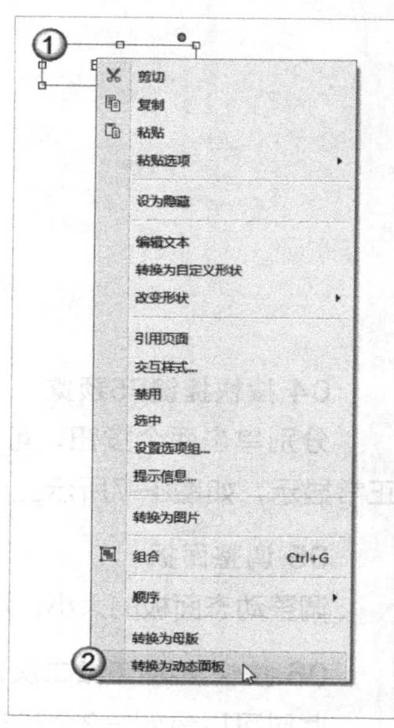

图8-4

02 添加状态State2

选择动态面板，在“概要”里单击动态面板的➕按钮，然后新增一个状态，双击新添加的动态面板State2，进入“动态面板编辑”状态。从“元件库”拖动一个矩形框到设计区域（0,0）位置，注意一般矩形框在默认情况下要比按钮大，如图8-5所示。

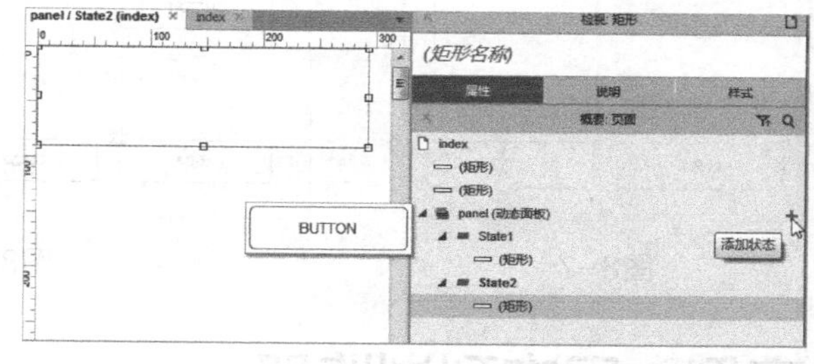

图8-5

03 添加按钮和事件处理

为了分别查看两个状态的显示效果，添加两个按钮和它们的单击事件，分别显示动态面板panel的两个状态的内容。添加“状态1”按钮事件处理的步骤如图8-6所示。

① 选择“状态1”按钮。

② 添加“鼠标单击时”事件。

③ 设置面板状态。

④ 选择动态面板panel。

⑤ 选择状态State1。

若要给“状态2”按钮添加相同事件，在第⑤步选择状态State2。

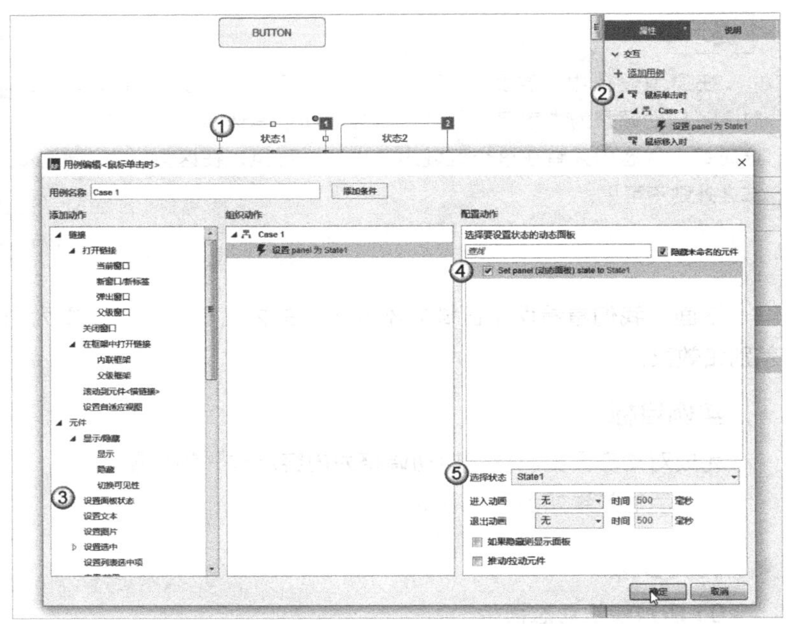

图8-6

04 按快捷键F5预览

分别单击两个按钮，可以看到第2个状态中的矩形虽然比第1个状态中的按钮所占区域大，但仍然能正常显示，如图8-7所示。

05 调整面板

调整动态面板的大小，这时“自动调整为内容尺寸”选项自动取消了勾选状态，如图8-8所示。

06 按快捷键F5做二次预览

此时可以看到第2个状态中的矩形只能显示调整后动态面板的大小范围内的内容了，其他部分被挡住了，如图8-9所示。

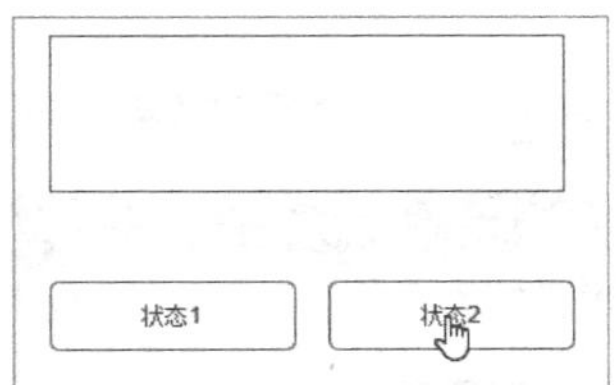

图8-7

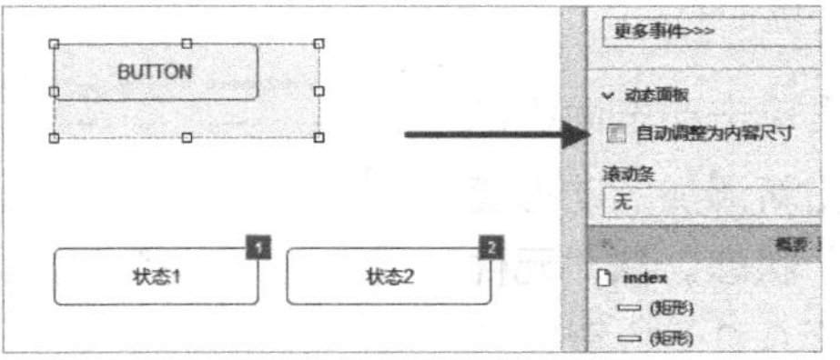

图8-8

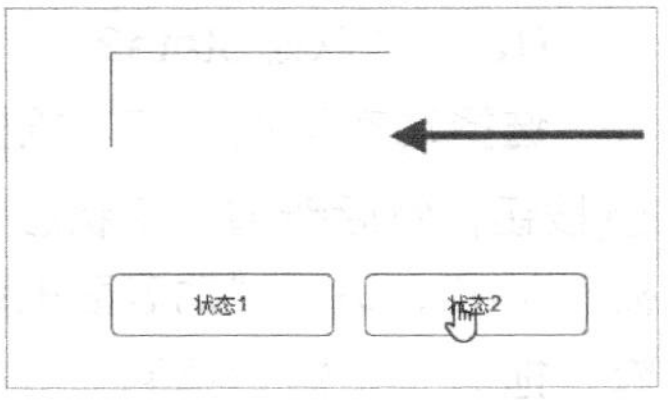

图8-9

实例：固定到浏览器

实例位置	实例文件>CH08>固定到浏览器.rp
难易指数	★★★☆☆
技术掌握	动态面板、交互样式、固定到浏览器
思路指导	动态面板的“固定到浏览器”属性在设置显示动作后才会有效果，这个属性是动态面板特有的属性。如果一个页面上需要将某个内容固定显示在某处，那么动态面板的这个属性非常有用，可以针对窗口的四周和中心设置对应的位置

有时我们需要将某些内容固定在特定的位置显示，“固定到浏览器”操作就可以让动态面板固定到浏览器窗口的指定位置，如水平中间位置和垂直中间位置等。

提示

“固定到浏览器”最常见的用法是使用动态面板模拟弹出窗口，并将弹出窗口显示在屏幕中央，这样我们就可以显示交互流程中的弹出信息了，如提示信息窗口。

固定菜单栏是一些网站的常见手段，用户一直都能看到网站的导航菜单，以便快速浏览所关注的内容。

这里我们以“人人都是产品经理导航菜单”为例。

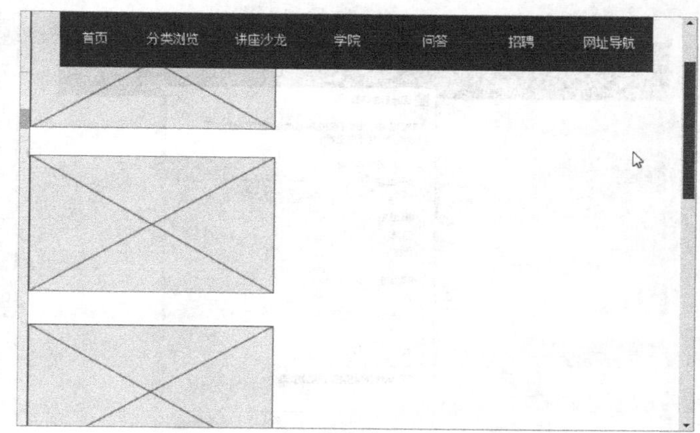

图8-10

★ 实例目标

将右侧的浏览器滚动条往下拉时，导航菜单一直固定在最上方。

完成后的效果如图8-10所示。

★ 实例步骤

01 界面布局

拖动一个无边框矩形到设计区域，调整宽度为85，高度为72，设置标签为首页，背景色为深蓝色，文字为白色，如图8-11所示。

02 交互事件处理

（1）设置矩形框的交互样式，模拟导航菜单栏，设置鼠标经过时背景颜色变浅，其他交互样式保持不变，如图8-12所示。

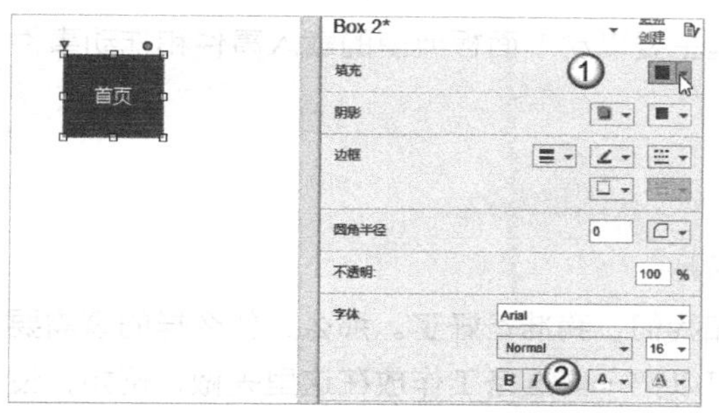

图8-11

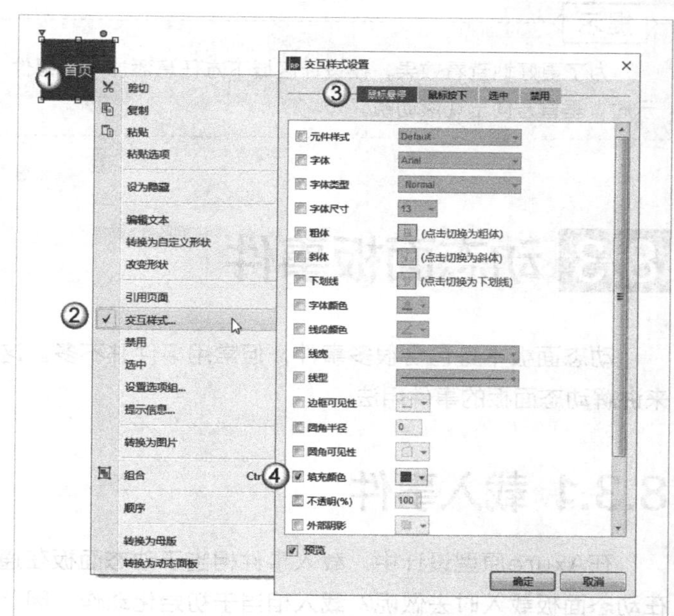

图8-12

（2）将“首页”按钮复制6个，并从左到右依次将标签内容设为分类浏览、讲座沙龙、学院、问答、招聘和网址导航，并做水平平均分布处理，如图8-13所示。

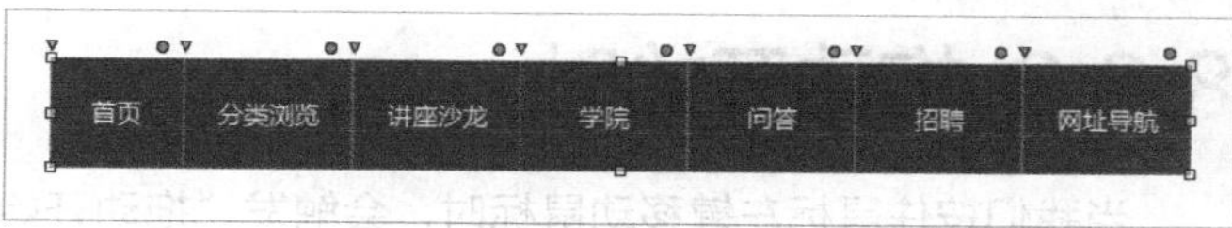

图8-13

（3）选中7个矩形按钮，单击鼠标右键，在弹出的菜单中将其转换成动态面板，然后选中动态面板，设置动态面板的属性，如图8-14所示。

（4）在界面上的标题栏下方，沿垂直方向自上而下添加6个占位符元件，使浏览器在垂直方向上出现滚动条，如图8-15所示。

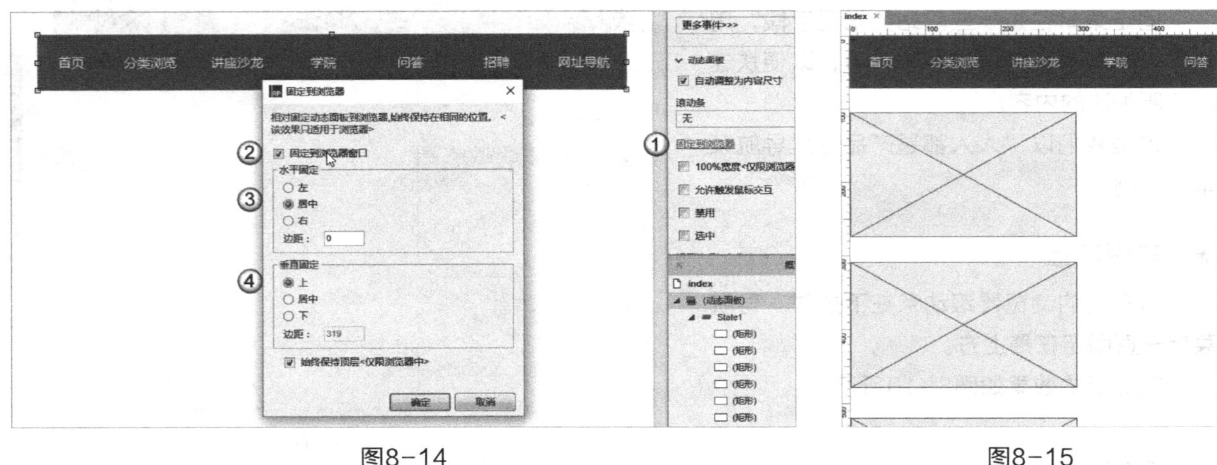

图8-14　　图8-15

03 按快捷键F5预览

将右侧的浏览器滚动条往下拉时，该菜单栏会一直固定在浏览器的最上方居中位置。

> **提示**
>
> 为了更好地查看效果，在设计区域下方任意添加一个组件，高度值尽量大一点儿，让设计区域在浏览器中显示时，垂直方向出现滚动条。

8.3 动态面板事件

动态面板本身包含很多事件，但常用事件并不多。这里主要以动态面板典型的载入事件和拖动事件来讲解动态面板的事件用法。

8.3.1 载入事件

在Axure原型设计中，载入事件相当于动态面板在通知我们：我准备好了。那么，什么样的事需要在动态面板载入时去做呢？载入相当于初始化动作，因此可以把一些准备工作放在这里去做，例如，设置变量初始值、设置元件的默认属性等。

8.3.2 拖动开始时

当我们按住鼠标左键移动鼠标时，会触发“拖动开始事件”，此时可以设置交互动作。

提示

在拖动开始时，移动动态面板，拖动弹出窗口的标题栏来改变弹出窗口的位置，这在设计弹出窗口时非常有用，因为我们希望能通过单击标题栏来移动弹出窗口的位置。

需要注意的是，开始拖动事件只会在鼠标按下后执行一次，不会重复执行。

8.3.3 拖动进行时

元件在被拖动的过程中一直执行“拖动事件”，因此在拖动进行时系统会实时获取一些信息并展示。需要特别提到的是，当元件被拖动时，结合“移动”动作，可以实现特定的移动操作，例如，只在水平方向拖动或垂直方向拖动，如图8-16所示。

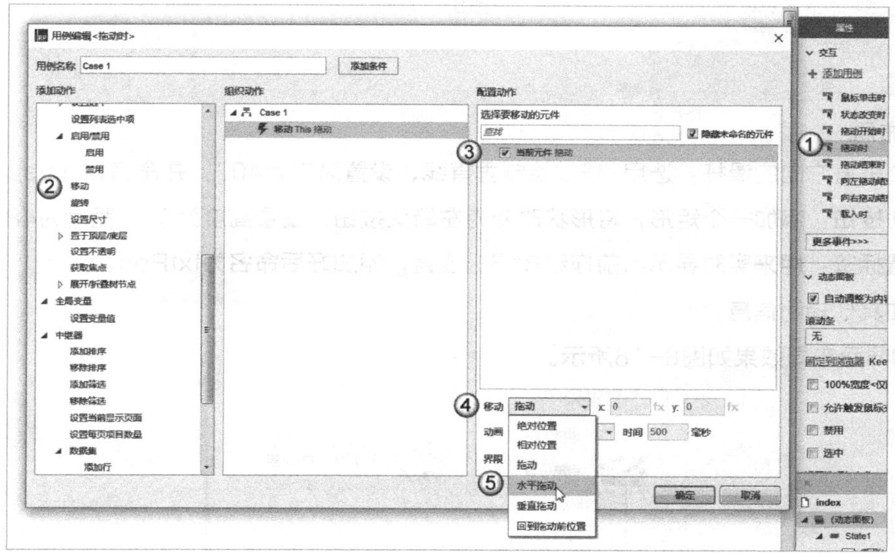

图8-16

8.3.4 拖动结束时

事件拖动操作完成时，动态面板会显示“拖动完成了，如果有一些结束工作要做的话，可以在这里处理”的通知信息。这时结合动态面板的这一系列事件，就能完成一个完整的交互动作的设置。

实例：移动滑块，实时显示当前滑块位置

实例位置	实例文件>CH08>移动滑块，实时显示当前滑块位置.rp
难易指数	★★★☆☆
技术掌握	动态面板事件、移动动作、表达式应用
思路指导	这里有几个关键点一定要注意，即动态面板的拖动事件，沿着y轴移动；限制滑块在指定区域内移动；移动时实时获取数值并显示；百分比的计算。原型的样式无关紧要，当功能实现后，可以把样式做得更精美

★ 实例目标

熟悉如何使用动态面板的载入事件、拖动事件、拖动开始事件和拖动结束事件。

完成后的效果如图8-17所示。

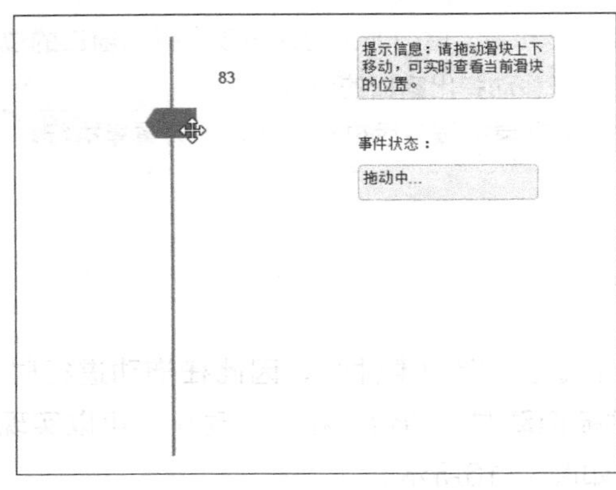

图8-17

★ 实例步骤

01 界面布局

（1）一个垂直方向的滑杆：选用3号线绘制垂直线，设置高度为400，并命名为vline。

（2）拖动按钮：添加一个矩形，将形状改变为左箭头按钮，设置高度为30，宽度为48。

（3）位置标签：用来实时显示当前拖动按钮的位置，添加好后命名为txtPos。

（4）添加其他辅助信息。

完成后的界面布局效果如图8-18所示。

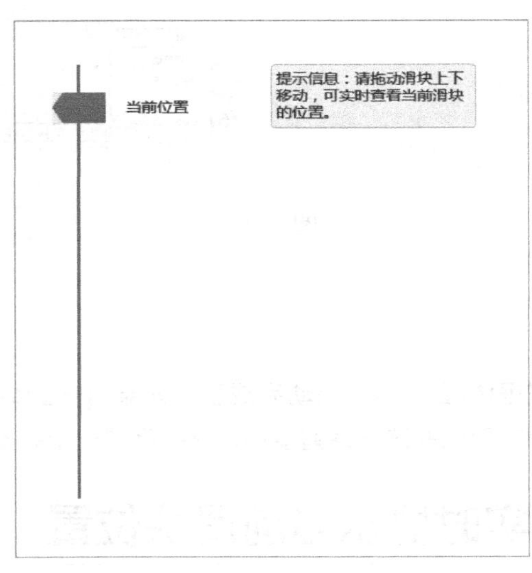

图8-18

02 转换为动态面板

由于需要使用滑块的拖动事件，所以这里把滑块转换为动态面板。选择滑块，单击鼠标右键，在弹出的菜单中将其转换为动态面板，并将动态面板命名为button。在这里我们希望这个滑杆能作为一个完整的元件使用，便于计算滑块的位置，因此将滑块、垂直线和文字位置标签这3个元件一起选中后，再单击鼠标右键，在菜单中将其转换为动态面板，如图8-19所示。

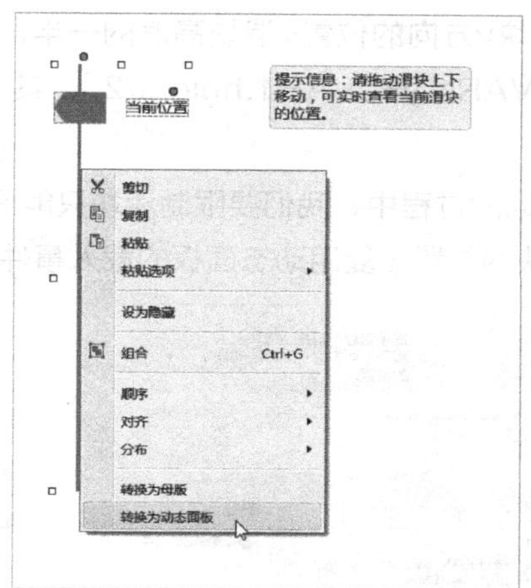

图8-19

03 交互事件处理

（1）添加动态面板载入事件，并计算滑块的初始位置，设置当前位置标签文字内容为“当前位置”，如图8-20所示。

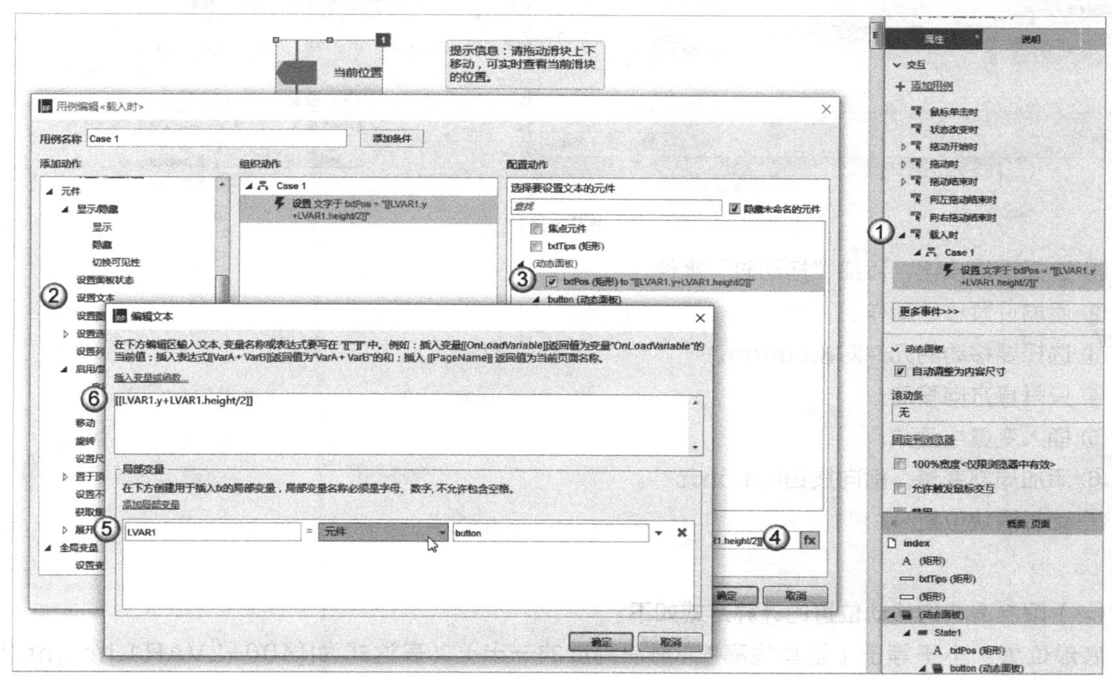

图8-20

① 选择滑块按钮，添加“载入时”事件。

② 添加设置文本动作。

③ 选择要设置文本内容的文本标签txtPos。

④ 插入变量或函数。

⑤ 添加局部变量，指向按钮button元件。

⑥ 计算滑块位置。

（2）滑块位置的计算方法：滑块y方向的位置+滑块高度的一半，滑块高度的一半是指滑块的箭头在滑块的中间位置，变量表达式为[[LVAR1.y+LVAR1.height/2]]，其中LVAR1是局部变量，指滑块元件对象。

（3）动态面板拖动事件：在拖动的过程中，我们要限制滑块只能沿垂直线移动，并且不能超过垂直线的上下端点，同时重新计算当前滑块的位置（复用动态面板的载入事件的计算方法），如图8-21所示。

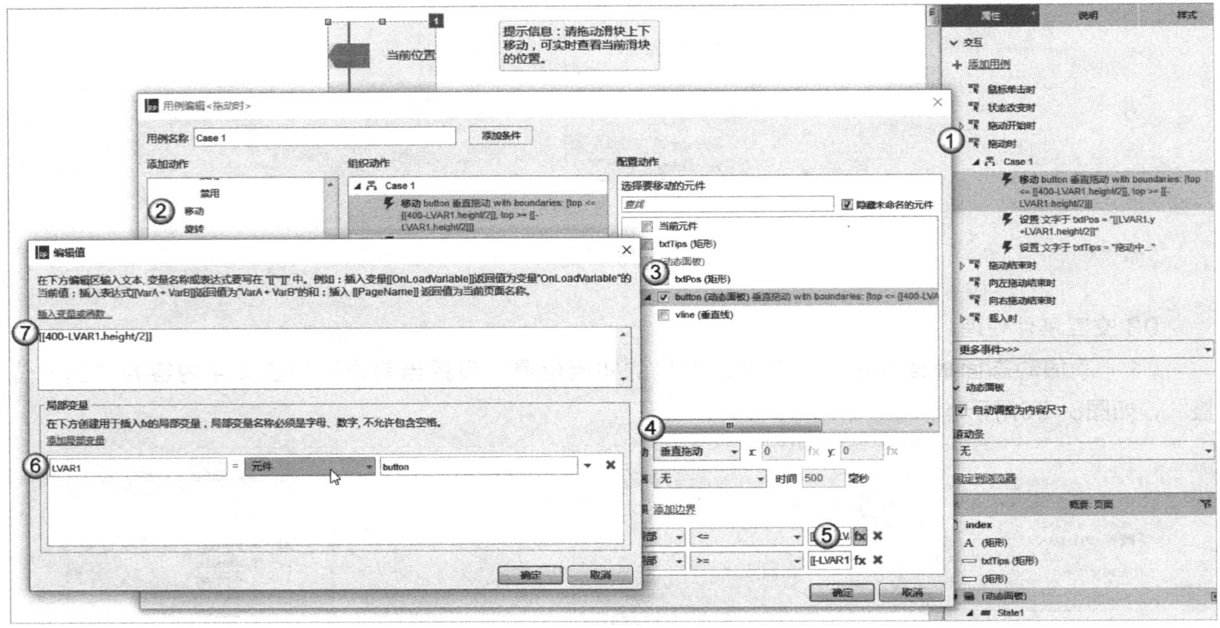

图8-21

① 选择滑块按钮，添加“拖动时”事件。

② 添加设置移动动作。

③ 选择要移动的元件对象button。

④ 只垂直方向移动。

⑤ 插入变量或函数。

⑥ 添加局部变量，指向按钮button元件。

⑦ 计算滑块位置

（4）限制滑块的移动位置的计算方式如下。

底部位置：小于等于（垂直线高度-滑块高度的一半），表达式为[[400-LVAR1.height/2]]，LVAR1指滑块元件对象。

顶部位置：大于等于（滑块高度的一半的负值），表达式为[[-LVAR1.height/2]]，LVAR1指滑块元件对象。

提示

在这里，利用局部变量可以很方便地获取元件的属性信息，如宽度和高度等，在计算表达式时也会经常用到。

04 添加拖动开始事件和拖动结束事件

（1）在界面上添加提示信息标签，并命名为txtTips。

（2）在拖动开始时设置txtTips的内容为“开始拖动”，在拖动事件中设置txtTips内容为“拖动中...”，在拖动结束事件中设置txtTips内容为“拖动结束”，如图8-22所示。

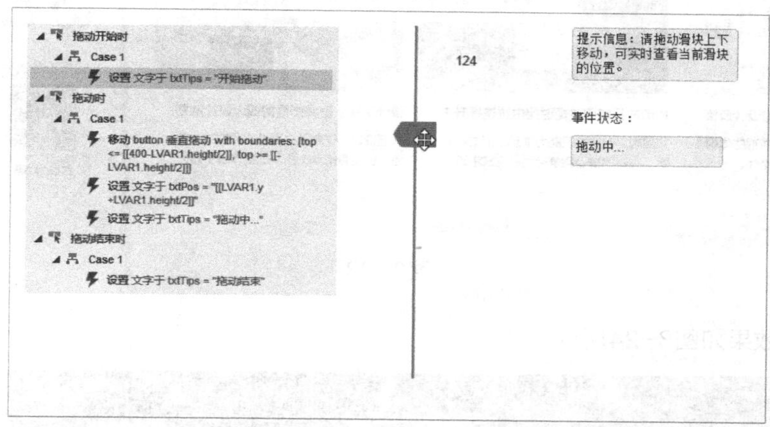

图8-22

05 按快捷键F5预览

单击并按住滑块，上下拖动，滑杆右侧实时显示滑块的位置值，同时显示当前的事件操作提示。

8.4 综合实例：“人人都是产品经理”之动态面板的应用

实例位置	实例文件>CH08>“人人都是产品经理”之动态面板的应用.rp
难易指数	★★★★☆
技术掌握	动态面板事件、交互样式、动态面板隐藏与显示、显示动画效果、固定到浏览器
思路指导	这个实例使用了多个动态面板，通过动态面板可以完成很多场景的设置，要关注它最主要的两个特性：整体操作和多状态。当需要对内容进行整体操作时（如显示或隐藏），就可以考虑将这些内容转换为动态面板

在这里，我们以“人人都是产品经理”网站的首页导航菜单为例，演示带有二级弹出菜单的网站导航菜单栏的制作过程。

提示

这里我们只学习导航菜单栏的制作方法，而首页左边的Logo和右侧的用户登录部分的处理将不做讲解。

★ 实例目标

通过显示和隐藏动态面板模拟二级菜单。

网站实际效果如图8-23所示。

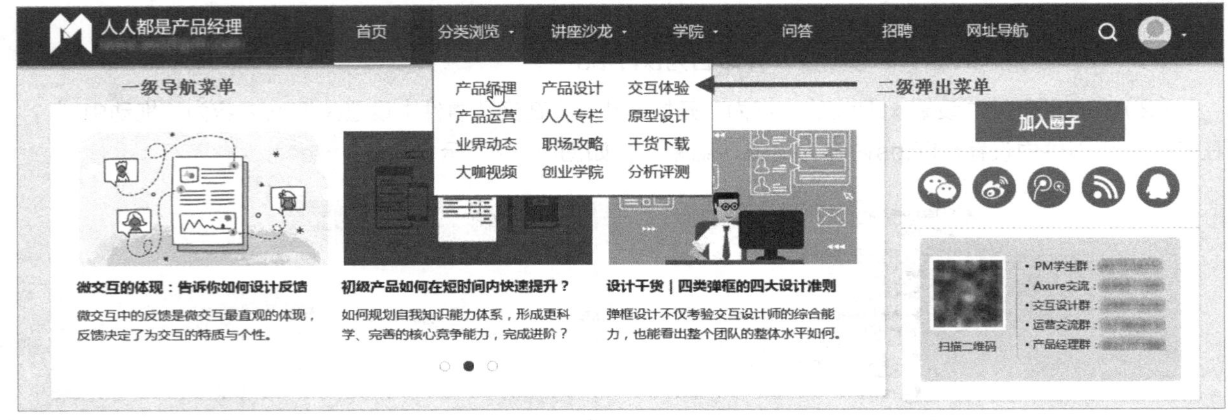

图8-23

完成后的原型效果如图8-24所示。

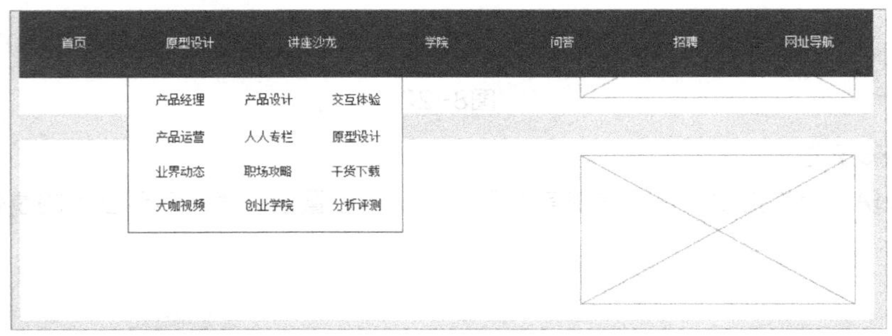

图8-24

★ 学习重点

矩形的交互样式设置

鼠标经过菜单时，显示浅色背景，选中菜单后同样显示浅色背景。

鼠标经过二级菜单项时，菜单文字显示为深蓝色。

鼠标移入和移出事件

鼠标移入“原型设计”“讲座沙龙”和“学院”菜单时弹出二级下拉菜单，鼠标移出时隐藏二级菜单。

动态面板的显示和隐藏

二级菜单初始状态为隐藏，鼠标经过一级菜单时弹出显示。

动态面板的显示动画设置

二级菜单弹出时显示下拉动画效果。

动态面板的固定到浏览器设置

当滚动鼠标的滚轮时，导航菜单一直固定在浏览器的最上方。

★ 实例步骤

01 一级菜单准备

（1）界面布局。拖动一个无边框矩形到设计区域，设置宽度为120，高度为80，前景色为#6887AA，文字颜色为白色，文字内容为“首页”，如图8-25所示。

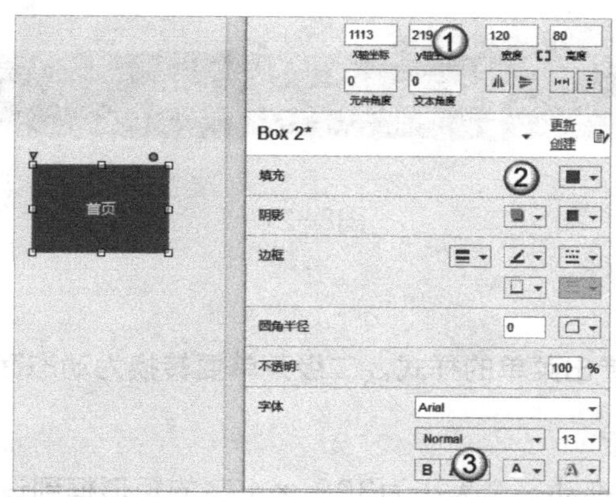

图8-25

（2）交互样式设置。选择上面的矩形按钮，选择“交互样式...”，设置鼠标悬停时的填充颜色为#7592B0，比背景色稍淡一点，设置“选中”的填充颜色与该颜色一致，如图8-26所示。

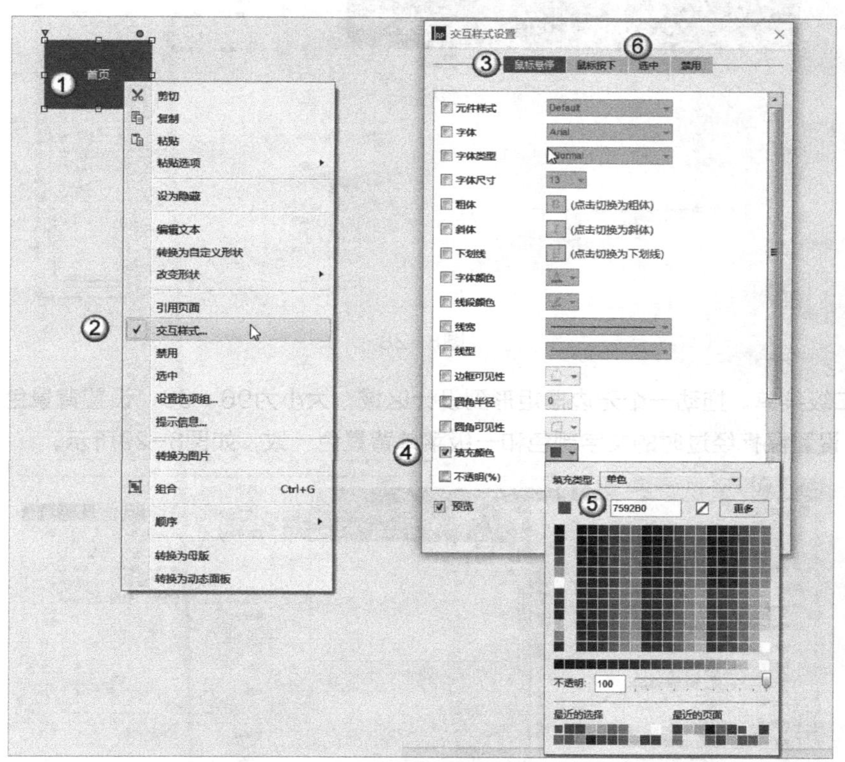

图8-26

（3）添加按钮并完成布局。将“首页”按钮复制6个，从左到右分别修改按钮名称为首页、原型设计、讲座沙龙、学院、问答、招聘和网址导航，并做水平平均分布处理，注意各按钮之间不要留有空隙，且适当调整按钮的宽度，如图8-27所示。

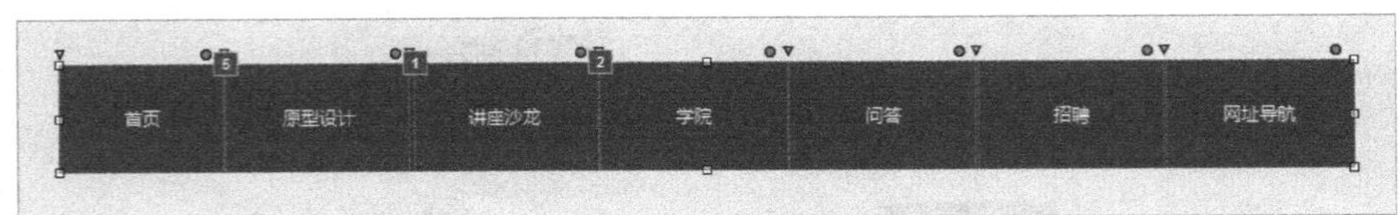

图8-27

02 二级菜单准备

在一级菜单下方设计二级弹出菜单的样式。二级菜单要转换为动态面板，目的是可以将整体当作一个元件进行显示、隐藏等操作。

（1）添加二级菜单背景。拖动一个大小为300 ×174的矩形框到设计区域，作为二级弹出菜单的背景，矩形边框颜色保持和一级导航菜单栏的背景色一致，取消最上面的边框线，且设置背景颜色为白色，如图8-28所示。

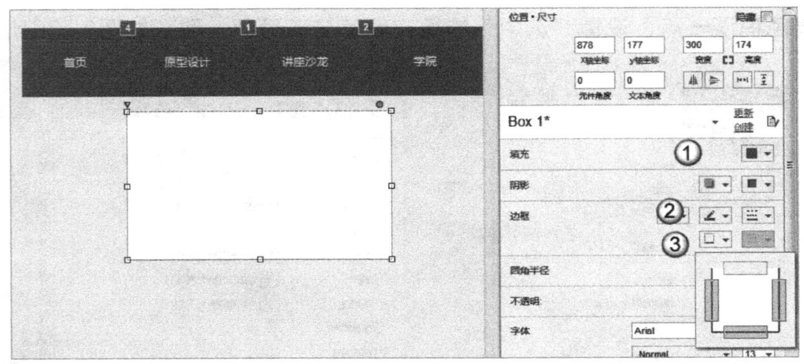

图8-28

（2）添加二级菜单。拖动一个无边框矩形到设计区域，大小为96×39，设置背景色为白色，设置右键为交互样式，设置鼠标经过时的文字颜色和一级菜单背景色一致，如图8-29所示。

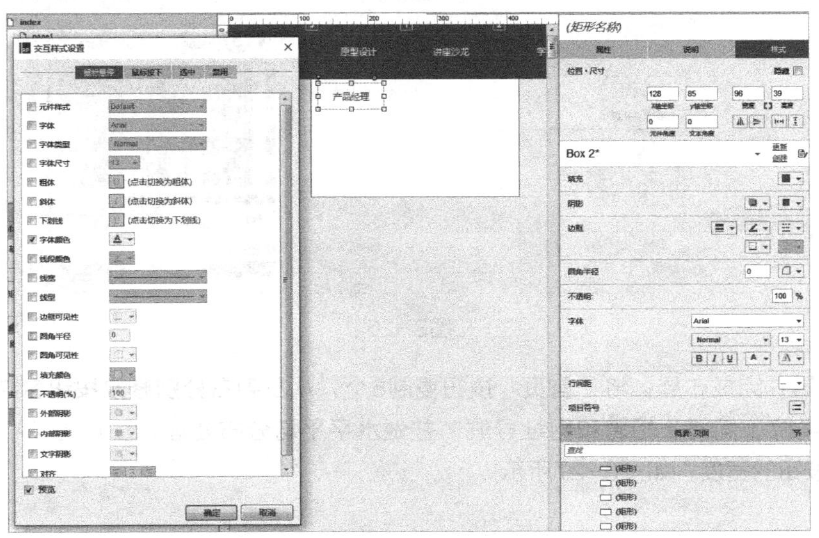

图8-29

（3）添加按钮并完成布局。将“产品经理”按钮复制出11个，并从左到右、自上而下逐一修改按钮名称为产品设计、交互体验、产品运营、人人专栏、原型设计、业界动态、职场攻略、干货下载、大咖视频、创业学院和分析评测，并做水平平均分布处理，如图8-30所示。

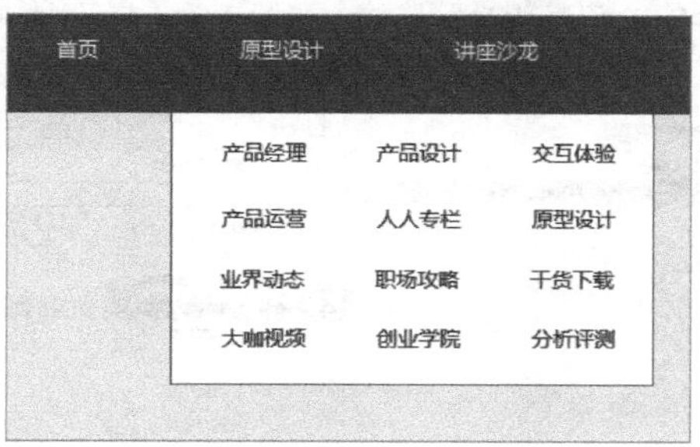

图8-30

提示

当类似元件较多，需要排列对齐时，可使用“对齐工具”和“分布工具”快速实现。

（4）转换为动态面板。选中二级弹出菜单的背景矩形框和12个菜单按钮，单击鼠标右键，在弹出的菜单中将其转换为动态面板，并命名为yxsj2，然后移动到一级菜单“原型设计”的下方，如图8-31所示。

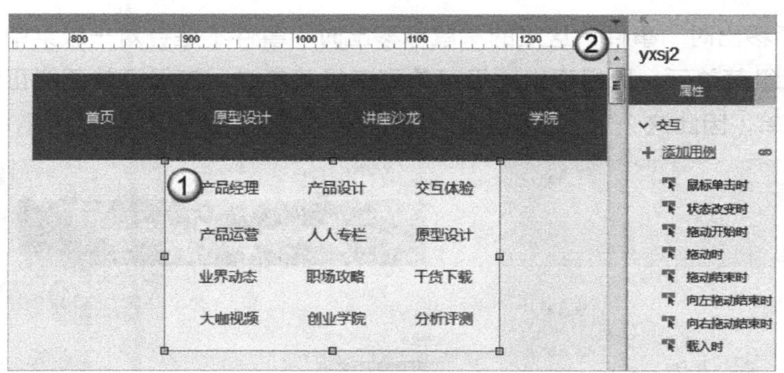

图8-31

提示

二级菜单在初始状态下是不显示的，在鼠标经过一级菜单时才会弹出。因此我们先设置二级菜单yxsj2为隐藏状态，然后选择动态面板，单击鼠标右键，在弹出的菜单中将其设为隐藏状态，隐藏的动态面板为淡黄色区域。

03 添加事件处理

以上准备工作完成了，现在处理鼠标经过一级菜单时的事件，选择“原型设计”一级菜单元件。

（1）添加“鼠标移入时”事件。此时我们希望在鼠标移入“原型设计”菜单时弹出二级菜单，并带有下拉动画效果，如图8-32所示。

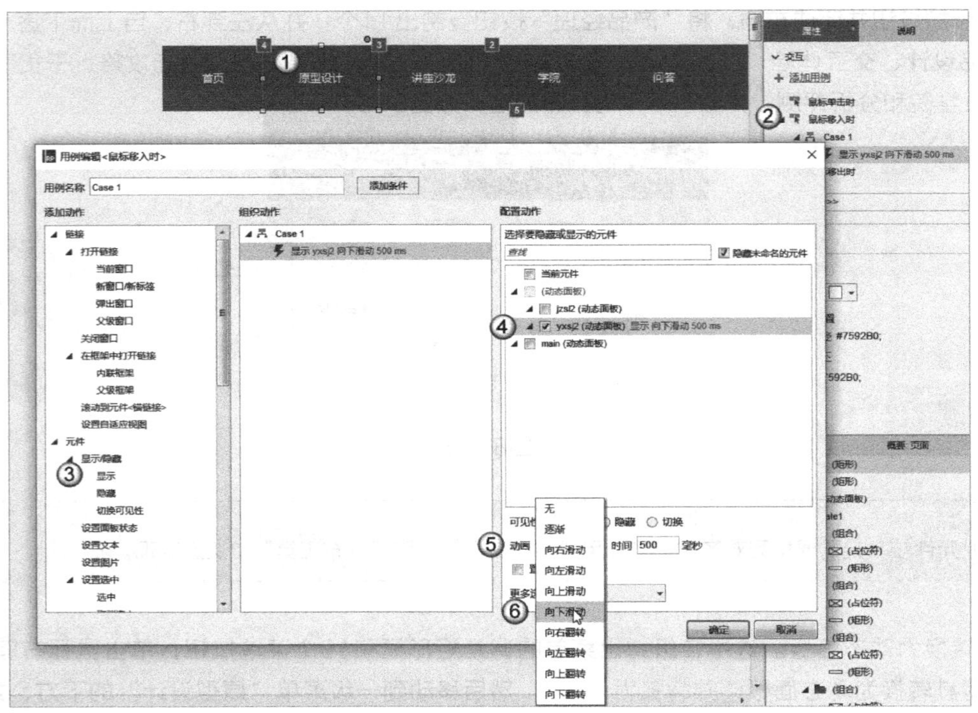

图8-32

（2）添加“鼠标移出时”事件。这里的“鼠标移出时”事件不是针对一级菜单“原型设计”，我们希望的效果是弹出二级菜单后，鼠标移出一级菜单到二级菜单时，二级菜单还能正常展示，而移出二级菜单时才隐藏二级菜单，因此这个“鼠标移出时”事件要添加到二级弹出菜单上面，如图8-33所示。

图8-33

提示

动态面板的“鼠标移出时”事件默认没有展示，需要选择“更多事件>>>”，然后从下拉菜单中进行选择才可以。

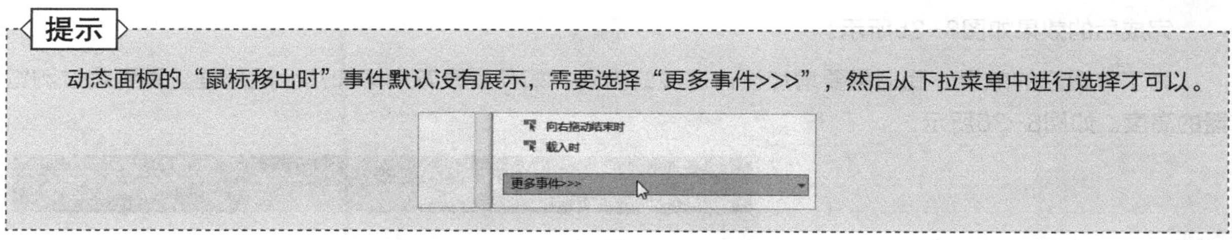

（3）添加其他事件。在第（2）步中，虽然鼠标经过一级菜单“原型设计”时弹出二级菜单，但我们希望鼠标经过一级菜单“讲座沙龙”或“首页”时，之前“原型设计”的二级菜单要隐藏起来，再显示“讲座沙龙”的二级菜单。

这里，我们给“讲座沙龙”的鼠标移入事件添加事件处理，隐藏“原型设计”的二级菜单，如图8-34所示。

图8-34

（4）其他一级菜单和二级菜单的事件处理。“讲座沙龙”和“学院”一级菜单的事件处理仿照前面的步骤即可。

（5）设置一级导航菜单为“固定到浏览器”。选中一级导航菜单的所有菜单项，以及隐藏的二级弹出菜单，然后单击鼠标右键，在弹出的菜单中将其转换为动态面板。

设置动态面板的“固定到浏览器”属性。

完成后的效果如图8-35所示。

为了体现它的效果，我们需要增加设计区域的内容，如在垂直方向添加几个矩形框，直到超过浏览器的高度。如图8-36所示。

图8-35

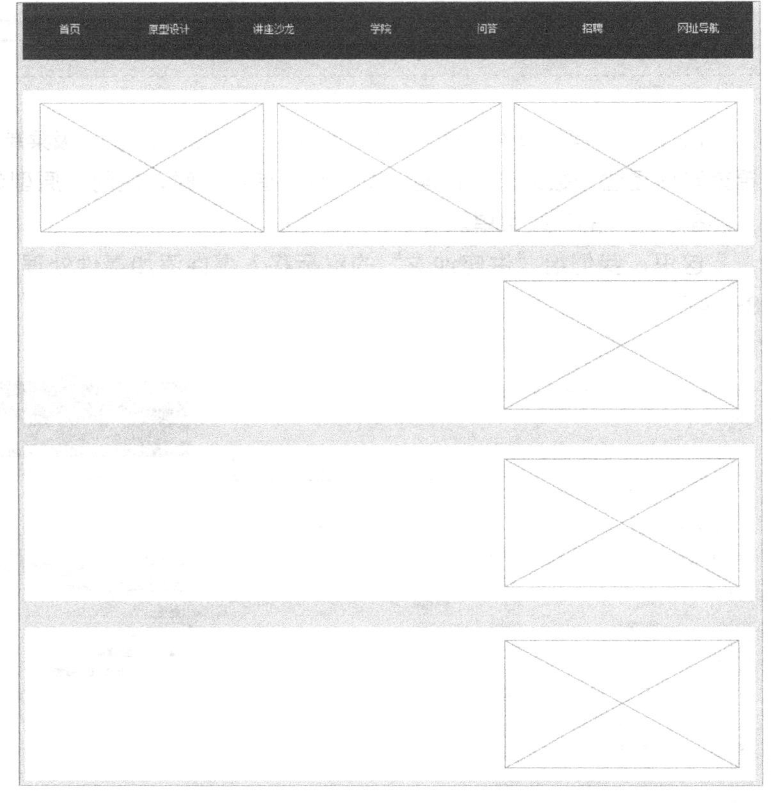

图8-36

（6）按快捷键F5预览。鼠标经过一级菜单“原型设计”和“讲座沙龙”时会自动弹出二级菜单，鼠标移出二级菜单后隐藏二级菜单。

滚动鼠标滚轮，查看一级菜单是否一直固定在浏览器的顶端。

8.5 小结

动态面板是完成原型设计必不可少的元件之一，因此本章专门对其做了详细的讲解。从弹出菜单到导航菜单、弹出窗口，都要应用到动态面板元件，且动态面板特有的属性设置、拖动相关事件也为弹出效果、拖动、动画切换等操作提供了便利。

RP

NINE

中继器的操作

在“第 6 章 事件处理” 中已经初步介绍了中继器的基本动作，并且结合“6.7.4 中继器动作” 的实例，对中继器的排序和筛选动作做了讲解。

本章我们对利用中继器可以实现的添加、删除、更新和分页动作进行详细介绍，并结合实例操作来说明。

- 中继器的作用
- 中继器数据的添加
- 中继器数据的过滤
- 中继器数据的筛选

9.1 概述

简单来说，中继器就是一个小型的二维数据库，可对数据进行增加、删除、更新、排序和筛选等操作。

在中继器的属性设置栏可以定义数据的字段，添加初始化数据，设计区域会实时显示这些初始化的数据，如图9-1所示。

（1）双击列表中的标题栏，添加新的字段。

（2）在当前行的上方、下方插入数据，删除当前选中行的数据。

（3）设置当前行数据的顺序。

（4）在当前列左方、右方添加新的列。

（5）设置当前列数据的顺序。

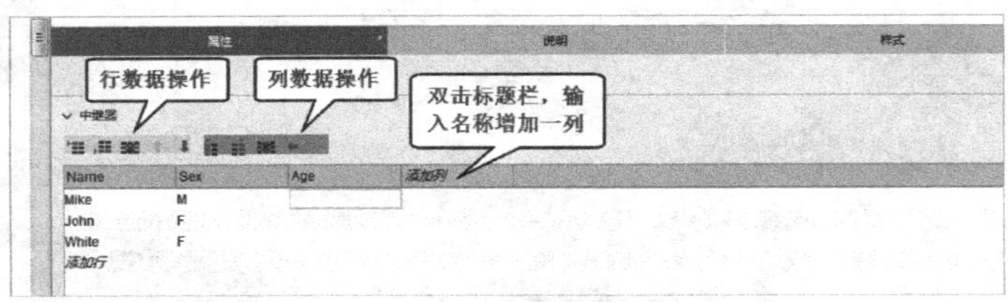

图9-1

除了可设置中继器的基本的背景、边框和圆角半径等样式外，还可以对以下属性进行个性化设置，如图9-2所示。

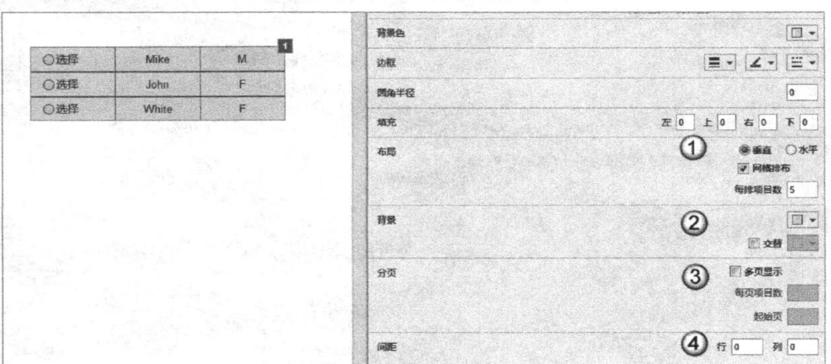

图9-2

9.2 中继器的基本操作方法

中继器的操作包括对数据进行排序、筛选、标记、增加、更新和删除等，其中标记的操作比较特殊，目的是能根据标记对数据进行更新和删除等操作。

9.2.1 添加排序

按照指定的字段进行排序，可选参数如图9-3所示。

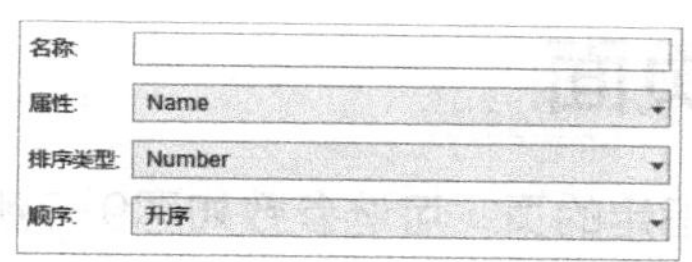

图9-3

名称： 给排序命名，在移除排序时可以根据名称进行。

属性： 中继器的字段列表，即定义的字段信息。

排序类型： 一般包括Number、Text、Date这3种类型，其中Text和Date各有两种格式。

顺序： 升序、降序或者在两者间切换。

9.2.2 移除排序

移除添加的排序条件，可选参数如图9-4所示。

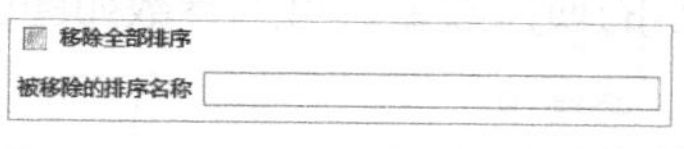

图9-4

移除全部排序： 在添加了太多排序的情况下，如果根据名称逐个去删除会很麻烦，此时可以选择整体删除。

被移除的排序名称： 根据名称进行移除。

9.2.3 添加筛选

根据字段对显示的数据进行筛选，只显示想要的数据，可选参数如图9-5所示。

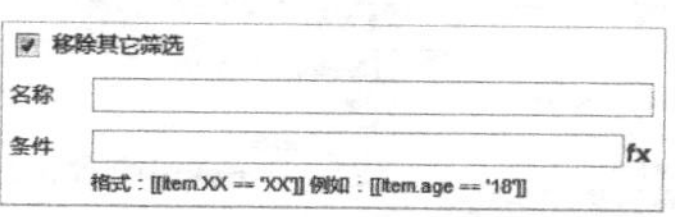

图9-5

移除其他筛选： 默认勾选的条件。

名称： 给筛选条件添加一个名字，为移除筛选条件做准备。

条件： 这是一个变量表达式，除了可以引用属性名，也可以使用函数，如[[Item.name.indexOf(‘Mi’)!=-1]]。

9.2.4 移除筛选

移除的条件和添加的筛选条件，可选参数如图9-6所示。

图9-6

移除全部筛选： 一次性删除所有筛选条件。

被移除的筛选名称： 根据名称筛选。

9.2.5 设置当前显示页面

在实现翻页效果的同时可以显示指定的页，可选参数如图9-7所示。

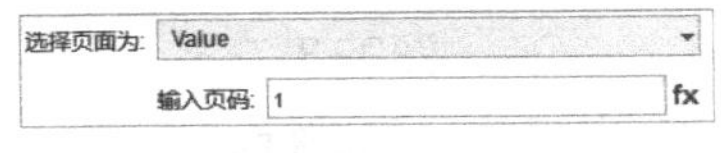

图9-7

选择页面为：包括Value、Previous、Next和Last共4个选项，分别对应指定页码、上一页、下一页和最后一页。

输入页码：只在“选择页面为”是Value类型时有效，可以通过表达式指定。

9.2.6 设置每页显示项目数量

在分页操作时，可以设置每页显示的项目数量，可选参数如图9-8所示。

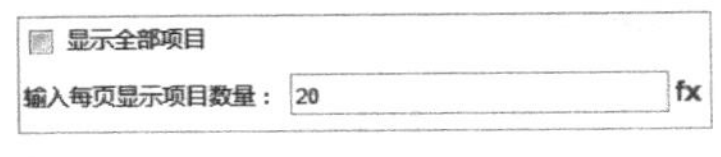

图9-8

显示全部项目：全部显示时没有分页效果，因为此时不需要分页。

输入每页显示项目数量：指定每页显示的记录数量。

9.2.7 添加行

往现有的数据集中添加新的数据，可同时添加多行，可选参数如图9-9所示。

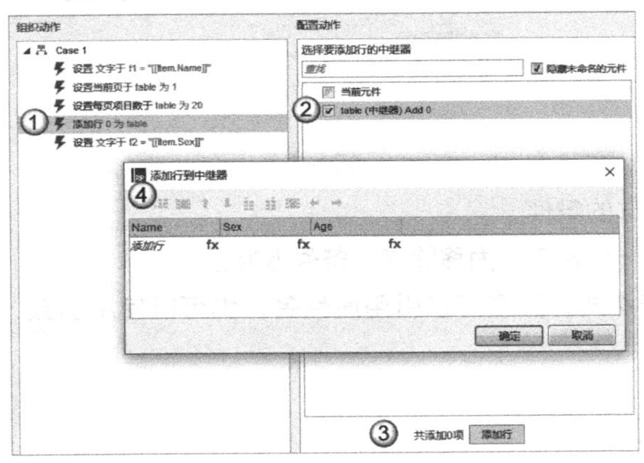

图9-9

9.2.8 标记行、取消标记

标记全部或者根据条件表达式指定的行，可选参数如图9-10所示。

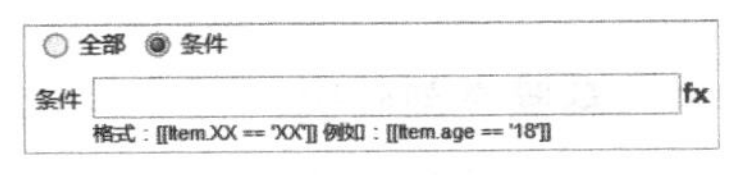

图9-10

全部：标记所有数据。

条件：条件表达式，可以使用函数。

取消标记与此相同，可以取消全部或者满足条件的行。

9.2.9 更新行

更新指定条件的行，或者做过标记的行，可选参数如图9-11所示。

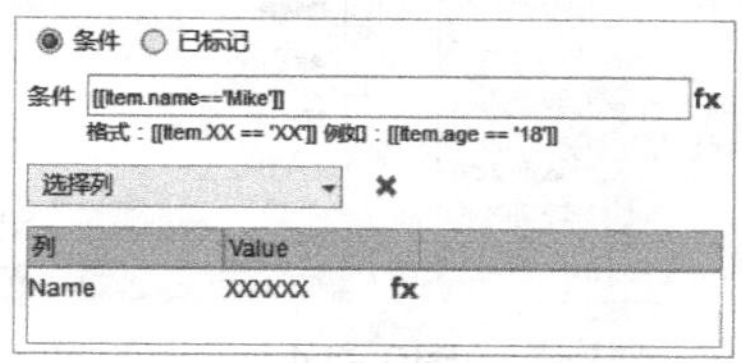

图9-11

条件：根据指定条件表达式筛选出符合条件的数据，然后更新指定的列。

选择列：选择数据集中的列，设置为新的Value值，如图9-11所示，更新name等于Mike的记录中的Name为XXXXXX。

9.2.10 删除行

删除条件指定的行或者标记的行，可选参数如图9-12所示。

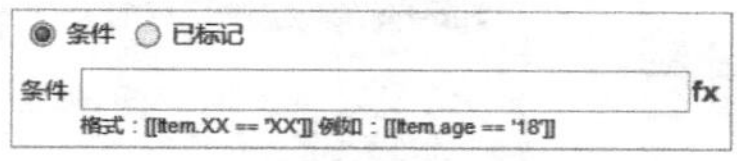

图9-12

条件：这是一个条件表达式，可以应用函数。

已标记：删除已经做过标记的行。

实例：中继器样式设置

实例位置	实例文件>CH09>中继器样式设置.rp
难易指数	★★☆☆
技术掌握	中继器的布局、中继器分页设置、中继器的行列间距
思路指导	通过几条简单的数据，演示如何设置中继器的样式，可以设置成不同的布局和样式并查看最终的效果

★ 实例目标

设置中继器的布局、分页样式以及行和列的间距，体验中继器的样式设置效果。

完成后的效果如图9-13所示。

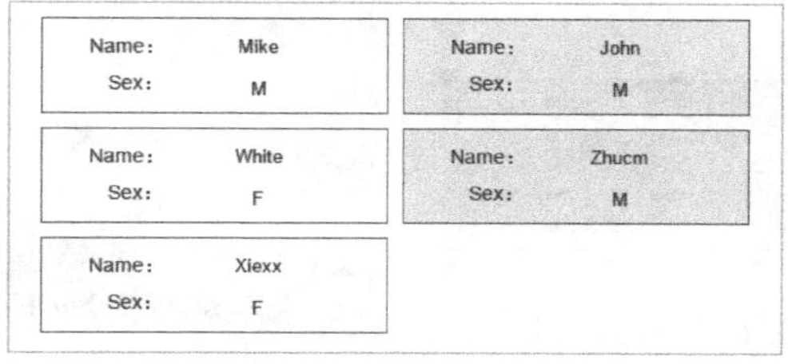

图9-13

★ 实例步骤

01 界面布局

设置每行数据并以“网格”方式布局，将数据从左到右水平排列，且每行包含两个数据，如图9-14所示。

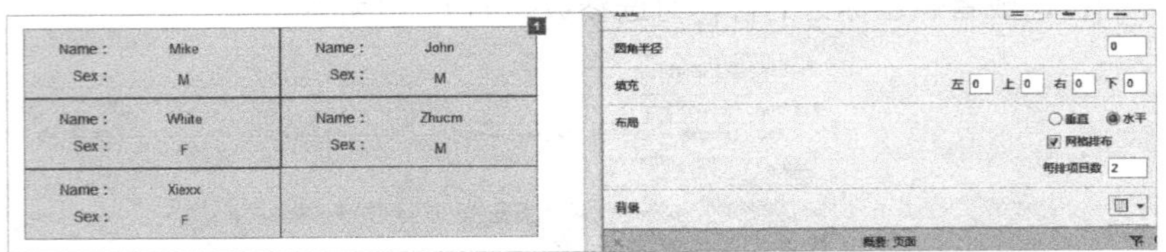

图9-14

02 添加背景

这里所说的背景是指每行数据的背景，不是中继器的整体背景。为了让数据看起来更加清晰，可以以“交替”和“垂直”的形式设置数据背景，交替颜色为淡灰色，如图9-15所示。

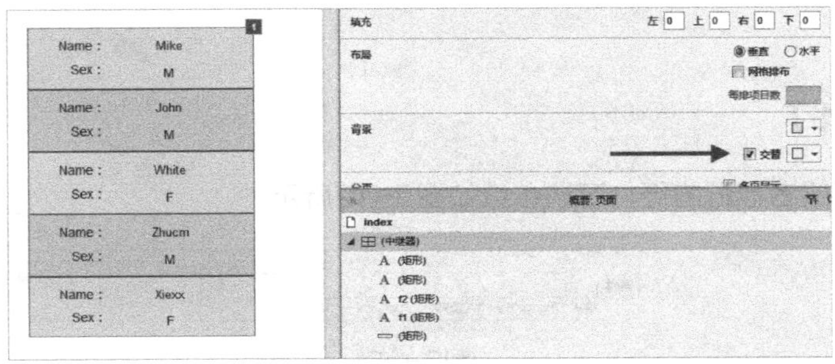

图9-15

03 设置分页显示效果

在数据量较大的情况下，可以进行分页显示。这里以上面的5条数据为例，如果每页显示2条，并显示3页，通过中继器可以指定显示某一页，并实现翻页效果，如图9-16所示。

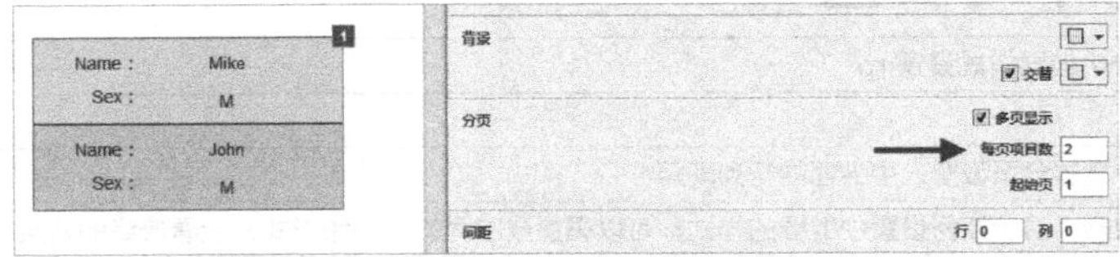

图9-16

04 设置间距

设置每条数据为“水平”排列样式，每行两个，行与列之间间距为10，如图9-17所示。

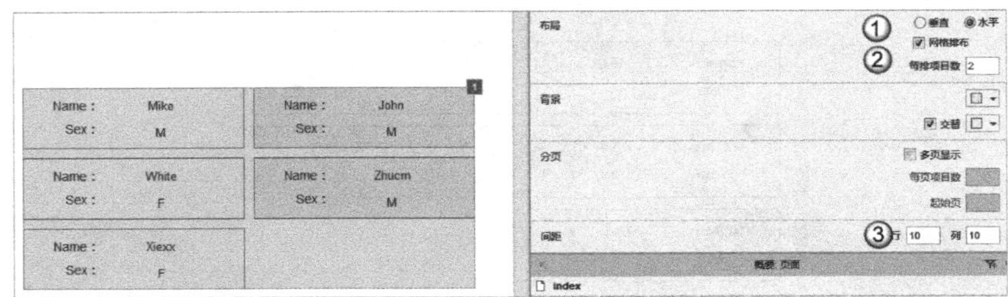

图9-17

9.3 综合实例：用户列表的数据操作

实例位置	实例文件>CH09>用户列表的数据操作.rp
难易指数	★★★★☆
技术掌握	在中继器中对数据进行添加、删除、筛选、排序、条件处理
思路指导	中继器最主要的作用是展示和操作数据，可以使用自定义的布局展示中继器里的每一条数据。对数据的操作无外乎添加、删除和排序等，这在演示数据相关的场景时特别有用。 通过数据载入时的条件表达式，可以实现同一中继器内数据的不同布局方式，请参考第12章中的“设置‘好友聊天’功能” 内容

★ 实例目标

对数据列表进行设置，设置完成后需要支持如下操作。

输入过滤条件，查询指定名称的用户，支持模糊查询。

单击标题栏，根据当前字段进行排序。

删除当前行数据。

添加新的用户信息。

完成后的原型效果如图9-18所示。

图9-18

★ 实例步骤

01 添加搜索操作

添加搜索标签、输入框和矩形框。修改标签为“搜索”，并调整其大小，输入框命名为txtSearch，设置提示文字为“请输入要搜索的名称”，添加一个矩形框作为搜索区域的背景，并将其设置为最底层，如图9-19所示。

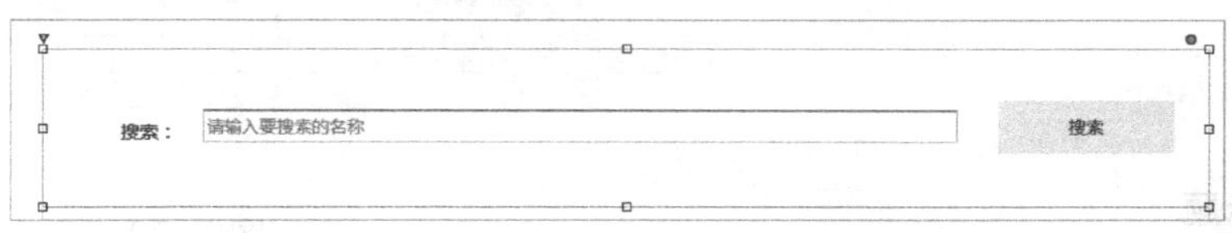

图9-19

02 添加中继器，并进行设置

（1）添加一个中继器，命名为users，然后为中继器添加6个字段，分别为seq（序号）、name（名称）、sex（性别）、age（年龄）、addr（地址）和oper（操作），并同时添加5条数据，如图9-20所示。

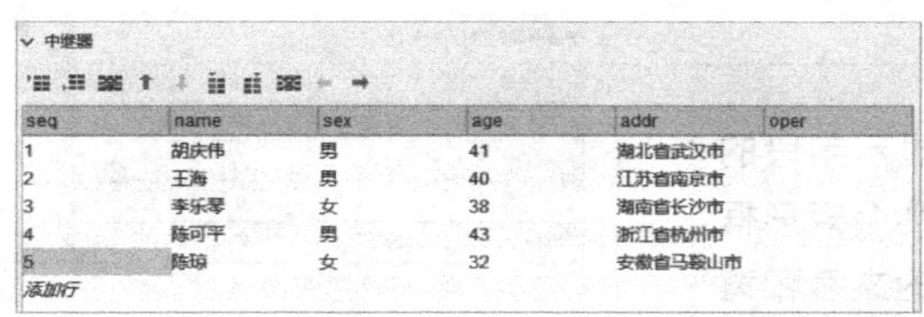

seq	name	sex	age	addr	oper
1	胡庆伟	男	41	湖北省武汉市	
2	王海	男	40	江苏省南京市	
3	李乐琴	女	38	湖南省长沙市	
4	陈司平	男	43	浙江省杭州市	
5	陈琼	女	32	安徽省马鞍山市	

添加行

图9-20

（2）双击中继器users，进入编辑状态，中继器默认是一个矩形框，并显示第1个字段的内容，然后再添加5个矩形框，分别用来显示其他字段，如图9-21所示。

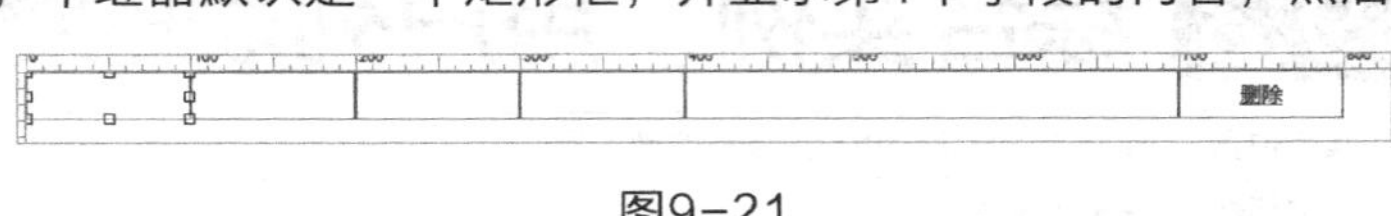

图9-21

（3）将已添加的5个矩形框分别命名为txtseq、txtname、txtsex、txtage、txtaddr和txtoper，命名好之后双击最后一个矩形框，并输入文字“删除”，设置蓝色字体和下拉线，用于每行的删除操作。

（4）修改中继器的“每项加载时”事件，设置文字内容，分别将各字段内容显示到其他几个矩形框上，如图9-22所示。

① 设置文本内容动作。

② 设置其他几个矩形框的文本内容。

③ 通过插入变量或函数实现。

④ 从“插入变量或函数...”下拉列表中选择。

⑤ 选择中继器users对应的几个字段。

图9-22

设置完成后的效果如图9-23所示。

搜索： 请输入要搜索的名称 搜索

1	胡庆伟	男	41	湖北省武汉市	删除
2	王海	男	40	江苏省南京市	删除
3	李乐琴	女	38	湖南省长沙市	删除
4	陈可平	男	43	浙江省杭州市	删除
5	陈琼	女	32	安徽省马鞍山市	删除

图9-23

03 添加字段标题

按照显示的字段内容，给字段添加显示标题，使用矩形框作为表头，设置背景色为灰色，宽度与各字段宽度保持相同，如图9-24所示。

搜索： 请输入要搜索的名称 搜索

单击标题栏进行排序：

序号	姓名	性别	年龄	地址	操作
1	胡庆伟	男	41	湖北省武汉市	删除
2	王海	男	40	江苏省南京市	删除
3	李乐琴	女	38	湖南省长沙市	删除
4	陈可平	男	43	浙江省杭州市	删除
5	陈琼	女	32	安徽省马鞍山市	删除

图9-24

提示

为了保持表格标题宽度与显示字段的宽度一致，可复制中继器中的几个矩形框作为表格的标题，修改矩形框的文字和背景颜色，放到中继器的上方。

04 设置选中效果

可以通过交互样式设置每个单元格的选中状态。选中中继器中的6个矩形，单击鼠标右键，从弹出的菜单中选择“交互样式...”选项，设置选中状态时的统一样式为蓝底白字效果，如图9-25所示。

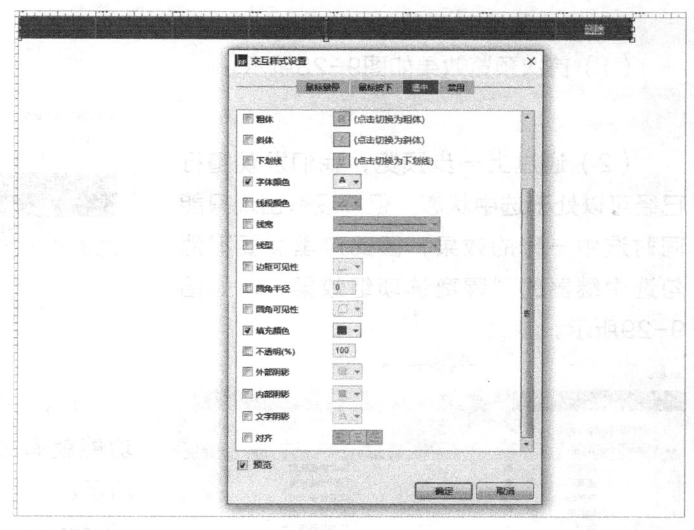

图9-25

05 转换为动态面板

（1）选中这6个矩形框，单击鼠标右键，在弹出的菜单中将其转换为动态面板，并命名为user，然后再次单击鼠标右键，在弹出的菜单中选择“设置选项组...”选项，并命名为“selected_user”，设置同一选项组的目的是确保在同一时间表格中只有一行处于选中状态，如图9-26所示。

图9-26

提示

到这里，我们就完成了整行选中的交互样式设置。动态面板的容器特性使它在被选中时，里面的所有子元件都会被自动设置为选中状态。因此，在我们将动态面板选中后，里面的6个矩形框会自动处于选中状态，当前行会以蓝底白字的样式进行显示。

（2）给动态面板添加单击事件，处理选中状态，如图9-27所示。

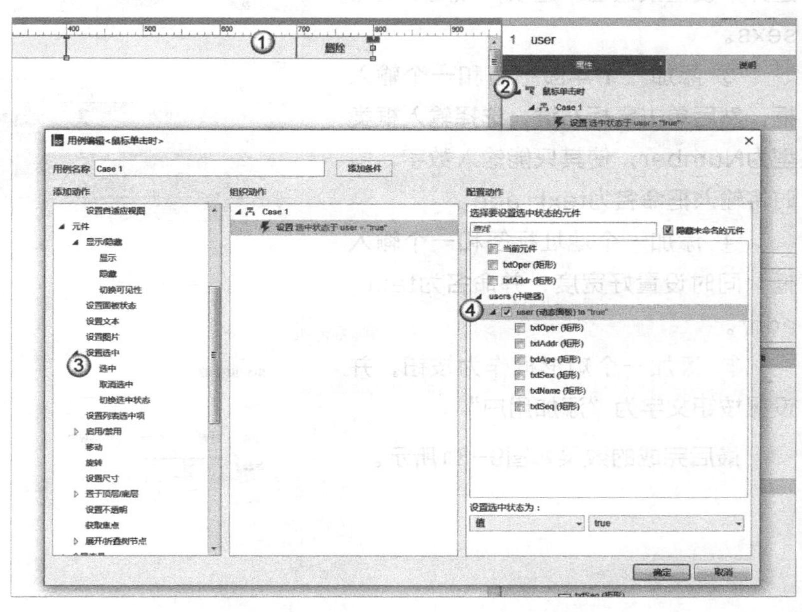

图9-27

① 选择动态面板。

② 添加“鼠标单击时”事件。

③ 设置动态面板为选中状态，注意，动态面板中的所有元件都会被设置为选中状态。

④ 选择动态面板对象user。

06 按快捷键F5预览

（1）首次预览效果如图9-28所示。

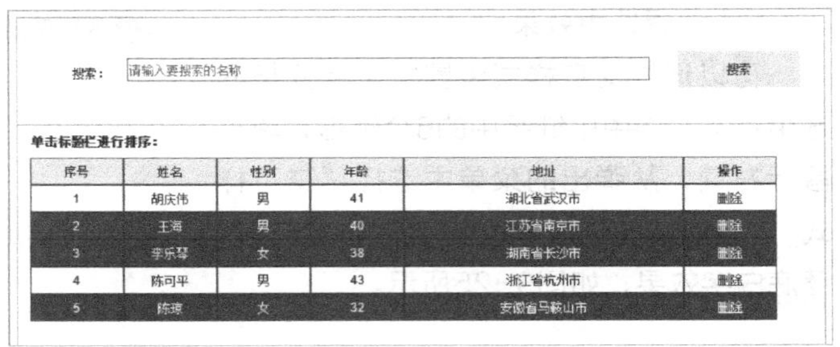

图9-28

（2）通过上一步预览，我们发现整行已经可以处于选中状态，但并没有出现只能同时选中一行的效果，因此这里需要取消勾选中继器的“隔离选项组效果”，如图9-29所示。

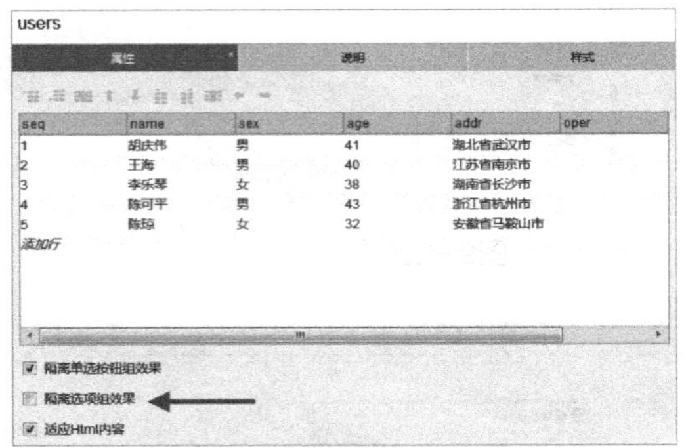

图9-29

（3）通过上一步的设置，动态面板的设置选项组功能就有效了，再次刷新页面，预览效果如图9-30所示。

单击标题栏进行排序：

序号	姓名	性别	年龄	地址	操作
1	胡庆伟	男	41	湖北省武汉市	删除
2	王海	男	40	江苏省南京市	删除
3	李乐琴	女	38	湖南省长沙市	删除
4	陈可平	男	43	浙江省杭州市	删除
5	陈琼	女	32	安徽省马鞍山市	删除

图9-30

（4）添加用户信息区域。

① 添加一个姓名标签和一个输入框，并将输入框命名为text_name。

② 添加一个性别标签和3个单选按钮，并将3个单选按钮分别命名为s1、s2和s3，然后选中3个单选按钮，单击鼠标右键，在弹出的菜单中选择“设置按钮组”选项，然后命名为sexs。

③ 添加一个年龄标签和一个输入框，然后单击鼠标右键，选择输入框类型为Number，使其只能输入数字，同时将输入框命名为text_age。

④ 添加一个地址标签和一个输入框，同时设置好宽度，并命名为text_addr。

⑤ 添加一个矩形框作为按钮，并设置按钮文字为“添加用户”。

最后完成的效果如图9-31所示。

图9-31

07 搜索过滤条件处理

（1）在输入框中输入用户姓名后，单击“搜索”按钮从列表中过滤，如图9-32所示。

① 选择“搜索”按钮。

② 添加“鼠标单击时”事件。

③ 添加中继器筛选动作。

④选择中继器对象users 。

⑤ 通过插入变量和函数实现。

⑥ 添加局部变量，指向搜索文本框的内容。

⑦ 设置表达式[[Item.name.indexOf(LVAR1)!=-1]]，表示只要中继器数据字段name的名字中包含搜索框内输入的文字即表示满足搜索条件 。

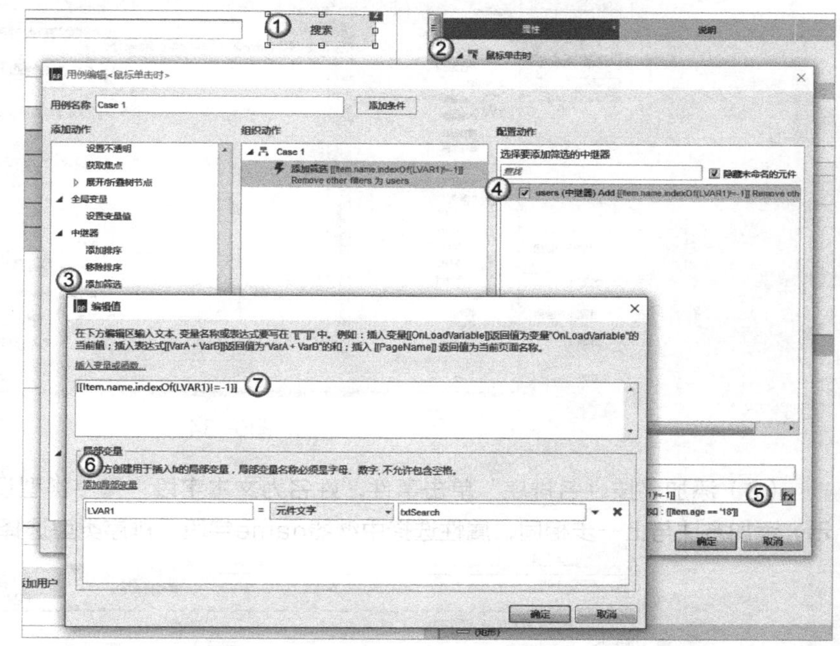

图9-32

提示

indexOf(要搜索的字符串)是字符串的常用函数。以Hello World为例，indexOf(“xy”)=-1是因为字符串中不包含“xy”，indexOf(“Hello”)=0是因为字符串中包括Hello串，而且是从第1个位置开始。

（2）按快捷键F5，输入“陈”，单击“搜索”按钮，从“陈”字为姓的名字有两个，过滤后应显示两条数据，预览效果如图9-33所示。

搜索： 陈 搜索

单击标题栏进行排序：

序号	姓名	性别	年龄	地址	操作
4	陈可平	男	43	浙江省杭州市	删除
5	陈琼	女	32	安徽省马鞍山市	删除

图9-33

08 添加表格排序事件处理

（1）单击表格的标题时，给指定字段排序，这里以“按序号排序”为例，添加“序号”的单击事件，设置顺序为“切换”，即在单击标题后在升序和降序之间切换，默认为降序，如图9-34所示。

① 选择序号标题矩形框。

② 添加“鼠标单击时”事件。

③ 添加中继器排序动作。

④ 选择中继器对象users 。

⑤ 排序属性为seq，按数字（Number）类型排序，单击标题栏时在升序和降序之间切换。

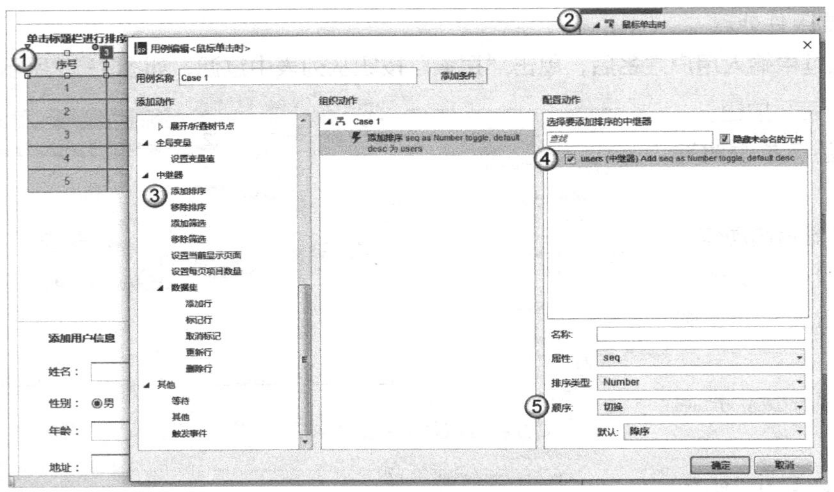

图9-34

（2）添加“按姓名排序”单击事件，姓名为文本字段，排序类型设置为普通的文本，如图9-35所示。添加方法与上一步相同，属性选择中继器name字段，排序类型选择Text。

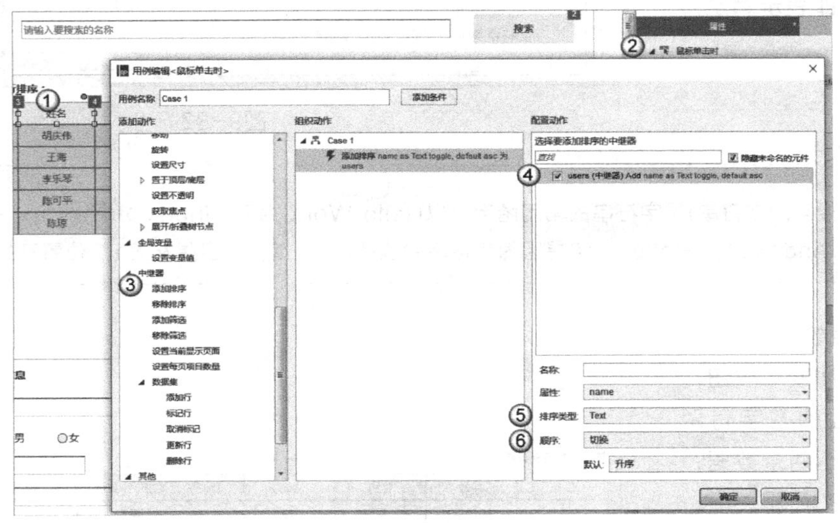

图9-35

09 删除当前行数据事件

（1）单击每行最后的“删除”按钮，删除当前行数据，然后双击中断器users，进入编辑状态，选择最后一个“删除”矩形框，添加单击事件，如图9-36所示。

① 选择“删除”矩形框。

② 添加“鼠标单击时”事件。

③ 添加中继器删除动作。

④ 选择中继器对象users 。

⑤ 删除时可以选择This、条件和已标记，其中This表示的是当前行。

（2）按快捷键F5，单击3.4行最后的“删除”按钮，删除这两行数据，预览效果如图9-37所示。

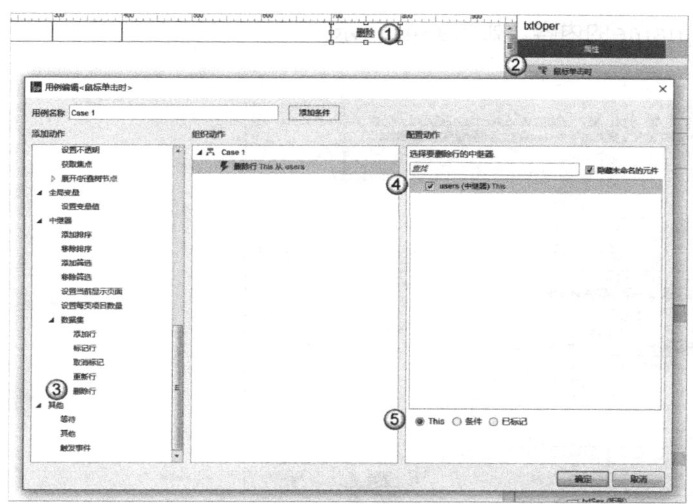

图9-36

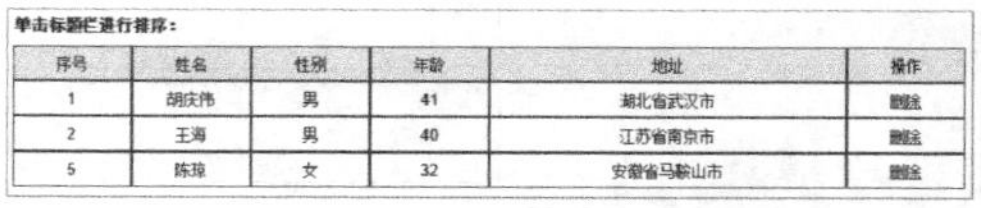

图9-37

10 添加用户事件

（1）单击“添加用户“按钮后，往表格的最后追加一条记录，如图9-38所示。

① 选择“添加用户”按钮。

② 添加“鼠标单击时”事件。

③ 给中继器添加行。

④ 选择中继器对象users 。

⑤ 单击“添加行”按钮。

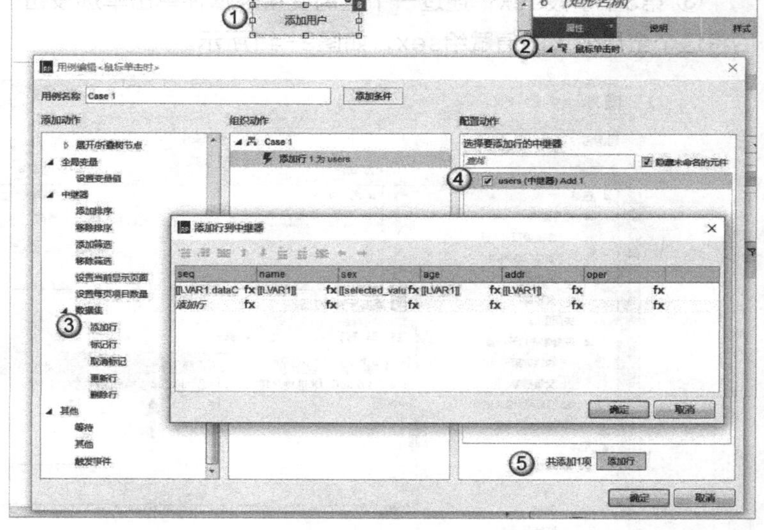

图9-38

（2）从弹出的窗口中设置每个字段的值，下面从第1个字段seq开始设置。

① 第1个字段seq：序号取当前总记录数+1，需要使用中继器的属性，通过局部变量LVAR1引用中继器，然后使用它的属性dataCount，如图9-39所示。

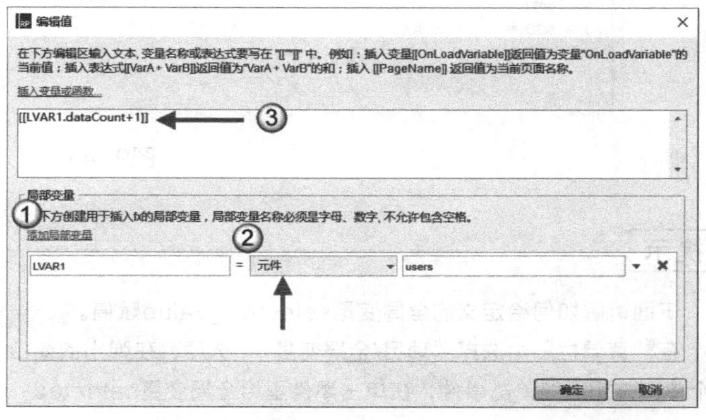

图9-39

② 第2个字段name：设置为输入框text_name的内容，如图9-40所示。

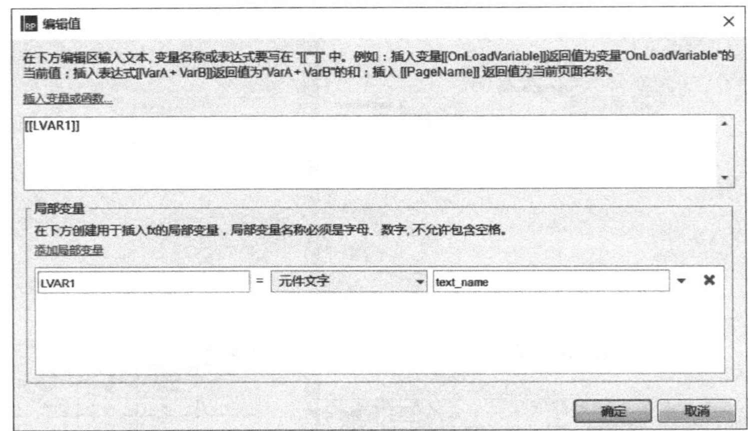

图9-40

③ 第3个字段sex：通过一个全局变量来保存单击单选按钮“男”“女”和“保密”的选择结果，然后将这个全局变量的值赋给sex，如图9-41所示。

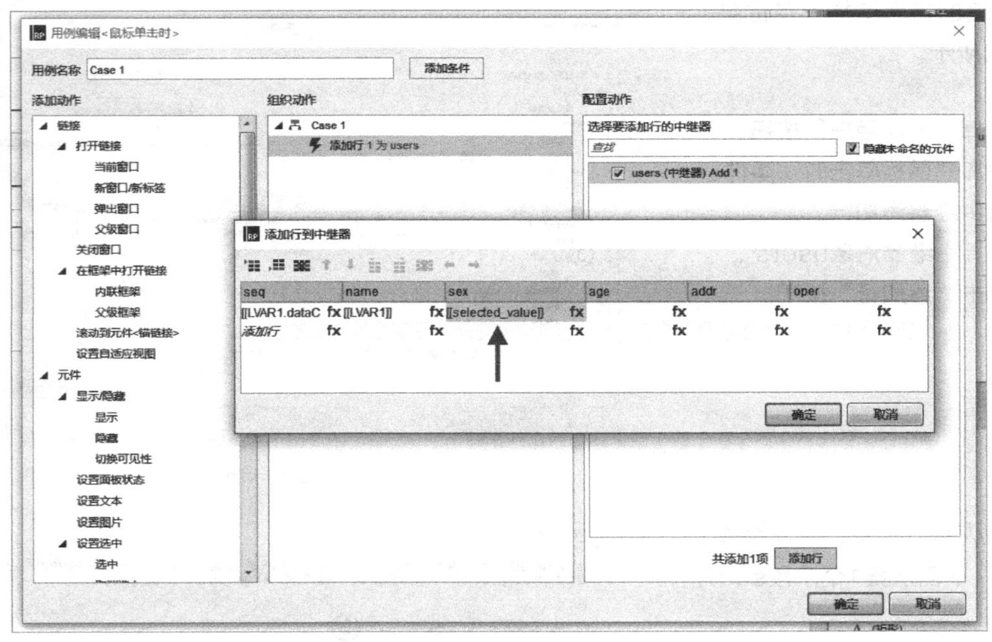

图9-41

提示

下面讲解如何给定义的全局变量selected_value赋值。

在“菜单栏”中选择“项目/全局变量...”选项，在弹出的窗口中添加一个全局变量selected_value，然后给3个单选按钮添加单击事件，在单击事件里给全局变量selected_value赋值。

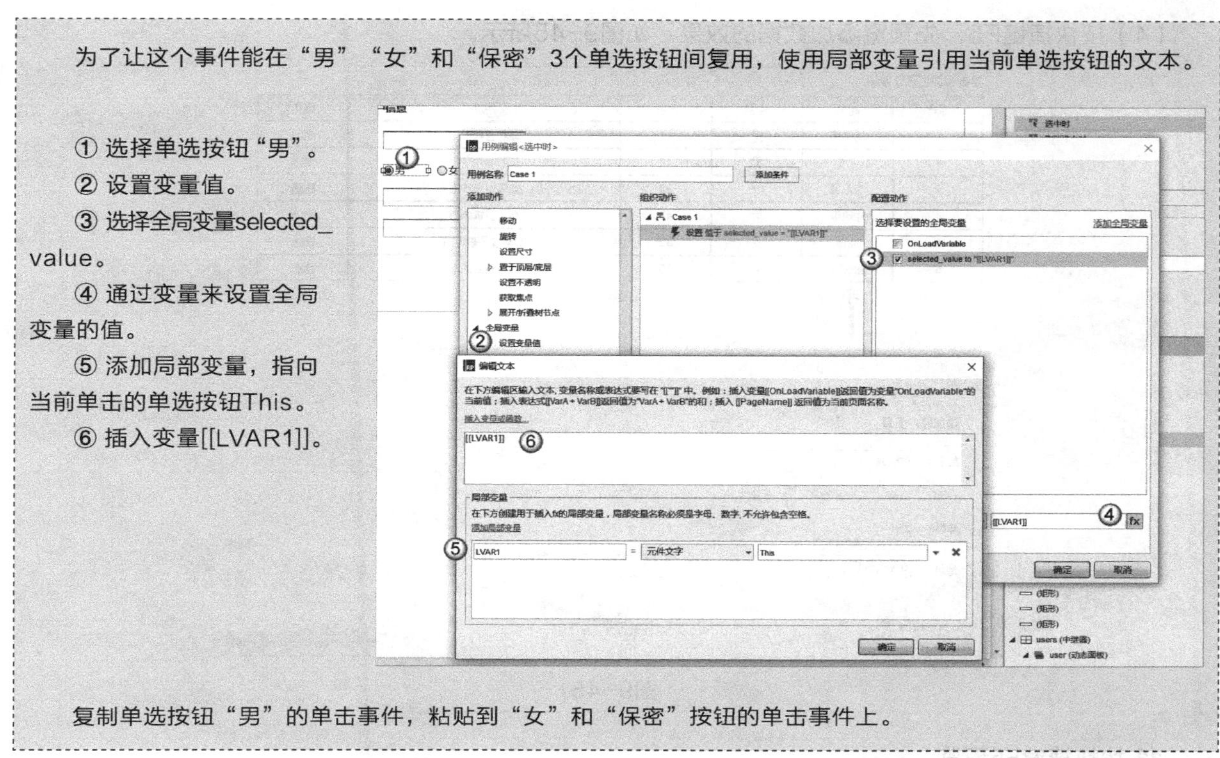

④ 第4个字段age：指定内容为输入框text_age的文字内容，如图9-42所示。

⑤ 第5个字段addr：指定内容为输入框text_addr的文字内容，图9-43所示。

图9-42

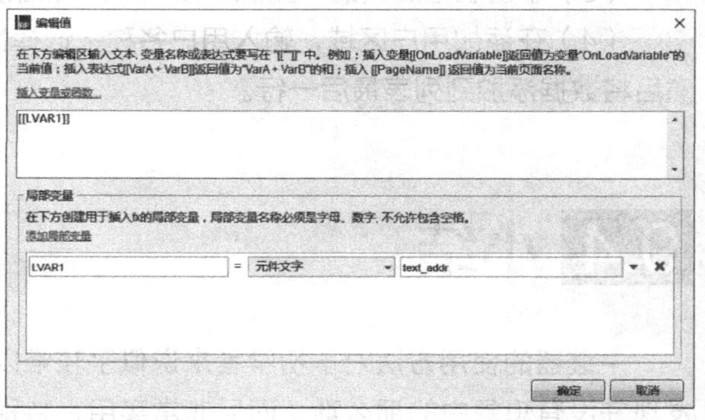

图9-43

（3）对于第6个字段oper，这里可以不用设置。最终效果如图9-44所示。

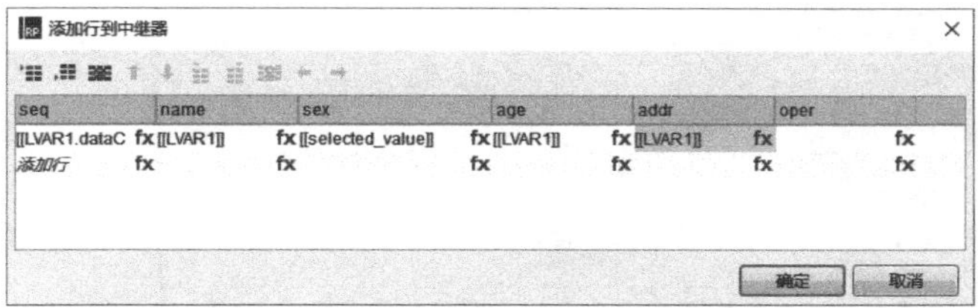

图9-44

（4）按快捷键F5，先预览添加数据的效果，如图9-45所示。

单击标题栏进行排序：

序号	姓名	性别	年龄	地址	操作
1	胡庆伟	男	41	湖北省武汉市	删除
2	王海	男	40	江苏省南京市	删除
3	李乐琴	女	38	湖南省长沙市	删除
4	陈可平	男	43	浙江省杭州市	删除
5	陈琼	女	32	安徽省马鞍山市	删除
6	谢晓霞	女	35	安徽省合肥市	删除

添加用户信息

姓名：谢晓霞

性别：男 女 保密

年龄：35

地址：安徽省合肥市

添加用户

图9-45

11 按快捷键F5预览

（1）在“搜索”输入框中输入“陈”字，单击“搜索”按钮。

（2）单击标题栏seq的数据排序结果。

（3）单击表格后面的“删除”按钮，删除当前行数据。

（4）在添加用户区域，输入用户名称，选择性别，输入年龄和家庭地址，单击“添加用户”按钮，然后将数据添加到列表最后一行。

9.4 小结

中继器的使用方法对于初学者来说似乎较难以理解，实际上它只是名字较为生僻而已，实践后你会发现并没有想象中的那么难，而且非常实用，特别是针对一些以列表、缩略图形式展示的布局，中继器体现了它的强大之处。

RP

10 TEN 元件库的设计与应用

在设计原型的过程中，有时我们需要频繁地使用相同样式、相同布局的元件或元件组合，为了避免每次使用时都需要反复设置带来的麻烦，可以将这些元件或元件组合以元件库的方式呈现，实现“一次设计，重复使用”的目标。

- 设计元件库的意义
- 创建、载入、使用和卸载元件库的方法

10.1 概述

元件是一个个独立的可以使用的设计单元，从元件库拖动到设计区域即可以直接使用。

Axure提供了默认的4类元件库，包括基本元件、表单元件、菜单和表格、标记元件，如图10-1所示。

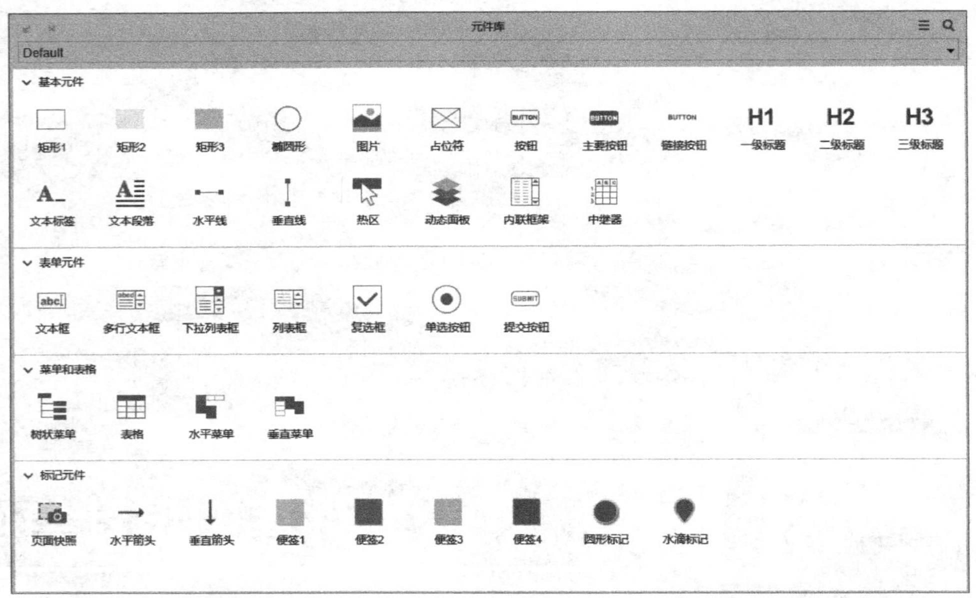

图10-1

有时，这些默认的元件并不能满足实际要求，如图10-2所示的移动端UC浏览器的设置页面开关元件，则无法在Axure系统默认的元件库中找到。

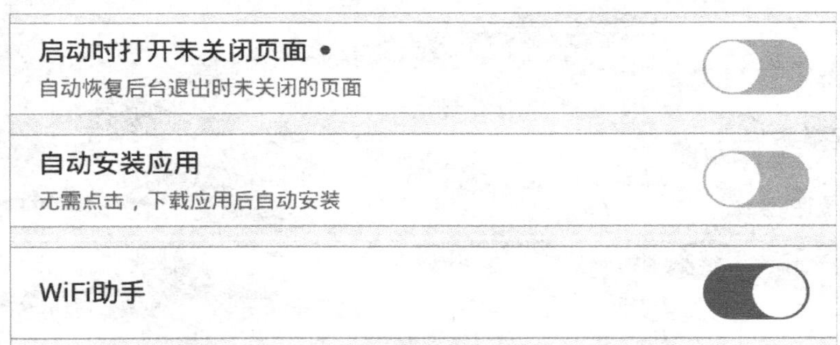

图10-2

在实际的产品或项目原型设计过程中，有的元件需要经过样式设置，或者组合其他元件才能达到我们想要的效果，如图10-3所示。

日期选择：一个带有边框的矩形，在选中时边框为蓝色，而且右下方有一个勾选图标。

查询：蓝底白字的按钮，鼠标经过和单击时均呈现不同的样式。

选项卡：默认同一时间只有一个选项卡处于选中状态。

翻页：包括上一页、下一页、页数索引、文字标签和确定按钮等一系列内容。

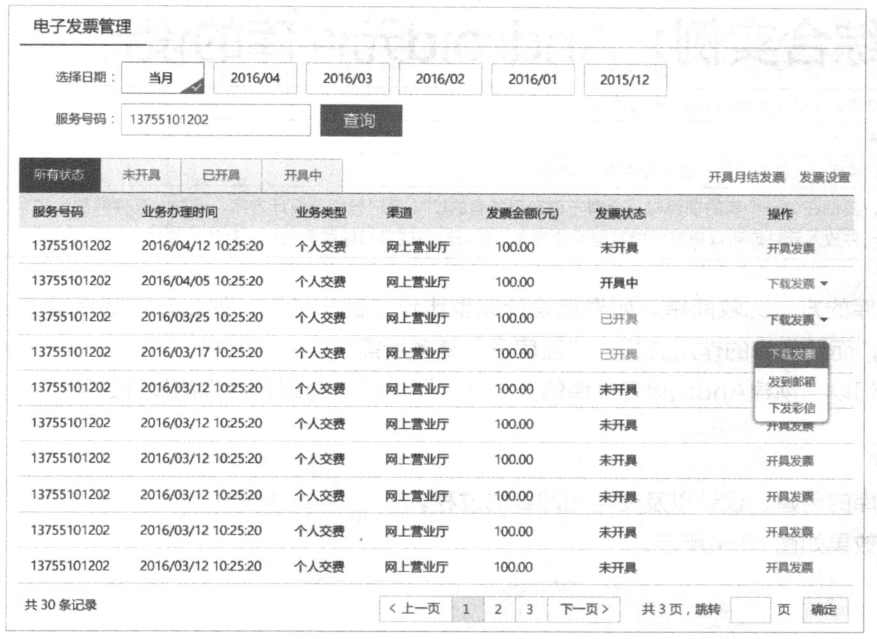

图10-3

上述元件是在Axure系统默认的元件库中找不到的，却又是原型设计中使用频率较高的，且同一项目组内不同产品线的设计人员多会用到。对于这种情况，就需要我们设计元件库了。

10.2 元件库设计的作用和意义

元件库设计的好处是显而易见的，它一方面可以提高原型设计效率；另一方面可以实现元件共享，避免重复设计，也保持了原型设计的一致性。

10.2.1 提高原型设计效率

如果一个个性化的按钮需要被多次使用，我们不用每次都来添加一个按钮，然后再设计它的样式。因为当它被设计为元件后，每次使用时只要从元件库中拖过来即可，无须重复设计，可以大大提高设计效率。

“一次设计，重复使用”是设计元件的目的。

10.2.2 保持原型设计的一致性

当一个产品或者一个项目有多人参与时，应用元件库能保证每个原型设计人员设计的原型的效果是一致的。例如，一个标准的弹出框原型，不需要每个人都设计一套，只需要设计成元件并放入元件库，供大家重复使用即可，这样在整个产品或整个项目中都能保证设计的统一性。

10.3 综合实例：Android元件库的设计

实例位置	实例文件>CH010> Android元件库的设计.rp
难易指数	★★★☆☆
技术掌握	创建元件库、元件库分类、载入元件库、卸载元件库
思路指导	通常，我们在做一个新的项目时，会有一套自己特有的UI（用户界面）设计方案，这时，元件库的设置就显得非常有必要，将某些元件放入元件库可以提高后期原型设计效率，保证产品或项目原型界面和交互的一致性

创建元件库的方法比较简单。如果把设计原型比作“盖房子”，那么元件则是盖房子所用到的砖、瓦等建筑材料，而元件库的作用就是为“盖房子”储备所需要的建筑材料。

下面，我们以“创建Android元件库的开关元件”为例来介绍元件库的设计过程。

★ 实例目标

完成元件库的创建、设计以及使用和卸载的过程。

完成后的效果如图10-4所示。

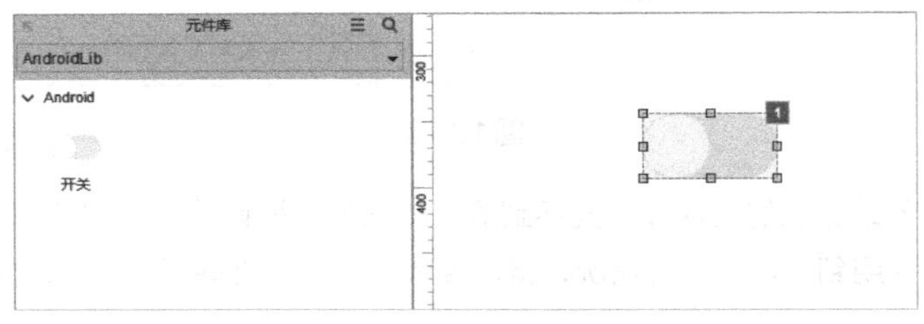

图10-4

★ 实例步骤

01 创建元件库

（1）新建元件库。从元件库的右侧下拉菜单中选择“创建元件库”选项，如图10-5所示。

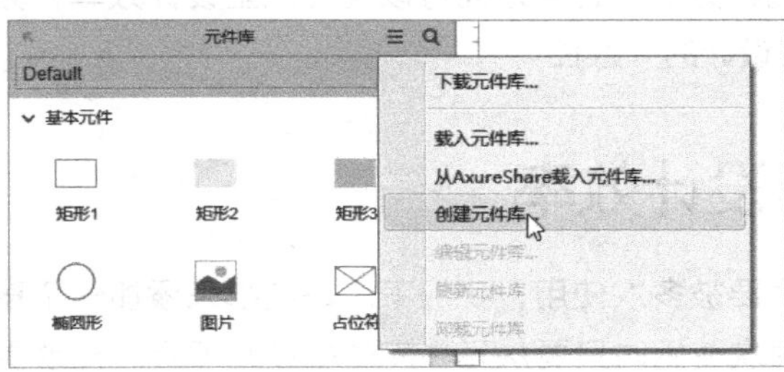

图10-5

在弹出的保存窗口中输入元件库名称AndroidLib，系统会默认保存成扩展名称为rblib的文件，且会重新打开一个设计界面，如图10-6所示。

系统默认新建一个“新元件1”元件，选择“新元件1”，按快捷键F2重新命名为开关，如图10-7所示。

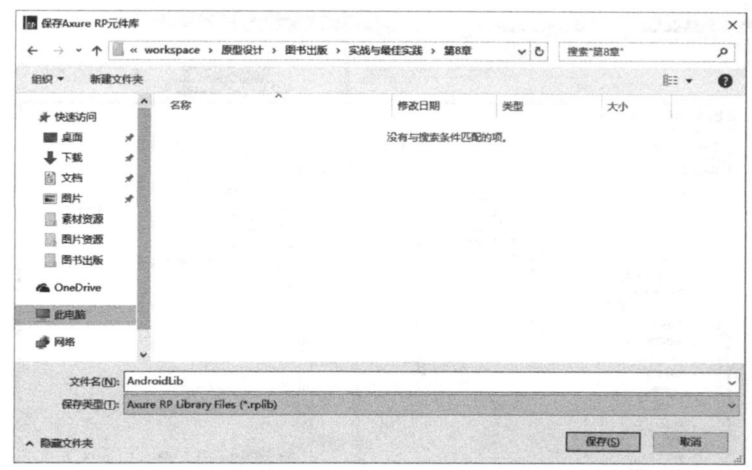

图10-6

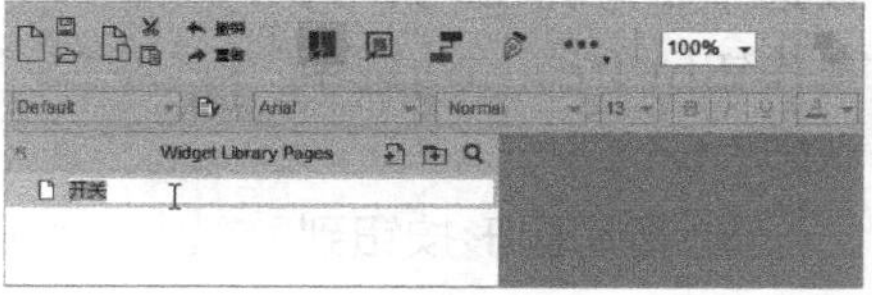

图10-7

（2）双击开关元件，打开设计页面。添加一个灰色无边框矩形，将长度设为100，宽度设为50，并命名为button_bg，设置选中的背景样式为蓝色，如图10-8所示。

添加一个圆形，并命名为round_button，设置长度和宽度均为48，且为无边框样式，设置位置在（1,1），放在button_bg按钮上面时，左边、上边和下边均距离矩形对应边1个像素，如图10-9所示。

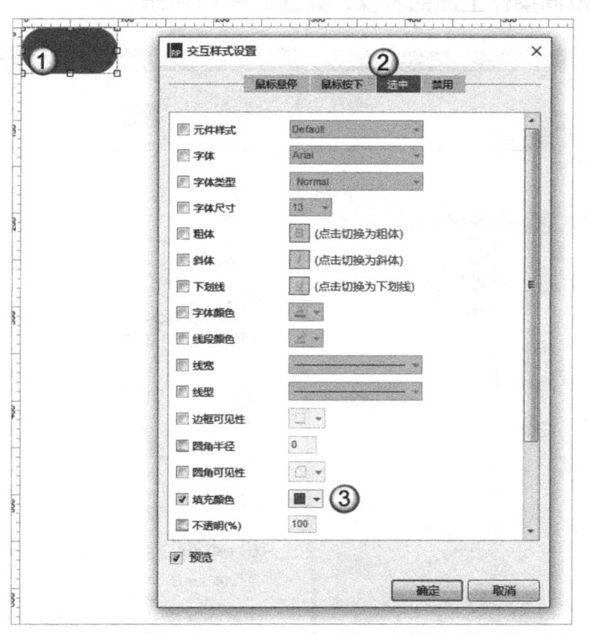

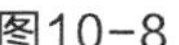

图10-8

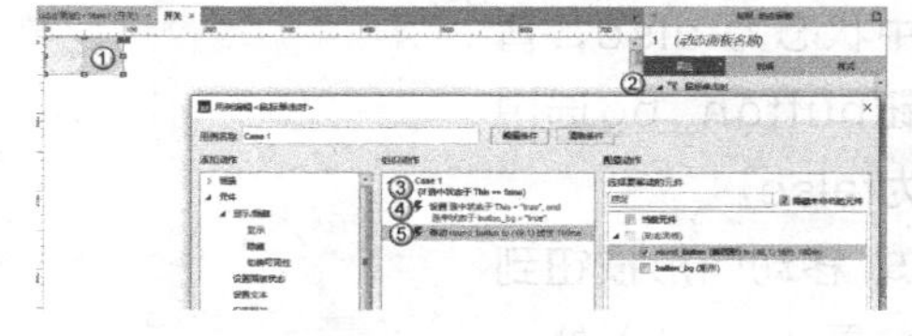

图10-9

（3）添加按钮单击事件。将圆形按钮和背景button_bg选中，单击鼠标右键，将其转换为动态面板，然后给动态面板添加单击事件。如果动态面板处于未选中状态，则设置为选中状态，同时设置button_bg也为选中状态，这样就能显示蓝色背景了，再移动round_button按钮到右侧位置，如图10-10所示。

① 选择动态面板。

② 添加“鼠标单击时”事件。

③ 添加条件，如果当前动态面板（This）没有被选中。

④ 设置当前动态面板选中状态为ture，背景按钮button_bg选中状态为ture。

⑤ 移动圆形按钮到绝对位置（49，1）处。

⑥ 添加线性动画，设置时间为100毫秒。

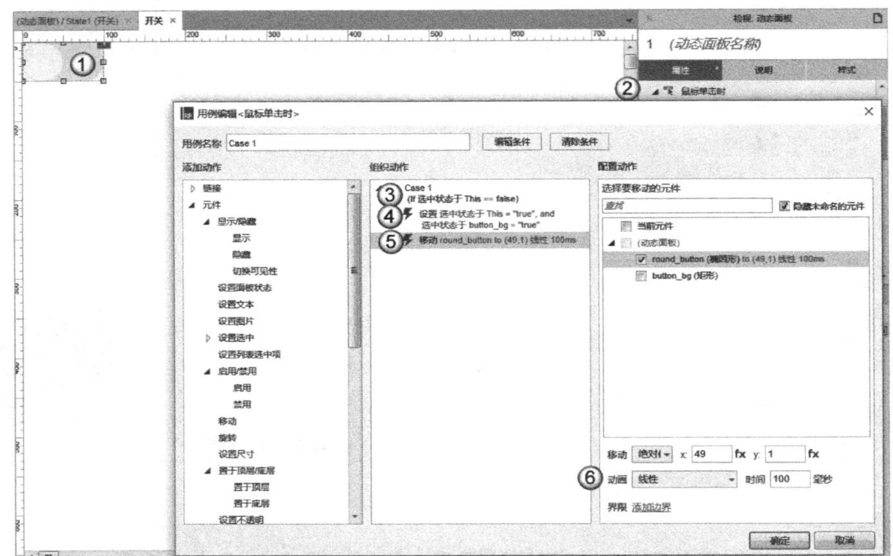

图10-10

给动态面板添加事件分支，如果再次单击则反向操作上面的步骤，如图10-11所示。

① 选择动态面板。

② 添加“鼠标单击时”事件。

③ Else If True：意思为除上面第1个条件外，都会经过这个事件分支，在这个例子里即为动态面板处于选中状态时。

④ 设置当前动态面板选中状态为false，背景按钮button_bg选中状态为false。

⑤ 移动圆形按钮到绝对位置（1，1）处，即回到原处。

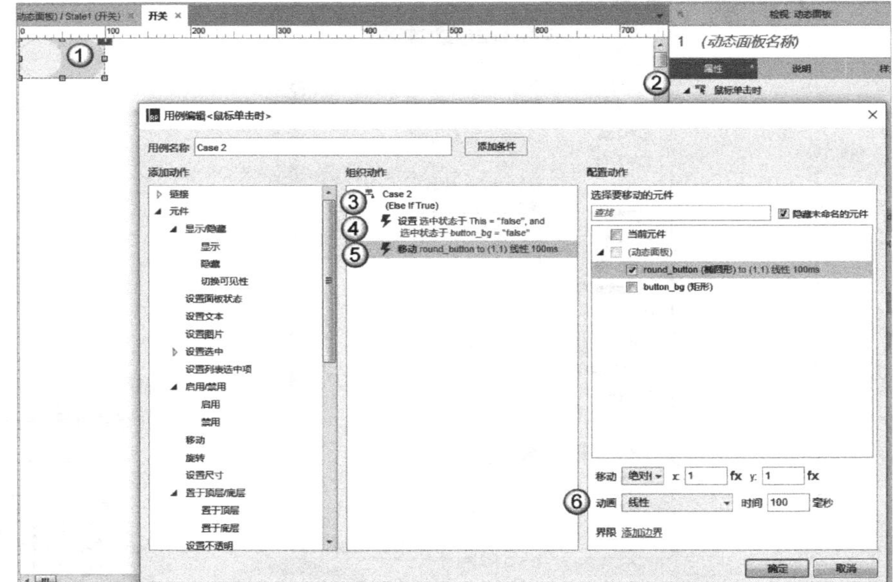

图10-11

⑥ 添加线性动画，设置时间为100毫秒。

（4）按快捷键F5预览。单击按钮，此时按钮会在选中与没选中状态之间切换，且配合圆形按钮的移动动画效果。

（5）分类设置开关元件。在“开关元件库”的右上方添加一个文件名，并命名为Android，如图10-12所示。

选择开关元件，拖动到文件夹Android中，如图10-13所示。

图10-12

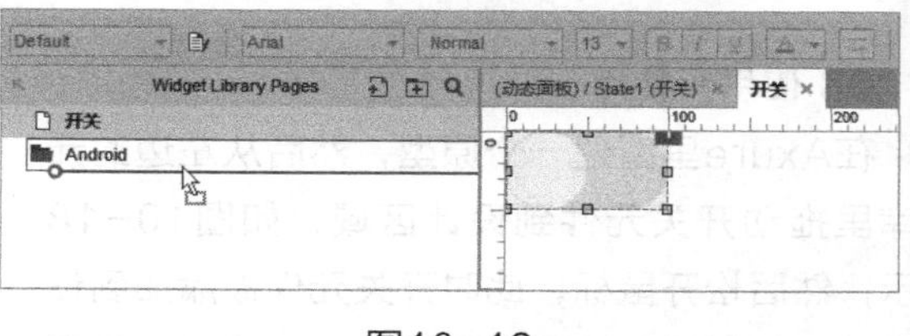

图10-13

完成后的效果如图10-14所示。

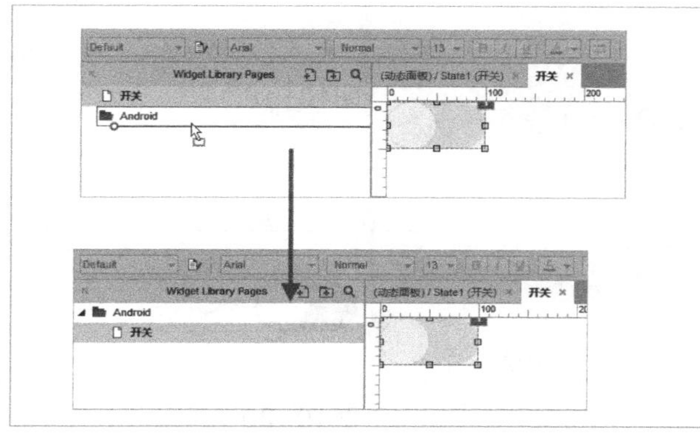

图10-14

提示

在日常的原型设计练习中，可以不断地丰富Android元件库，添加一些常用的元件，如按钮、滑杆和输入键盘等，以备不时之需。

02 载入元件库

通过以上操作，我们已经建立了一个Android的开关元件，现在我们来使用它，在使用之前需要将其载入元件库。

选择元件库右侧下拉菜单中的“载入元件库...”选项，如图10-15所示。

从弹出的窗口中选择前面保存的AndroidLib.rplib文件，如图10-16所示。

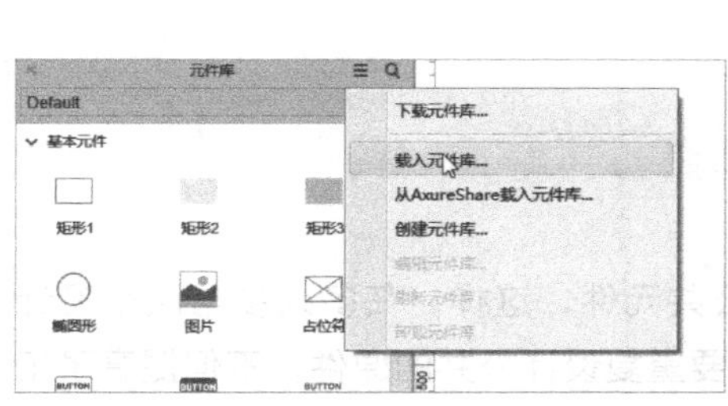

图10-15

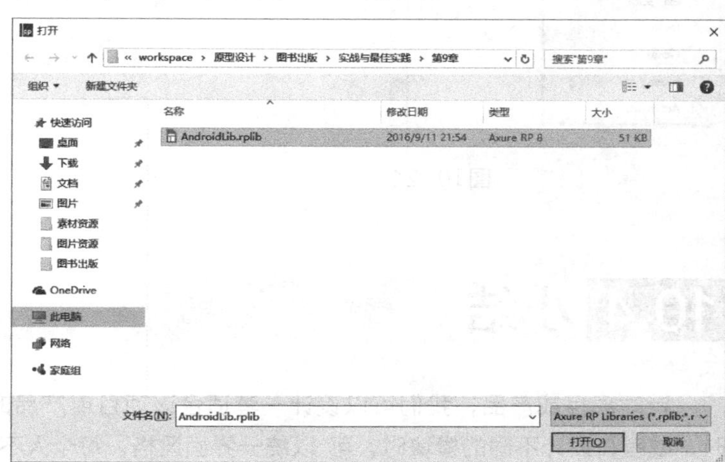

图10-16

单击“打开”按钮，完成载入，当前的元件库会自动切换到加载后的元件，如图10-17所示。

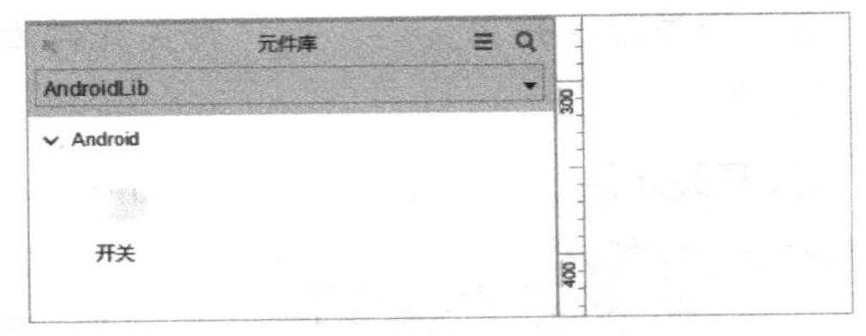

图10-17

03 使用元件库

在Axure里新建一个原型，然后从左边的元件库里拖动开关元件到设计区域，如图10-18所示，然后松开鼠标，此时开关元件被添加到设计区域，与其相关的事件都会被自动添加，不需要再重复处理，如图10-19所示。最后按快捷键F5预览，可以发现该按钮是可以直接使用的，如图10-20所示。

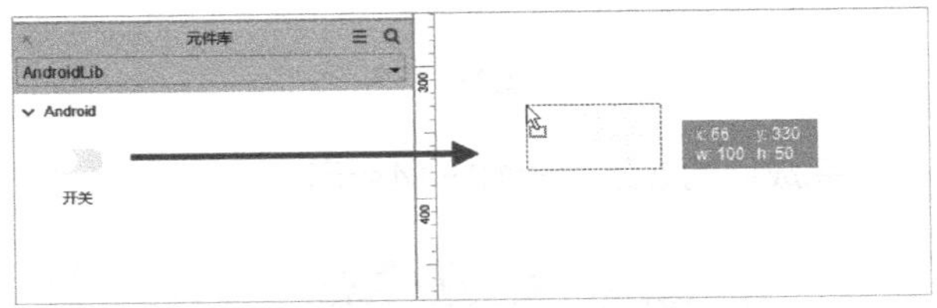

图10-18

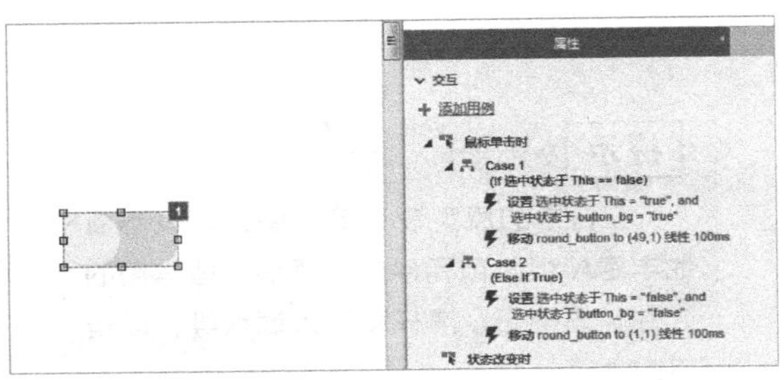

图10-19

图10-20

04 卸载元件库

卸载元件库之前，需要在元件库里选中当前的元件库，这里我们从下拉菜单中选中“AndroidLib”选项，如图10-21所示。

从元件库的右侧下拉菜单中选择“卸载元件库”选项，即可完成卸载，如图10-22所示。

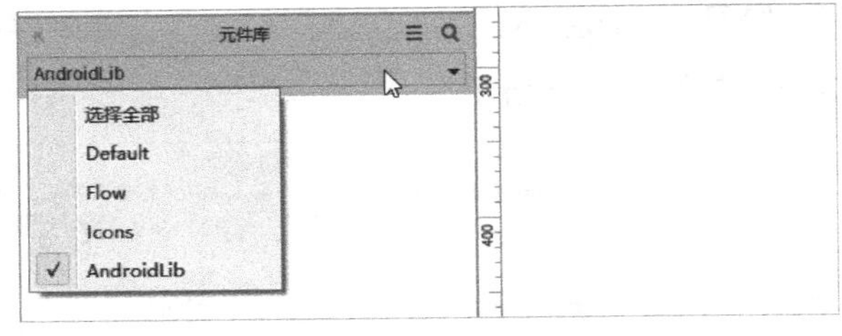

图10-21

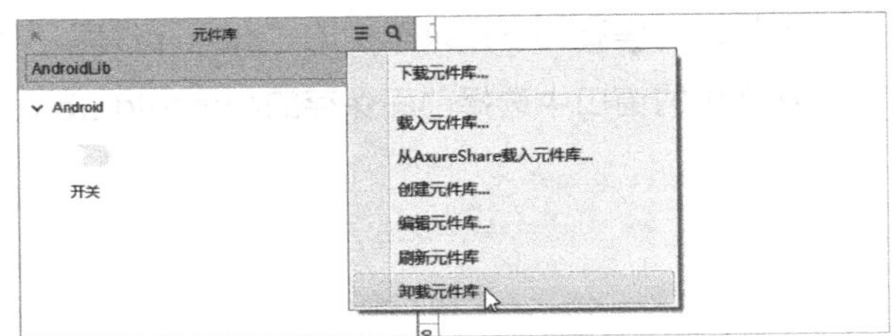

图10-22

10.4 小结

针对项目或产品，我们可以设计一套适合该项目或产品的公共元件，这样，在多人参与原型设计时，或者在设计不同的模块时，可 以统一界面风格，每个人不需要重复设计公共的原件，不但提高了工作效率，而且优化了资源配置。

RP

11 ELEVEN 综合实例的操作与应用

本章节的实例均来源于实际设计，且基本涵盖了原型设计中常见的场景，涉及的知识点包括动态面板、变量和函数、表达式、判断条件、局部变量、选项组、动画效果以及中继器等。

- “淘宝网”首页自动幻灯片
- “网易云音乐”分享弹出窗口
- “美团网”导航菜单
- “人人都是产品经理”网站导航菜单
- “新浪微博”下拉刷新
- “雷锋网”浮动菜单栏
- “京东网”手机品牌的选择
- “UC 浏览器”文件下载处理
- “淘宝网”商品搜索结果
- “创业邦”登录和注册界面

11.1 综合实例："淘宝网"首页自动幻灯片

实例位置	实例文件>CH11>"淘宝网"首页自动幻灯片.rp
难易指数	★★★☆☆
技术掌握	动态面板状态改变、载入事件、状态切换动画
思路指导	这种幻灯片除了可实现图片自身的自动切换外，同时还有一组圆形指示标识，表示当前显示到第几张商品图片，从原理上讲，都是应用的动态面板的自动切换到下一个状态的属性，只是要注意的是，指示标识所在的动态面在板状态切换时不需要配合动画，否则效果看起来会不真实

第6章中的"6.7 事件动作介绍"里已经介绍了自动幻灯片的设计与制作方法，本实例中，我们将在此基础上以"淘宝Android客户端的首页幻灯片"为例，讲解带有指示器的幻灯片自动播放效果的制作方法。

★ 实例目标

自动轮播的幻灯片效果，指示器同步自动切换。

完成后的效果如图11-1所示。

图11-1

★ 实例步骤

01 素材准备

准备4张大小一致的图片。可以打开淘宝首页，然后将页面上播放的幻灯片另存为图片，如图11-2所示。

图11-2

02 界面布局——幻灯片动态面板

（1）拖动一张图片到设计区域，然后选择图片，单击鼠标右键将其转换为动态面板，并命名为"ppt"，此时系统默认将以图片大小基准生成动态面板，如图11-3所示。

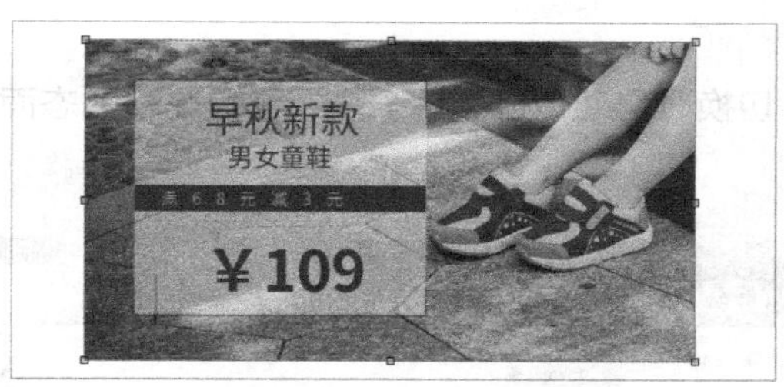

图11-3

（2）将生成的动态面板State1复制3个，即State2、State3和State4，如图11-4所示。

（3）分别打开State2、State3和State4动态面板，用准备好的图片替换其中的图片，如图11-5所示。

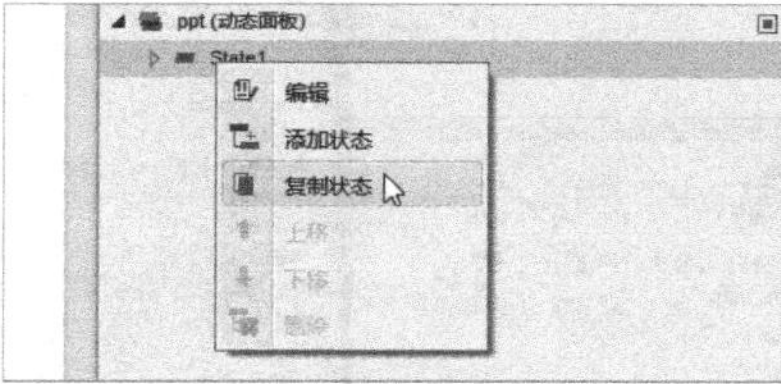

图11-4

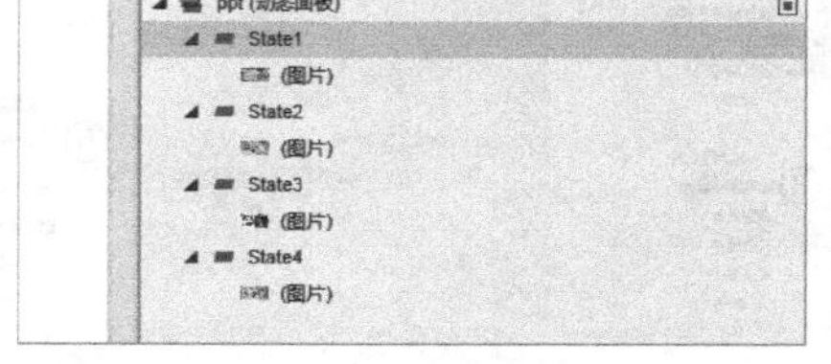

图11-5

03 界面布局——标题栏

（1）添加一个圆形，并设置为“无边框”样式，然后将其大小设置为12×12，设置背景为灰色，接着将该圆复制3个，并做水平平均排列，完成之后将第1个圆的背景颜色设置为橙色，如图11-6所示。

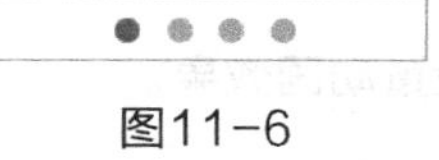

图11-6

（2）选中上一步制作出的4个圆，单击鼠标右键将其转换为动态面板，并命名为“index”，如图11-7所示。

（3）复制动态面板index的State1、State2、State3和State4，并依次将其中的第2个、第3个和第4个圆的背景颜色设置为橙色，这4个状态表示当前幻灯片的4个序号，如图11-8所示。

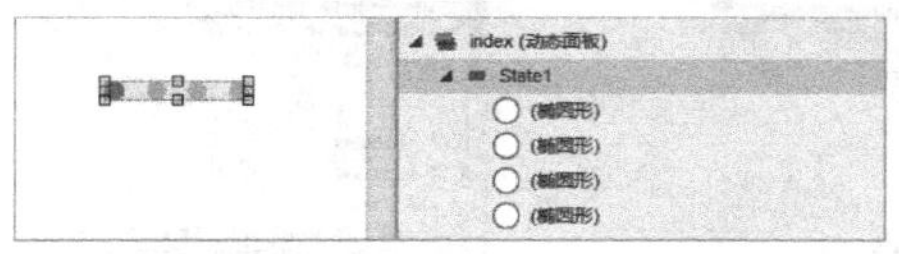

图11-7

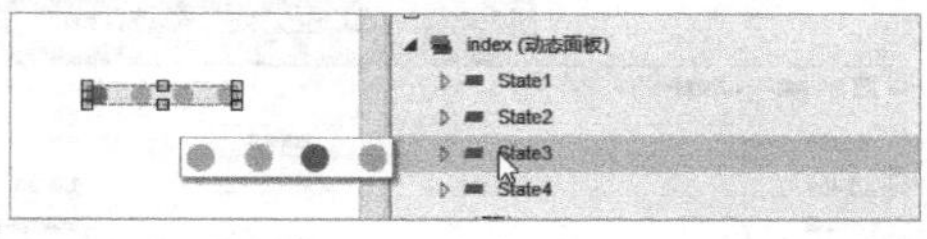

图11-8

（4）添加一个白色半透明的圆角矩形作为指示器的背景，并放在动态面板index的后方，比4个指示器稍微大一点儿即可，同时注意设置好圆角大小，然后将此背景和指示器移动到幻灯片ppt内部下方的中间位置，如图11-9所示。

图11-9

04 事件处理

（1）如果想在幻灯片状态切换时自动切换到下一个，需要先在动态面板的载入事件里将状态切换到State2，如图11-10所示。

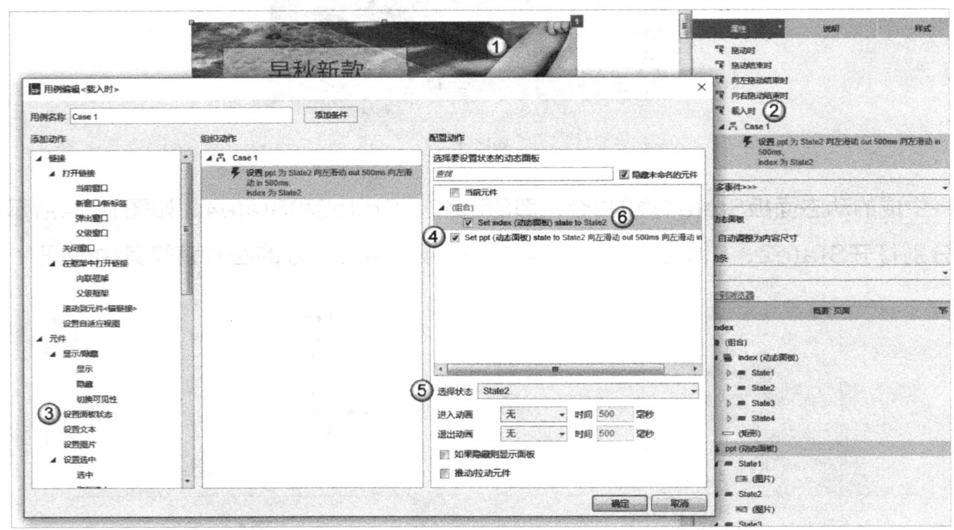

图11-10

① 选中动态面板ppt。

② 添加动态面板“载入时”事件。

③ 设置动态面板状态。

④ 设置动态面板ppt的状态。

⑤ 设置初始状态为State2，不需要设置动画效果。

⑥ 设置指示器的状态为State2。

（2）此时会触发动态面板的状态改变事件，在这个事件里设置动态面板的下一个状态，如图11-11所示。

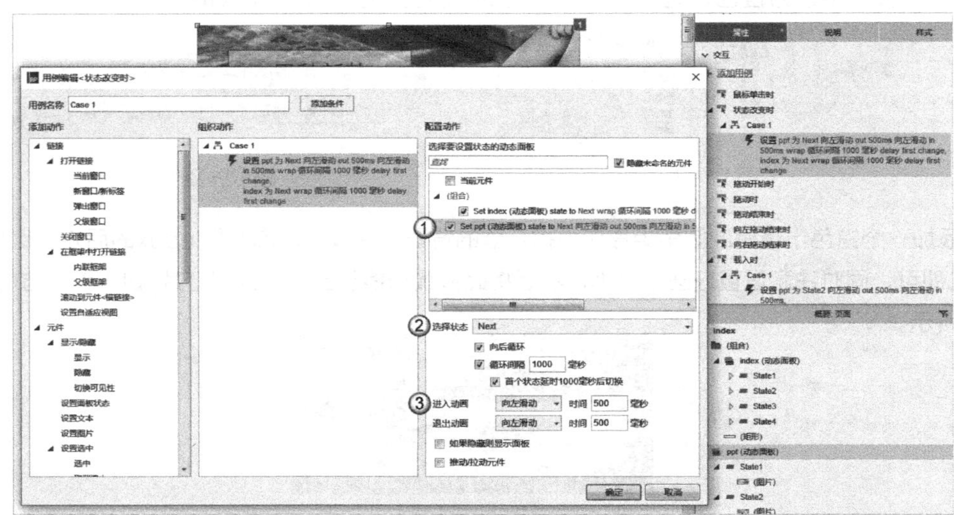

图11-11

① 设置动态面板ppt的状态。

② 选择“Next”，即下一个状态，并勾选“向后循环”，设置“循环间隔”为1000毫秒，并且勾选“首个状态延时1000毫秒后切换”。

③ 设置“进入动画”为“向左滑动”，“退出动画”默认保持和进入动画一致，时间默认为500毫秒。

（3）设置指示器动态面板index的状态与上面相同，注意不要设置进入动画和退出动画，如图11-12所示。

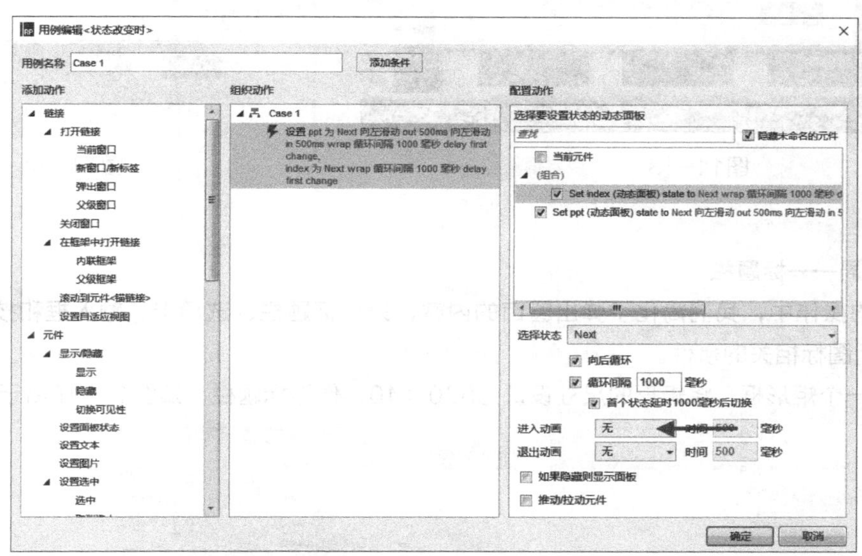

图11-12

05 按快捷键F5预览

预览时，页面上会自动显示第2张幻灯片，然后每隔1秒自动切换到下1张，到最后1张时再切换回第1张，幻灯片切换时下方的指示器会同步切换。

11.2 综合实例：“网易云音乐”分享弹出窗口

实例位置	实例文件>CH11>“网易云音乐”分享弹出窗口.rp
难易指数	★★★☆☆
技术掌握	动态面板应用、拖动事件、限制移动范围
思路指导	在原型设计中，“弹出”窗口随处可见，也是动态面板最常用的使用场景之一，因为它是一个相对独立的对象。限制“弹出”窗口的移动范围也是本实例的关键，在操作过程中需要注意如何设置边界范围

在网易云音乐的弹出窗口中，单击“分享”窗口右下角的分享图标，可以拖动弹出窗口的标题栏，并移动到页面上任意位置，但不能超出屏幕，如图11-13所示。

★ 实例目标

显示弹出窗口，并限制它的移动范围。

完成后的效果如图11-14所示。

图11-13

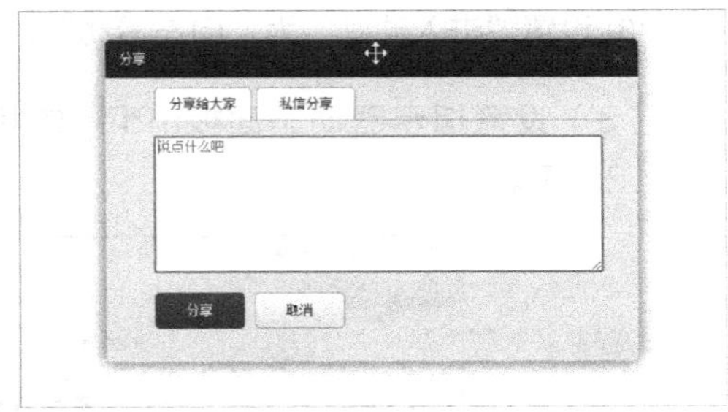
图11-14

★ 实例步骤

01 界面布局——标题栏

在本实例的操作中，我们简化了弹出窗口的内容，只有标题栏、选项卡、输入框和按钮，来添加与分享按钮和关闭图标相关的事件。

（1）添加一个矩形框，将矩形的尺寸设置为530×40，作为标题栏，如图11-15所示。

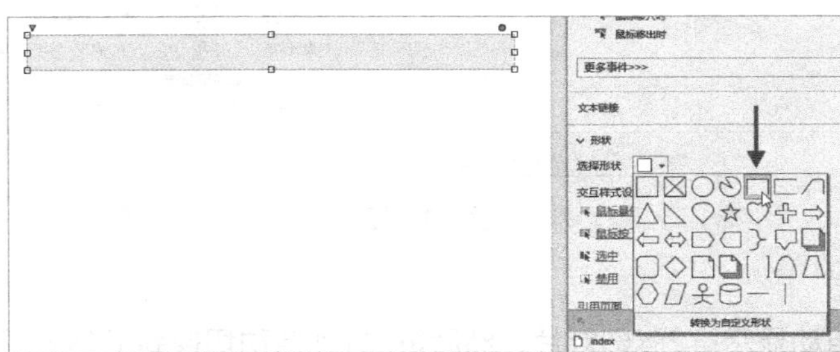
图11-15

（2）修改矩形样式，将矩形背景设置为黑色，矩形中的文字设置为白色，且居左显示，左边距为15，同时带有背景阴影，只保留上部的圆角，如图11-16所示。

① 宽度和高度分别设置为530和40。

② 设置背景为黑色。

③ 设置背景阴影的偏移位置都为0，模糊效果为25。

④ 设置圆角半径为5，且只保留上面两个角为圆角效果。

⑤ 设置字体颜色为白色。

⑥ 设置字体为居左显示。

⑦ 为了让矩形左边有一定留白，设置左边距为15，其他边距保持默认状态即可。

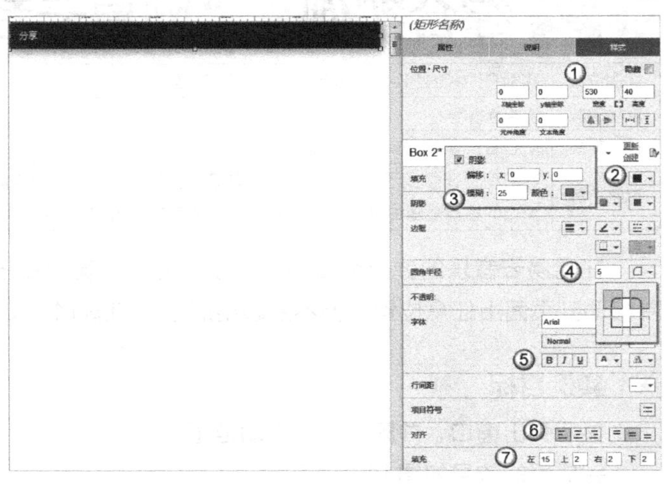
图11-16

（3）从网易云音乐网站的弹出窗口里截图，获取标题栏的“关闭”按钮，如图11-17所示。

（4）将截出来的按钮粘贴到前面设置好的标题栏上，并移动到右侧，如图11-18所示。

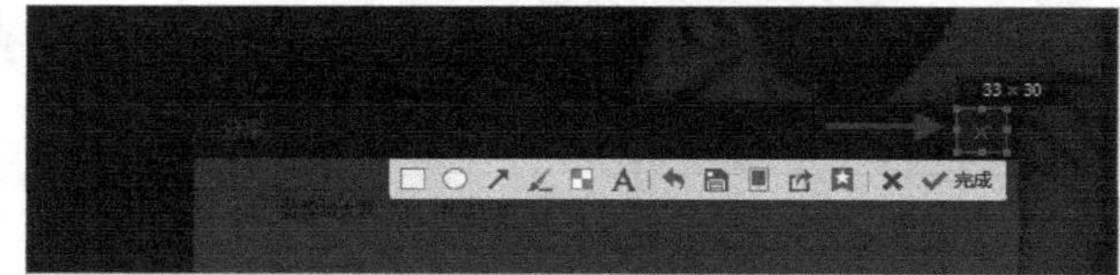

图11-17

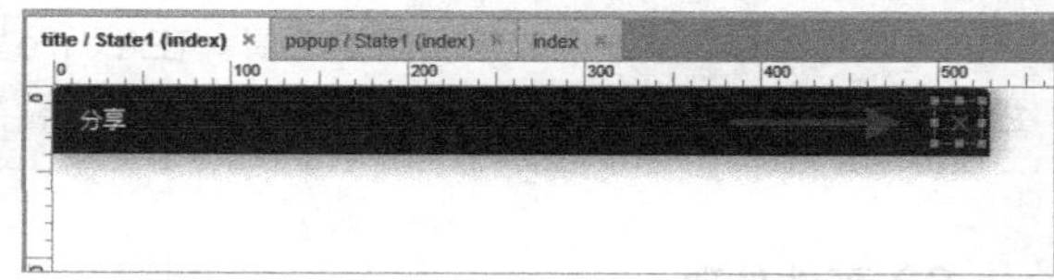

图11-18

02 界面布局——弹出窗口

（1）添加一个矩形框，宽度保持与标题栏一致，并将高度设置为290，如图11-19所示。

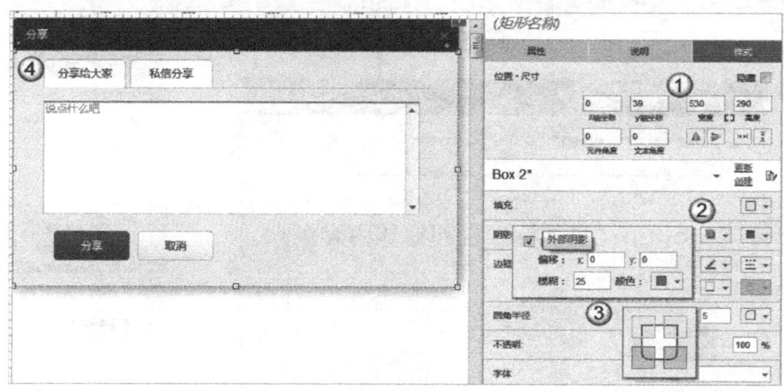

图11-19

① 设置尺寸为530×290，位置在标题栏下方。

② 设置背景阴影偏移位置为0，模糊效果与标题保持一致。

③ 设置圆角半径为5，与标题栏圆角大小一致，只在下方设置圆角。

④ 添加窗体中的内容，包括两个只有上半部分有圆角的灰色边框的矩形选项卡、一条灰色的水平分割线、一个输入框及两个圆角矩形按钮。

（2）设置圆角矩形按钮的背景为渐变填充，填充的开始和结束颜色通过“吸管工具”从网易云音乐的弹出窗口截图中吸取即可，如图11-20所示。

① 选择要设置背景为“渐变填充”的按钮。

② 选择“填充类型”为“渐变”。

③ 选择开始状态下的颜色。

④ 单击“吸管工具”。

⑤ 移动“吸管工具”到截图“分享”按钮的背景上，在上半部分浅蓝色处单击以吸取颜色，然后进行填充操作。按照同样的方法设置结束状态下的颜色，同时设置“分享”按钮的文字为白色，边框为深蓝色，比填充的蓝色深一点儿即可。

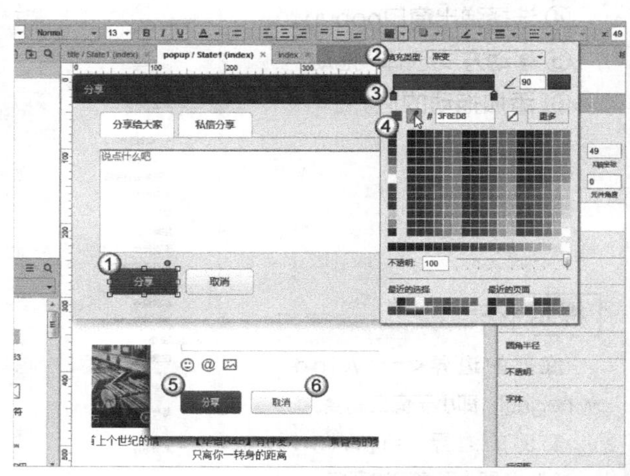

图11-20

⑥ 和“分享”按钮的设置方法相同，设置“取消”按钮的背景为灰色渐变填充，并设置边框为深灰色。

提示

“吸管工具” 是个非常实用的工具。在Axure里使用吸管工具吸取原图的颜色，可以保证原型中使用的颜色和实际效果图中的颜色一致。

03 事件处理

（1）为了响应标题栏的拖动事件，将标题栏与标题栏的“关闭”按钮选中，并单击鼠标右键转换为动态面板。同时为了可以整体拖动弹出窗口，将弹出窗口所有内容（包括标题栏动态面板和窗体内容）选中，单击鼠标右键将其转换为动态面板，并命名为popup，如图11-21所示。

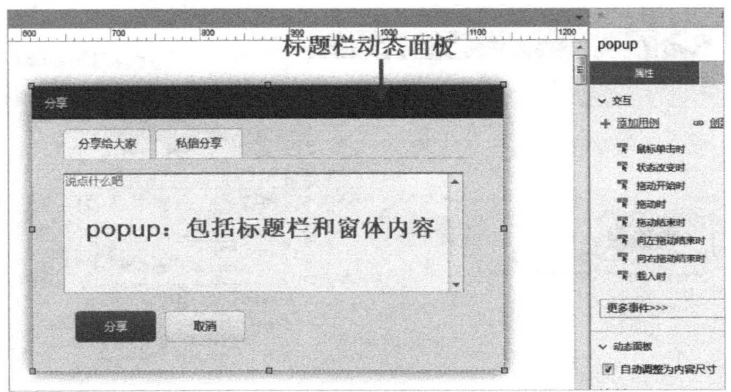

图11-21

（2）双击动态面板popup，选择State1，再选中其中的标题栏动态面板，给标题栏的动态面板添加拖动事件，如图11-22所示。

① 选中标题栏动态面板。

② 添加“拖动时”事件。

③ 移动弹出窗口。

④ 选择弹出窗口popup。

⑤ 移动方式选择“拖动”。

⑥ 添加拖动的边界。

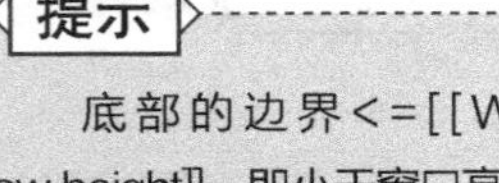

提示

底部的边界<=[[Window.height]]，即小于窗口高度。

右侧的边界<=[[Window.width]]，即小于窗口的宽度。

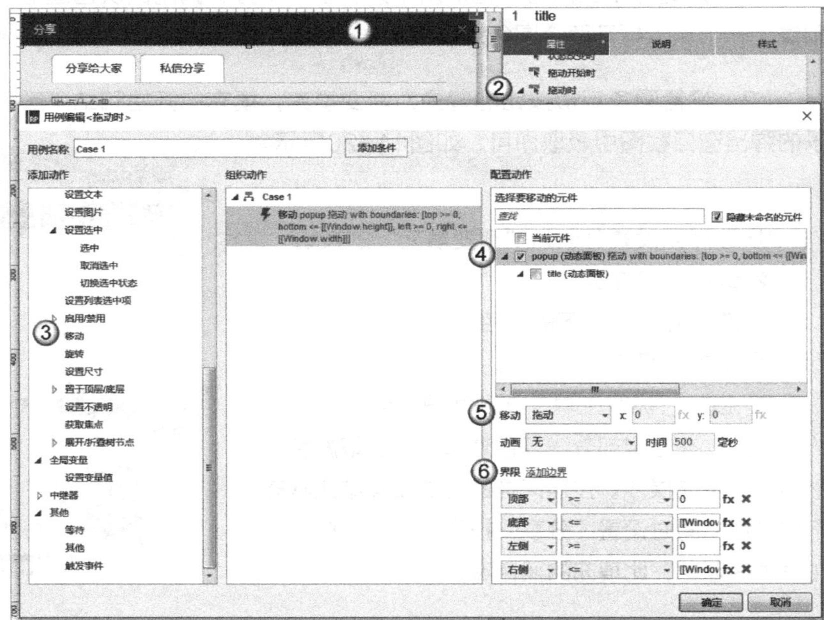

图11-22

04 按快捷键F5预览

（1）拖动标题栏，光标变为十字光标，并移动弹出窗口。

（2）尝试将它拖动到窗口的4个边角之外，会发现无法实现（不加边界限制是可以移出区域的）。

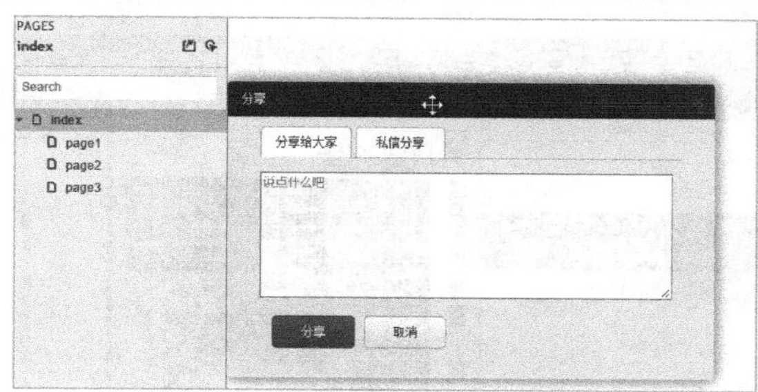

图11-23

11.3 综合实例："美团网"导航菜单

实例位置	实例文件>CH11>"美团网"导航菜单.rp
难易指数	★★★☆☆
技术掌握	动态面板状态改变、显示与隐藏
思路指导	各电子商务类网站的导航菜单样式大体一致，均没有一级、二级菜单，各级菜单又包含众多产品。实现这类菜单效果的关键是设置好鼠标移入、移出事件，同时注意主菜单和分项菜单的边框样式应协调。熟练使用"截图工具"和"吸管工具"可达到事半功倍的效果

二级导航菜单是网站菜单的常见形式，电子商务网站商品导航是这类菜单的典型应用场景。

★ 实例目标

鼠标经过左侧一级菜单时，右侧自动弹出二级菜单，且当前一级菜单背景加亮，同时整个导航菜单边框颜色加深。

完成后的首页导航菜单效果如图11-24所示。

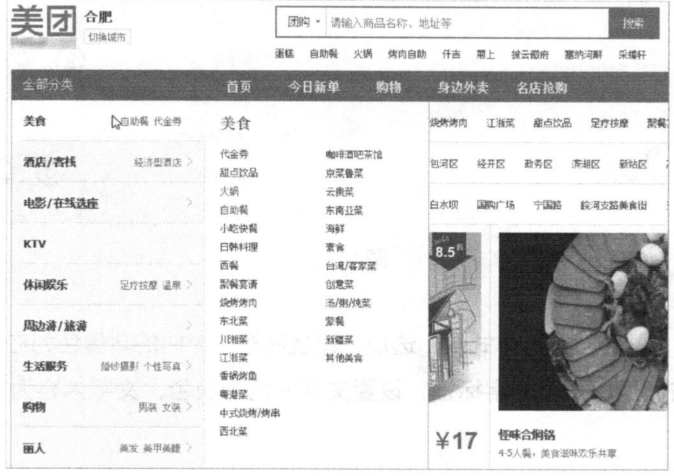

图11-24

★ 实例步骤

01 添加标题栏

添加一个无边框矩形，设置文字颜色为白色，设置矩形背景颜色为绿色，如图11-25所示。

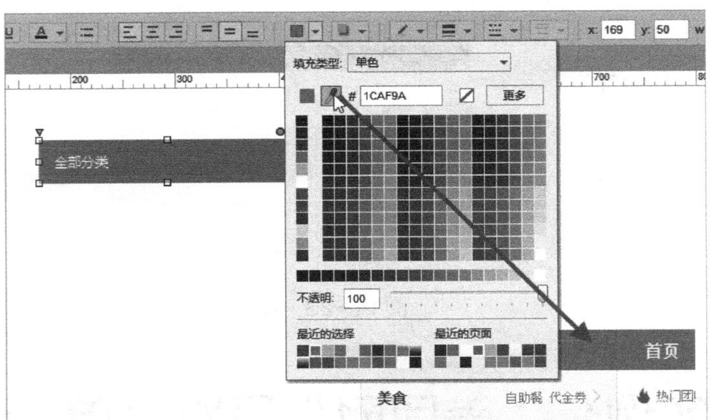

图11-25

02 添加一级导航菜单

（1）添加一个无边框矩形，设置背景颜色为浅灰色，字体样式为黑色粗体，且居左对齐，并设置左边距为15，文字内容为“美食”，如图11-26所示。

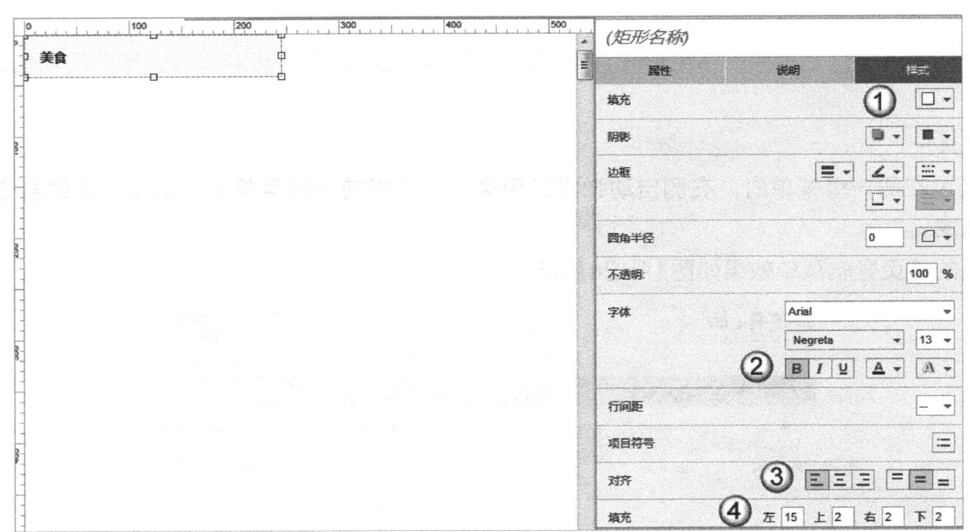

图11-26

（2）单击鼠标右键，选择“交互样式...”选项，设置鼠标悬停时的背景色为白色，如图11-27所示。

（3）在矩形边框右侧添加一个文字标签，设置文字颜色为灰色，文字内容为“自助餐 代金券 >”，如图11-28所示。

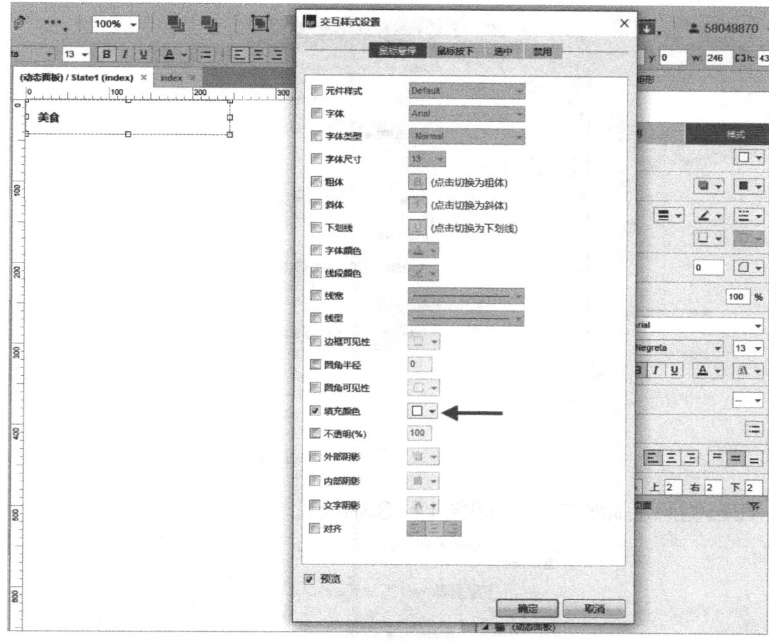

图11-27

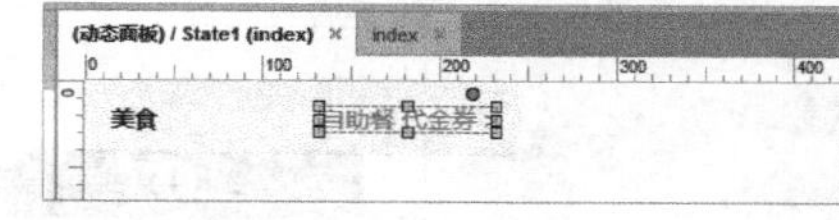

图11-28

（4）为了响应一级导航菜单的“鼠标移入时”事件，将上面的矩形和灰色文本选中后，单击鼠标右键转换为动态面板，如图11-29所示。

（5）选择该动态面板，并复制、粘贴，依次修改其中的文字内容，同时以自上而下的方式依次进行排列，如图11-30所示。

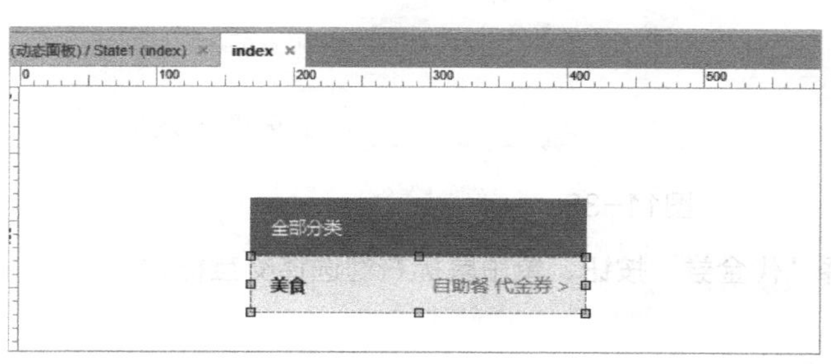

图11-29

图11-30

03 添加二级菜单

（1）添加一个边框颜色为灰色的矩形框，置于底层，大小能围绕住一级菜单即可，并在右侧留一定的空白，如图11-31所示。

（2）注意边框的左边要露出，在鼠标经过一级菜单时边框样式出现变化，如图11-32所示。

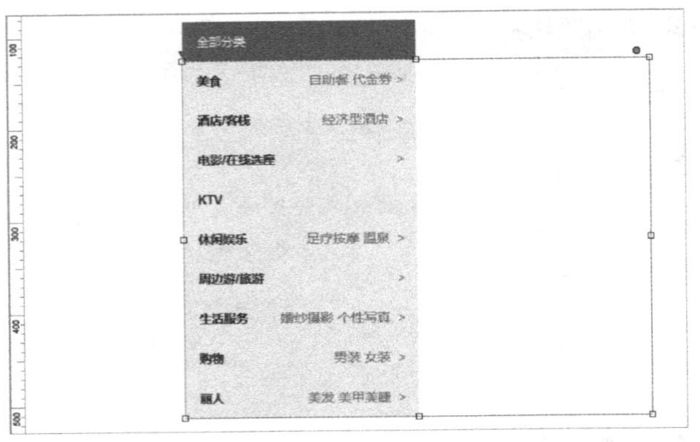

图11-31

图11-32

04 添加二级菜单链接

（1）以“美食”的二级菜单为例，在右侧添加标签文本，如图11-33所示。

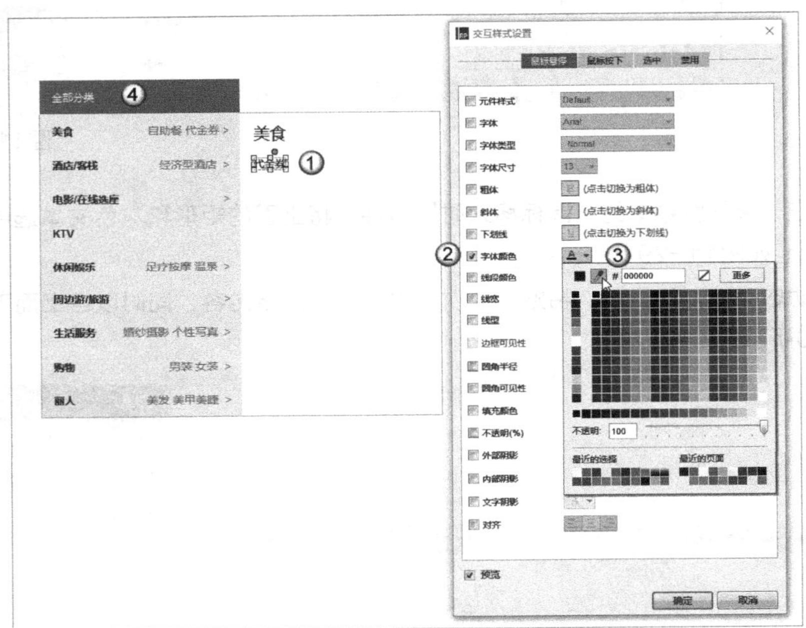

图11-33

① 设置二级菜单的交互样式，选择“代金券”按钮，单击鼠标右键选择交互样式。

② 设置文字颜色。

③ 从下拉调色板中选择“吸管工具”。

④ 吸取此标题栏的背景色。

（2）复制“代金券”标签，粘贴为多个二级菜单链接，分别修改文字内容的样式，如图11-34所示。

（3）选中背景矩形框、二级菜单标题和所有的二级菜单链接，然后单击鼠标右键，将其转换为动态面板，并命名为submenu，如图11-35所示。

（4）复制动态面板submenu的State1，新增一个二级导航菜单，修改其中的标题和二级菜单链接名称，如图11-36所示。

图11-34

图11-35

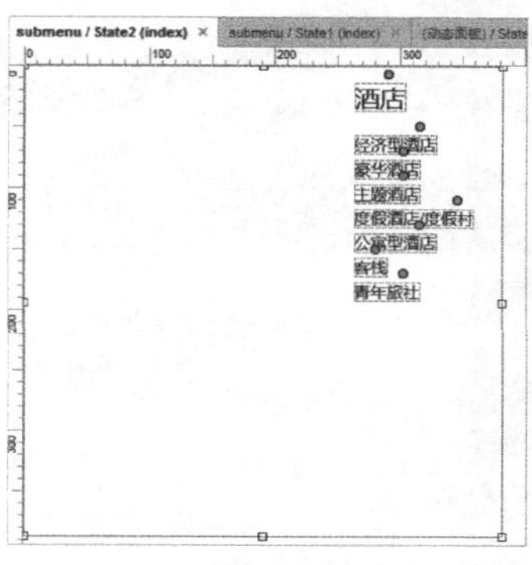

图11-36

05 事件处理

下面，我们就以“美食”和“酒店/客栈”这两个二级菜单演示事件处理的方法。

（1）在初始状态下，二级菜单是不展示的，因此这里先隐藏二级菜单动态面板submenu（二级菜单隐藏后显示为浅黄色），然后添加一级菜单的鼠标移入和移出事件，如图11-37所示。

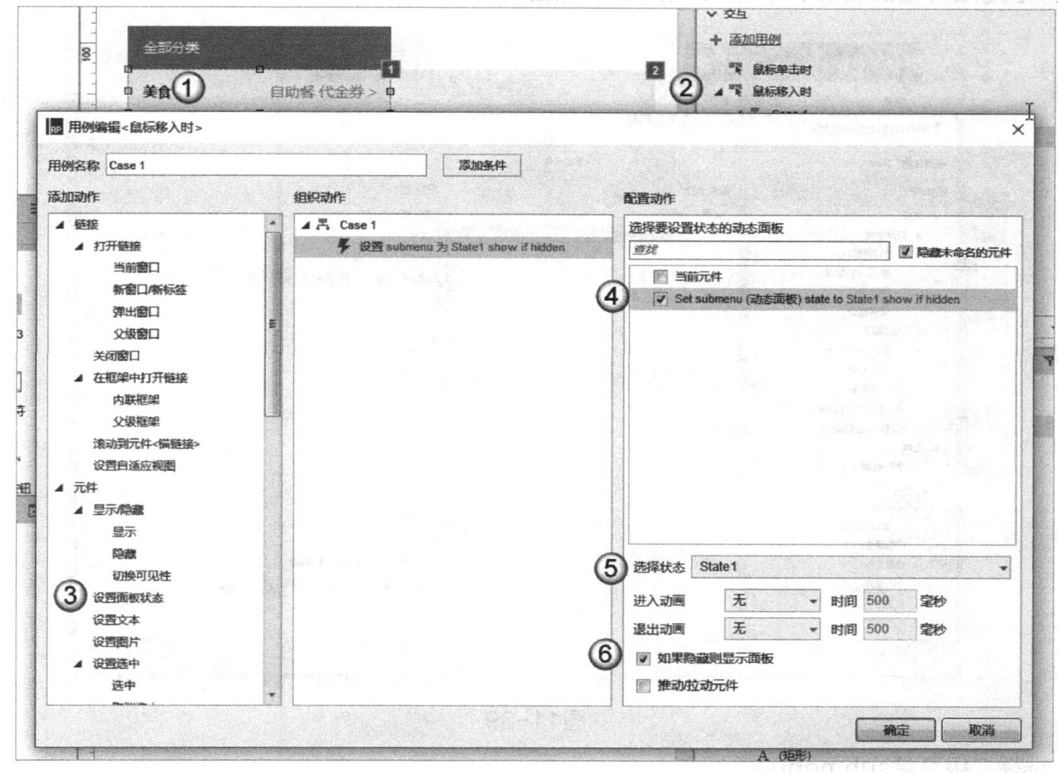

图11-37

① 选择一级菜单。

② 添加“鼠标移入时”事件，注意动态面板的移入事件默认不在事件列表里，需从下方更多事件里找到此事件，如图11-38所示。

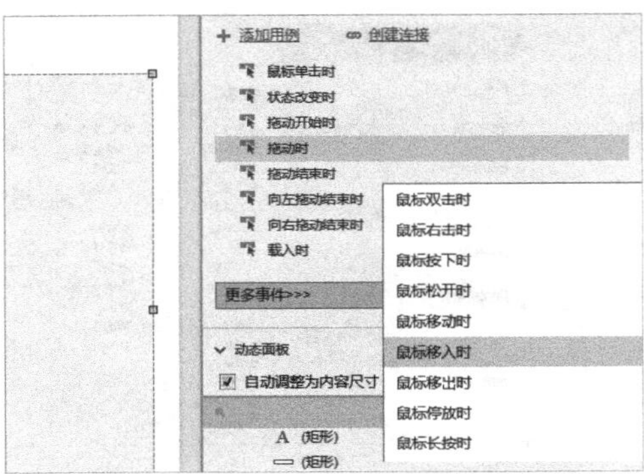

图11-38

③ 设置面板状态。

④ 选择二级菜单submenu。

⑤ 选择状态State1。

⑥ 勾选“如果隐藏则显示面板”。

（2）鼠标在移出二级菜单时隐藏二级菜单，如图11-39所示。

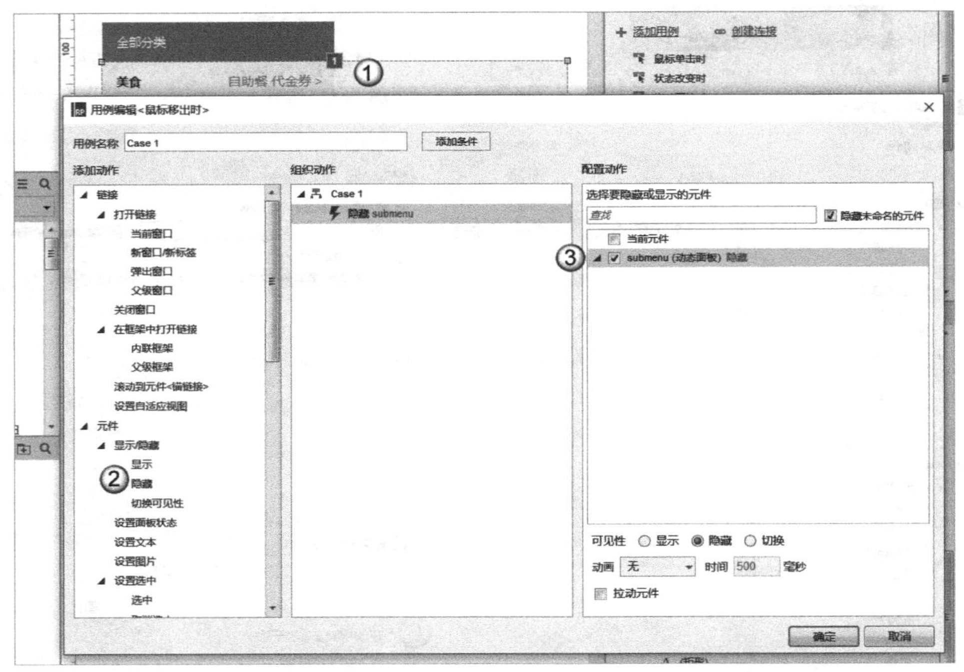

图11-39

① 选择二级菜单submenu。

② 添加“鼠标移出时”事件，隐藏二级菜单。

③ 隐藏二级菜单submenu。

（3）按照同样的操作方法，添加第2个一级菜单“酒店/客栈”的鼠标移入事件，切换二级菜单动态面板的状态到State2，如图11-40所示。

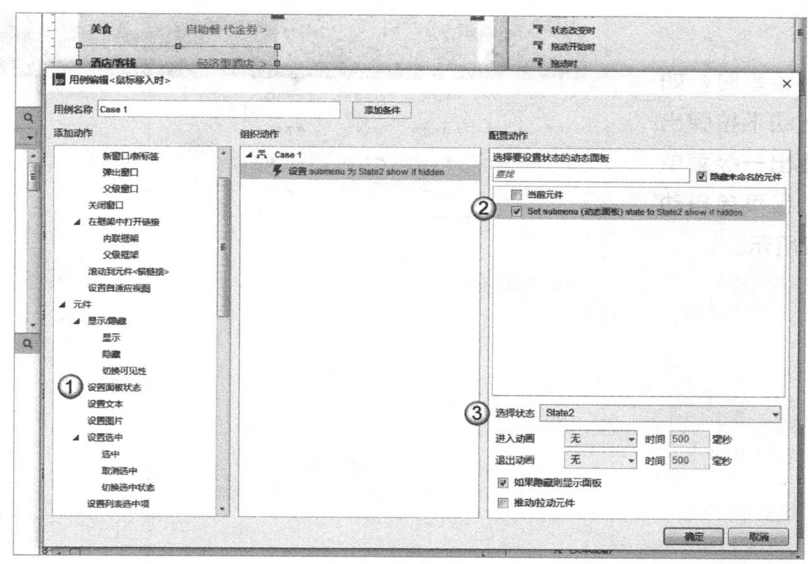

图11-40

注意，与第1个一级菜单“美食”唯一不同的是第3步的选择状态State2。

06 按快捷键F5预览

预览时，鼠标经过一级导航菜单移动到二级菜单上，之后移出二级菜单，预览效果如图11-41所示。

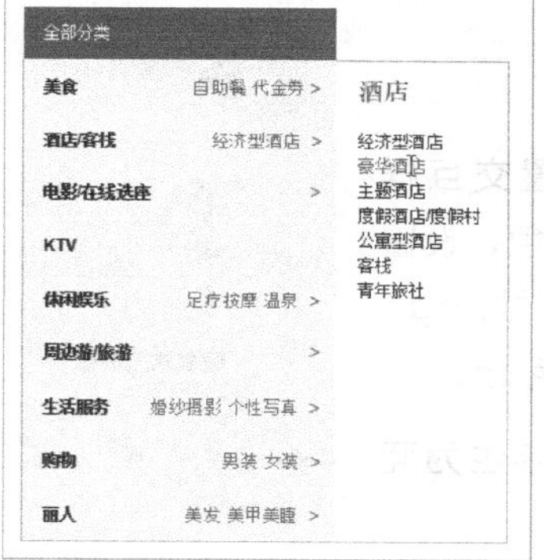

图11-41

11.4 综合实例：“人人都是产品经理”网站导航菜单

实例位置	实例文件>CH11>“人人都是产品经理”网站导航菜单.rp
难易指数	★★★☆☆
技术掌握	动态面板事件、交互样式、动态面板隐藏与显示、显示动画效果、固定到浏览器
思路指导	这种是比较传统的网站导航菜单，鼠标经过一级菜单，自动弹出二级菜单，只需要设置好动态面板，将每个二级菜单都放在一个动态面板中来显示和隐藏，再配合动画效果即可

在本实例中，我们将采用弹出式二级菜单的显示方式来实现该类原型效果。

★ **实例目标**

鼠标经过一级菜单时，如果有二级菜单，自动下拉弹出二级菜单；鼠标移出一级菜单或二级菜单时，二级菜单自动隐藏，如图11-42所示。

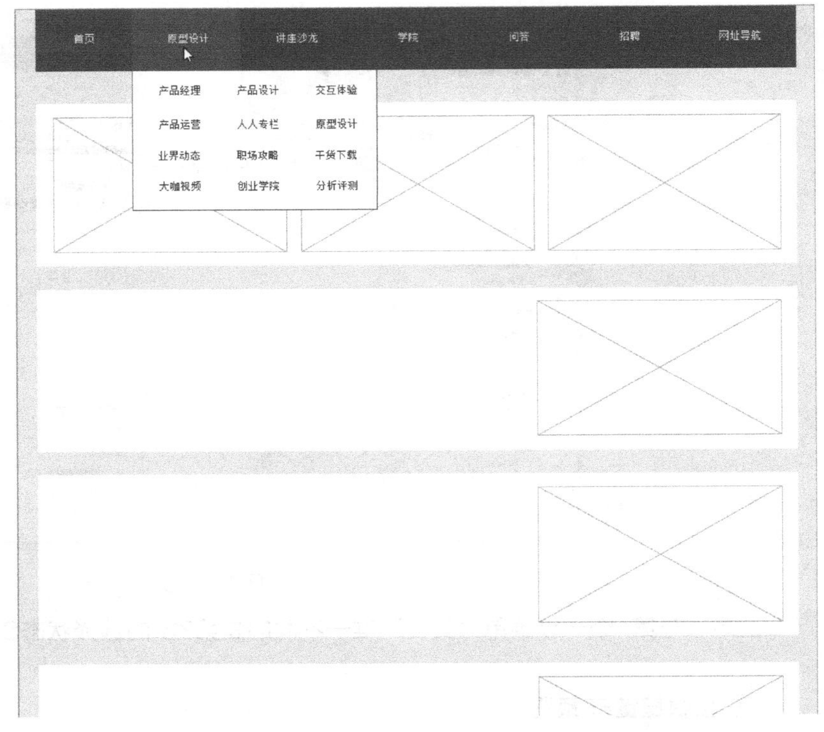

图11-42

★ **实例步骤**

01 添加导航菜单

（1）添加一个文本标签，设置交互样式，在鼠标经过时文本标签显示为蓝色，设置颜色时可通过“吸管工具”吸取网站Logo（标志）上的蓝色部分，如图11-43所示。

（2）设置标签的选中状态的文字也为蓝色，单击菜单后显示选中的颜色。

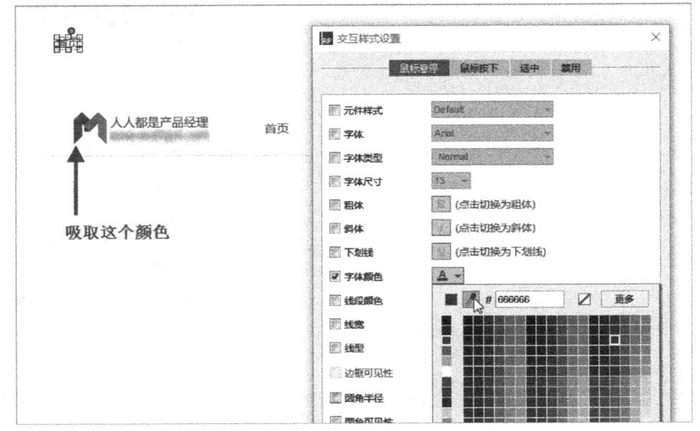

图11-43

02 复制菜单标签

（1）将“首页”导航菜单的标签复制6个，除了“首页”标签以外，依次将剩余标签的文字内容设置为分类浏览、活动讲座、学院、问答、招聘和更多，并做水平排列处理，如图11-44所示。

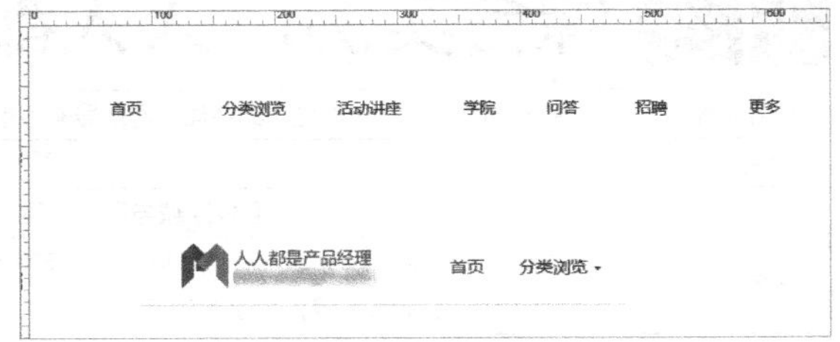

图11-44

（2）完成以上操作之后，删除导航菜单下方的用来取色的截图。

03 添加二级弹出菜单

（1）添加一个矩形，设置矩形样式，如图11-45所示。

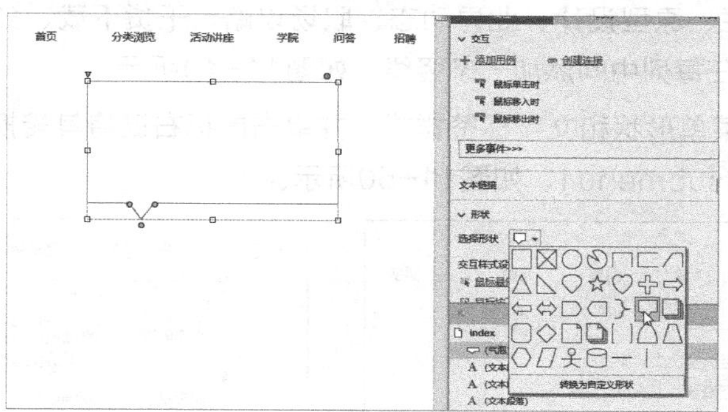

图11-45

（2）将设置好的图形做垂直反转处理，如图11-46和图11-47所示。

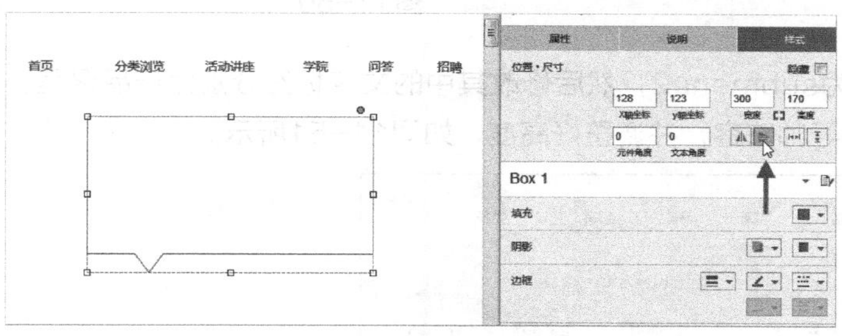

图11-46

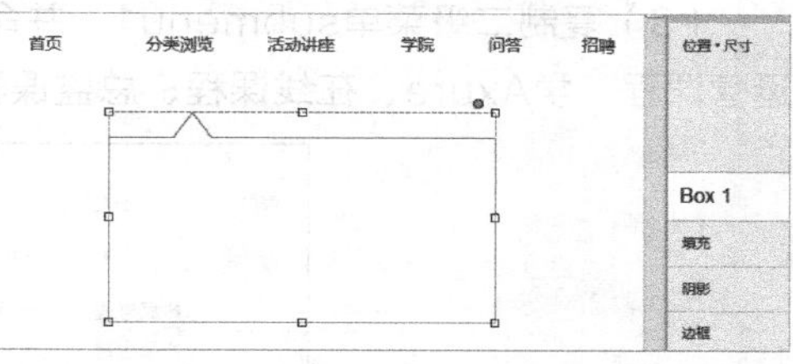

图11-47

04 添加二级菜单链接

添加一个文本标签，设置文字内容为“产品经理”，设置交互样式为鼠标经过时文字变蓝，并从调色板界面下方的“最近的选择”中选择曾经使用的蓝色，如图11-48所示。

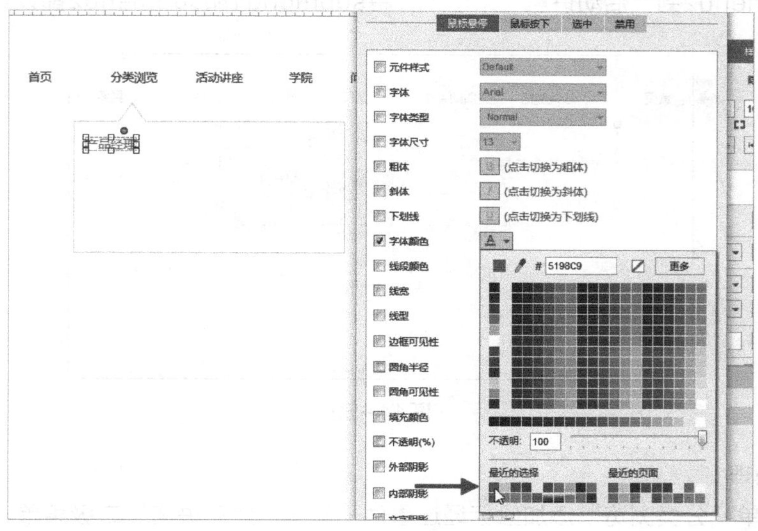

图11-48

05 复制二级菜单链接

（1）将“产品经理”二级菜单复制11个，并依次将复制出的菜单的内容修改为产品设计、交互体验、产品运营、人人专栏、原型设计、业界动态、职场攻略、干货下载、分析评测、创业学院和大咖视频，然后分为3排列，并在每列中间添加一条竖线，如图11-49所示。

（2）选择二级弹出菜单形状和文字标签样式，并单击鼠标右键将其转换为动态面板，目的是便于整体操作，完成之后命名为submenu1，如图11-50所示。

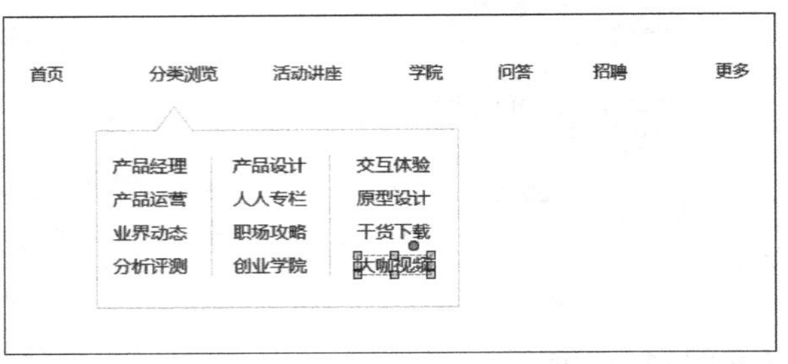

图11-49

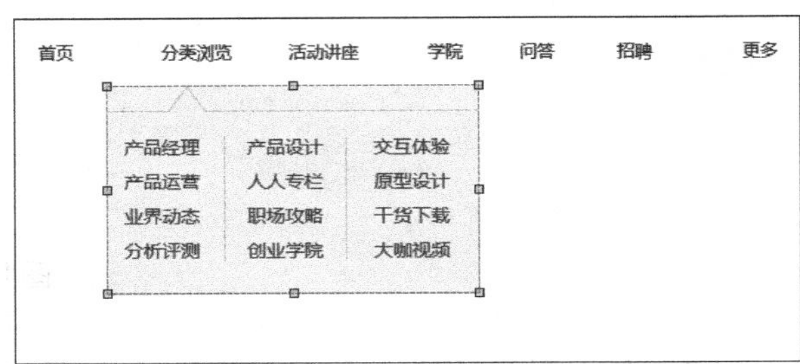

图11-50

（3）复制二级菜单submenu1，并命名为submenu2，然后修改其中的文字标签分别为产品课程、运营课程、学Axure、在线课程、总监课程和导师阵容，并调整好高度，如图11-51所示。

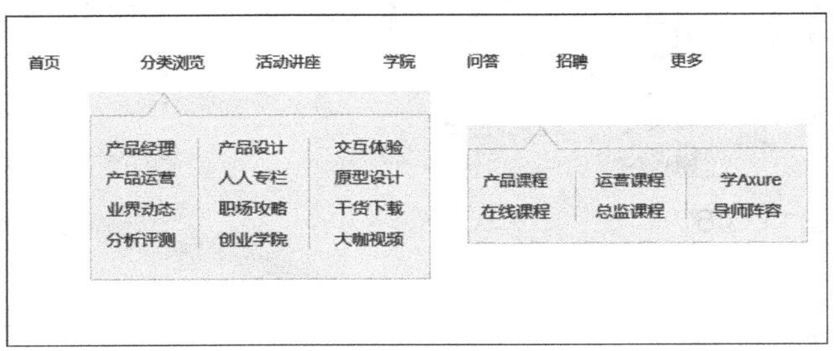

图11-51

（4）移动submenu2到“活动讲座”菜单下，将submenu1和submenu2都设置为隐藏状态，如图11-52所示。

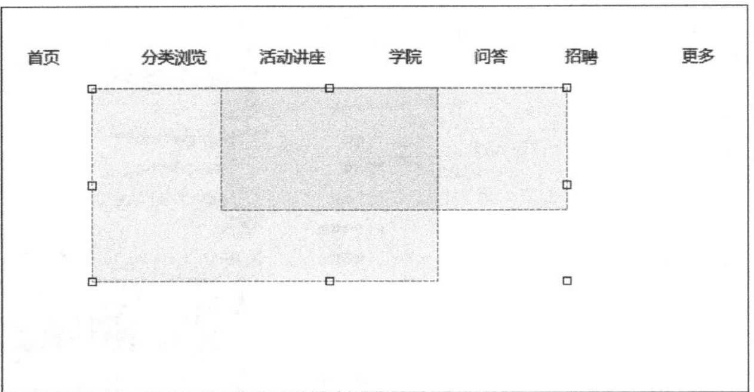

图11-52

06 添加事件处理

（1）给一级菜单“分类浏览”添加鼠标经过事件，隐藏“活动讲座”二级菜单，显示“分类浏览”二级菜单，设置“显示”的动画效果为“向下滑动”，如图11-53所示。

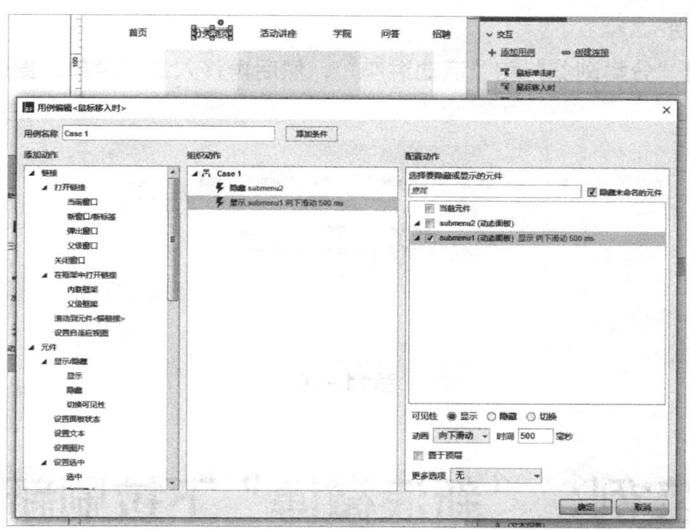

图11-53

（2）同理，给“活动讲座”设置鼠标经过事件，隐藏submenu1，再显示submenu2，如图11-54所示。

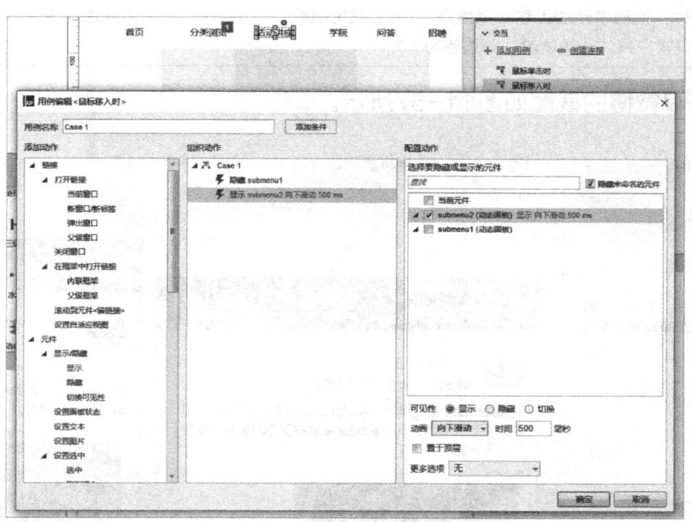

图11-54

（3）设置鼠标移出时隐藏二级菜单submenu1和submenu2，如图11-55所示。

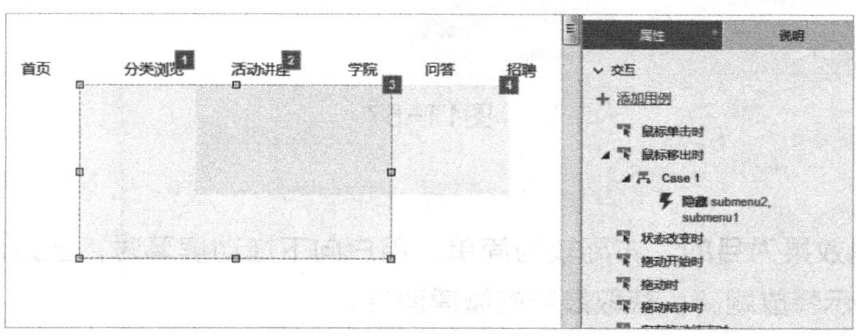

图11-55

07 按快捷键F5预览

预览时，鼠标经过“分类浏览”和“活动讲座”，然后再移入二级菜单，最后移出二级菜单，预览效果如图11-56所示。

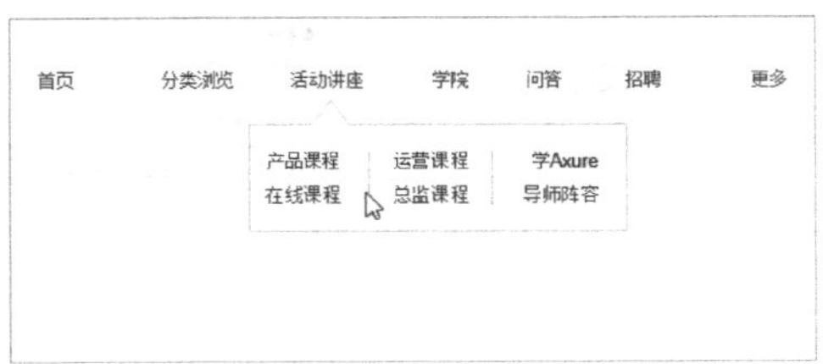

图11-56

11.5 综合实例：“新浪微博”下拉刷新

实例位置	实例文件>CH11>“新浪微博”下拉刷新.rp
难易指数	★★★★★
技术掌握	动态面板应用、显示与隐藏、动态面板拖动、拖动结束事件、旋转动画
思路指导	下拉刷新这种获取新消息的操作方式在社交类应用中使用得非常广泛。本实例在操作流程上相对复杂一些，但有助于大家理解动态面板拖动事件，拖动事件加上移动操作是实现效果的关键，移动时一定要配合线性动画效果才能体现这种交互效果。大家可以打开微博手机客户端，一边体验，一边练习

Android客户端新浪微博的截图如图11-57所示。

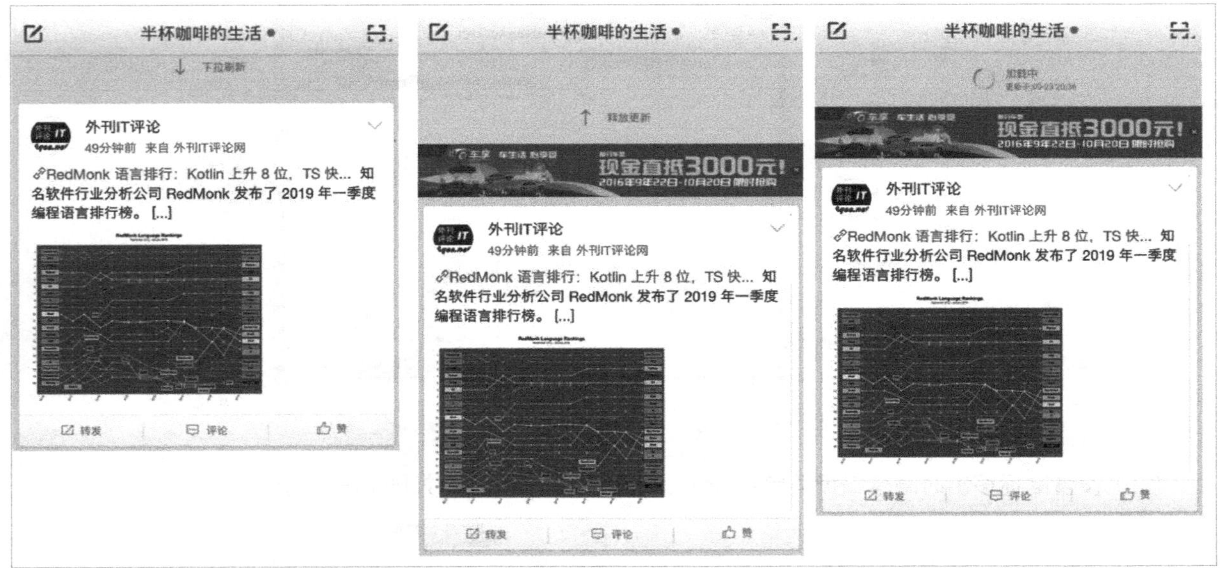

图11-57

★ 实例目标

本实例以实现原型效果为目的，布局较为简单。用户向下拖动屏幕时，上方出现下拉箭头，拖动一定距离后箭头转向，提示释放刷新，获取最新的微博消息。

完成后的效果如图11-58所示。

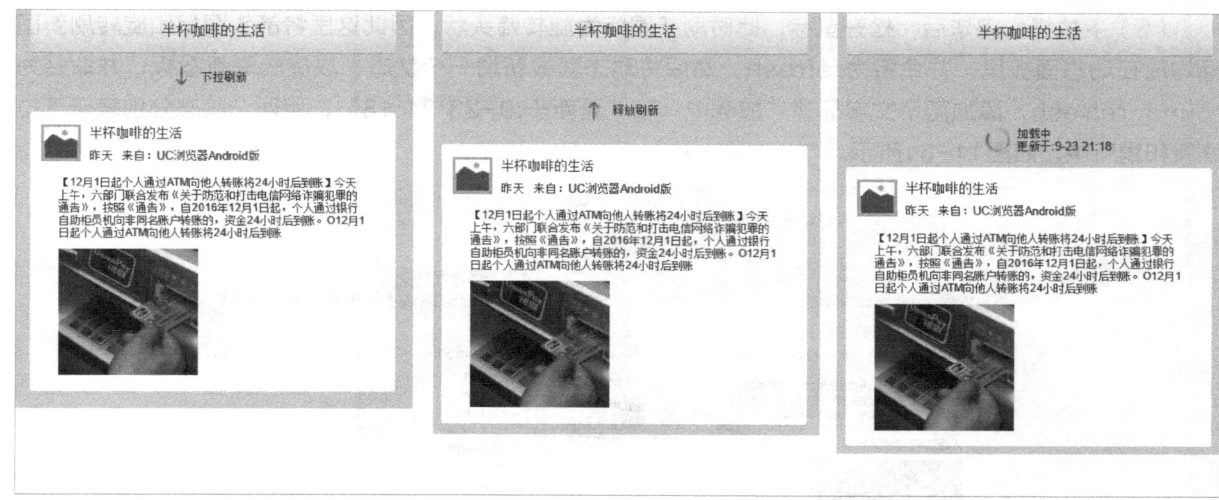

图11-58

★ 实例步骤

01 素材准备

在手机端打开Android新浪微博客户端，截取图11-59所示内容。

图11-59

02 界面布局

（1）设置页面背景为灰色，和上面箭头的背景颜色保持一致。

（2）添加一个矩形作为标题栏，标题栏文字为“半杯咖啡的生活”。

（3）提取截图中的箭头部分，并命名为arrow，然后添加文字提示内容，并命名为txtRefresh。

（4）添加一个圆角矩形，填充白色背景，作为内容区域，然后添加微博名称、时间、微博来源、微博正文和微博图片等内容。

完成设置后的效果如图11-60所示。

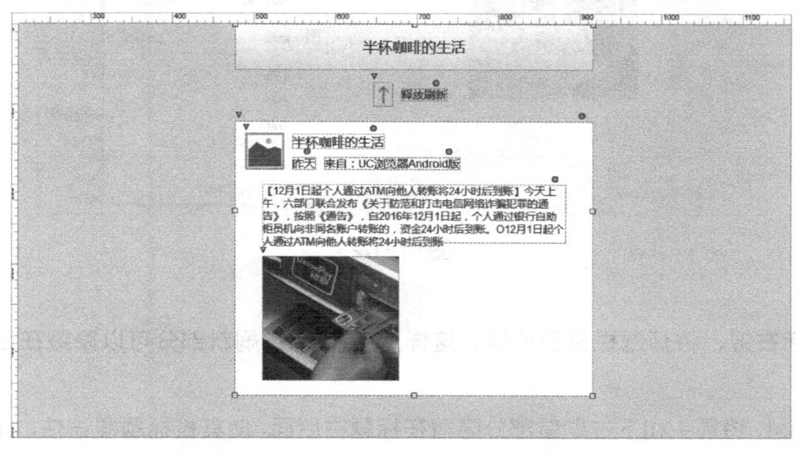

图11-60

（5）下拉操作完毕后，松开鼠标，此时刷新图标为旋转箭头状，因此这里将箭头图标和旋转刷新图标均放在动态面板里，并命名为refresh，然后将动态面板新增一个状态，放旋转刷新图标，并命名为round_refresh，添加两个文字标签“加载中”和“更新于:9-23 21:18”，用两个状态分别表示下拉刷新和刷新中，如图11-61所示。

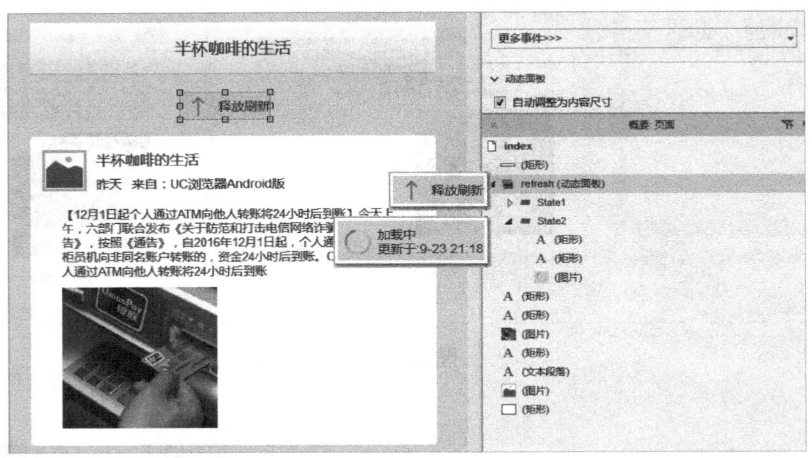

图11-61

（6）选择标题栏以外的组件，并单击鼠标右键转换为动态面板，同时命名为list，如图11-62所示。

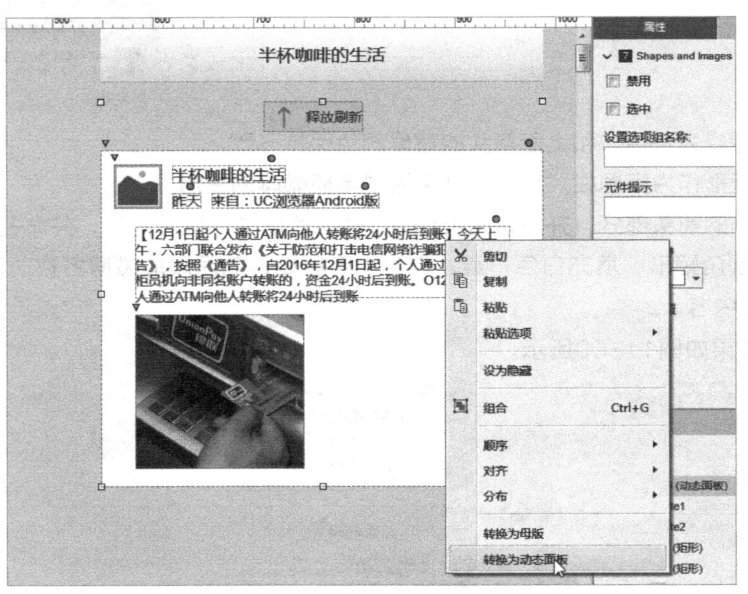

图11-62

（7）单击鼠标右键，将标题栏置于顶层，这样,箭头和下拉刷新部分可以隐藏在后面，如图11-63所示。

移动动态面板list，将箭头和下拉刷新部分隐藏在标题栏后面，使其被标题覆盖住，如图11-64所示。

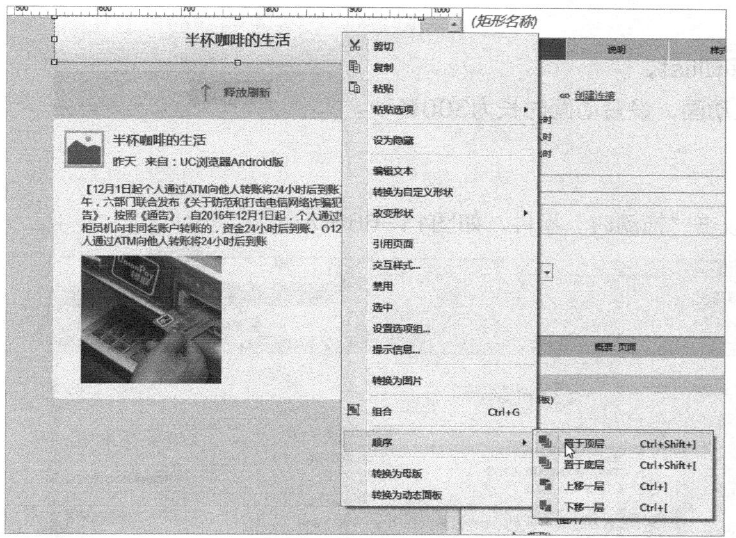

图11-63

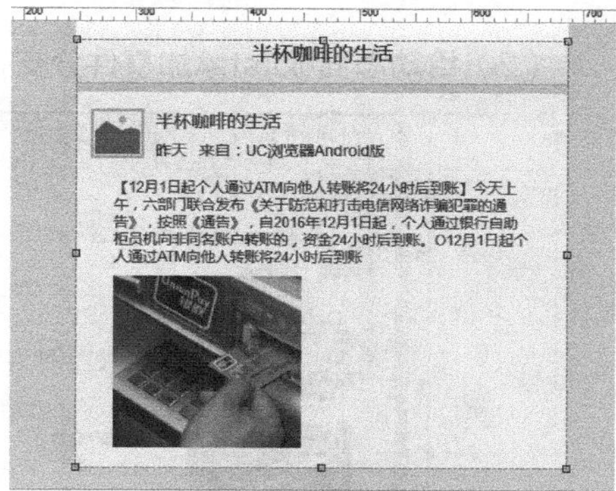

图11-64

03 拖动事件处理

（1）给动态面板list添加拖动事件，如果list的垂直距离小于90（显示出刷新箭头和“下拉刷新”文字），沿垂直方向拖动list，并逆时针旋转箭头180度，同时添加线性动画，并设置提示文本为“下拉刷新”，如图11-65所示。

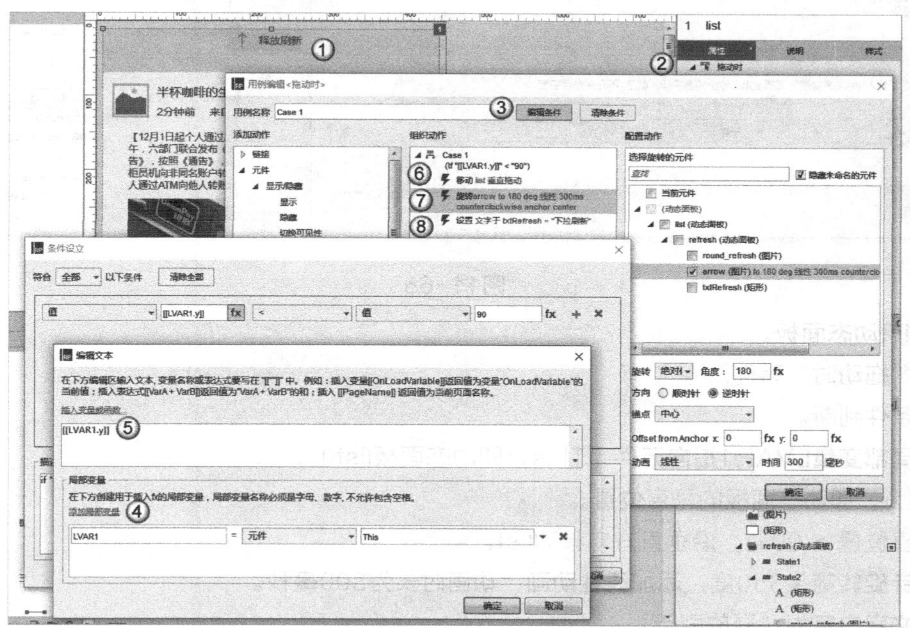

图11-65

① 选择list动态面板。

② 添加“拖动时”事件。

③ 设置条件判断。

④ 设置局部变量LVAR1指向元件（This，即动态面板list）。

⑤ 取list.y，即动态面板的垂直位置。

⑥ 当垂直位置 <90时，沿垂直方向移动list。

⑦ 逆时针旋转箭头180度，添加线性动画，设置动画时长为300毫秒。

⑧ 设置文字内容为“下拉刷新”。

（2）给动态面板list添加事件分支，双击“拖动时”事件，如图11-66所示。

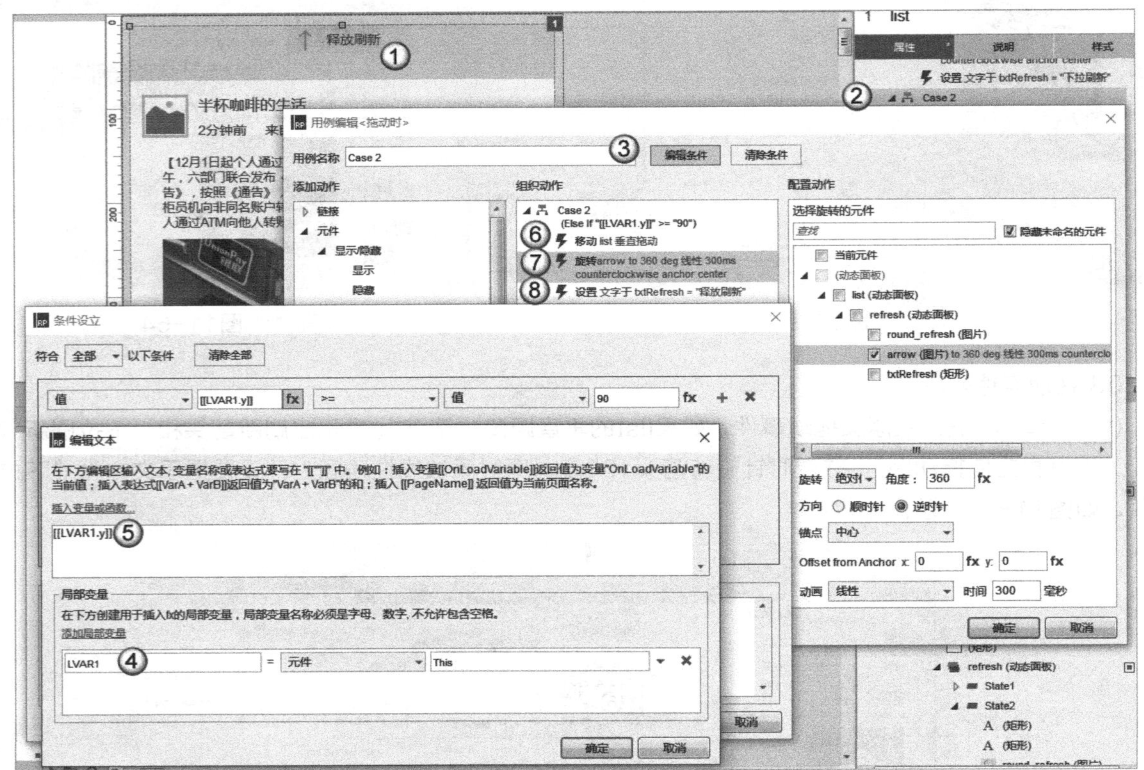

图11-66

① 选择list动态面板。

② 添加“拖动时”事件。

③ 设置条件判断。

④ 设置局部变量LVAR1指向元件（This，即动态面板list）。

⑤ 取list.y，即动态面板的垂直位置。

⑥ 当垂直位置≥ 90时，沿垂直方向移动list。

⑦ 逆时针旋转箭头360度，添加线性动画，动画时长为300毫秒。

⑧ 设置文字内容为“释放刷新”。

04 拖动结束事件处理

在拖动结束松开鼠标时，我们要判断当前的拖动位置，如果拖动位置超过90说明可以刷新数据了，显示旋转刷新图标，2秒后动态面板list复位。如果拖动小于90则说明不需要刷新，直接复位动态面板list即可。

（1）查看list当前垂直位置（小于90时），如图11-67所示。

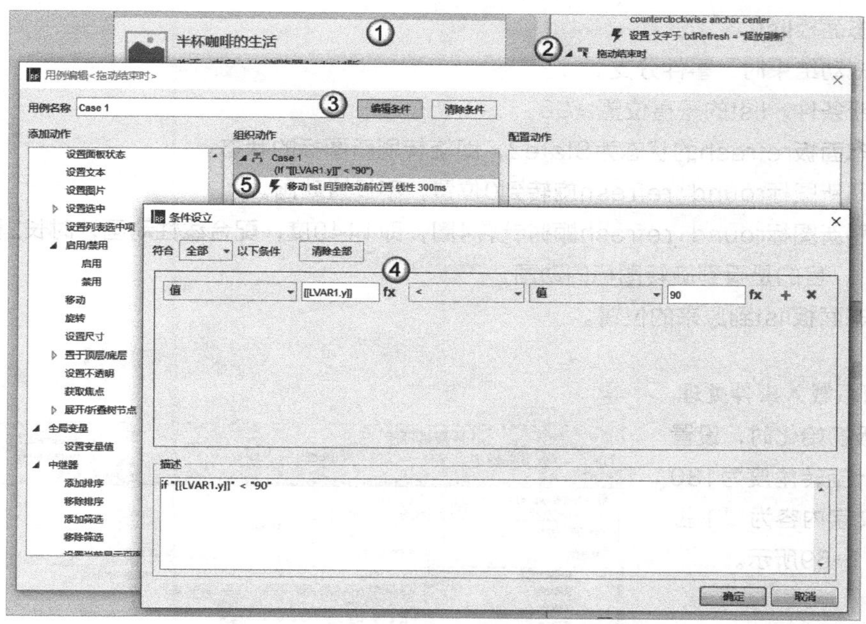

图11-67

① 选择动态面板list。

② 添加“拖动结束时”事件。

③ 添加判断条件。

④ 如果list位置小于90，移动list回到原来的位置。

（2）添加拖动结束时的事件分支，如图11-68所示。

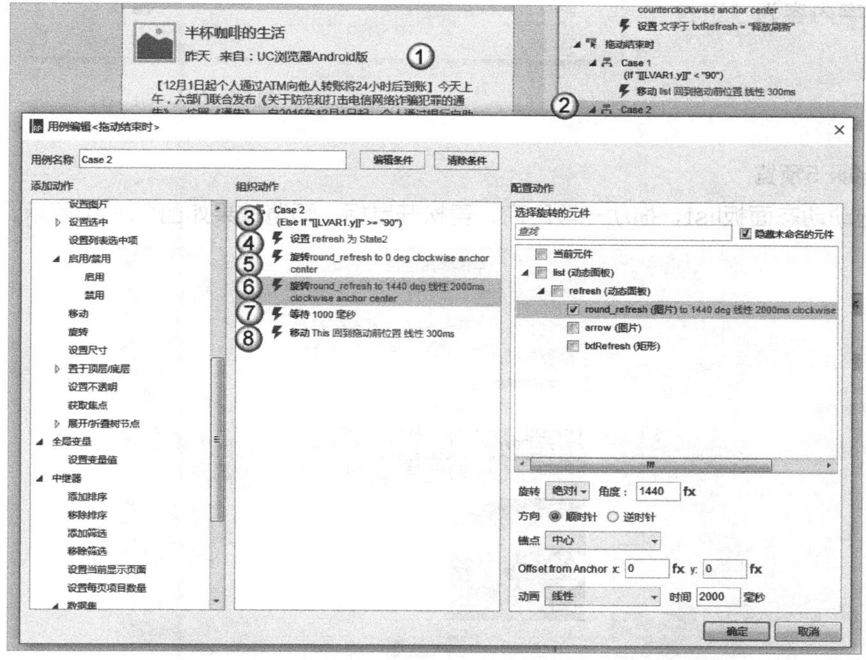

图11-68

① 选择动态面板list。

② 添加“拖动结束时”事件分支。

③ 添加判断条件，list的垂直位置≥90。

④ 设置动态面板refresh的状态为State2，即旋转刷新图标的状态。

⑤ 将旋转刷新图标round_refresh旋转到0位置，不设置动画。

⑥ 将旋转刷新图标round_refresh顺时针转4圈，即1440度，配合线性动画，时长2秒。

⑦ 等待1秒，目的是看到旋转图标的动画。

⑧ 移动动态面板list到原来的位置。

05 动态面板载入事件处理

在动态面板初始化时，设置刷新箭头逆时针旋转角度为180度，设置提示文字内容为“下拉刷新”，如图11-69所示。

① 选择动态面板list。

② 添加“载入时”事件，即初始化事件。

③ 添加旋转动作。

④ 选择arrow对象。

⑤ 设置旋转角度为绝对位置、180度。

⑥ 设置文字内容为“下拉刷新”。

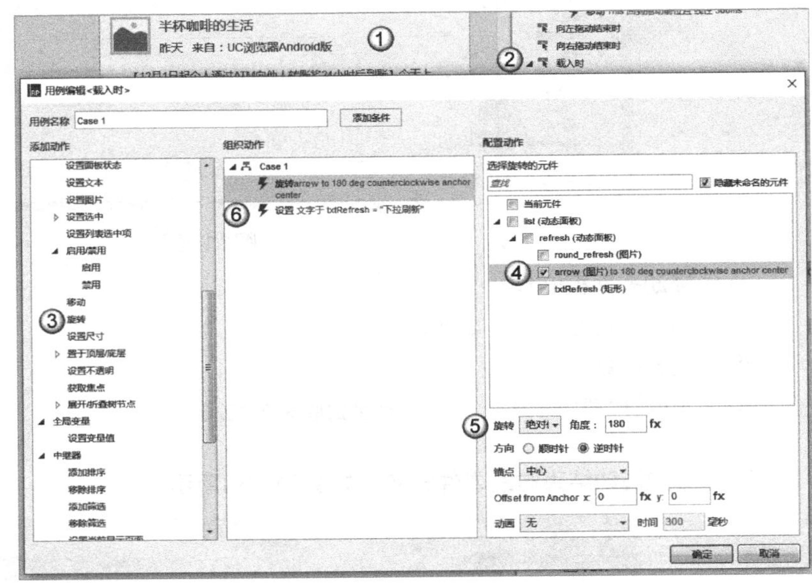

图11-69

06 按快捷键F5预览

预览时，拖动动态面板list，拖动一段距离，再松开鼠标，预览效果如图11-70所示。

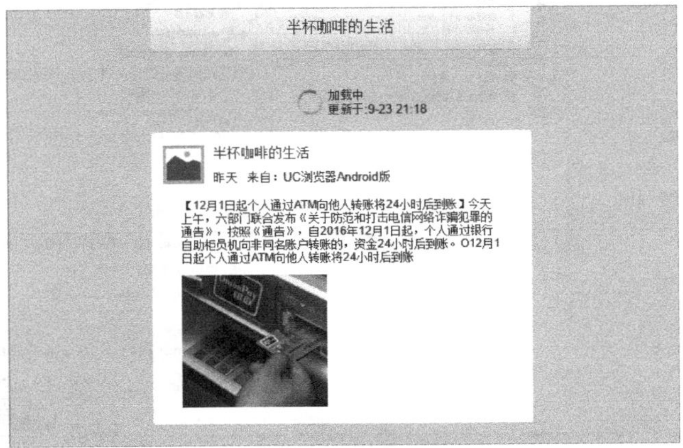

图11-70

11.6 综合实例："雷锋网"浮动菜单栏

实例位置	实例文件>CH11>"雷锋网"浮动菜单栏.rp
难易指数	★★★★☆
技术掌握	动态面板应用、显示与隐藏、动态面板固定到浏览器、滚动到锚点
思路指导	使用两个菜单栏动态面板是实现这个原型效果的关键，因为默认状态下，固定的菜单栏是不显示的。同时需要根据窗口的滚动事件，判断当前的滚动位置，然后在右下角显示用于回到顶部的按钮

"雷锋网"首页菜单栏截图效果如图11-71所示。

图11-71

★ 实例目标

窗口滚动超过一定距离后，导航菜单固定在页面最上方，此时右下方出现"回到顶部"按钮，单击该按钮可返回页面顶部。

完成后的原型效果如图11-72所示。

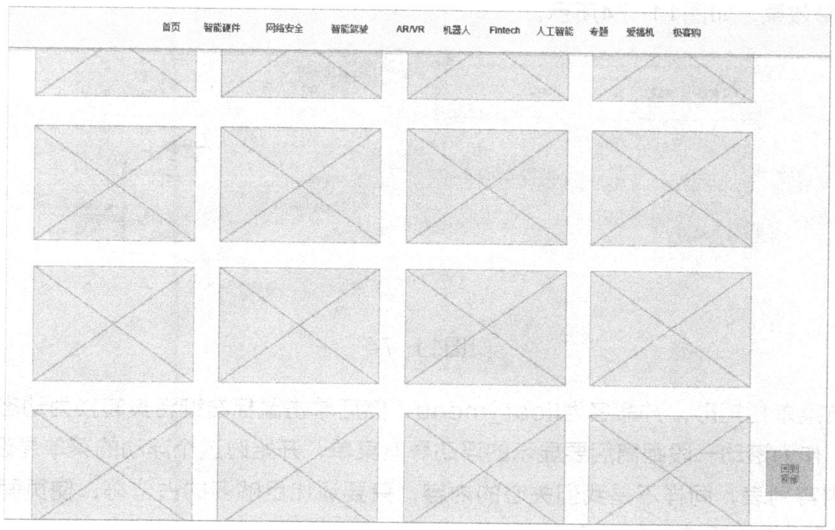

图11-72

★ 实例步骤

01 界面布局

整个界面由标题栏、导航栏和内容列表组成，如图11-73所示。

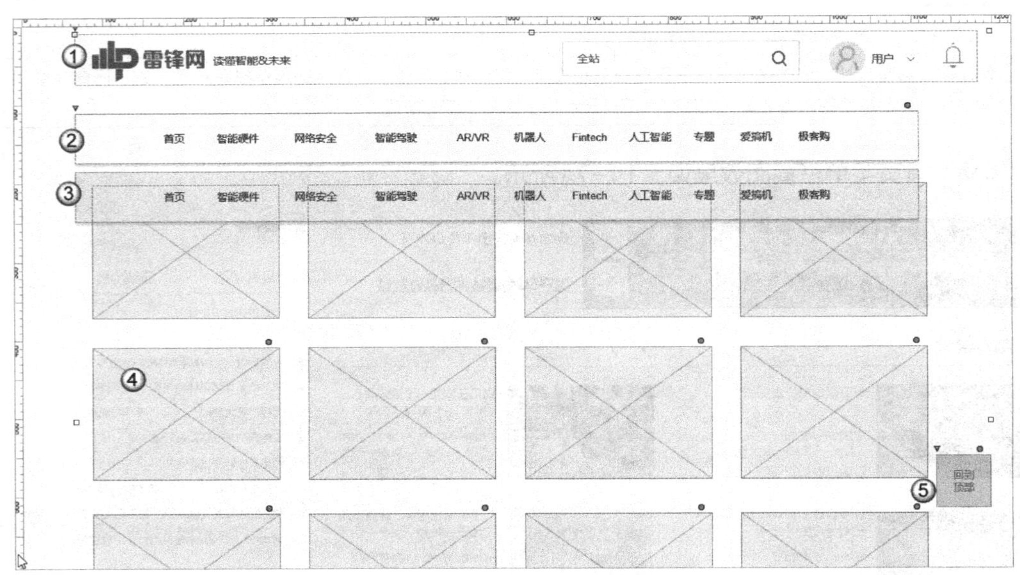

图11-73

① 通过截图的方式从雷锋网截图后粘贴到设计区域，并命名为title，回到顶部时要用到这个名字。通过截图获取网站的Logo部分，设置页面背景颜色与Logo的浅灰背景色一致，如此可以让标题栏和背景看起来是融合在一起的。

② 添加一个矩形作为导航菜单栏，并命名为menu，然后双击输入导航菜单文字，菜单内容不是我们关注的重点，所以这里直接输入了所有菜单的名字，不做详细讲解。设置矩形样式为只显示上下两个边框，并添加阴影效果，如图11-74所示。

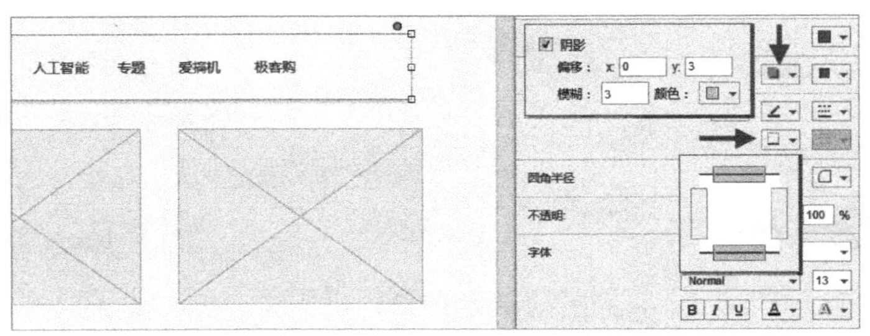

图11-74

③ 复制导航菜单栏矩形，并命名为float_menu，然后单击鼠标右键将其转换为动态面板，同时命名为float_panel，作为滚动一段距离后要显示的浮动导航菜单，开始时这个浮动的菜单是设置为隐藏的。

④ 这是个内容列表，同样不是我们关心的内容，只要添加足够多的占位符，使页面内容够长，在浏览器里预览时垂直方向出现滚动条即可。

⑤ 添加一个矩形按钮，单击鼠标右键将其转换为动态面板，并命名为back，设置文字内容为“回到顶部”，设置背景颜色为浅灰色，设置文字颜色为灰色，单击该按钮可回到页面顶部，开始时它是隐藏的。

02 设置动态面板float_panel和按钮back的属性

（1）设置动态面板float_panel的属性，如图11-75所示。

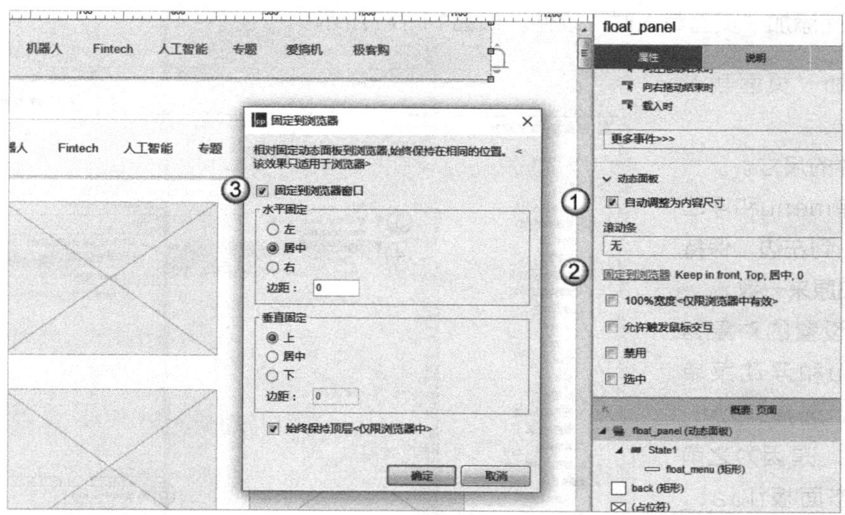

图11-75

① 默认勾选“自动调整为内容尺寸”选项。

② 默认为“固定到浏览器”。

③ 设置动态面板为水平居中样式，并垂直固定于上方。

（2）设置动态面板back的属性，如图11-76所示。

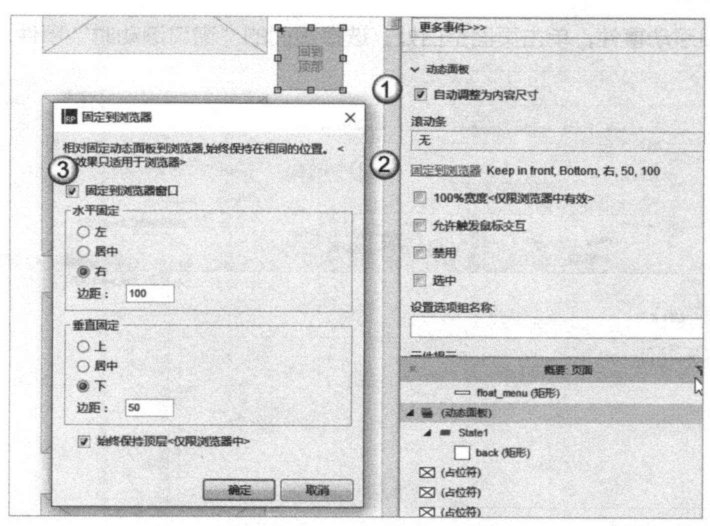

图11-76

① 默认勾选“自动调整为内容尺寸”选项。

② 默认为“固定到浏览器”。

③ 设置动态面板为水平居右样式，边距为100，且垂直固定于下方，边距为50。

（3）设置动态面板float_panel和按钮back为隐藏状态，只会在窗口滚动一定距离后才会显示。

03 页面初始化事件

在页面处于初始化状态时，需要将导航栏菜单的宽度设置为和浏览器窗口一样，然后在页面空白处单击鼠标，给页面添加“页面载入时”事件，如图11-77所示。

① 双击添加“页面载入时”事件。

② 设置元件的尺寸。

③ 移动菜单menu和浮动菜单float_menu到左边，保持y方向上的位置和原来一致。

④ 选择要设置的对象为导航菜单menu和浮动菜单float_menu。选择float_menu设置宽度，是因为之前我们已经将动态面板float_panel的属性设置为“自动调整为内容尺寸”，因此这里只要设置了float_menu宽度，动态面板会自动调整大小。

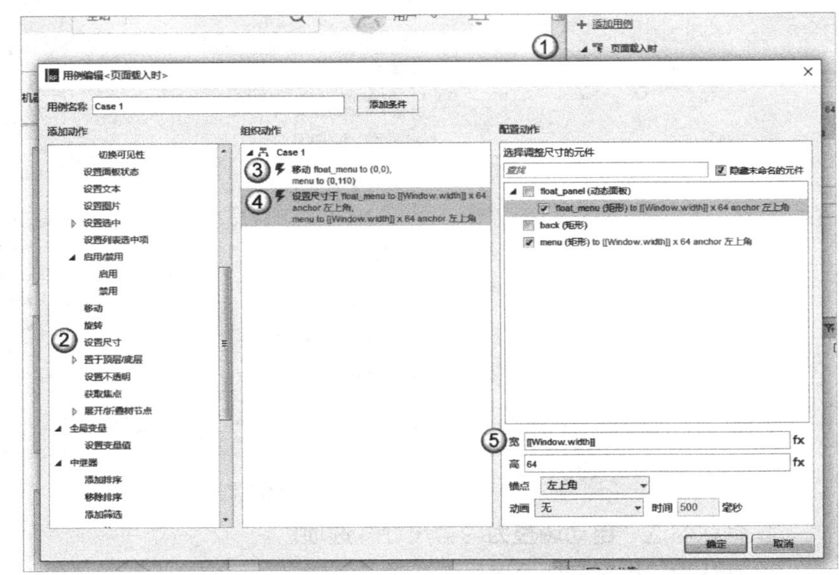

图11-77

⑤ 设置float_menu和menu的宽度和窗口宽度一致，通过插入系统窗口宽度设置属性Window.width。

04 窗口滚动事件

（1）下面处理窗口滚动事件，单击页面空白处，选择页面的“窗口滚动时”事件，如图11-78所示。

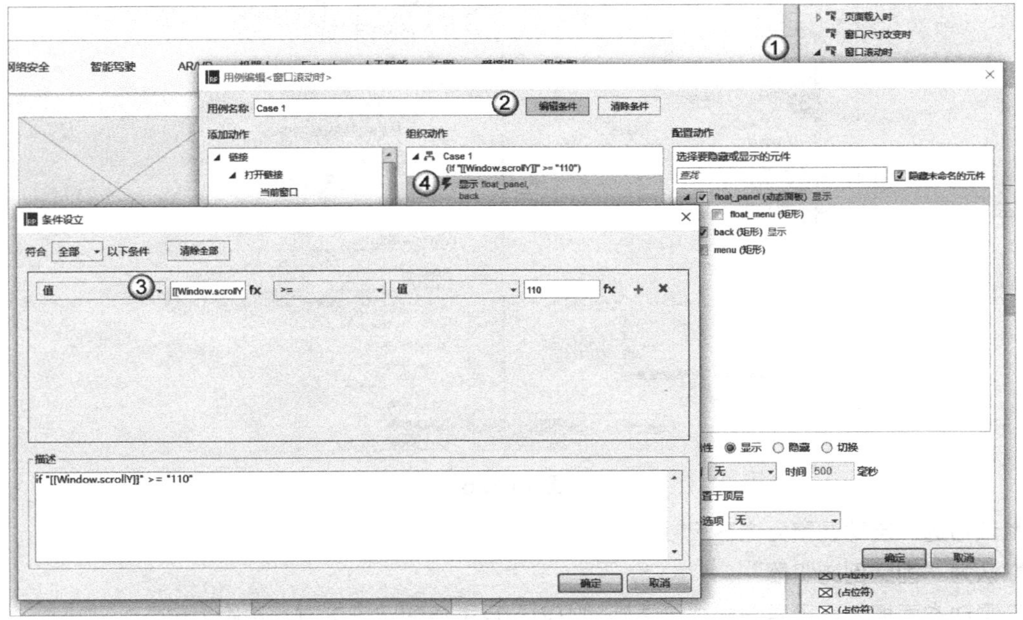

图11-78

① 添加页面“窗口滚动时”事件。

② 添加条件判断。

③ 当窗口的垂直滚动位置Window.scrollIY ≥110（menu的y位置）时。

④ 显示浮动导航菜单float_panel和返回按钮back。

（2）双击“窗口滚动时”事件添加条件分支，如果不满足以上条件，隐藏浮动菜单float_panel和返回按钮back，如图11-79所示。

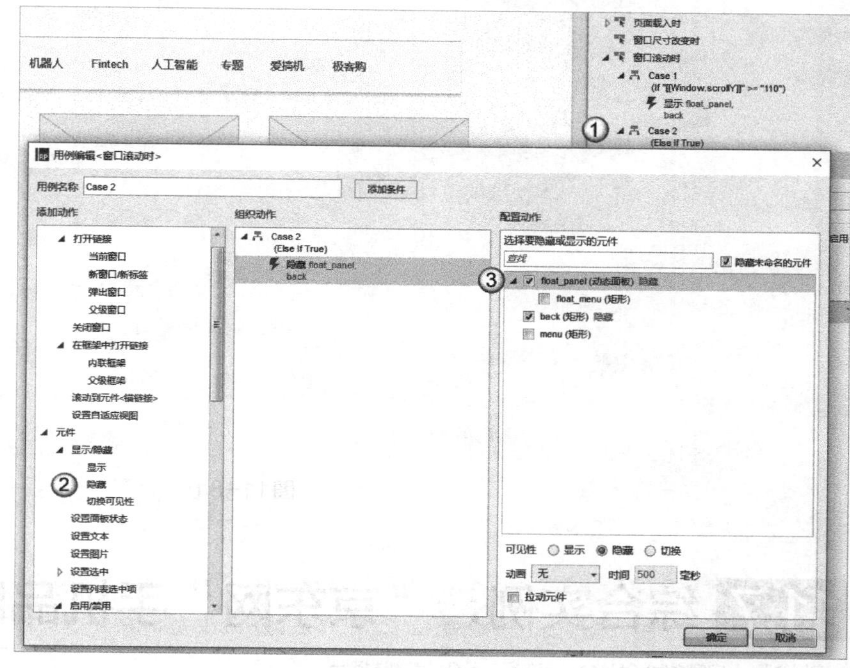

图11-79

05 返回按钮事件

添加单击事件，当单击完成后，窗口滚动到页面顶部，并隐藏浮动菜单和返回按钮，如图11-80所示。

① 选择“回到顶部”按钮。

② 添加“鼠标单击时”事件。

③ 添加动作滚动到元件<锚链接>。

④ 选择滚动到title，仅垂直滚动，添加线性动画。

⑤ 隐藏动态面板float_panel和back按钮。

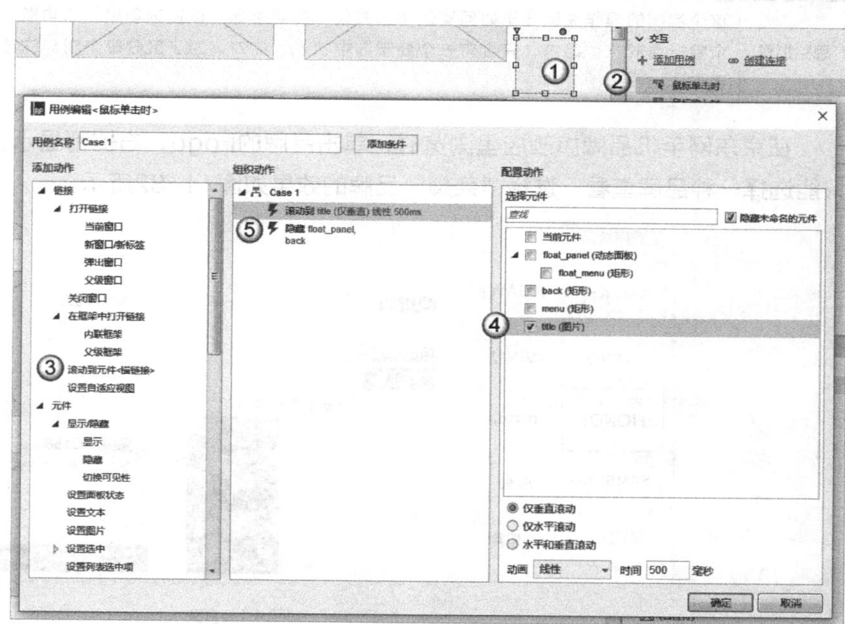

图11-80

06 按快捷键F5预览

预览时，窗口滚动超过一定距离后，导航菜单固定在页面最上方，此时右下方出现“回到顶部”按钮，单击后可返回页面顶部，预览效果如图11-81所示。

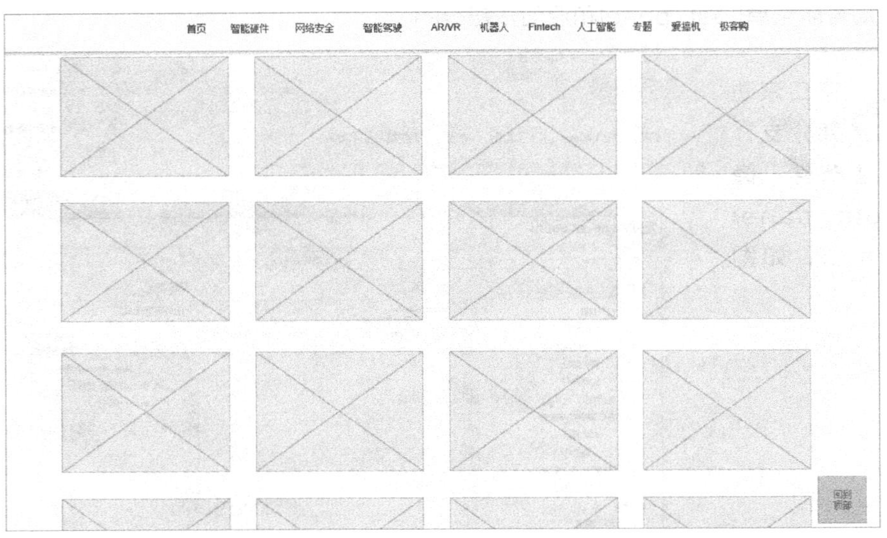

图11-81

11.7 综合实例：“京东网”手机品牌的选择

实例位置	实例文件>CH11>“京东网”手机品牌的选择.rp
难易指数	★★★☆☆
技术掌握	选中属性、选中交互样式、设置选项组
思路指导	这个实例的操作关键在于如何实现单选效果，需要用到“设置选项组”的功能。通过该功能可将多个元件可以编入同一个组，且同一个组内，只会有一个处于选中状态。此外，为了区分每个图标的选中状态，交互样式设置也是这个实例的重点

在京东网手机品牌旗舰店里浏览时，单击品牌的Logo，右侧都显示当前品牌手机的信息，同一时间只能选择一种品牌查看，选择“荣耀”品牌的效果如图11-82所示。

图11-82

★ 实例目标

选中的图片周边有蓝色边框，初始状态为灰色边框，右边为选中的“荣耀”品牌手机的型号。

完成后的原型效果如图11-83所示。

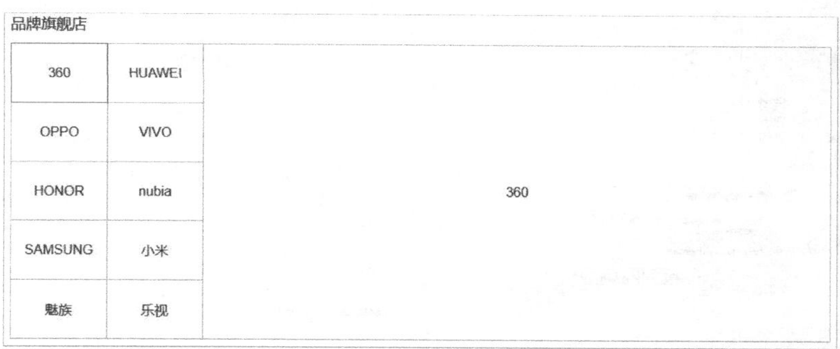

图11-83

★ 实例步骤

01 界面布局

（1）从京东网手机品牌旗舰店里将产品的Logo复制下来，然后粘贴到Axure设计区域里，如图11-84所示。

（2）复制完图片后，将其排列好，设置边框颜色为灰色，各图片边框之间重叠一个像素（为了美观，两图片间只显示一条边框线），设置交互样式里选中状态的边框颜色为蓝色，如图11-85所示。

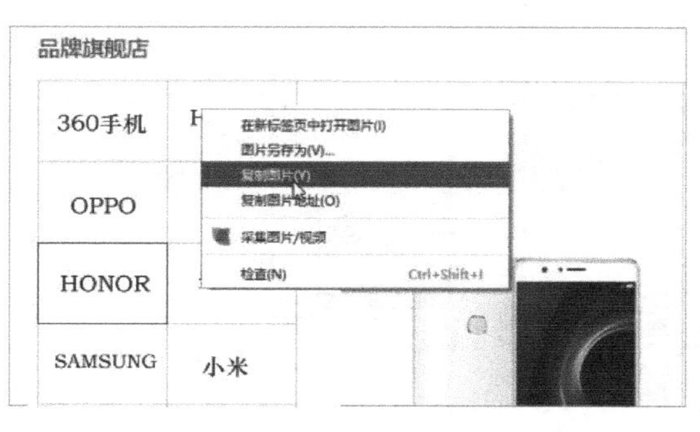

图11-84

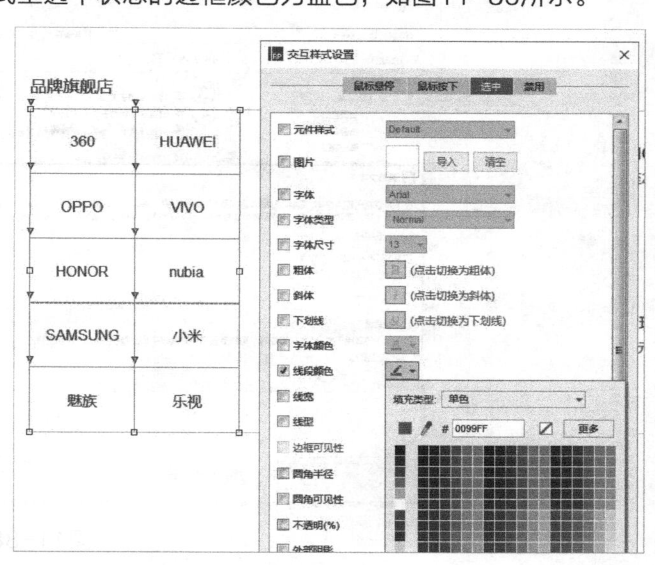

图11-85

（3）给每个Logo图片命名，分别为360、HUAWEI、OPPO、VIVO、HONOR、NUBIA、SAMSUNG、XIAOMI、MEIZU和LESHI。然后选中所有图片，单击鼠标右键，在下拉菜单中选择“设置选项组...”选项，将选项组名称设置为mobiles，如图11-86所示。

（4）在图片右侧添加一个矩形，并命名为selected，显示当前选中的手机品牌名称，如图11-87所示。

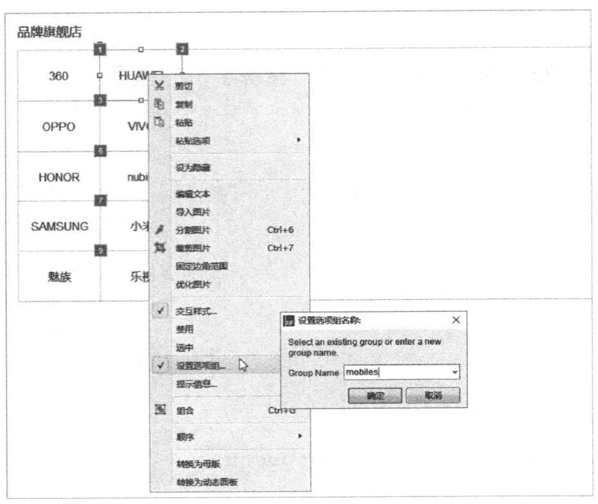

图11-86

图11-87

02 事件处理

（1）逐个单击品牌图片，设置当前品牌的图片处于选中状态，并将图片名字设置到右侧的selected矩形框中，如图11-88所示。

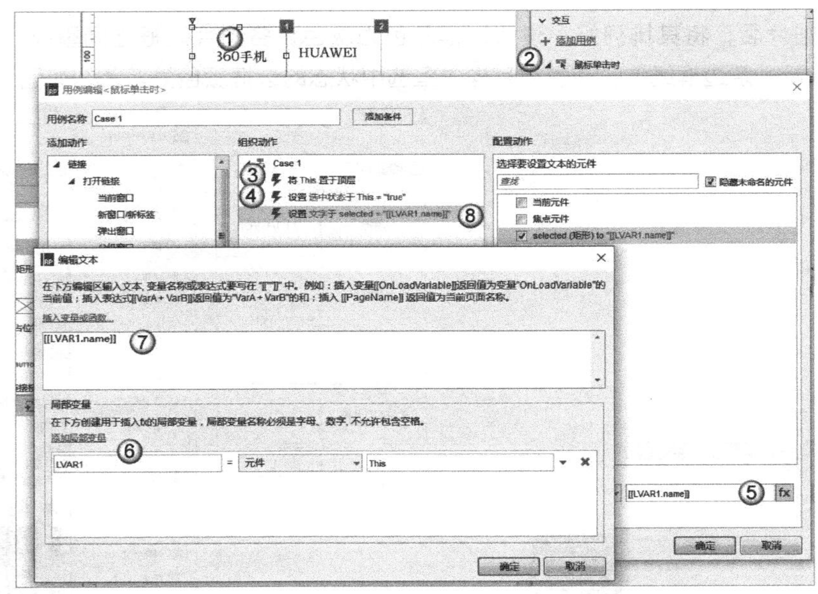

图11-88

① 选中360品牌。

② 添加“鼠标单击时”事件。

③ 将当前选中的图片置于顶层，目的是防止被其他重叠的图片边框挡住。

④ 设置当前元件（This，表示当前选中的图片）为选中状态。

⑤ 通过插入变量或函数实现给selected矩形框文字赋值。

⑥ 设置局部变量LVAR1为当前元件。

⑦ 设置值等于当前元件的名称为LVAR1.name。

⑧ 设置右边矩形框selected的文字内容变量的name属性。

（2）复制360品牌图片的单击事件，并粘贴到其他品牌图片的单击事件上，如图11-89所示。

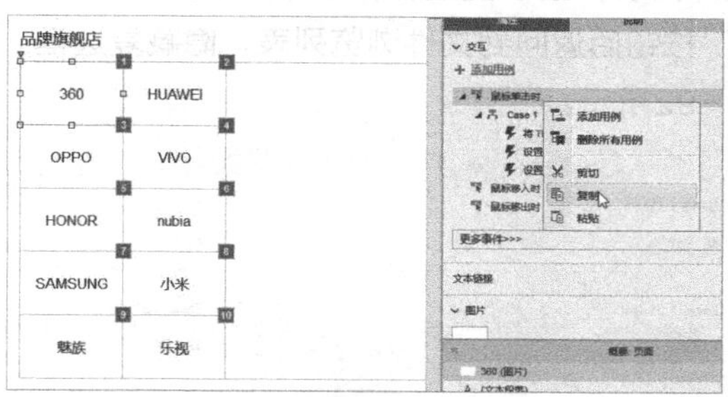

图11-89

03 按快捷键F5预览

预览时，单击任意一个品牌，右侧显示当前选中品牌的手机名称，预览效果如图11-90所示。

图11-90

11.8 综合实例："UC浏览器"文件下载处理

实例位置	实例文件>CH11>"UC浏览器"文件下载处理.rp
难易指数	★★★★★
技术掌握	多选、全局变量、推动元件、条件判断、显示与隐藏、触发事件、中继器标记、中继器删除
思路指导	这个实例是中继器的应用之一，在进行列表类数据展示时，人们通常首先想到的就是利用中继器。实例中各样式具有相似性，只是图标和文字内容不同而已

在Android版本的UC浏览器的"下载/文件"里，单击"编辑"按钮或长按文件名称时，会显示复选框，此时可选择一个到多个复选框，并对文件进行批量下载或删除操作，也可以直接清空下载列表，如图11-91所示。

在该实例中，我们使用中继器来模拟文件列表，且在每一项显示图片、文件名称和文件大小，而下方的菜单栏使用动态面板来进行切换。

图11-91

★ 实例目标

单击“编辑”按钮编辑文件列表，显示复选框，菜单栏切换到文件处理界面，单击“删除”按钮时删除选中的文件，单击“完成”按钮后返回到文件浏览列表，隐藏复选框。

完成后的原型效果如图11-92所示。

图11-92

★ 实例步骤

01 界面布局

（1）添加一个中继器作为文件列表，并命名为list。

（2）双击中继器开始编辑，删除默认的矩形，添加一个复选框（命名为selected），一个占位符作为图标，两个标签分别用来显示文件名称（命名为txtFileName）和文件大小（命名为txtFileSize），下方添加一个水平线作为分隔线，水平线宽度为440，如图11-93所示。

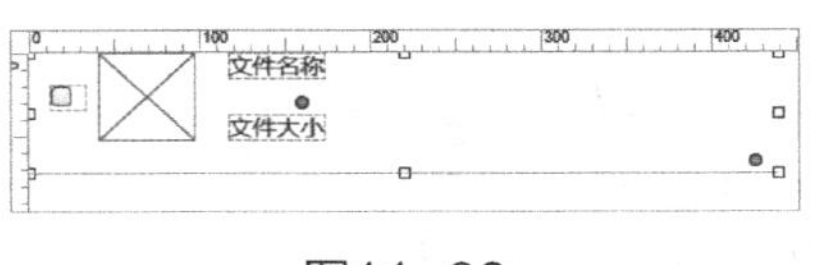

图11-93

（3）为了响应在长按列表项时显示复选框，将占位符、文件名称标签和文件大小标符整体向右移动，并单击鼠标右键将它们转换为动态面板，如图11-94所示。

（4）选中上一步创建的动态面板，连同左边的复选框和下面的水平分隔线，然后单击鼠标右键将其转换为动态面板，并命名为fileinfo，为了能响应列表项的鼠标长按事件，如图11-95所示。

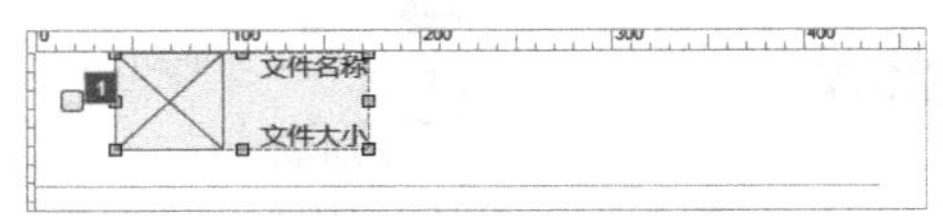

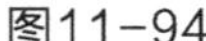

图11-94

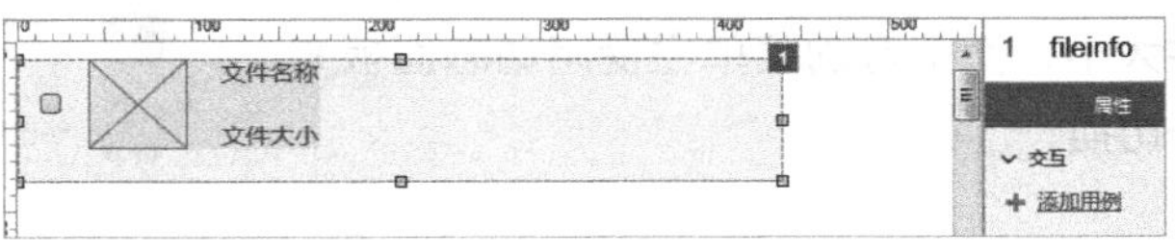

图11-95

02 添加中继器数据和初始化

（1）为中继器list添加两个字段，分别为filename和filesize，然后添加7条数据，并随意填上一些文件名称和文件大小信息，如图11-96所示。

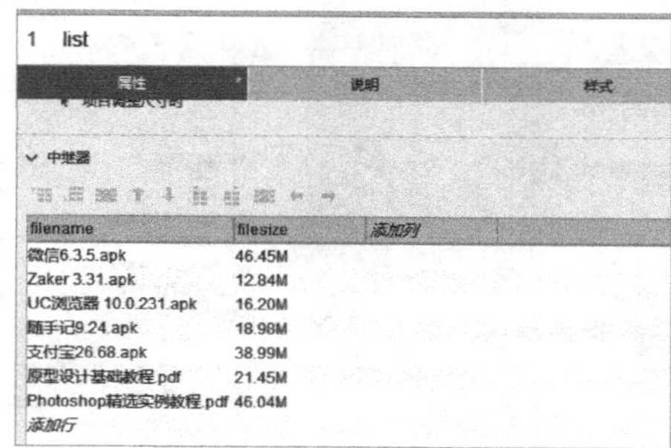

图11-96

（2）修改中继器的“每项加载时”事件，设置文件名称和文件大小，如图11-97所示。

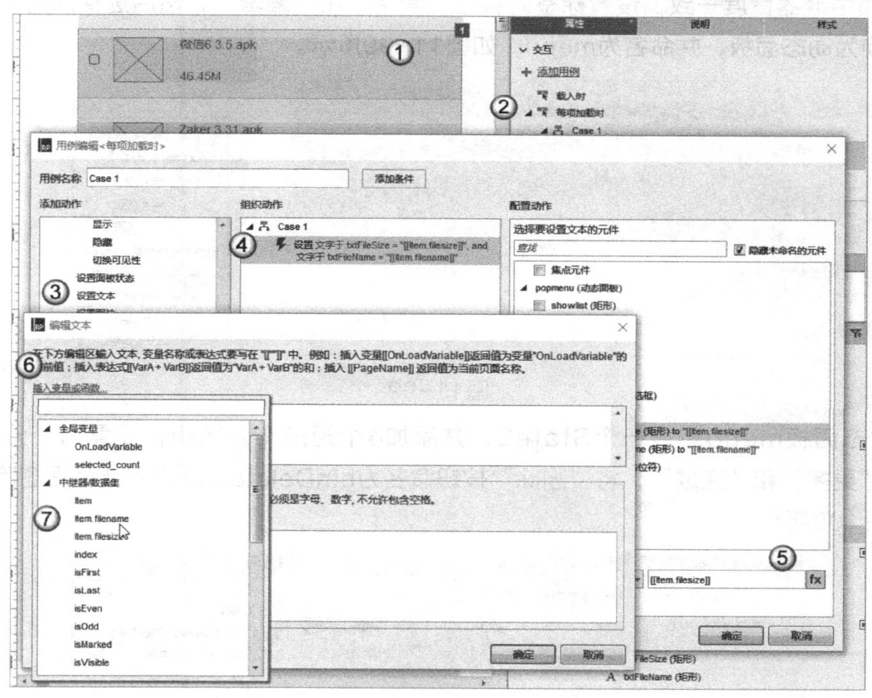

图11-97

① 选择中继器list。

② 修改“每项加载时”事件。

③ 设置文本到标签上。

④ 选择文件名称和文件大小两个标签为设置对象。

⑤ 通过插入变量或函数的方式设置。

⑥ 从“插入变量或函数”下拉框中选择。

⑦ 选择中继器的两个字段filename和filesize。

（3）将复选框selected设置为不可见，设置后的显示效果如图11-98所示。

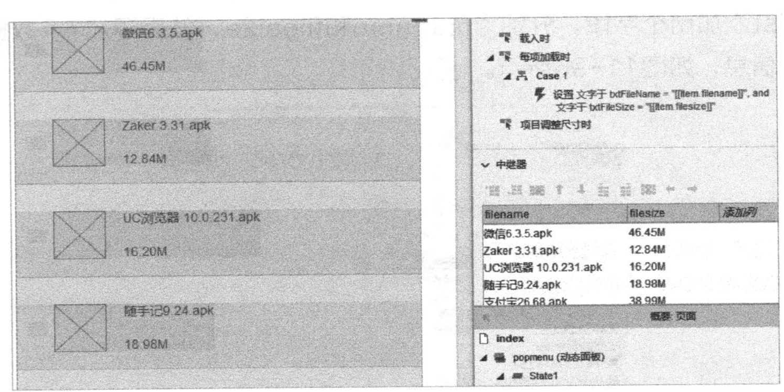

图11-98

03 添加文件处理操作菜单栏

（1）在中继器下方添加两个水平排列的矩形标签，然后分别命名为btnClear和btnEdit，设置两个按钮的总宽度和中继器宽度一致，设置标签内容为“清空”和“编辑”，然后选择这两个矩形，单击鼠标右键将其转换为动态面板，并命名为menu，如图11-99所示。

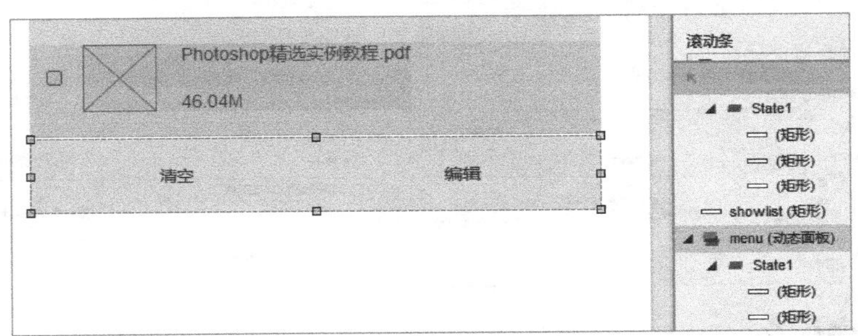

图11-99

（2）为动态面板menu新增一个State2，并添加4个矩形作为按钮，设置内容分别为“重新下载”“删除”“更多”和“完成”，将“删除”按钮命名为btnDelete（后面需要处理删除按钮的标签内容），如图11-100所示。

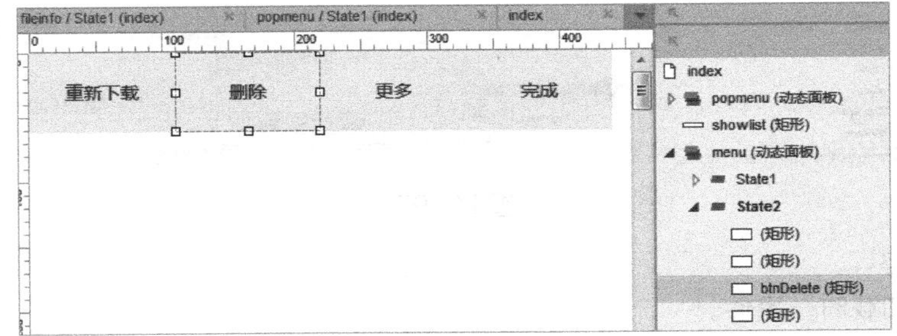

图11-100

04 添加“编辑”按钮事件

（1）选择动态面板menu的状态State1中的“编辑”按钮，添加按钮的单击事件处理逻辑，如图11-101所示。

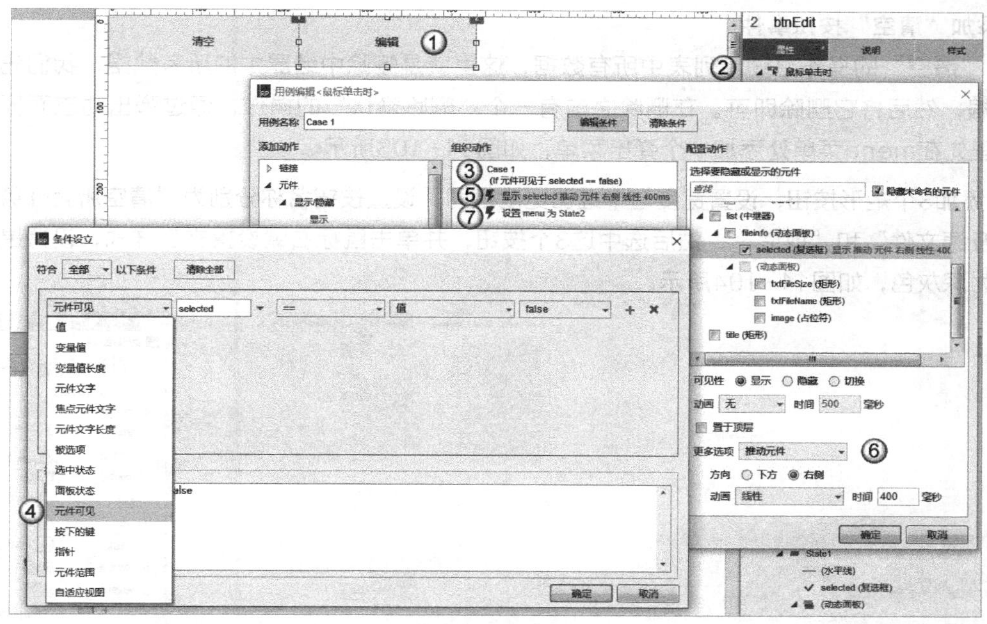

图11-101

① 选择按钮。

② 添加单击事件。

③ 设置条件为复选框selected不可见时，即元件selected可见性=false。

④ 条件设立中选择“元件可见”。

⑤ 显示复选框selected元件，配合线性动画，时长400毫秒。

⑥ 显示复选框selected时，设置“更多选项”为“推动元件”，方向为“右侧”。

⑦ 设置菜单动态面板menu状态为state2。

（2）添加另外的事件分支，即编辑完成的情况，逻辑与上面相反，如图11-102所示。

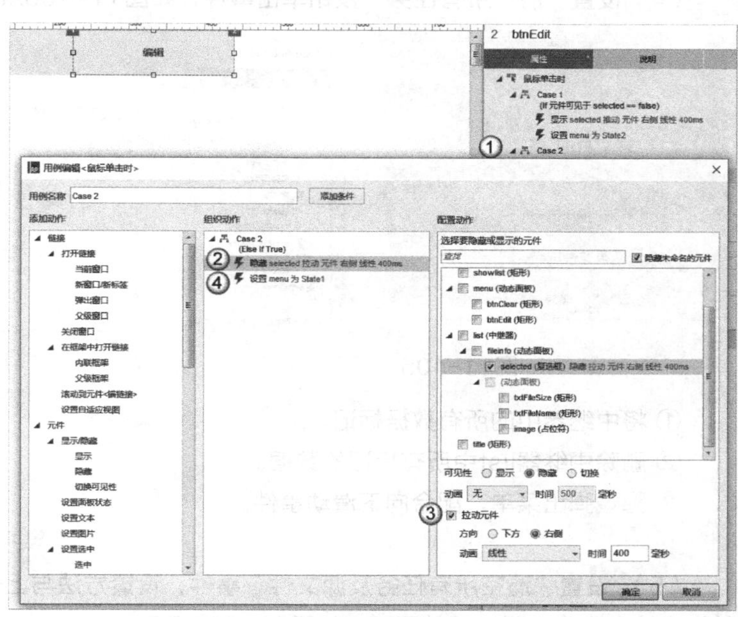

图11-102

① 设置复选框为显示状态（第1个事件分支中是复选框未显示）。

② 隐藏复选框，并添加拉动元件。

③ 从右侧拉回来，配合线性动画，时长为400毫秒。

④ 设置菜单menu回到第1个状态（即有“清空”和“编辑”按钮的状态）。

05 添加“清空”按钮事件

（1）“清空”的操作是删除列表中所有数据，这里就是删除中继器中的所有数据，我们先标记中继器所有数据，然后将它删除即可。在删除之前有一个“删除确认”的操作，通过弹出动态面板的方式来实现，这里先在menu菜单处添加一个弹出菜单，如图11-103所示。

（2）添加3个矩形按钮，设置宽度与中继器宽度相同，设置按钮名称分别为“清空所有任务”“清空所有任务及源文件”和“取消”，然后选中这3个按钮，并单击鼠标右键设置交互样式，设置鼠标经过时背景颜色为深灰色，如图11-104所示。

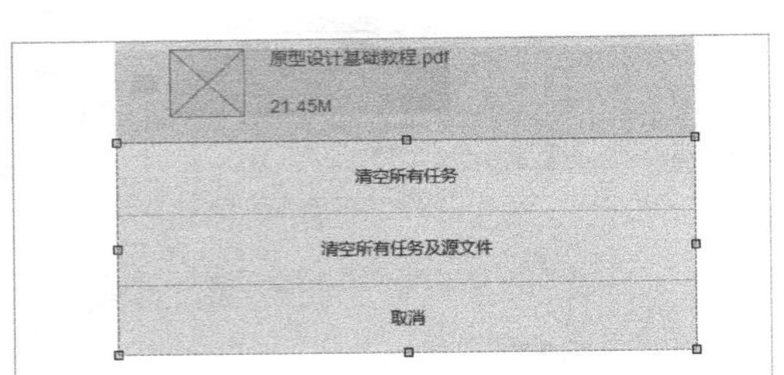

图11-103

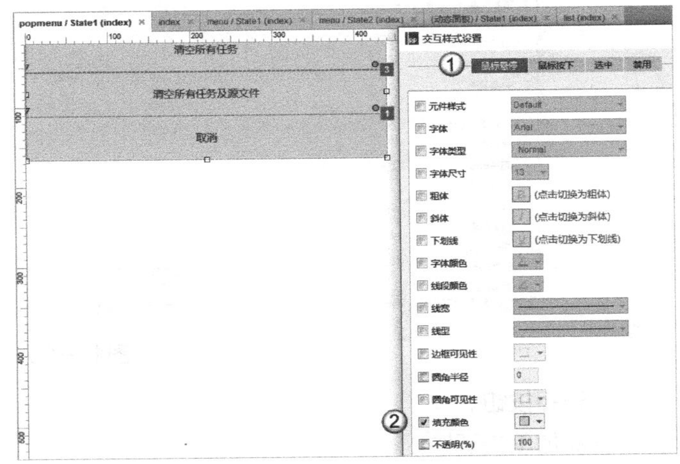

图11-104

（3）选中上一步制作好的3个按钮，然后单击鼠标右键将其转换为动态面板，同时命名为popmenu，如图11-105所示。

（4）设置“清空所有任务”按钮单击事件，如图11-106所示。

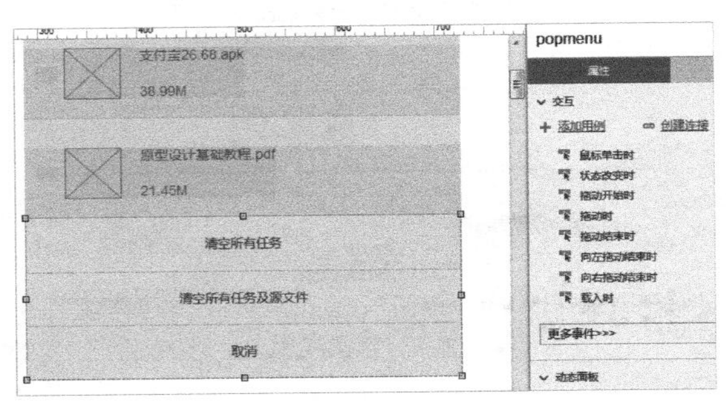

图11-105

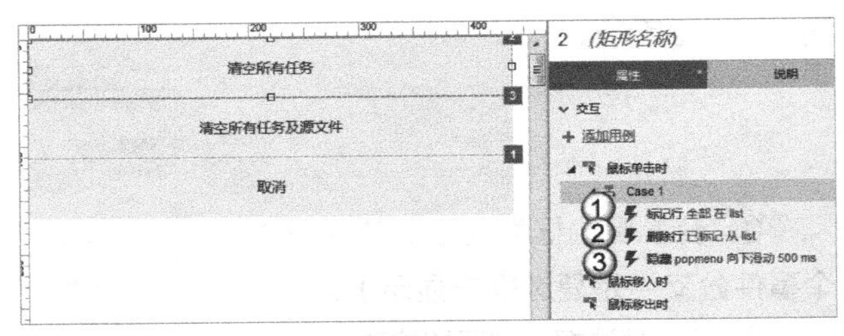

图11-106

① 将中继器中的所有数据标记。

② 删除中继器list中所有标记的数据。

③ 隐藏弹出菜单，配合向下滑动事件。

（5）设置“清空所有任务及源文件”事件，设置方法与上一步相同。完成之后设置“取消”按钮事件为直接向下隐藏弹出菜单即可，如图11-107所示。

① 选择“取消”按钮。

② 添加“鼠标单击时”事件。

③ 隐藏弹出窗口。

④ 选择弹出窗口动态面板popmenu。

⑤ 设置向下滑动动画。

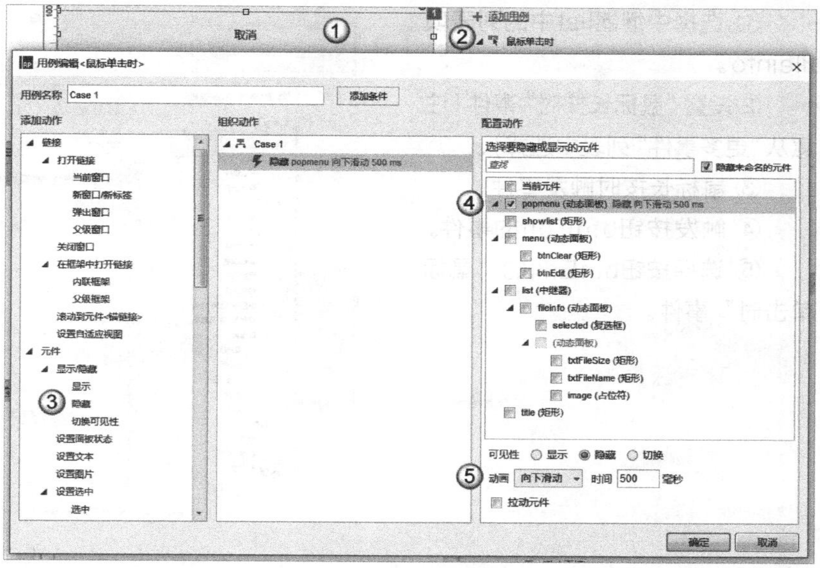

图11-107

（6）设置“清空”按钮的弹出菜单事件，如图11-108所示。

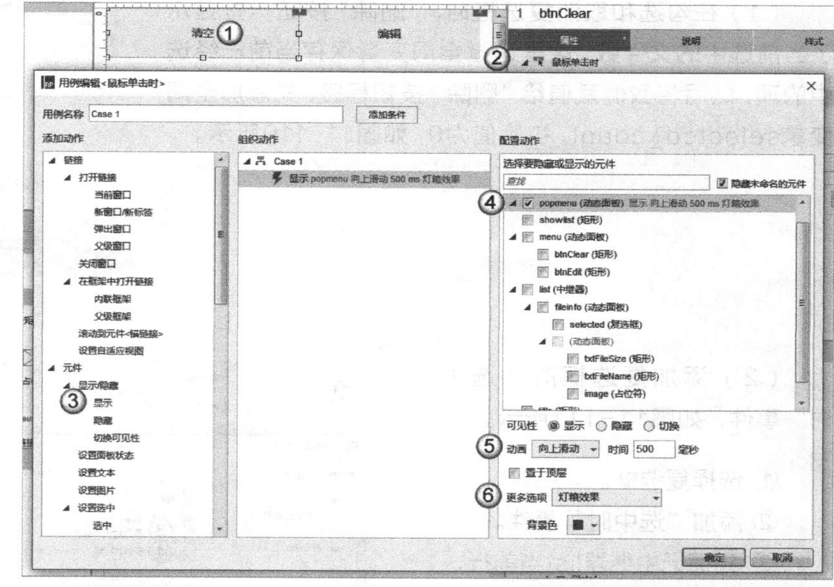

① 选择“清空”按钮。

② 添加“鼠标单击时”事件。

③ 显示弹出窗口。

④ 选择弹出窗口popmenu。

⑤ 设置向上滑动动画。

⑥ 将“更多选项”设置为“灯箱效果”。

图11-108

提示

要先将动态面板popmenu设置为隐藏状态，单击“清空”按钮时才弹出显示。

06 设置列表项fileinfo的长按事件

列表项的长按事件和“编辑”按钮事件相同，因此我们只要触发事件即可，方法为添加列表项fileinfo的鼠标长按事件，触发“编辑”按钮事件，如图11-109所示。

① 选择中继器list中的列表项fileinfo。

②设置“鼠标长按时”事件(注意从“更多事件”列表中选择)。

③ 鼠标长按时触发事件。

④ 触发按钮btnEdit的事件。

⑤ 选择按钮btnEdit的“鼠标单击时”事件。

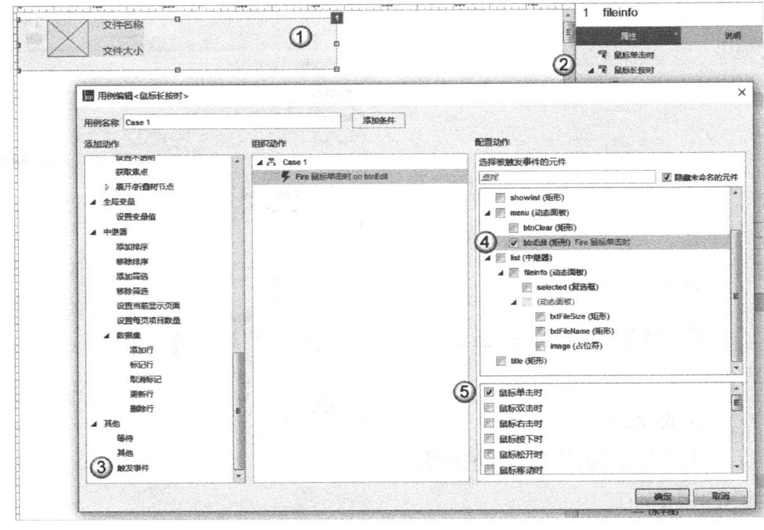

图11-109

07 复选框选中和取消事件

（1）在勾选和取消复选框时，“删除”按钮标签显示了当前选中的文件数，这里通过全局变量保存当前已经选中的项，然后将数值赋值给“删除”按钮标签，先添加全局变量selected_count，初始值为0，如图11-110所示。

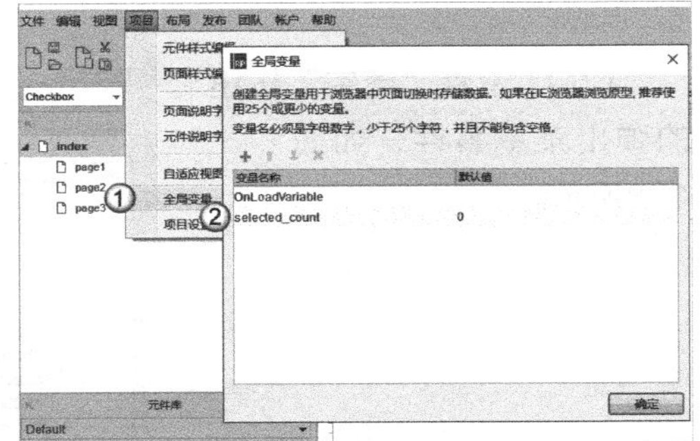

图11-110

（2）添加复选框的“选中时”事件，如图11-111所示。

① 选择复选框。

② 添加“选中时”事件。

③ 先标记中继器list当前行，这样在删除时可根据标记行来进行。

④ 设置全局变量值selected_count=[[selected_count+1]]，即选中时总数加1。

⑤ 设置“删除”按钮标签文字。

⑥设置文字内容为“删除([[selected_count]])”。

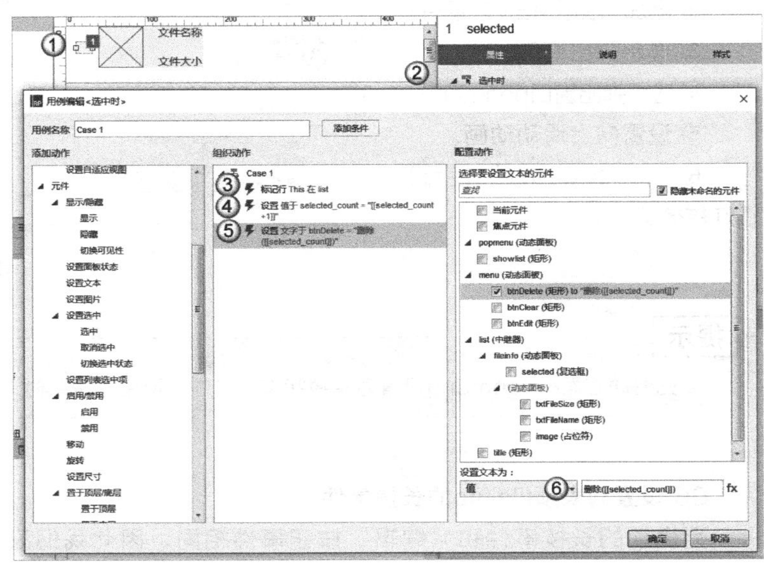

图11-111

（3）添加复选框的“取消选中时”事件，如图11-112所示。

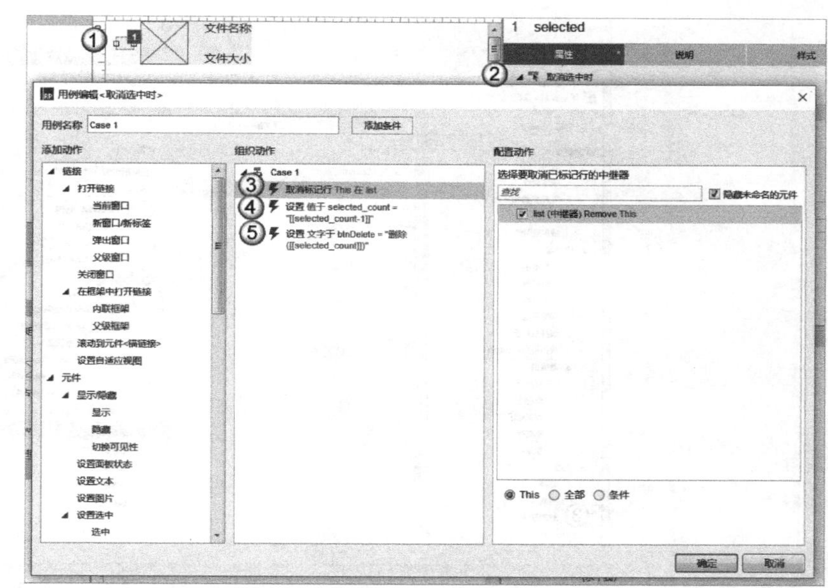

图11-112

① 选择“复选框”按钮。

② 添加“取消选中时”事件。

③取消中继器list的当前标记行。

④ 设置全局变量selected_count=[[selected_count-1]]，即总数减1。

⑤ 设置“删除”按钮文字内容=“删除([[selected_count]])”。

08 菜单menu的State2中的按钮事件

菜单menu的State2中有4个按钮，我们只处理其中的“删除”和“完成”两个按钮的事件。

（1）处理“删除”按钮单击事件，如图11-113所示。

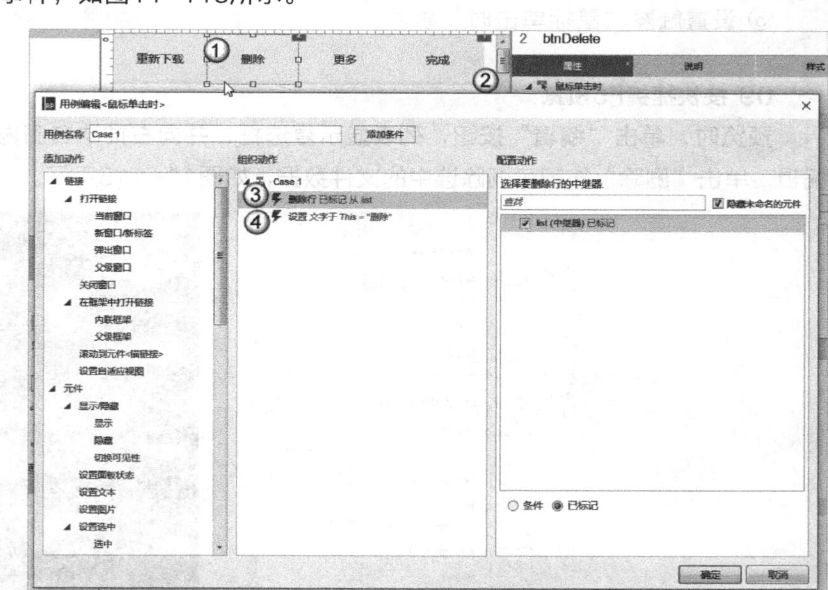

图11-113

① 选择“删除”按钮。

② 添加“鼠标单击时”事件。

③ 删除中继器中已经标记的行。

④ 恢复“删除(*)”按钮文字内容为“删除”。

（2）处理“完成”按钮单击事件，如图11-114所示。

在单击了menu中State1的“编辑”按钮后，开始编辑操作，单击“完成”按钮后即使还原列表为原来的不可编辑状态，这个事件逻辑也已经在前面的“btnEdit”按钮的单击事件处理过，因此，只需要设置“完成”按钮的单击事件为触发“编辑”按钮的事件即可。

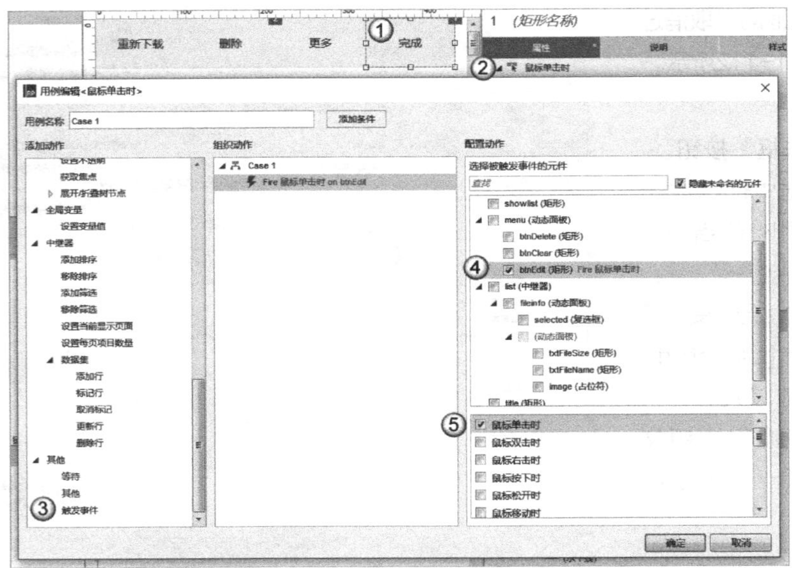

图11-114

① 选择“完成”按钮。

② 添加“鼠标单击时”事件。

③ 设置触发事件。

④ 选择矩形按钮btnEdit。

⑤ 设置触发“鼠标单击时”事件。

09 按快捷键F5预览

预览时，单击“编辑”按钮，列表显示复选框，并向右推动右侧内容，再次单击“完成”按钮完成编辑，单击“删除”按钮可删除选中的文件数据，如图11-115所示。

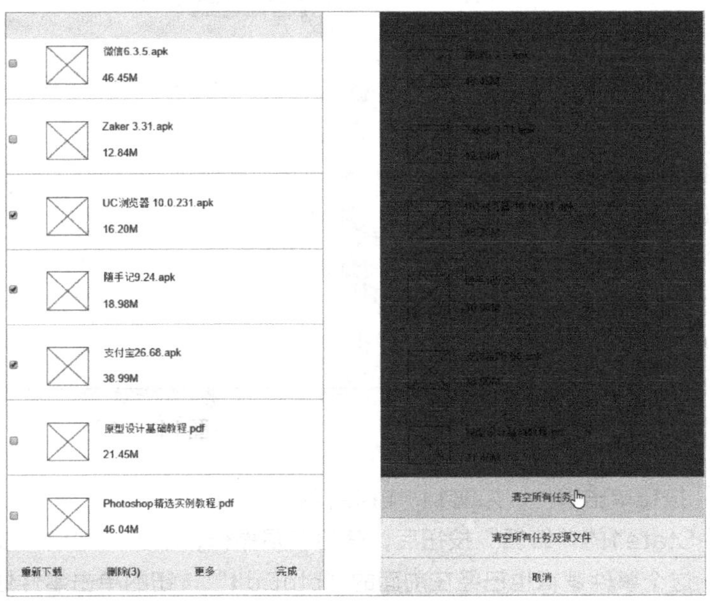

图11-115

11.9 综合实例：“淘宝网”商品搜索结果

实例位置	实例文件>CH11>“淘宝网”商品搜索结果.rp
难易指数	★★★★☆
技术掌握	中继器属性和样式的设置、缩略图样式、中继器翻页、设置选项组
思路指导	这是中继器的典型应用，包括对数据进行搜索、翻页、跳转到指定页和自定义布局展示等。使用Microsoft Office Excel准备数据，然后粘贴到中继器数据列表中进行应用

在“第6章 事件处理”中，我们实现了类似dribbble.com网站的作品查看效果。电商网站多以缩略图的方式来展示搜索结果，如淘宝网的条目式搜索结果，且下方带有翻页功能，如图11-116所示。

图11-116

★ 实例目标

这里我们实现一个简化版的淘宝搜索界面，体现出搜索的主要功能即可。搜索过程中显示搜索结果，支持上一页、下一页以及跳转到指定页。

完成后的原型效果如图11-117所示。

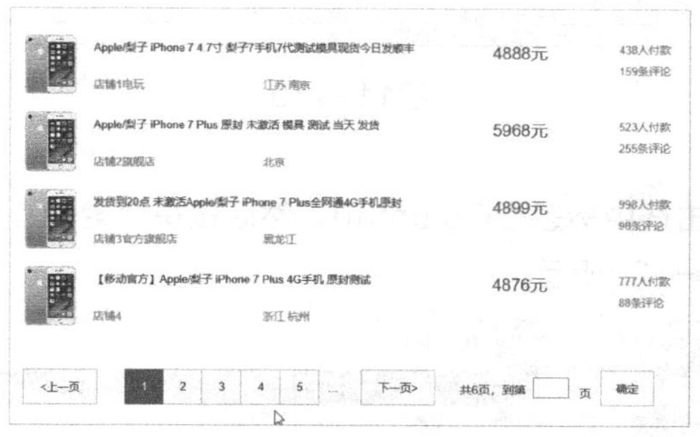

图11-117

★ 实例步骤

01 搜索结果布局

淘宝的搜索结果有商品图片、商品描述、价格、店铺名称、店铺属地、付款人数和评论条数等，页面下方是翻页区域，翻页的内容有上一页、前5页序号、下一页和总页数，以及跳转到指定页面的输入框和“确定”按钮。

（1）添加一个中继器，并命名为list，双击进入编辑状态，删除其中默认的矩形框，添加商品相关信息元件，如图11-118所示，各元件命名如下。

商品描述： txtSpms。

店铺名称： txtDpmc。

店铺属地： txtDpsd。

商品价格： txtSpjg。

付款人数： txtFkrs。

评论条数： txtPlts。

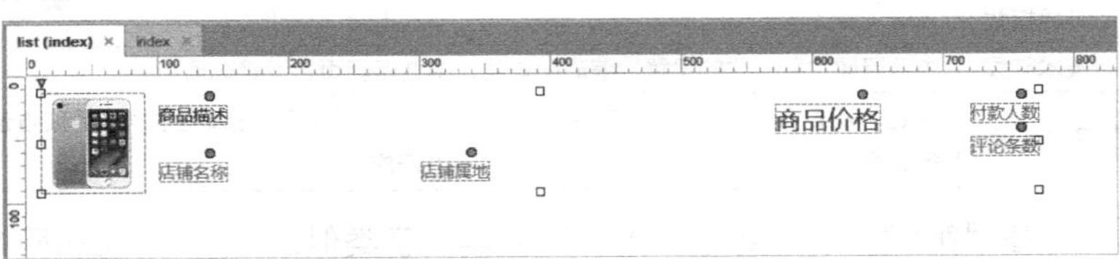

图11-118

提示

之所以对以上各元件重命名，是因为在后面进行中继器初始化时需要设置它们的内容。

（2）准备商品数据。为了达到翻页效果，这里我们使用Microsoft Office Excel表格准备了15条数据，复制粘贴即可，如图11-119所示。

spms	dpmc	dpsd	jg	fkrs	plts
Apple/梨子 iPhone 7 4.7寸 梨子7手机7代测试模具现货今日发顺丰	店铺1电玩	江苏 南京	4888	438	159
Apple/梨子 iPhone 7 Plus 原封 未激活 模具 测试 当天 发货	店铺2旗舰店	北京	5968	523	255
发货到20点 未激活Apple/梨子 iPhone 7 Plus全网通4G手机原封	店铺3官方旗舰店	黑龙江	4899	998	98
【移动官方】Apple/梨子 iPhone 7 Plus 4G手机 原封测试	店铺4	浙江 杭州	4876	777	88
Apple/梨子 iPhone 7 Plus 手机梨子7p iphone7 七代模具测试现货	店铺4官方旗舰店	北京	5578	88	57
Apple/梨子 iPhone 7 4.7寸手机模具测试现货梨子7七代 小7	店铺5	北京	4992	234	112
32G当天发【分期免息】Apple/梨子 iPhone 7 4.7英寸全网通手机	店铺3官方旗舰店	黑龙江	4897	332	124
Apple/梨子 iPhone 7 4.7寸 梨子7手机7代测试模具现货今日发顺丰	店铺6	黑龙江	4987	438	156
Apple/梨子 iPhone 7 Plus 原封 未激活 模具 测试 当天 发货	店铺3官方旗舰店	江苏 南京	4880	523	201
发货到20点 未激活Apple/梨子 iPhone 7 Plus全网通4G手机原封	店铺4官方旗舰店	江苏 南京	4865	998	92
【移动官方】Apple/梨子 iPhone 7 Plus 4G手机 原封测试	店铺4	四川 成都	4999	777	35
Apple/梨子 iPhone 7 Plus 手机梨子7p iph[illegible]e7 七代模具测试现货	店铺3官方旗舰店	北京	5065	88	66
Apple/梨子 iPhone 7 4.7寸手机模具测试现货梨子7七代 小7	店铺4官方旗舰店	黑龙江	4992	234	102
32G当天发【分期免息】Apple/梨子 iPhone 7 4.7英寸全网通手机	店铺3官方旗舰店	浙江 杭州	4897	332	108
Apple/梨子 iPhone 7 4.7寸 梨子7手机7代测试模具现货今日发顺丰	店铺3官方旗舰店	北京	4880	438	100
Apple/梨子 iPhone 7 Plus 原封 未激活 模具 测试 当天 发货	店铺2旗舰店	北京	4992	523	203
发货到20点 未激活Apple/梨子 iPhone 7 Plus全网通4G手机原封	店铺4	黑龙江	4899	998	91
【移动官方】Apple/梨子 iPhone 7 Plus 4G手机 原封测试	店铺2旗舰店	黑龙江	4888	777	75
Apple/梨子 iPhone 7 Plus 手机梨子7p iphone7 七代模具测试现货	店铺5	北京	4992	88	20
Apple/梨子 iPhone 7 4.7寸手机模具测试现货梨子7七代 小7	店铺4	黑龙江	4987	234	102
32G当天发【分期免息】Apple/梨子 iPhone 7 4.7英寸全网通手机	店铺3官方旗舰店	浙江 杭州	4880	332	114
Apple/梨子 iPhone 7 Plus 手机梨子7p iphone7 七代模具测试现货	店铺6	北京	4999	523	208

图11-119

（3）选择中继器list，单击选中标题栏Column0，然后按快捷键Ctrl+V粘贴数据（注意删除粘贴后的最后一行空白行），如图11-120所示。

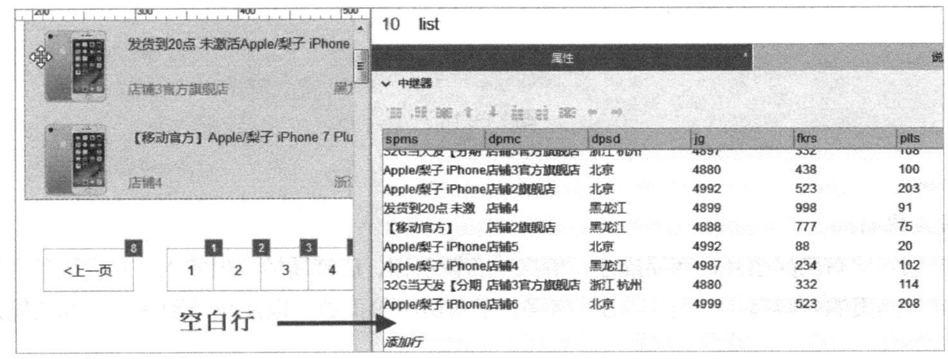

图11-120

02 中继器默认“每项加载时”事件和样式设置

（1）需要修改默认生成的中继器“每项加载时”事件，设置每个元件的显示内容，如图11-121所示。

① 选择中继器。

② 双击“每项加载时”事件中的内容并修改（注意不是双击“每项加载时”或“Case 1”）。

③ 设置文本，逐个设置中继器中的各个元件。

④ 选择文本标签。

⑤ 通过中继器对象的字段引用值，注意评论和付款的后面需要输入字符串“条评论”和“人付款”，价格前面输入金额￥。

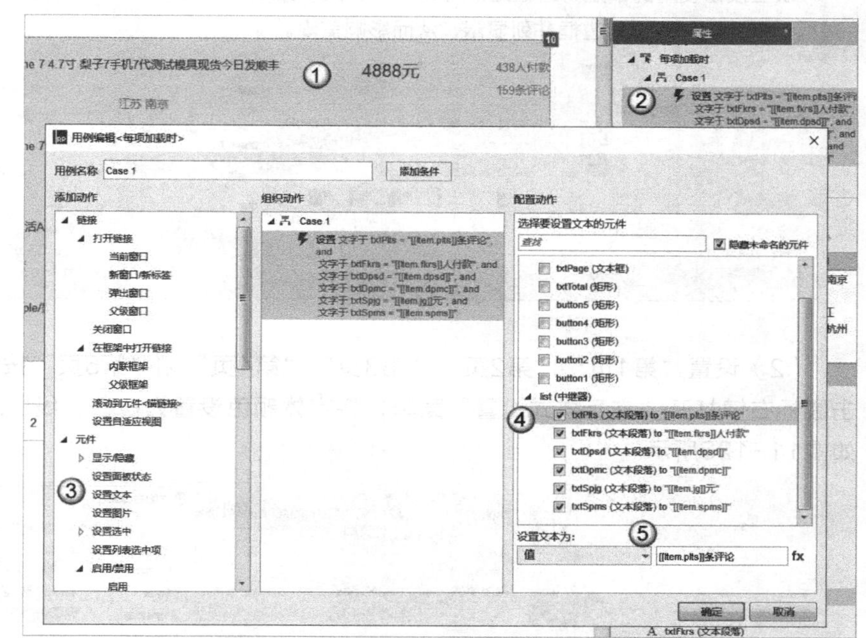

图11-121

（2）确定后中继器会立即预览数据，如图11-122所示。

（3）为了能至少显示5页，我们设置一下中继器的样式，勾选多页显示，每页项目数为4，然后从第1页开始显示，如图11-123所示。

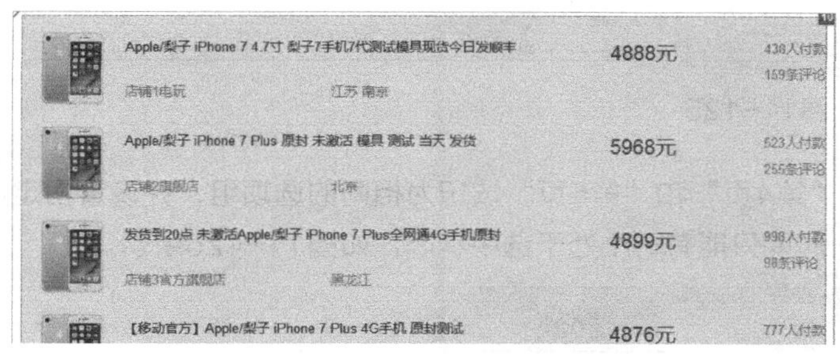

图11-122

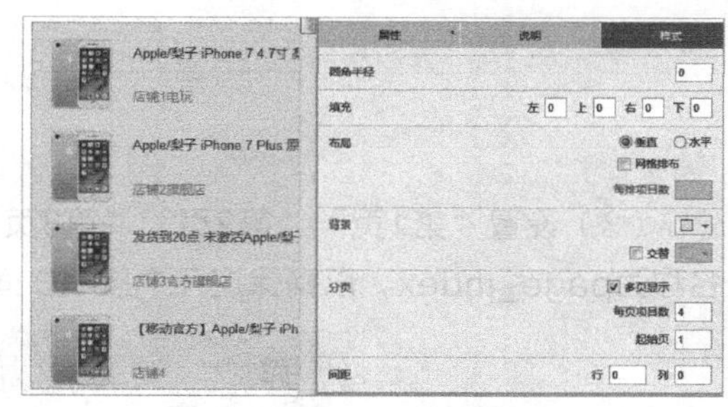

图11-123

03 翻页元件布局

（1）在中继器下方添加“上一页”按钮，然后添加“第1页”“第2页”“第3页”“第4页”和“第5页”按钮，并依次将按钮命名为button1、button2、button3、button4、button5，接着添加“下一页”按钮、“共*页，到第”按钮（命名为txtTotal）、页数输入框（命名为txtPage）和“确定”按钮，如图11-124所示。

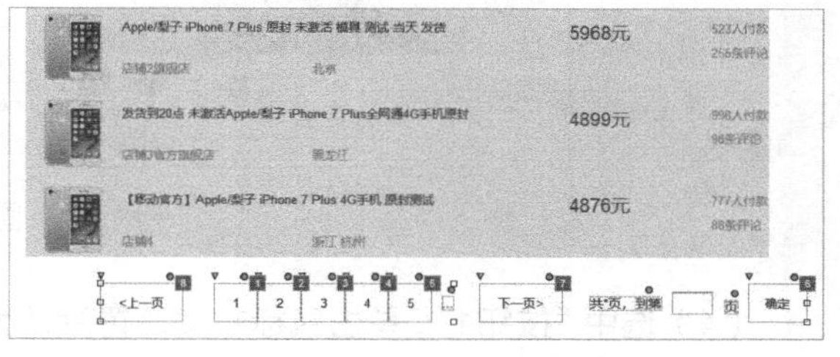

图11-124

提示

以上按钮使用的都是有边框矩形样式，且针对“第2页”“第3页”“第4页”和“第5页”按钮不显示左侧的边框，避免相邻矩形的边框并列显示，从而影响美观。

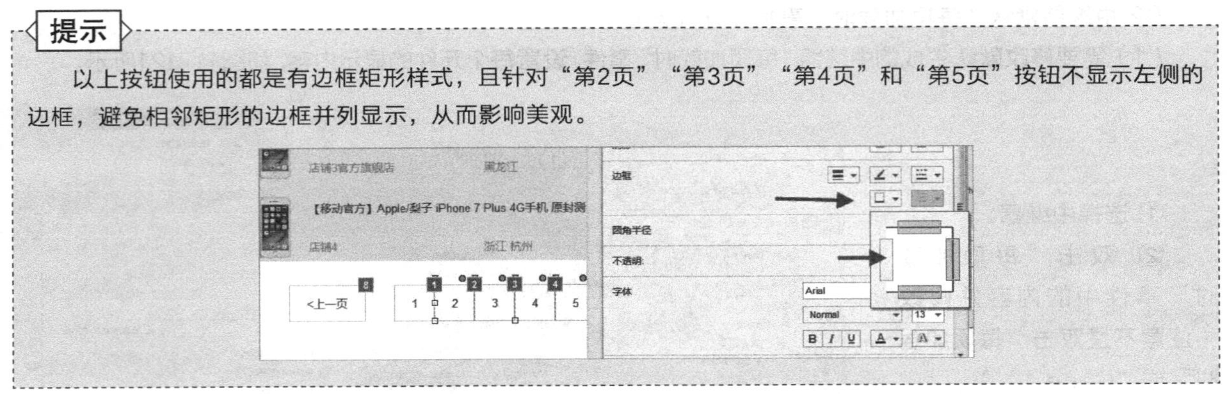

（2）设置“第1页”“第2页”“第3页”“第4页”和“第5页”按钮选中后显示为红底白字。单击鼠标右键打开“交互样式设置”菜单，将字体颜色设置为白色，线段颜色和填充颜色设置为橙色，如图11-125所示。

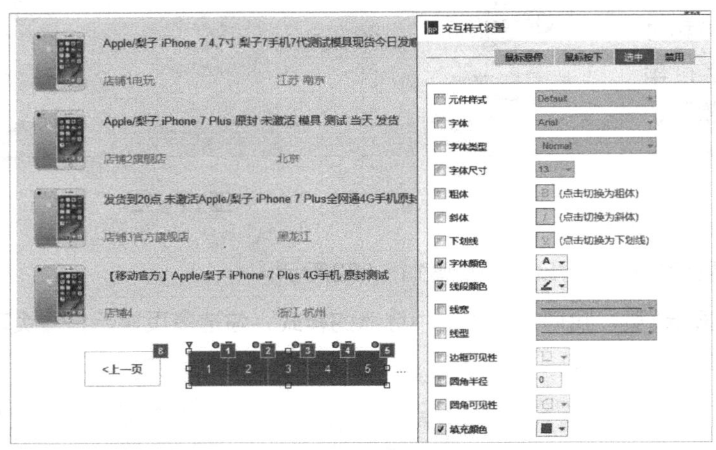

图11-125

（3）设置“第1页”“第2页”“第3页”“第4页”和“第5页”按钮为相同的选项组，并设置指定名称为page_index，以确保这几个按钮在同一时间只能有一个处于选中状态，如图11-126所示。

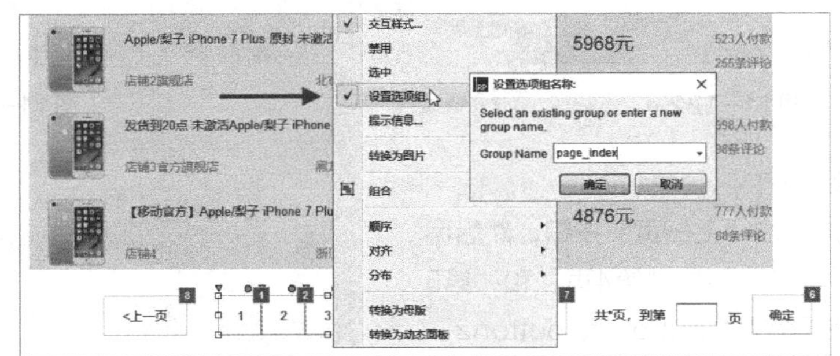

图11-126

（4）选中“按钮1”，单击鼠标右键设置默认为“选中”状态，这样在预览时显示“第1页”为选中状态。

04 “上一页”和“下一页”按钮事件

（1）对于这两个按钮的事件，我们直接引用中继器的特有属性来完成，如图11-127所示。

① 选择“上一页”按钮。

② 添加“鼠标单击时”事件。

③ 设置中继器list当前显示页面。

④ 选择目标对象为中继器list。

⑤ 选择页面为Previous，即前一页，对于“下一页”按钮，选择Next。

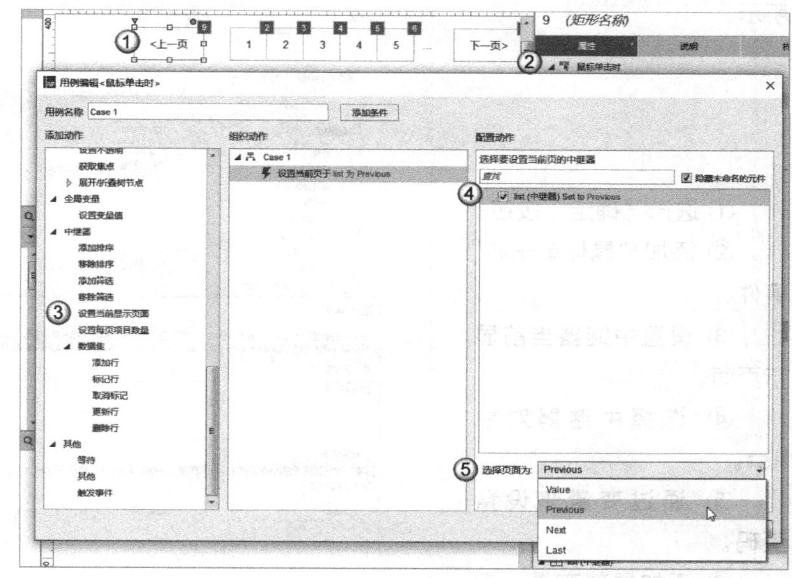

图11-127

（2）图11-127所示的“选择页面为”中的选项说明如下。

Value：通过直接设置数值或变量设置。

Previous：设置为上一页。

Next：设置为下一页。

Last：设置为最后一页。

05 给“第1页”“第2页”“第3页”“第4页”和“第5页”按钮添加事件

这5个按钮的事件添加方法基本相同，先设置当前按钮为选中状态（显示橙色背景白色文字），然后设置中继器的当前页为数字，如图11-128所示。

① 选择“按钮1”。

② 添加“鼠标单击时”事件。

③ 设置中继器的当前显示页面。

④ 选择中继器list。

⑤ 设置页码为1，其他按钮分别设置页码为2、3、4、5。

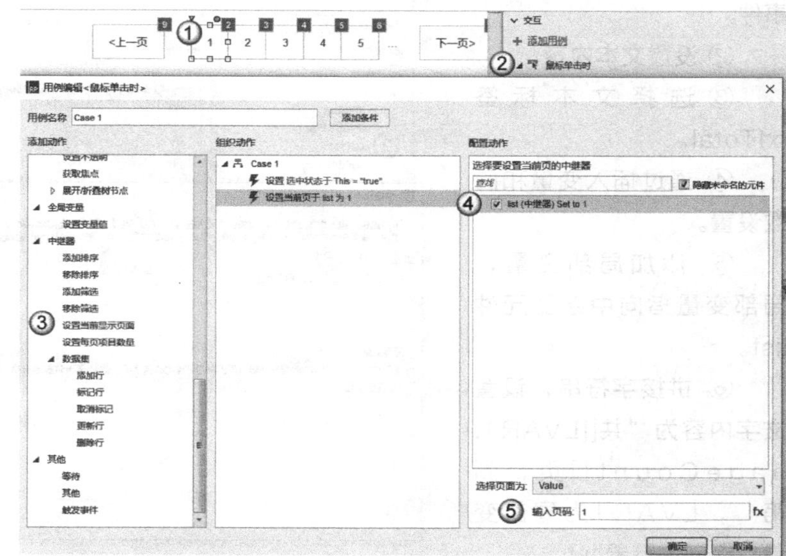

图11-128

06 跳转页面事件

在翻页按钮后面的输入框内，可以输入指定页数，单击“确定”按钮后跳转到该页面，如图11-129所示。

① 选择“确定”按钮。

② 添加“鼠标单击时”事件。

③ 设置中继器当前显示页面。

④ 选择中继器对象list。

⑤ 通过变量来设置页码。

⑥ 添加局部变量，指向输入框txtPage的内容。

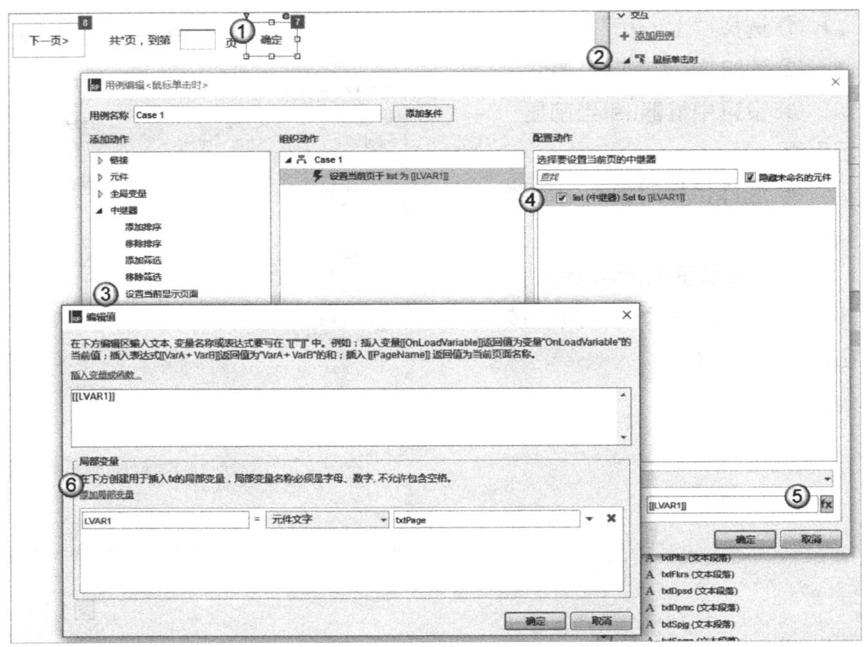

图11-129

07 处理“共*页，到第”

这里只需显示中继器总共有多少页，后面内容无变化，因此我们可以在页面加载时设置，页数通过中继器的属性pageCount来获取，单击页面空白处，添加页面载入事件，如图11-130所示。

① 添加“页面载入时”事件。

② 设置文本内容。

③ 选择文本标签txtTotal。

④ 通过插入变量和函数设置。

⑤ 添加局部变量，局部变量指向中继器元件list。

⑥ 拼接字符串，设置文字内容为“共[[LVAR1.pageCount]]页，到第”，LVAR1为局部变量，指向中继器list。

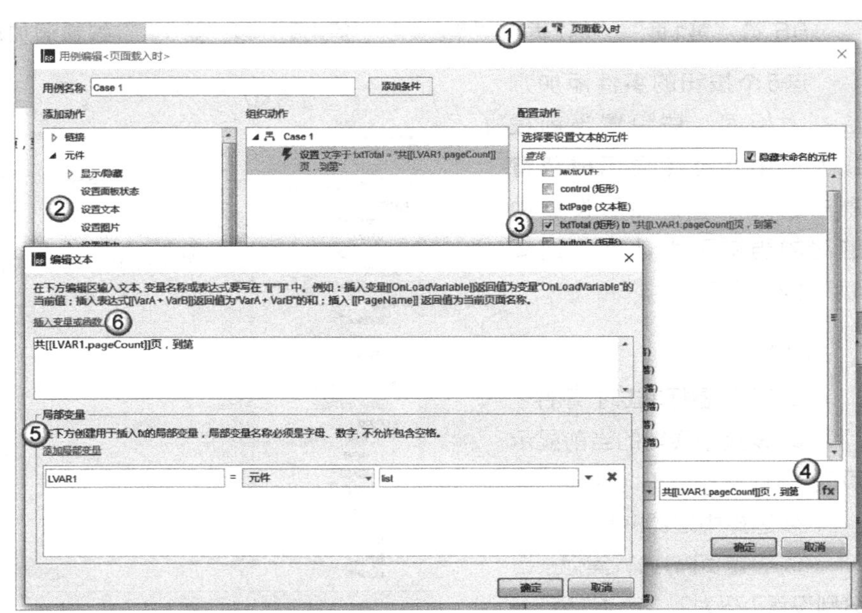

图11-130

08 “上一页”“下一页”“确定”按钮和“第1页”“第2页”“第3页”“第4页”“第5页”按钮的同步处理

完成以上操作之后，目前存在一个问题，即单击“上一页”“下一页”或“确定”按钮时，中继器能正确显示对应的页数，但是在单击“第1页”“第2页”“第3页”“第4页”和“第5页”按钮时，这几个按钮却无法正确显示当前是哪一页。如当我们单击“下一页”按钮显示到“第2页”按钮时，“第2页”按钮应该显示为选中状态的橙色背景白色文字。

同时，在这里我们不好直接在“上一页”“下一页”或“确定”按钮上设置“第1页”“第2页”“第3页”“第4页”和“第5页”按钮为选中状态，因为需要判断中继器当前页分别是“第1页”“第2页”“第3页”“第4页”还是“第5页”，并设置对应按钮为选中状态。

因此，接下来我们可以通过触发事件来实现“上一页”“下一页”“确定”按钮和“第1页”“第2页”“第3页”“第4页”“第5页”按钮的同步。

（1）添加一个矩形，并命名为control，给矩形添加单击事件，并在单击事件中处理逻辑，如图11-131所示。

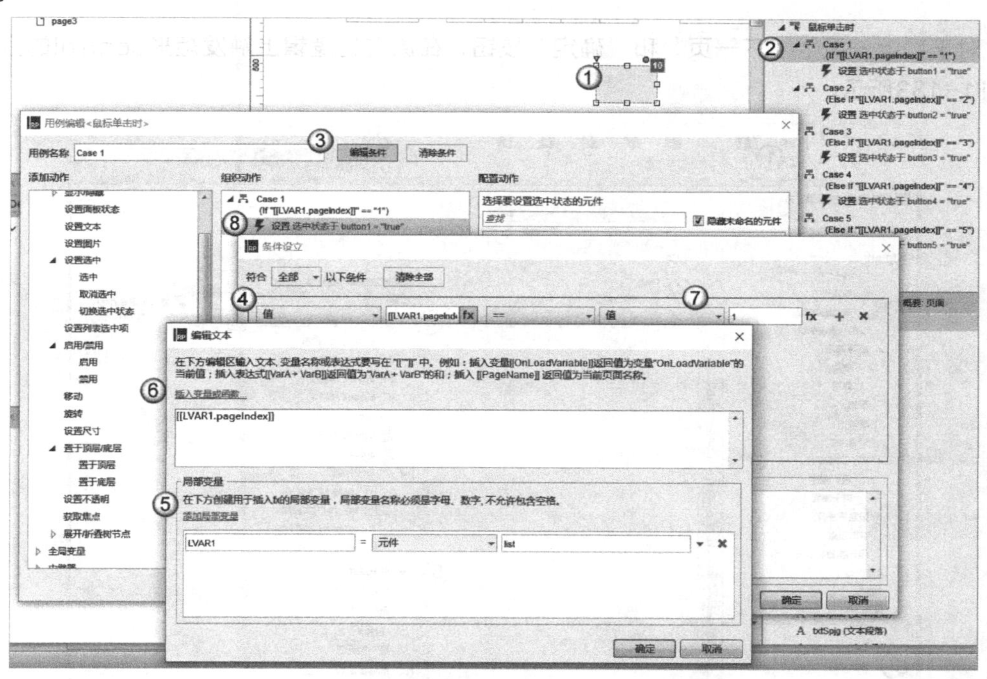

图11-131

① 选择矩形。
② 添加“鼠标单击时”事件第1个条件分支。
③ 添加条件判断。
④ 条件为根据值比较。
⑤ 添加局部变量，指向中继器list。
⑥ 引用中继器的变量pageIndex，即当前的页数。
⑦ 比较的结果为等于1时。
⑧ 设置“按钮1”为选中状态。

（2）双击“鼠标单击时”事件，添加其他事件分支，逻辑同上，只需调整图11-131中⑦、⑧两个步骤对应的序号和按钮状态。换言之，如果中继器的当前页是第1页，设置按钮“第1页”为选中状态；当前页是第2页，设置按钮“第2页”为选中状态，以此类推。

完成后的事件分支如图11-132所示。

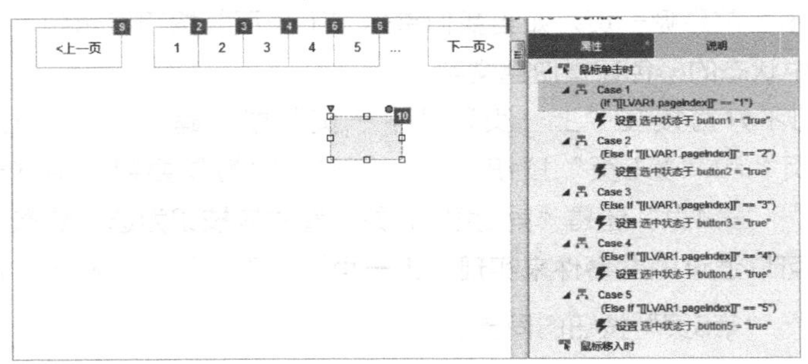

图11-132

（3）对于“上一页”“下一页”和“确定”按钮，在原有的逻辑上触发矩形control的鼠标单击事件，如图11-133所示。

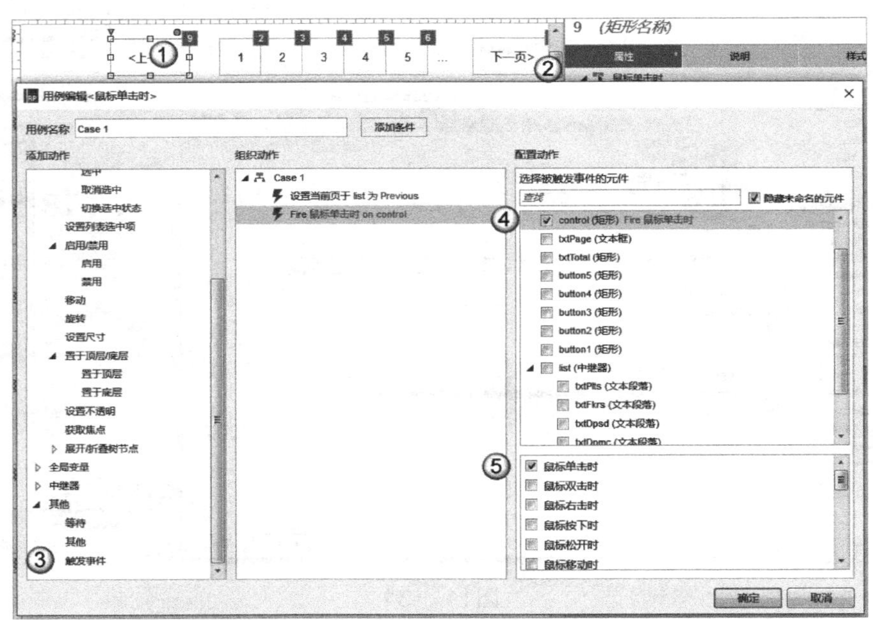

图11-133

① 选择“上一页”按钮。

② 添加“鼠标单击时”事件。

③ 添加触发事件动作。

④ 选择矩形control。

⑤ 触发“鼠标单击时”事件。

（4）“下一页”按钮和“确定”按钮与“上一页”按钮相同，添加触发事件，触发control的鼠标单击事件。

09 按快捷键F5预览

（1）单击“下一页”按钮翻页，检查结果是否正确。

（2）分别单击“第1页”“第2页”“第3页”“第4页”和“第5页”按钮，显示对应页，检查结果是否正确。

（3）在页面跳转输入框中输入页码，单击“确定”按钮，检查结果是否正确。

预览效果如图11-134所示。

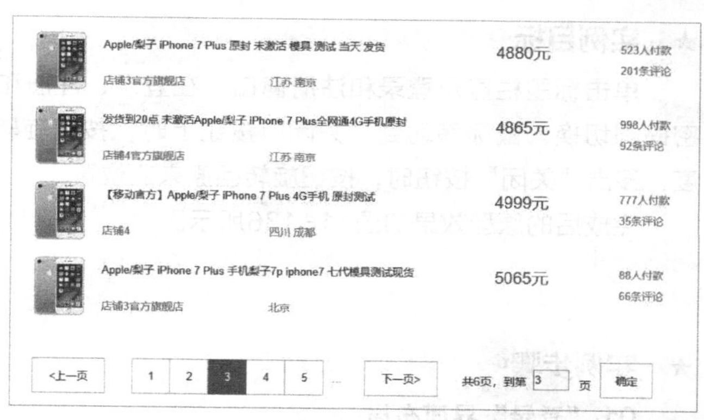

图11-134

11.10 综合实例：“创业邦”登录和注册界面

实例位置	实例文件>CH11>“创业邦”登录和注册界面.rp
难易指数	★★★★☆
技术掌握	截图和吸管工具的使用、动态面板的应用、弹出窗口、移动、设置尺寸、旋转动画的制作
思路指导	“登录”和“注册”是两个不同的界面，但它们只是在同一个视图中进行了切换，因此，应用动态面板是完成登录和注册页面设计的最好方式，可以方便地在多个状态间切换。原型中我们只关注需要学习的部分，对于第三方账号登录等功能，我们只需要放置样式即可，无须处理，也可以直接从原网站截图，看起来更接近原网站样式即可

在该网站的用户登录与注册流程中，单击菜单栏的“登录”按钮，弹出“登录”对话框。在“登录”对话框中，单击“立即注册”按钮，可切换到注册状态，如图11-135所示。

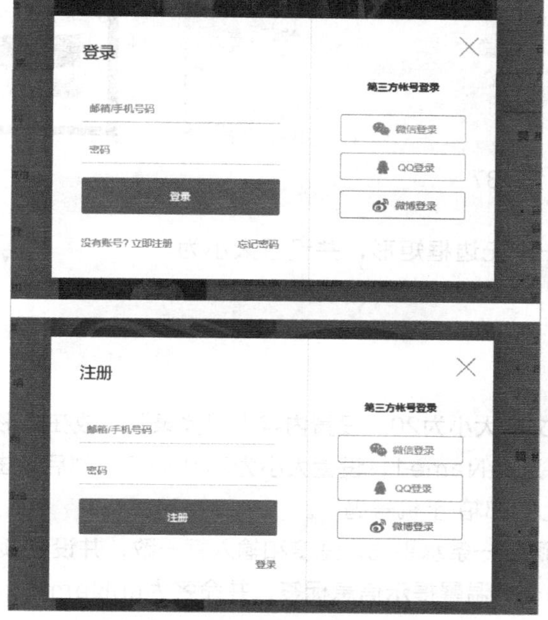

图11-135

★ 实例目标

单击标题栏显示登录和注册窗口，在登录、注册和找回密码间切换。鼠标移动到“关闭”按钮上时，按钮旋转180度，移出“关闭”按钮时，按钮旋转回原来的位置。

完成后的原型效果如图11-136所示。

图11-136

★ 实例步骤

01 “登录”界面布局

该登录界面由“登录”和“注册”两个不同的状态组成，这两个状态的布局基本类似。这里我们使用动态面板的两个状态分别显示“登录”和“注册”状态，同时保持弹出窗口周边带有阴影效果。

（1）添加一个有边框的矩形作为标题栏，并命名为title，然后设置边框颜色为灰色，只保留底部的边，如图11-137所示。

（2）双击标题栏title，设置文字内容为“登录”，单击后弹出登录窗口。

（3）添加弹出窗口布局，如图11-138所示，图中上方显示原型，下方显示用作参考的网站截图。

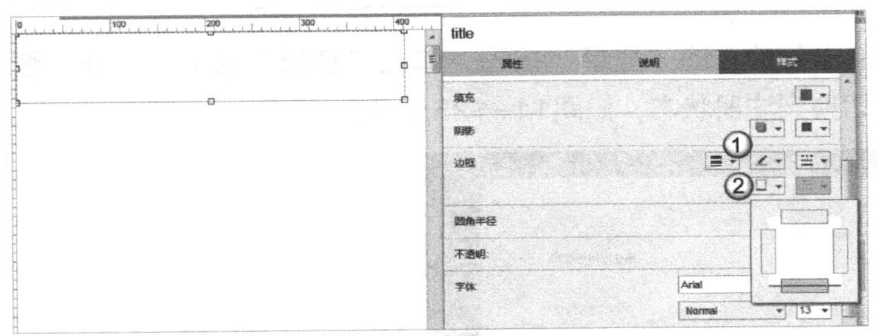

图11-137

图11-138

① 在标题栏下方添加一个无边框矩形，并设置大小为605×365，作为弹出窗口背景，同时设置阴影效果，设置详情如图11-139所示。

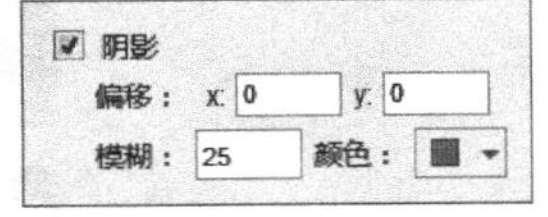

图11-139

② 添加文字标签，设置文字大小为20，设置内容为“登录”，放在矩形左上角作为窗口标题。

③ 添加输入框，并命名为txtName1，设置大小为270×40，然后单击鼠标右键将其设置为“隐藏边框”状态，设置提示文字为“邮箱/手机号码”。

④ 紧贴输入框下方边缘添加一条水平线，宽度和输入框一致，并设置颜色为灰色。

⑤ 在水平线下方再添加一个温馨提示信息标签，并命名为tipName1，设置字体颜色为橙色，设置文字内容为“请填写邮箱地址或手机号码”，最后单击鼠标右键设置为隐藏状态。

选择③④⑤步骤中的3个元件后复制粘贴，作为密码输入框，并将密码输入框命名为txtPass1，设置文字提示为“密码”，密码温馨提示信息命名为tipPass1，文字内容为“请填写信息”，最后单击鼠标右键设置为隐藏状态。

⑥ 添加一个橙色无边框矩形，设置大小为270×50，设置字体颜色为白色，设置文字内容为“登录”。

⑦ 从下方截图中截出“关闭”按钮，然后粘贴到右上角，尽量保持图标在截图中央，因为后面要在鼠标经过时旋转这个图片。

⑧ 添加说明标签，设置文字内容为“第三方账号登录”。

⑨ 添加3个有边框矩形，边框和文字颜色可与截图中对应按钮的颜色一致，完成之后设置圆角半径为5。

⑩添加文字标签内容为“没有账号?立即注册”，设置“立即注册”为橙色，添加“忘记密码”标签。

当将以上操作完成之后，得出图11-140所示的效果。

图11-140

02 “注册”界面布局

（1）目前，“注册”界面和“找回密码”界面中只有弹出窗口的左半部分有变化，而右侧并没有变动。因此我们需要将竖线左侧的内容转换为动态面板，并命名为panel，再添加“注册输入”和“找回密码”两个状态，如图11-141所示。

① 选中“登录”相关界面元素，然后单击鼠标右键将其转换为动态面板。

② 将动态面板命名为panel。

③ 添加两个状态，即“注册”和“找回密码”。

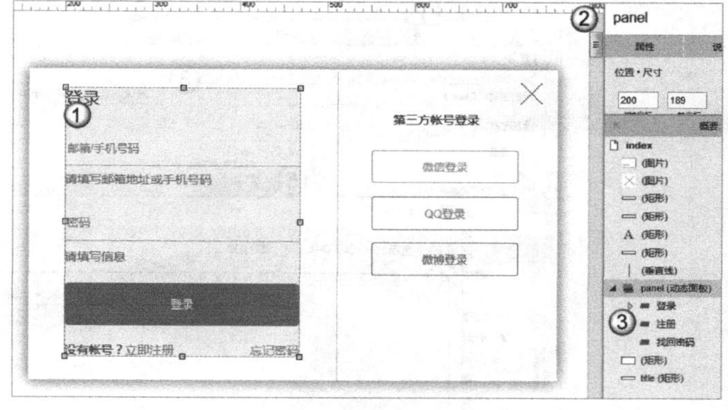

图11-141

（2）双击动态面板的“注册”状态，添加“注册”界面元素，“注册”界面元素设置与“登录”界面基本相同。因此在添加时可直接从“登录”界面里将元素全部选中后复制/粘贴过来，再修改标题文字内容，并重新命名，且最下方只保留右侧的“登录”标签即可，如图11-142所示。

① 邮箱/手机号码：命名为txtName2。

② 邮箱/手机号码温馨提示：命名为tipName2，右键设置为隐藏，

③ 密码：命名为txtPass2。

④ 密码温馨提示：命名为tipPass2。

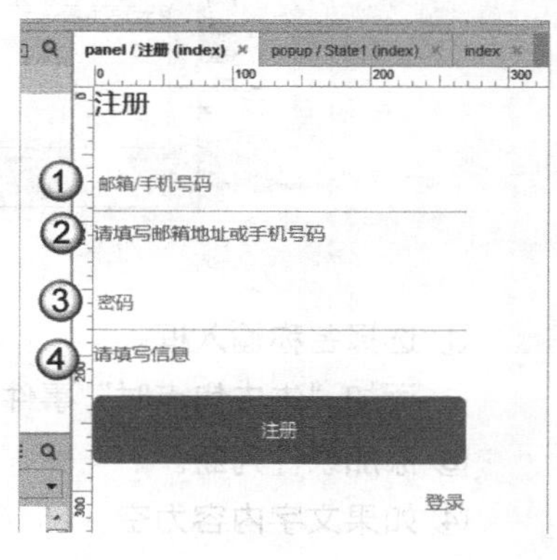

图11-142

03 “找回密码”界面布局

同样从“登录”界面中复制标题、邮箱/手机号码输入框、注册按钮和下方的两个标签，修改对应的标题内容，并对标签进行重命名即可，如图11-143所示。

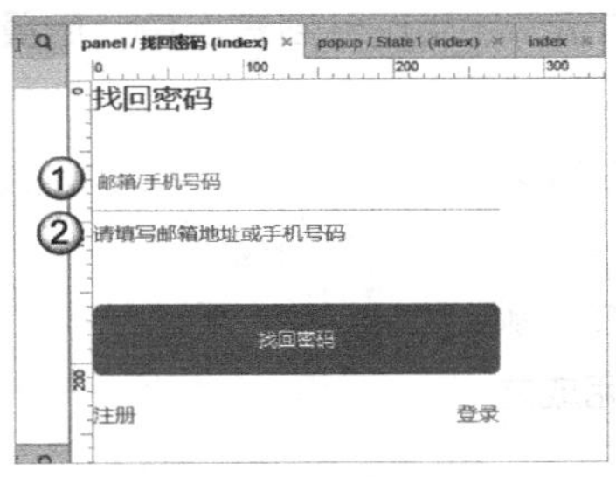

图11-143

① **邮箱/手机号码：**命名为txtName3。

② **邮箱/手机号码温馨提示：**命名为tipName3，右键设置为隐藏。

04 “登录”界面事件处理

（1）光标离开用户名输入框时，如果没有输入名称则显示对应的温馨提示，否则隐藏“温馨提示”内容，如图11-144所示。

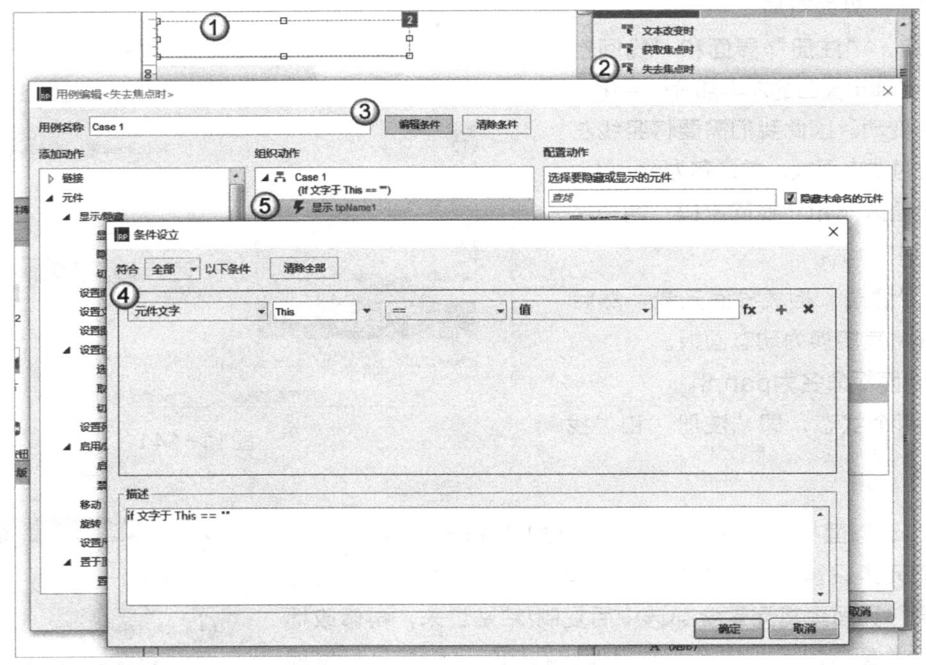

图11-144

① 选择名称输入框。

② 添加“失去焦点时”事件。

③ 添加条件判断。

④ 如果文字内容为空。

⑤ 显示“温馨提示”内容。

反之，将隐藏“温馨提示”内容，如图11-145所示。

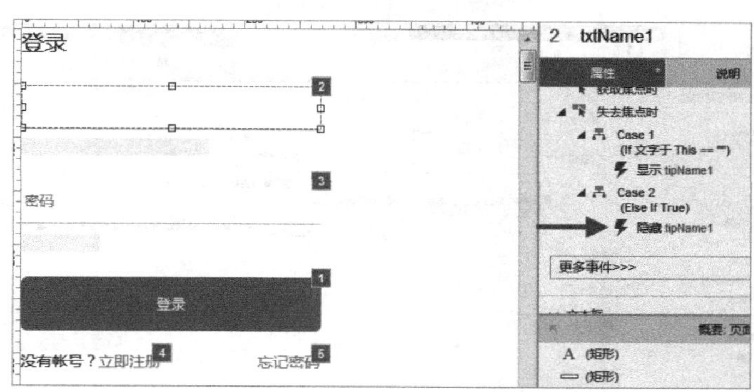

图11-145

（2）同理，设置密码输入框的失去焦点事件时，判断密码输入框是否为空，如果为空，显示密码提示，否则隐藏密码提示。

（3）“登录”按钮的事件只需要同时触发名称输入框和密码输入框的失去焦点事件即可，如图11-146所示。

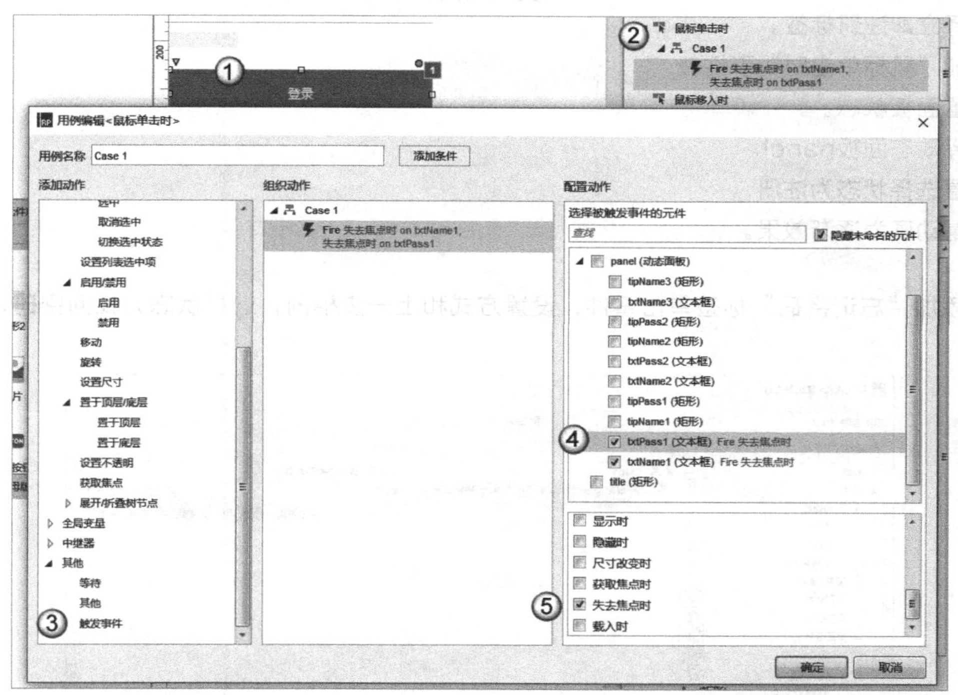

图11-146

① 选择“登录”按钮。

② 添加“鼠标单击时”事件。

③ 触发事件。

④ 选择要触发的输入框txtPass1。

⑤ 选择要触发的事件为“失去焦点时”事件。

（4）添加“立即注册”标签的单击事件，单击后动态面板panel切换到注册状态，如图11-147所示。

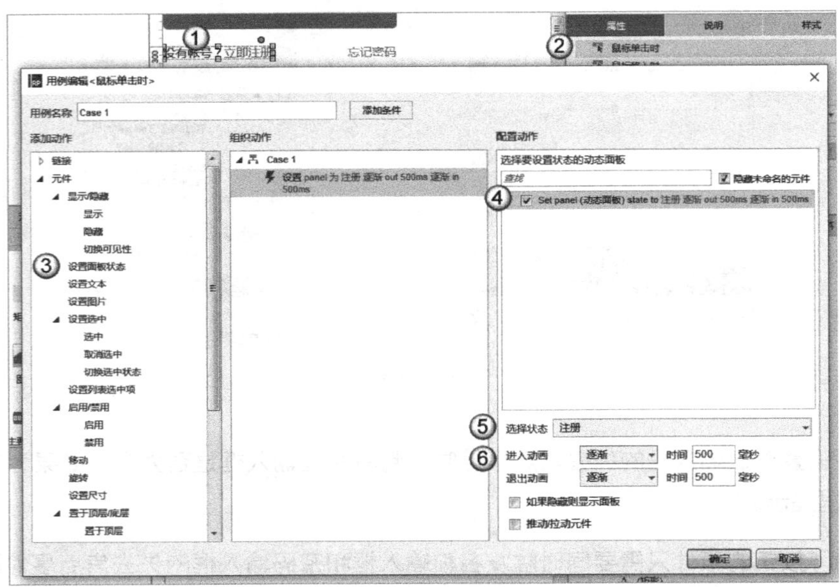

图11-147

① 选择立即注册标签。

② 添加“鼠标单击时”事件。

③ 设置面板状态。

④ 选择动态面板panel。

⑤ 设置选择状态为注册。

⑥ 设置动画为逐渐效果。

（5）添加“忘记密码”标签单击事件，设置方式和上一步相同，选择状态为找回密码，如图11-148所示。

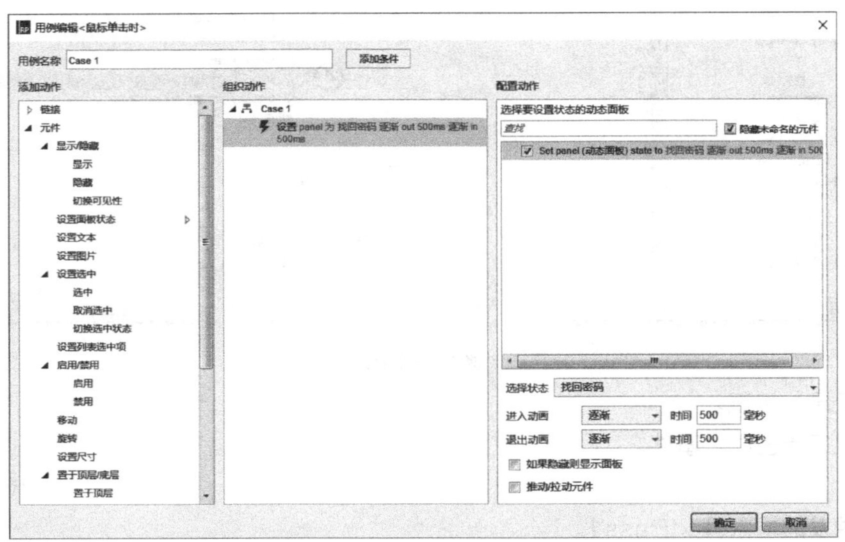

图11-148

05 “注册”界面事件处理

（1）“注册”界面的两个输入框和“注册”按钮事件、“登录”界面对应事件完全一致，因此直接复制事件并粘贴过来即可，修改显示/隐藏的“温馨提示”分别为tipName2和tipPass2，如图11-149所示。

（2）将“登录”按钮触发事件修改为触发txtName2和txtPass2，如图11-150所示。

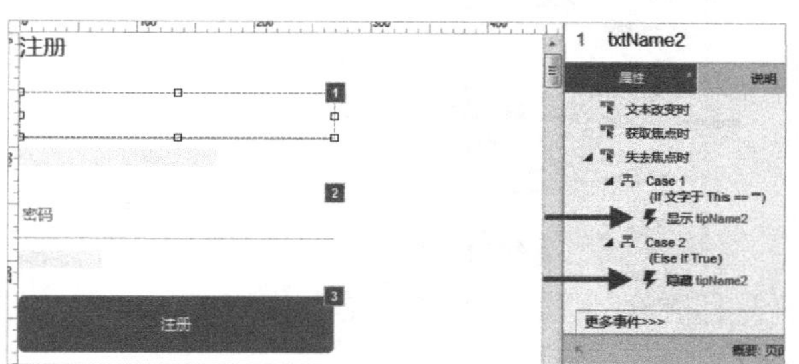

图11-149

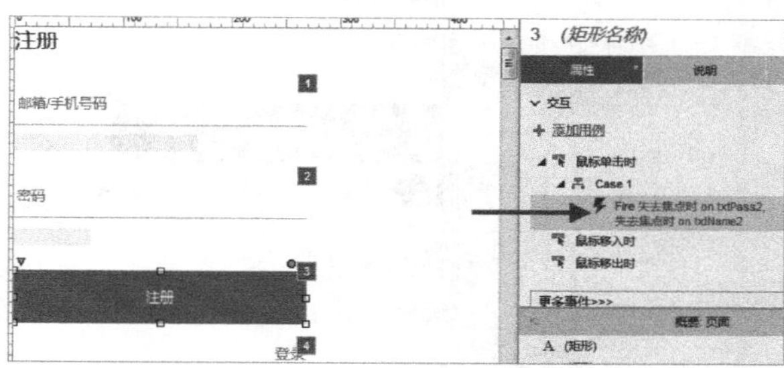

图11-150

（3）“登录”标签单击事件与“登录”界面的“立即注册”事件相同，只是状态选择“登录”即可，如图11-151所示。

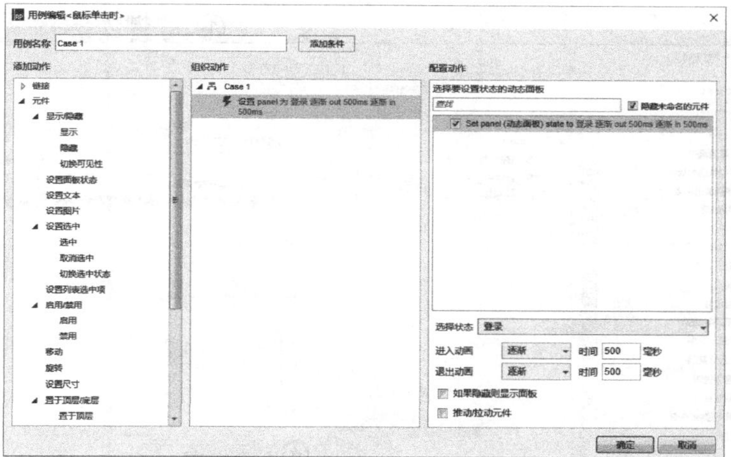

图11-151

06 “找回密码”界面事件处理

（1）“找回密码”界面的用户名事件也和上面相同，只是显示的“温馨提示”为tipName3，如图11-152所示。

（2）“找回密码”触发的事件是txtName3的失去焦点事件，如图11-153所示。

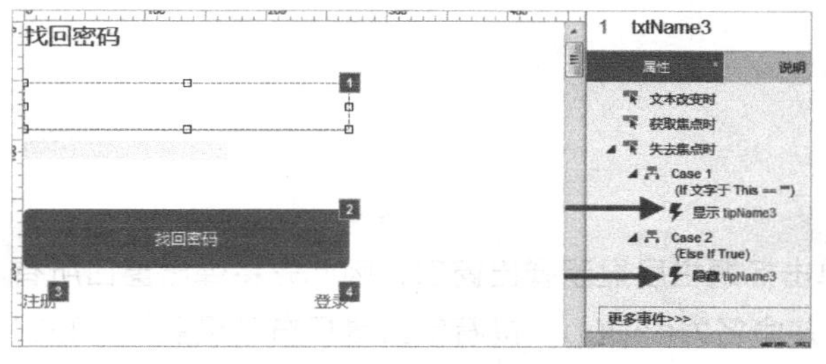

图11-152

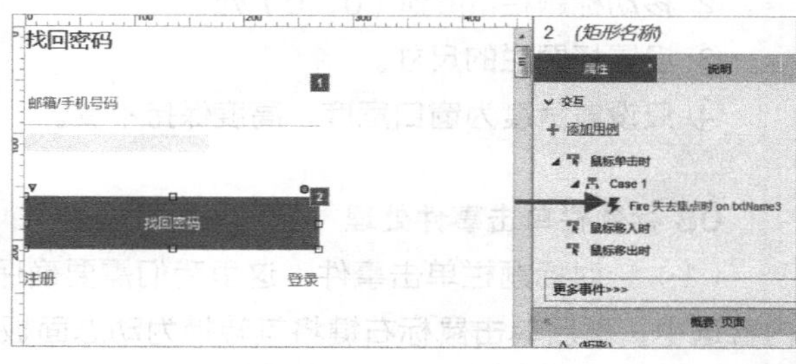

图11-153

（3）单击“注册”标签后动态面板panel切换到“注册”，单击“登录”标签后动态面板panel切换到“登录”，如图11-154所示。

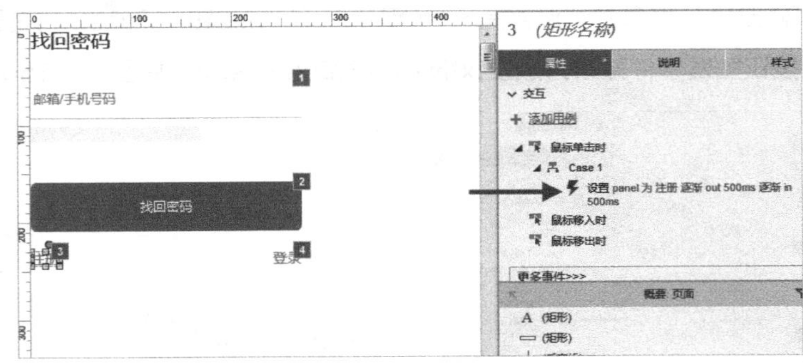

图11-154

07 页面加载事件处理

页面加载时，设置标题栏到（0,0）位置，并设置宽度和窗口宽度相同，如图11-155所示。

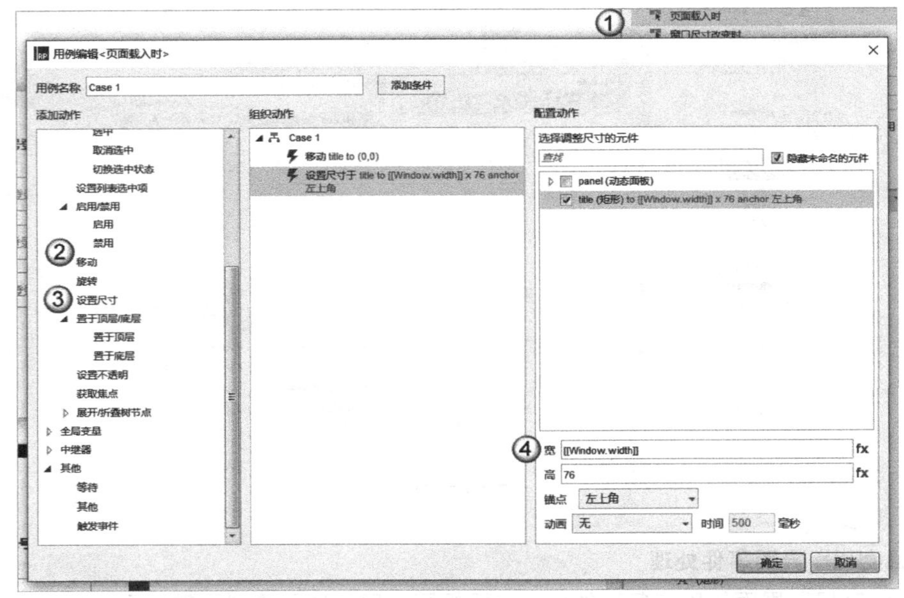

图11-155

① 单击页面空白处，添加“页面载入时”事件。

② 移动标题栏title到（0，0）处。

③ 设置标题栏的尺寸。

④ 只设置宽度为窗口宽度，高度保持不变。

08 标题栏单击事件处理

（1）针对标题栏单击事件，这里我们需要确保单击标题栏后显示弹出窗口，因此先将弹出窗口所有内容选中，然后单击鼠标右键将其转换为动态面板，并命名为popup，接着单击鼠标右键设置为隐藏状态，再设置动态面板的“固定到浏览器”属性，如图11-156所示。

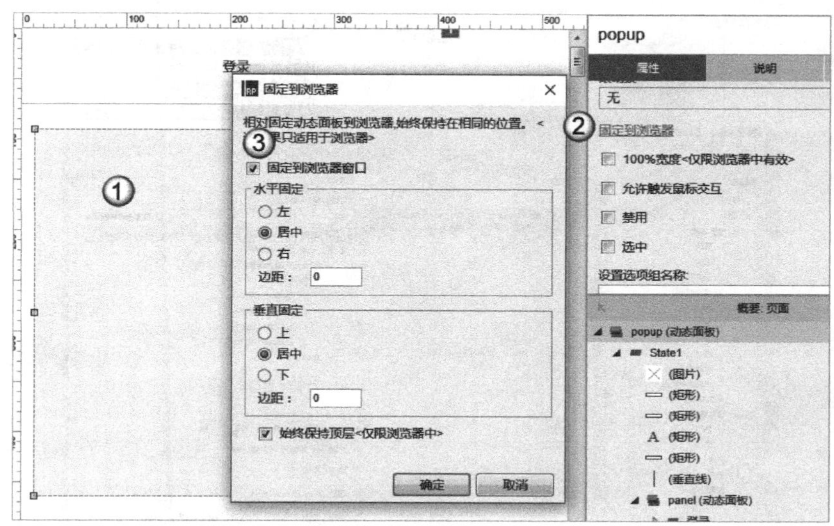

图11-156

① 选中动态面板popup。

② 设置固定到浏览器属性。

③ 从弹出窗口中勾选“固定到浏览器窗口”，设置水平居中和垂直居中。

（2）给标题栏添加单击事件，如图11-157所示。

图11-157

09 “弹出”窗口关闭事件处理

鼠标移动到弹出窗口的“关闭”按钮上时显示旋转动画，移入时顺时针相对旋转180度，移出时逆时针相对旋转180度，单击时隐藏弹出窗口popup，如图11-158所示。

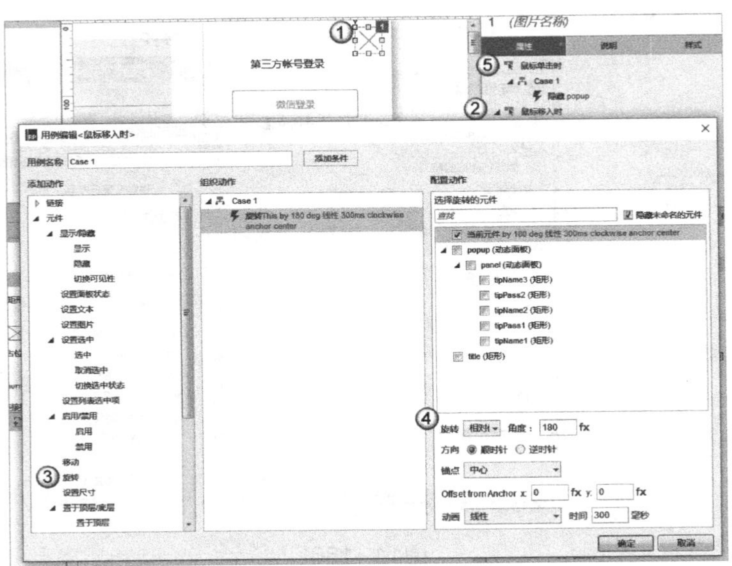

图11-158

① 选择“关闭”按钮。

② 添加“鼠标移入时”事件和“鼠标移出时”事件。

③ 旋转按钮。

④ 顺时针相对旋转180度（移出时相反，逆时针相对旋转180度）。

⑤ 单击时隐藏动态面板popup。

10 按快捷键F5预览

预览时，单击标题栏，弹出登录窗口，单击输入框，再离开输入框，单击“登录”按钮，预览效果如图11-159所示。

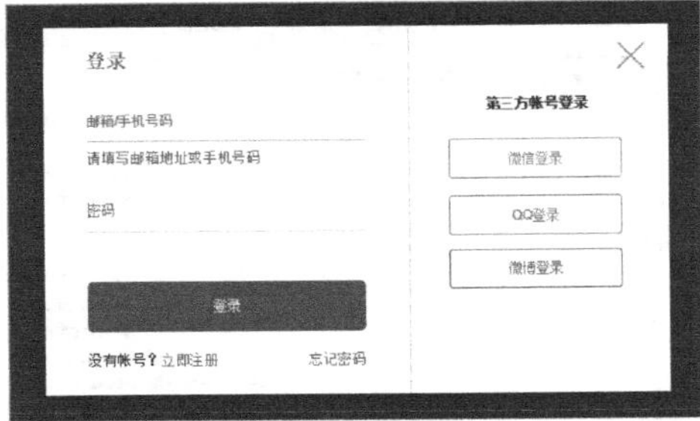

图11-159

11.11 小结

本章实例均来自真实的互联网产品，涵盖了Axure原型设计中的主要知识点，实现了常见的互联网产品原型及移动互联网原型中的场景。

希望读者通过对不同类型场景的原型练习，掌握应用技巧，了解这些产品为什么要这样设计，在交互和体验上有什么值得学习和借鉴之处，不断积累经验，并应用到实际的工作当中。

RP

12 TWELVE 微信Android客户端原型设计

本章以我们熟悉的微信 Android 客户端为例，讲解首页原型的设计步骤及方法，内容包括首页搜索、下拉菜单、导航栏、消息列表和好友聊天界面。为了体现产品原型设计的连贯性，我们还将针对启动画面、登录界面和登录后进入的微信首页的设计做相应的讲解。

- 元件库设计步骤
- 主导航菜单效果
- 动态面板的应用
- 中继器的应用
- 下拉菜单和弹出菜单的应用
- 弹出窗口的应用
- 九宫格图片缩放设置
- 鼠标单击、鼠标按下、鼠标长按、鼠标松开和文本改变事件
- 全局变量与本地变量的应用
- 字符串函数的应用
- 条件表达式的应用

12.1 概述

微信是一款在国内应用广泛的社交软件，微信聊天、微信发红包以及刷微信朋友圈等已成为人们日常生活的一部分。

启动页面　　登录页面　　好友列表　　好友聊天

图12-1

首先，我们对微信Android客户端原型设计中的公共元件的制作方法进行讲解，因为它们在后续设计环节的多个模块中会被多次应用。

微信Android客户端原型设计涉及的4大功能模块包括“微信”“通讯录”“发现”和“我”，其中最主要的设计环节位于微信首页，而其他需要实现的主要功能点如下表所示。

一级功能	二级功能	功能说明	涉及知识点
公共元件库设计	绿色按钮	主要按钮	交互样式设置
	浅灰色按钮	次要按钮	交互样式设置
	返回箭头	标题栏返回箭头	截图工具的应用
	输入框	只有下边框的输入框	样式设置
	标题栏	通用标题栏	样式设置
	搜索框	通用搜索框	交互样式设置
	文字气泡	绿色和白色背景的气泡	固定边角范围
	弹出提示信息框	半透明弹出提示信息框	动态面板、交互样式
	输入法键盘	输入法弹出框	动态面板、字符串函数、判断条件、表达式、变量
	照片选择列表	从列表中选择图片	中继器、选中属性
	开关选项	设置功能中的开关按钮	选中属性、透明度设置
	扫一扫	二维码等扫描界面	循环处理
用户登录	启动界面	显示启动画面，等待两秒后进入登录界面	等待处理
	登录界面	用户登录验证	动态面板

续表

一级功能	二级功能	功能说明	涉及知识点
微信首页	首页布局	首页的标题栏、背景	公共元件、样式
	主导航	微信、通讯录、发现和我4个模块，左右滑动切换	动态面板
	微信搜索	单击显示搜索界面，可搜索朋友圈、文章和公众号	当前窗口打开新页面
	微信菜单	单击右上角的⊞按钮显示下拉菜单，包括发起群聊、添加朋友、扫一扫、收付款、帮助与反馈子菜单。	动态面板、显示与隐藏
	添加朋友	包括雷达加朋友、面对面建群	交互样式设置
	扫一扫	开启摄像头，使用扫一扫功能，包括扫码、扫封面、扫街景和翻译4个功能	循环处理方式、移动动画
	消息列表	包括个人会话、群聊和订阅号3种类型数据，长按列表项弹出操作菜单	中继器、交互样式、动态面板
	好友聊天	显示对话消息列表，文字输入与语音切换	中继器、动态面板、条件表达式

12.2 准备工作

在开始设计之前，我们先对本章涉及的常用操作做一下说明，在后面的步骤讲解中将不再赘述。

12.2.1 截图功能的应用

在原型设计中，截图功能是使用最频繁的功能之一，而截取的图片主要用来参考颜色和布局，或者是应用其中的图像。

截图的操作步骤如下。

（1）打开要截取的图片，或者软件的界面，如图12-2所示。

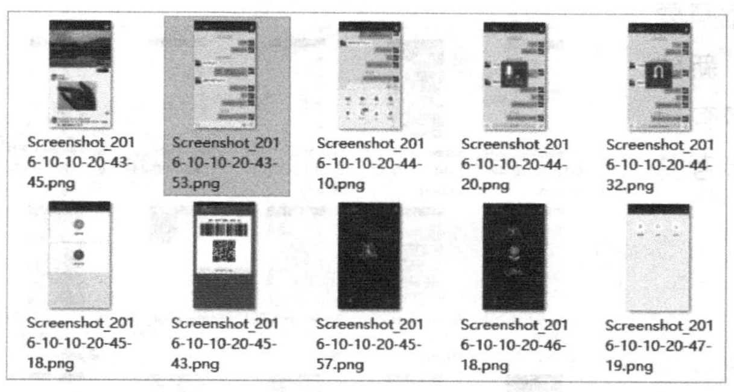

图12-2

（2）打开图12-2所示的第2张图片，使用具有截图功能的软件（如QQ软件）截取需要的图片，如图12-3所示。

（3）单击“完成”按钮后，截取的图片即存储在系统剪切板中，然后在Axure的设计区域按快捷键Ctrl+V粘贴到指定位置即可，如图12-4所示。

图12-3

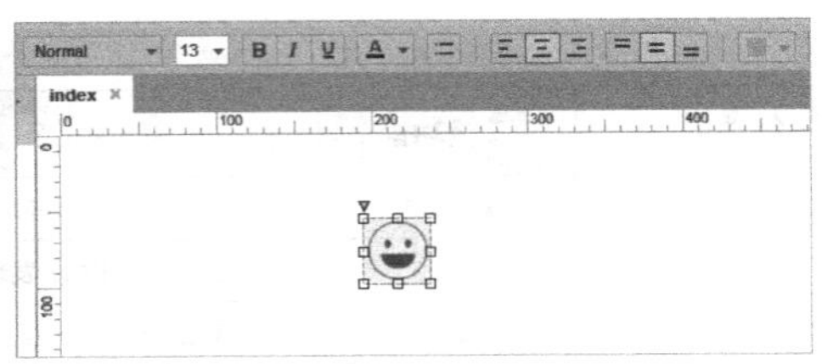

图12-4

12.2.2 吸管工具的应用

如我们想让矩形区域的背景色与截图图标背景色一致，可使用“吸管工具”吸取图标的背景色作为矩形区域的背景色，避免通过肉眼观察并设置颜色所带来的不准确性，如图12-5所示。具体方法请参考本书第3章中的“3.6　吸管工具的使用”。

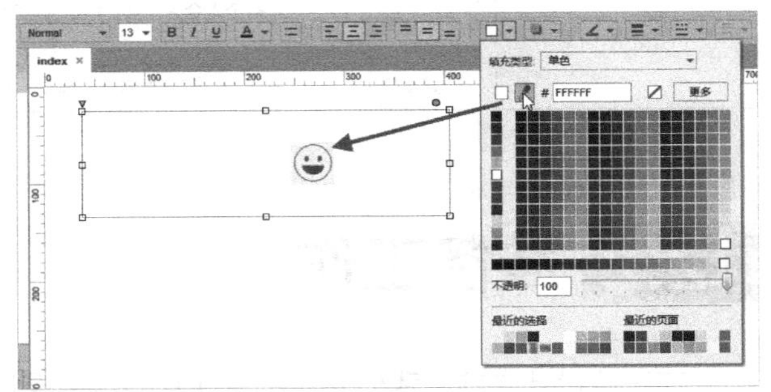

图12-5

12.2.3 客户端截图准备

为了获取微信客户端各个界面上的颜色和图标等资源，需要先在手机上打开微信Android客户端，然后对需要的界面进行截图，再将手机上保存的截图发到电脑上。在设计过程中可通过“吸管工具”吸取截图中的颜色，或者截取截图中的图标等资源。

图12-6所示的是根据需要截取的一些图片。例如，新建按钮元件时，只要打开带有绿色按钮的截图，就可以参考并吸取相应的颜色。

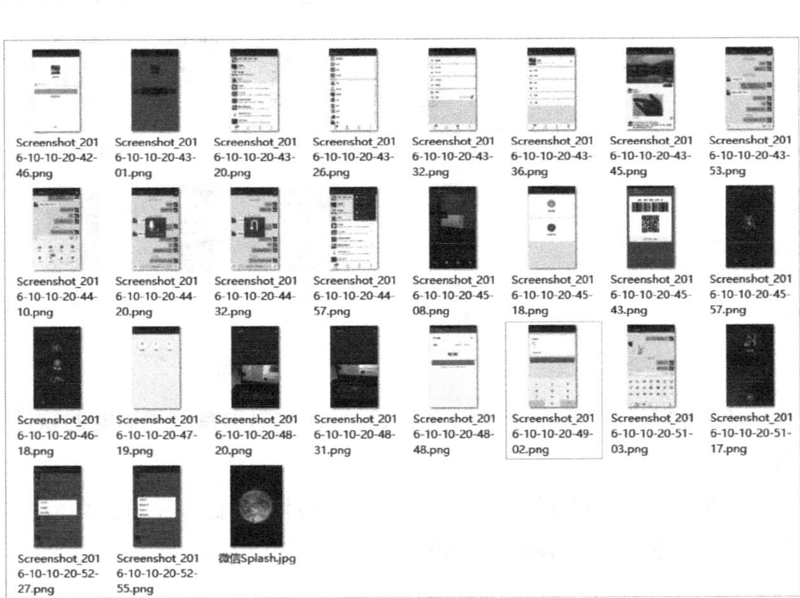

图12-6

12.3 设计公共元件库

在开始微信Android客户端的原型设计之前，我们先设计一个公共的元件库，如通用按钮、标题栏、输入框和开关选项等，这些元件在微信Android客户端原型设计中会被多次使用。

为了统一原型的尺寸，默认微信Android手机客户端的分辨率为480×800，且后面的相关元件也参考此尺寸设计。

12.3.1 新建元件库

从元件库的菜单中选择“创建元件库...”选项，在弹出的“保存Axure RP元件库”对话框中输入元件库的名称“微信Android元件库”，如图12-7所示。

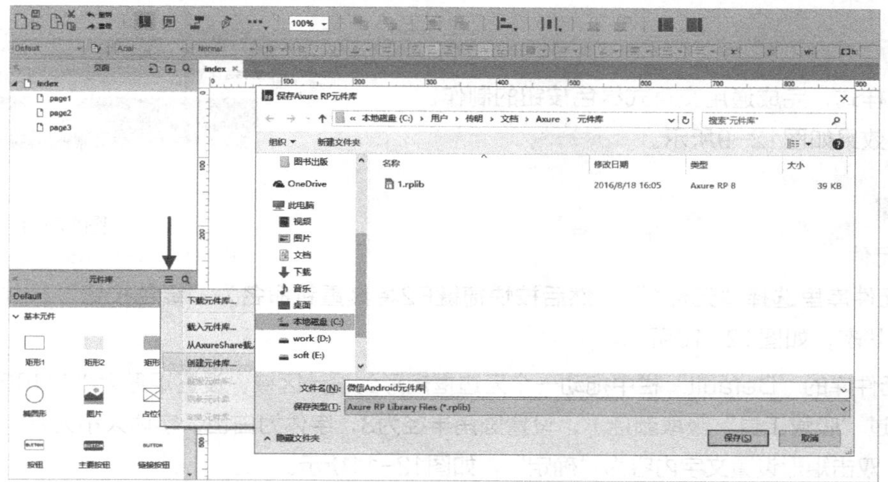

图12-7

此时系统会重新打开一个Axure实例，启动一个新的工作环境，并默认建立一个新的元件即“新元件1”，当前元件库也会默认加载这个新的元件库，如图12-8所示。

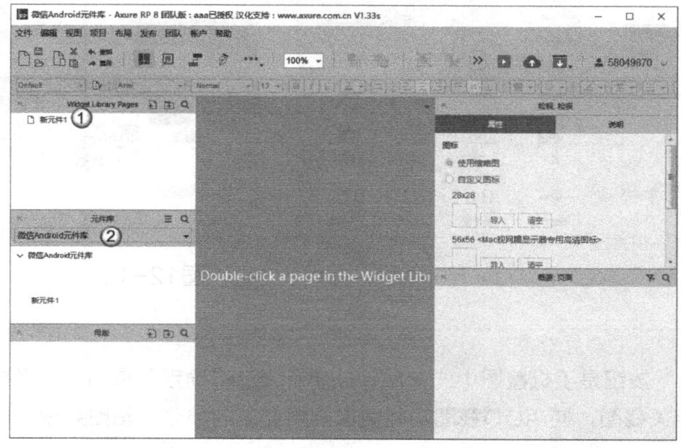

图12-8

12.3.2 设计元件库内容

元件库内包括11个基本自定义元件，这些自定义的元件可以在各个模块中被多次使用，因此被提取出来设计成公共元件，方便重复使用。

实例：制作绿色按钮

实例位置	实例文件>CH12>微信Android元件库.rp#制作绿色按钮
难易指数	★★☆☆☆
技术掌握	交互样式设置、吸管工具的应用
思路指导	设置矩形框的基本样式和交互样式即可

我们所要制作的按钮是一个绿色背景白色文字的矩形按钮，鼠标单击时显示深色背景浅色文字，即带有交互样式效果。

★ 实例目标

设置交互样式，完成通用交互式绿色按钮的制作。

完成后的效果如图12-9所示。

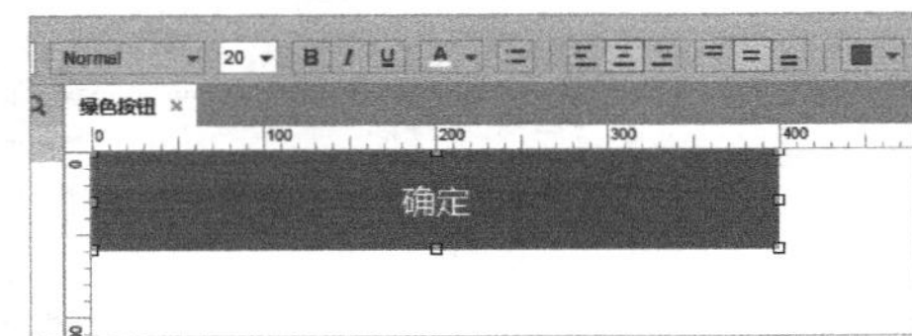

图12-9

★ 实例步骤

01 新建元件

（1）从元件库里选择“元件1”，然后按快捷键F2将其重新命名为“绿色按钮”，并双击“绿色按钮”进入编辑状态，如图12-10所示。

（2）从元件库的“Default”栏中拖动一个无边框矩形到设计区域，设置矩形大小为400×60，设置背景为绿色（通过“吸管工具”吸取颜色），设置圆角半径为3，字体为白色，字体大小为20，且将字体放在（0,0）位置，双击矩形设置文字内容为“确定”，如图12-11所示。

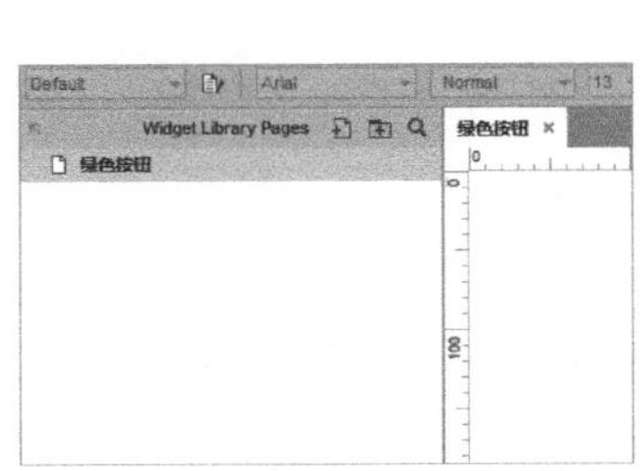

图12-10

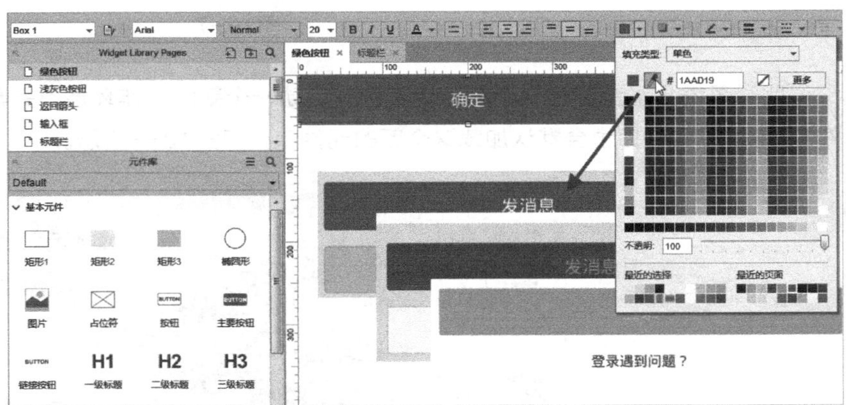

图12-11

> **提示**
>
> “转账”及“发消息”按钮是手机截图中的一部分，用于设计“确定”按钮时参考按钮的默认状态及按下时的颜色。设置时，打开相关截图，使用QQ截图功能截取需要参考的部分，粘贴到设计区域，参考并设置完成之后再予以删除。

02 交互样式

（1）选择绿色矩形，单击鼠标右键选择“交互样式...”选项，在弹出的窗口中设置“鼠标按下”时颜色为深绿色，设置文字颜色为浅绿色，如图12-12所示。

（2）同理，设置按钮的“禁用”状态为浅绿色背景，设置文字颜色为灰色，如图12-13所示。

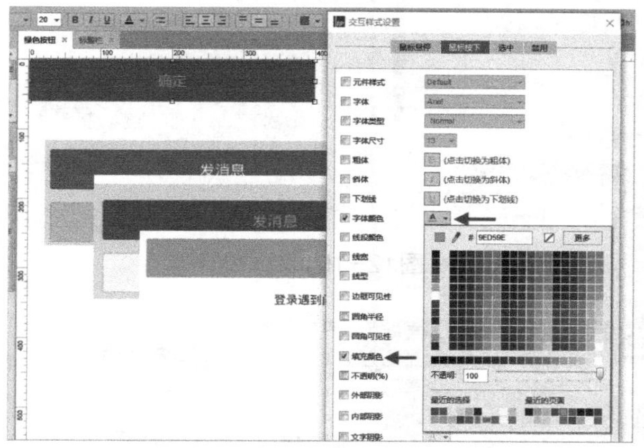

图12-12

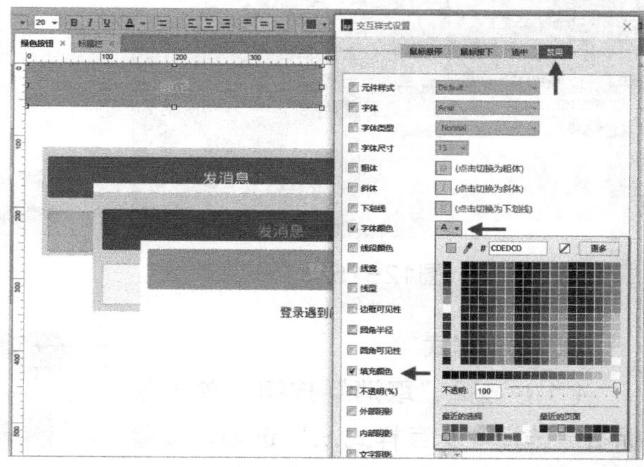

图12-13

（3）将以上操作完成之后，删除按钮下方用于参考的截图，完成设置。

实例：制作浅灰色按钮

实例位置	实例文件>CH12>微信Android元件库.rp#制作浅灰色按钮
难易指数	★★☆☆☆
技术掌握	交互样式设置、吸管工具的应用
思路指导	同绿色按钮一样，属于基本样式设置和交互样式设置

在微信Android客户端原型设计当中，浅灰色按钮一般与绿色按钮配合使用，如绿色按钮表示“发消息”，浅灰色按钮表示“取消”。

★ 实例目标

设置交互样式，完成通用交互式浅灰色按钮的制作。

完成后的效果如图12-14所示。

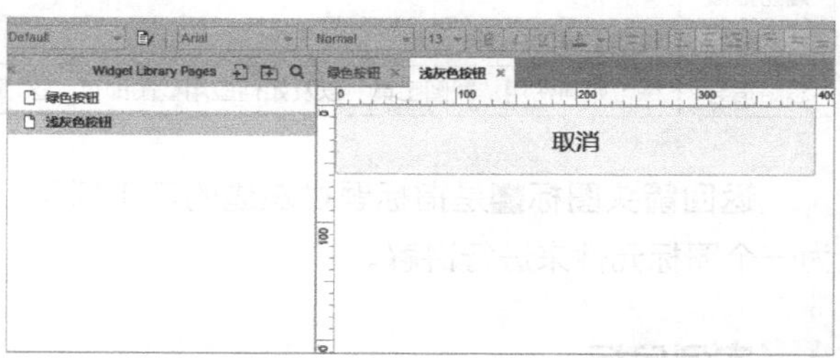

图12-14

★ 实例步骤

01 新建元件

（1）单击Widget Library Pages右边的“添加元件”按钮，新增一个元件，如图12-15所示。

（2）修改按钮名称为“浅灰色按钮”，双击打开进入编辑状态。从元件库的“Default”栏中拖动一个有边框矩形，设置矩形大小为400×60，背景颜色为浅灰色，圆角半径为3，边框为灰色，字体大小为20，并置于（0,0）位置，双击矩形设置内容为“取消”，如图12-16所示。

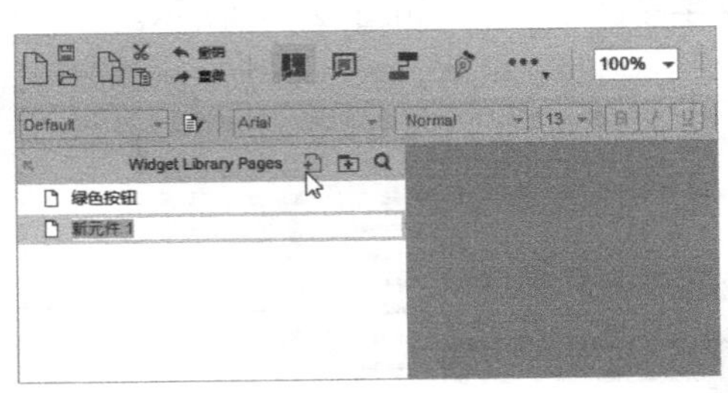

图12-15

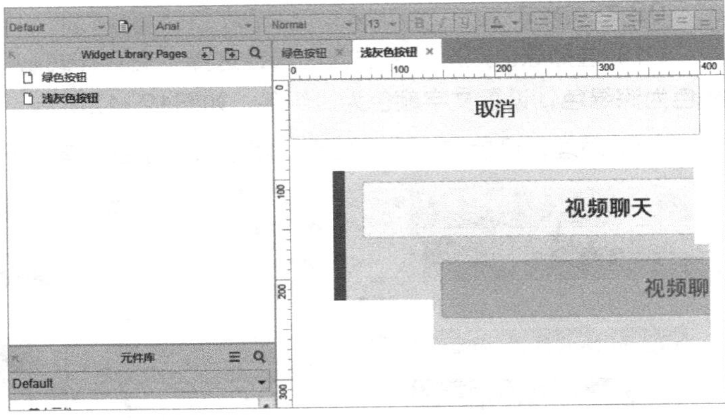

图12-16

02 交互样式

（1）选择“取消”按钮，单击鼠标右键选择“交互样式...”选项，设置“鼠标按下”时按钮颜色为浅灰色，字体颜色为深灰色，如图12-17所示。

（2）删除“取消”按钮下方的两个临时截图，完成设置。

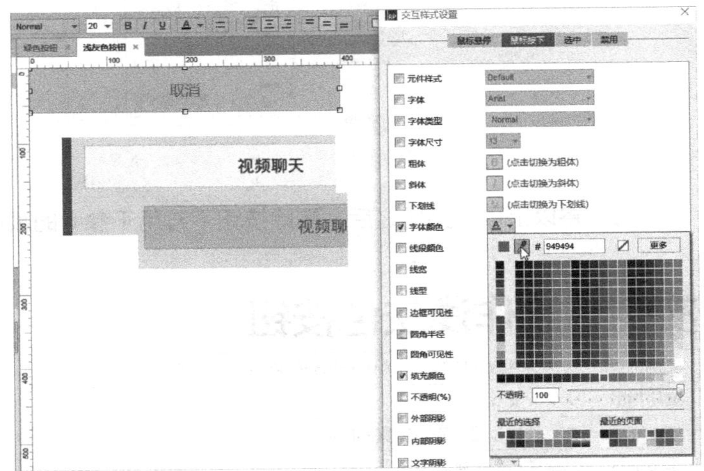

图12-17

实例：制作返回箭头图标

实例位置	实例文件>CH12>微信Android元件库.rp#制作返回箭头图标
难易指数	★☆☆☆☆
技术掌握	截图工具的应用
思路指导	练习如何使用“截图工具”以及如何应用截图即可，这项技能简单但很重要，可以极大地提高原型设计与制作效率

返回箭头图标是指标题栏左边的用于返回上一页面的图标，使用场景较多，因此这里将其单独作为一个图标元件来进行讲解。

★ 实例目标

利用截图功能从微信Android手机客户端的完整截图中获取返回箭头图标，并完成设置。

完成后的效果如图12-18所示。

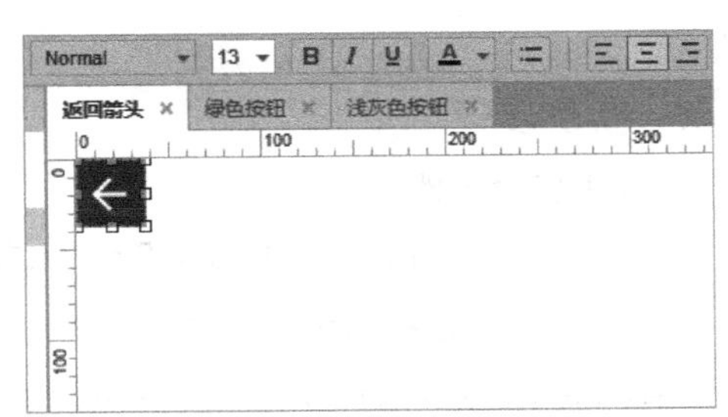

图12-18

★ 实例步骤

01 新建元件

单击Widget Library Pages右边的“添加元件”按钮，新增一个元件，并重新命名为“返回箭头”，如图12-19所示。

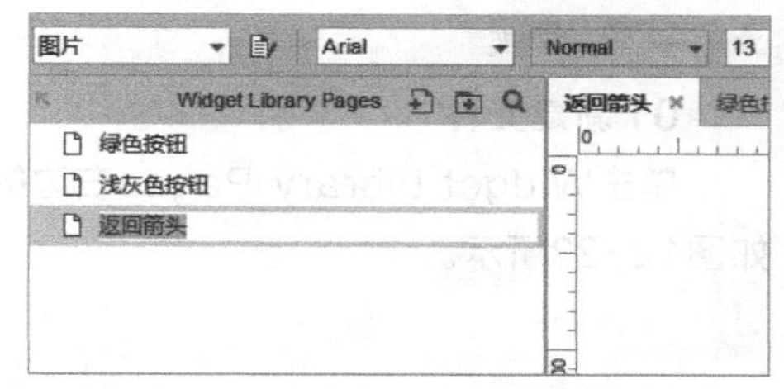

图12-19

02 截取图标

（1）打开之前准备好的手机截图，通过QQ截图功能截取标题栏中的返回箭头图标，如图12-20所示。

（2）将截取好的返回箭头图标粘贴在“返回箭头”元件的编辑界面中，如图12-21所示。

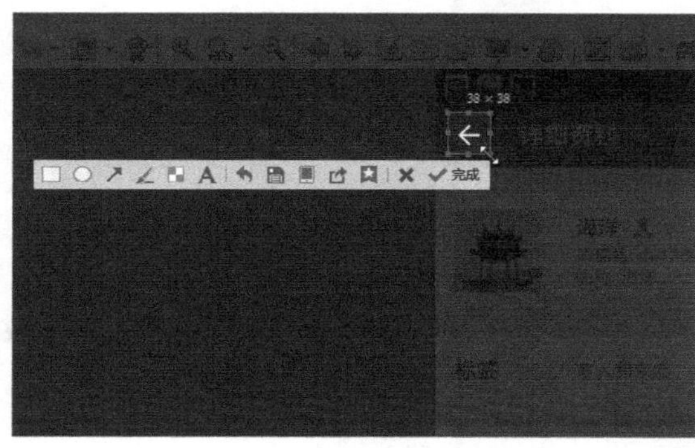

图12-20

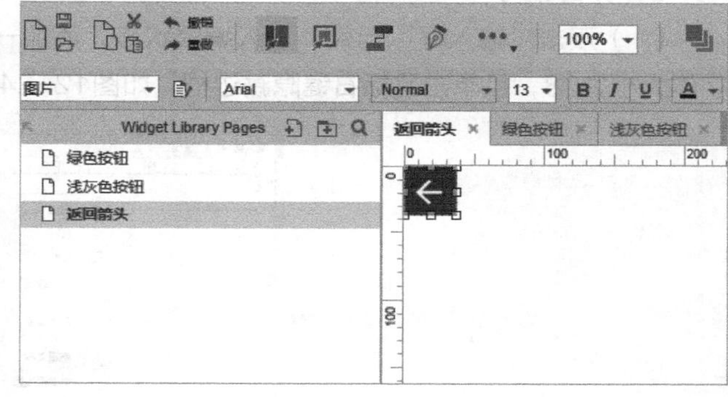

图12-21

（3）将图标移动到（0，0）位置，设置完成。

实例：制作输入框

实例位置	实例文件>CH12>微信Android元件库.rp#制作输入框
难易指数	★★★☆☆
技术掌握	鼠标获得焦点和失去焦点事件、交互样式
思路指导	只需要设置元件的交互样式，在元件获得焦点和失去焦点时改变元件的选中属性

这里所说的输入框是指一个只有下边框的输入元件，默认时下边框颜色为灰色，在输入框获得焦点时，下边框颜色为绿色。

★ 实例目标

将两个基本元件组合成一个复合的输入元件。

完成后的效果如图12-22所示。

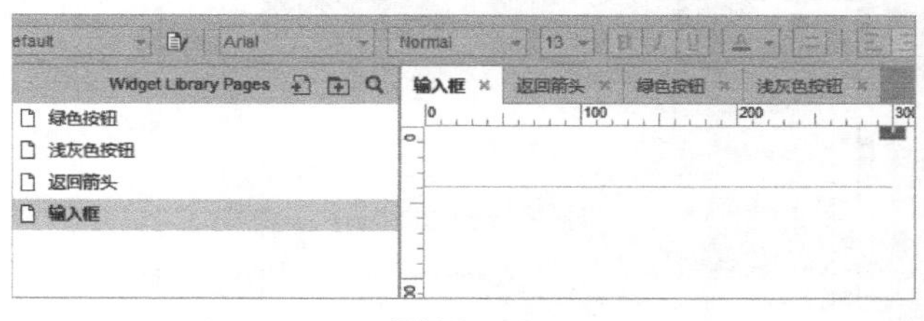

图12-22

★ 实例步骤

01 新建元件

单击Widget Library Pages右边的“添加元件”按钮，新增一个元件，重新命名为“输入框”，如图12-23所示。

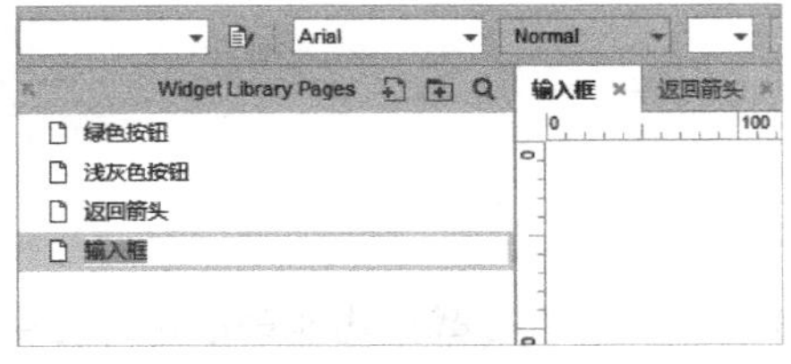

图12-23

02 界面布局

（1）双击“输入框”元件，进入编辑状态，添加一个输入框，设置框体大小为300×40，输入框内字体大小为28，且单击鼠标右键隐藏边框，如图12-24所示。

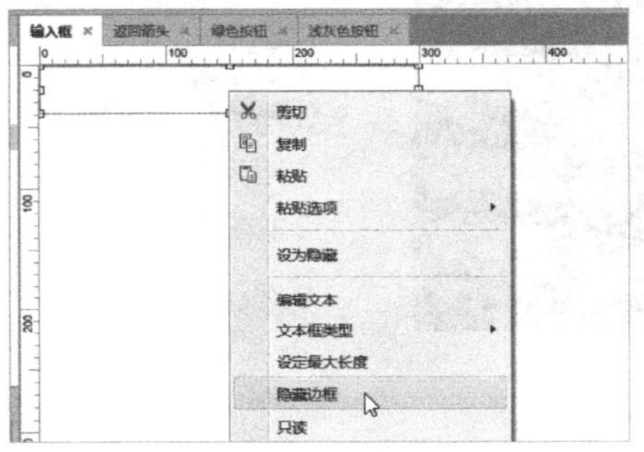

图12-24

（2）在输入框下方添加一条水平线，并命名为line，保持宽度和输入框宽度一致，设置线宽为300，设置线条颜色为灰色，如图12-25所示。

（3）选择水平线，单击鼠标右键设置交互样式，设置选中时样式为绿色，如图12-26所示。

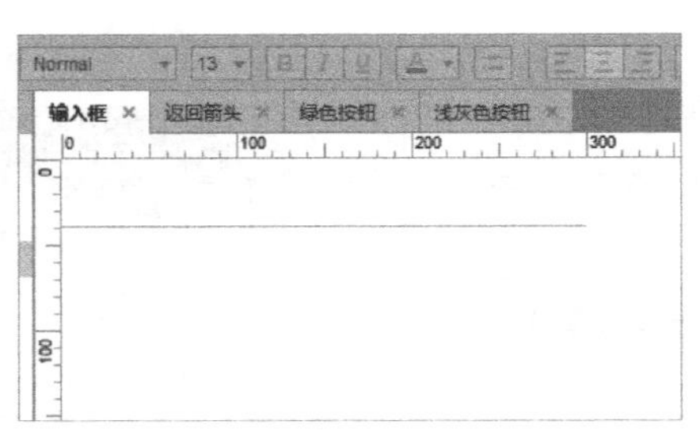

图12-25

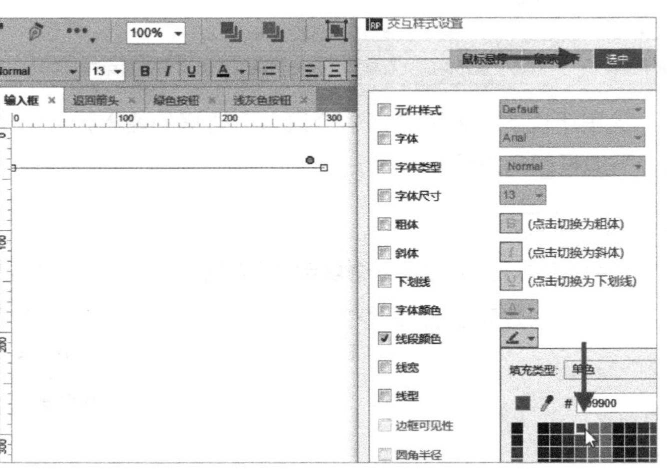

图12-26

03 事件处理

（1）选择输入框，添加“获取焦点时”事件，设置下方的水平线line为选中状态，如图12-27所示。

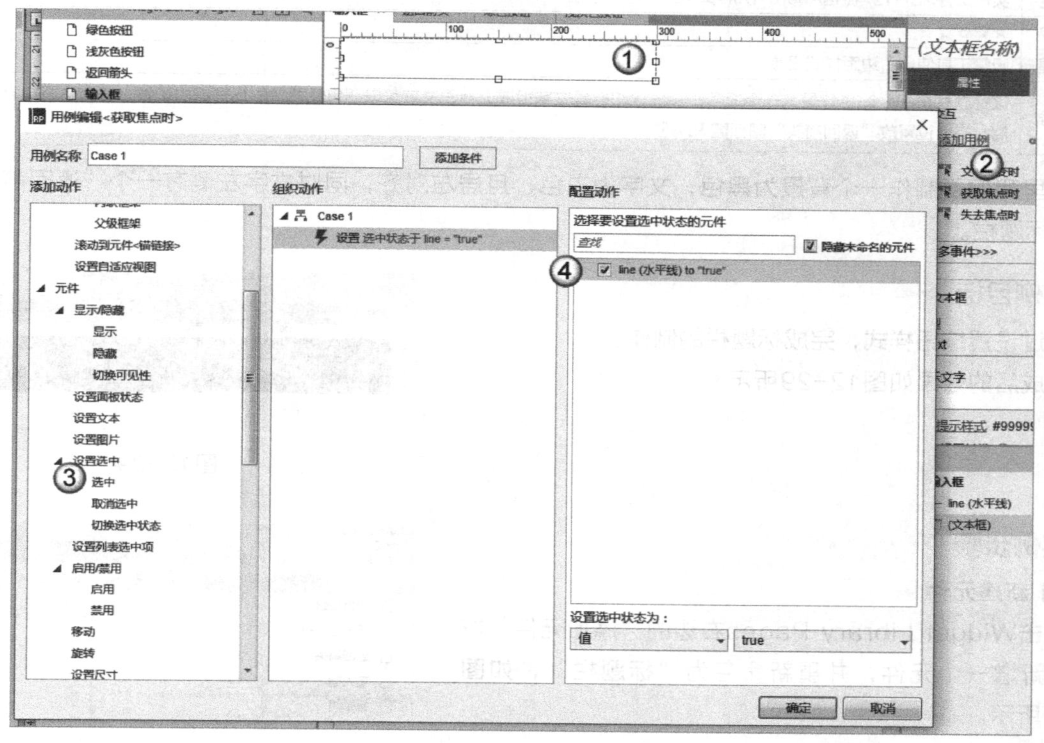

图12-27

① 选择输入框。

② 添加“获取焦点时”事件。

③ 设置水平线的选中状态。

④ 选择水平线line。

（2）选择输入框，添加“失去焦点时”事件，设置水平线为取消选中状态，如图12-28所示。

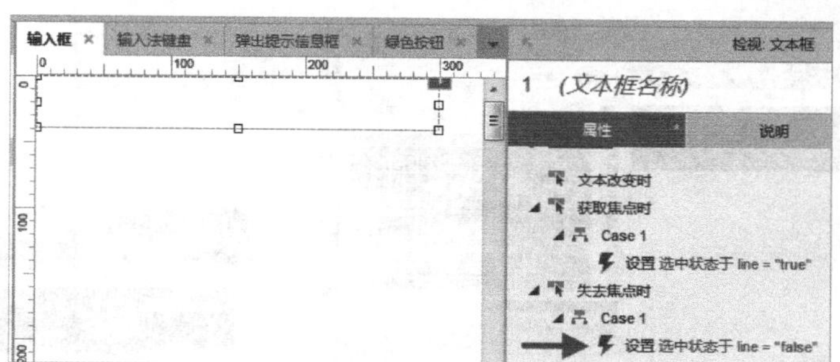

图12-28

04 按快捷键F5预览

按快捷键F5预览，在输入框中单击鼠标左键，再离开输入框，查看交互效果。

实例：制作标题栏

实例位置	实例文件>CH12>微信Android元件库.rp#制作标题栏
难易指数	★★☆☆☆
技术掌握	吸管工具使用、边距样式设置
思路指导	该标题栏由一个黑色背景、一个返回箭头图标和标题文字组成，标题文字可以在黑色背景的矩形框内设置，使文字距左边框一定距离，空出位置放“返回箭头”图标 和分割线

这里我们要制作一个背景为黑色，文字为白色，且居左对齐，同时文字左侧有一个“返回箭头”图标的标题栏。

★ 实例目标

通过设置按钮样式，完成标题栏的制作。

完成后的效果如图12-29所示。

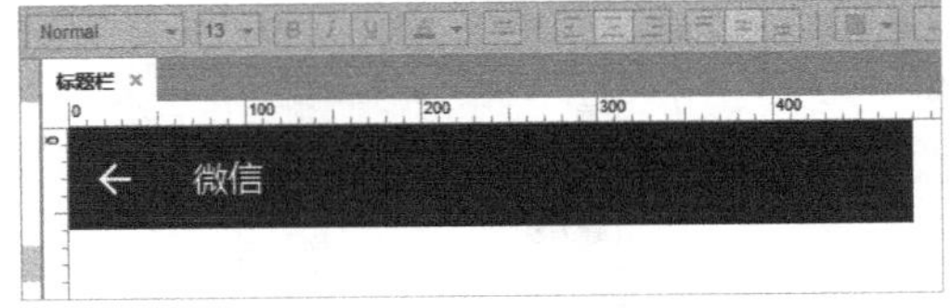

图12-29

★ 实例步骤

01 新建元件

单击Widget Library Pages右边的“添加元件”按钮，新增一个元件，并重新命名为“标题栏”，如图12-30所示。

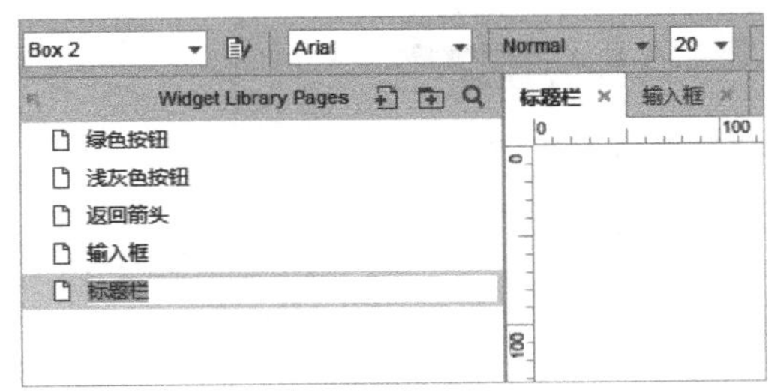

图12-30

02 界面布局

（1）添加一个无边框矩形，设置矩形大小为480×60，且保持背景色与微信标题栏的颜色一致，设置文字颜色为白色，文字大小为20，文本为左对齐样式，且左边距为70，如图12-31所示。

（2）复制12.3小节中的“实例：制作返回箭头图标”中制作好的“返回箭头”图标，放在矩形框左侧，然后在箭头右侧添加一条深黑色竖线，如图12-32所示。

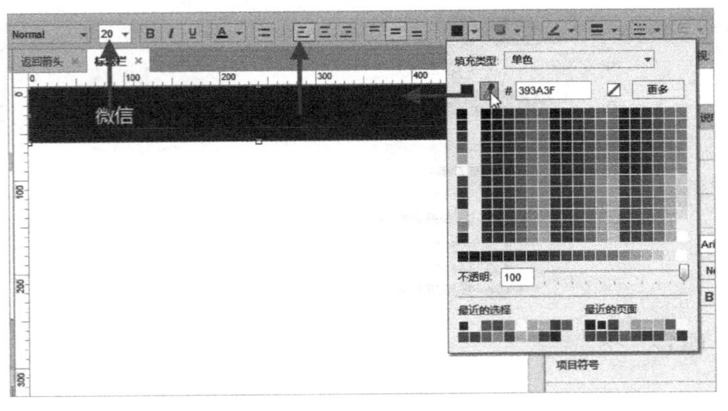

图12-31

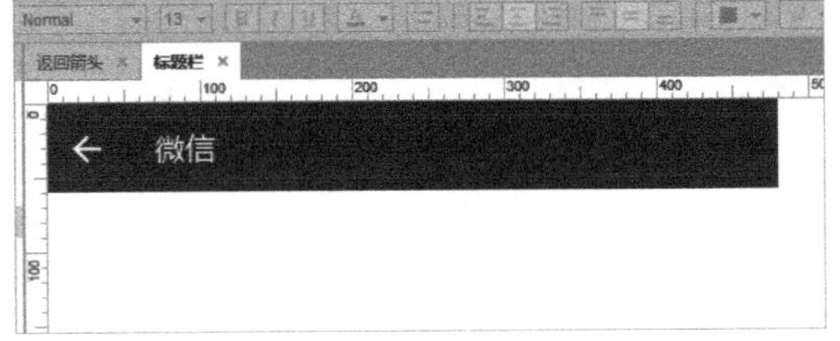

图12-32

（3）完成以上操作之后，标题栏制作完成。

实例：制作白色/绿色文字气泡背景

实例位置	实例文件>CH12>微信Android元件库.rp#制作白色/绿色文字气泡背景
难易指数	★★★☆☆
技术掌握	元件旋转、调整元件形状、转换为图片、固定边角范围
思路指导	制作气泡背景的关键是用好图片的“固定边角范围”功能，即“9宫格图片缩放”功能，该功能可在改变图片大小时，图片的4个角不会发生比例变化而影响显示效果

这里我们要制作的是在会话窗口发送文字内容时显示的文字气泡背景，且需要自己发送的文字气泡背景和对方文字气泡背景的颜色不一样。

★ 实例目标

调整元件形状模拟气泡背景，并通过固定图片边角范围的方式，在调整气泡大小时避免出现变形的情况。完成后的效果如图12-33所示。

★ 实例步骤

01 新建元件

单击Widget Library Pages右边的“添加元件”按钮，并新增一个元件，重新将元件命名为“白色气泡背景”，如图12-34所示。

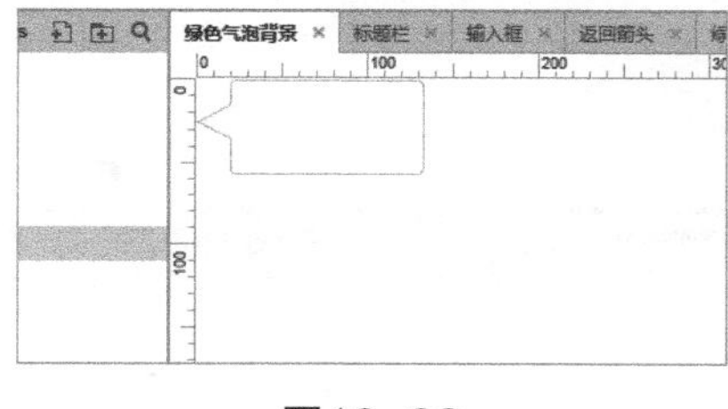

图12-33

图12-34

02 界面布局

（1）添加一个有边框矩形，选择带下方箭头的样式，如图12-35所示。

（2）调整箭头和矩形的大小，设置边框颜色为浅灰色，圆角半径为4，背景颜色通过“吸管工具”吸取，如图12-36所示。

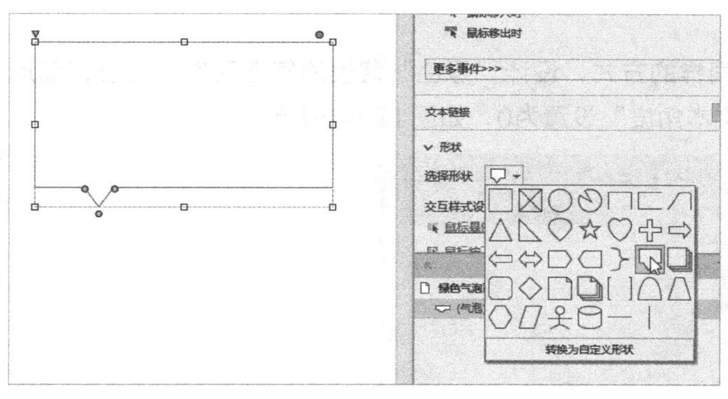

图12-35

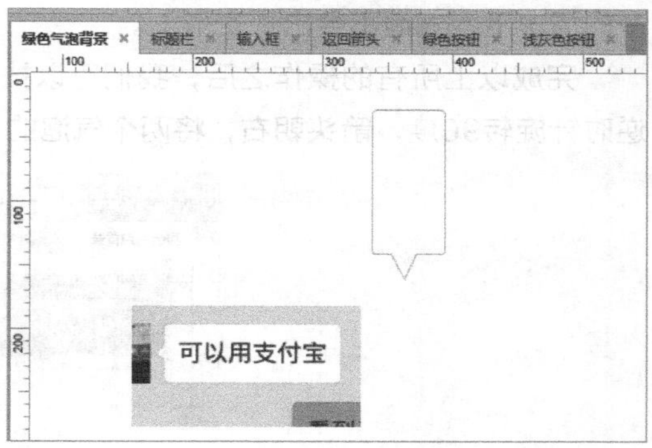

图12-36

（3）选择形状，并单击鼠标右键转换为图片，如图12-37所示。

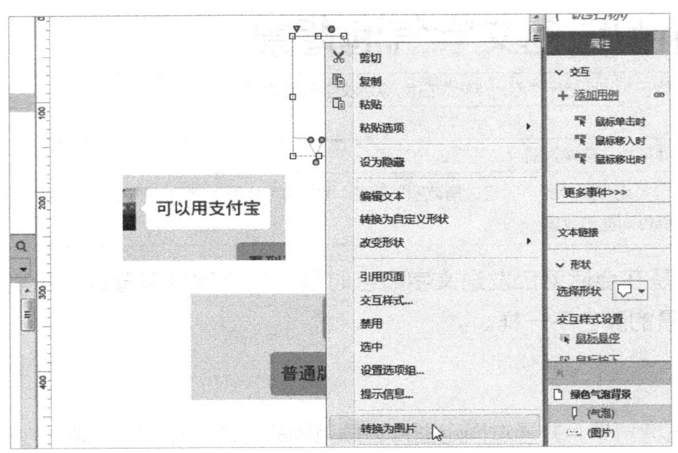

图12-37

（4）选择该图形，单击鼠标右键选择“固定边角范围”选项，此时在图形上方会出现用来调整范围的小三角箭头，然后单击箭头并做适当调整，此时会出现两条水平和两条垂直的红色调整线，将下方箭头移至红色相交线的左下角，如图12-38所示。

（5）将光标移到图形周边任意的控制点上，按住Ctrl键，当出现旋转箭头时，将图形顺时针旋转90度，如图12-39所示。

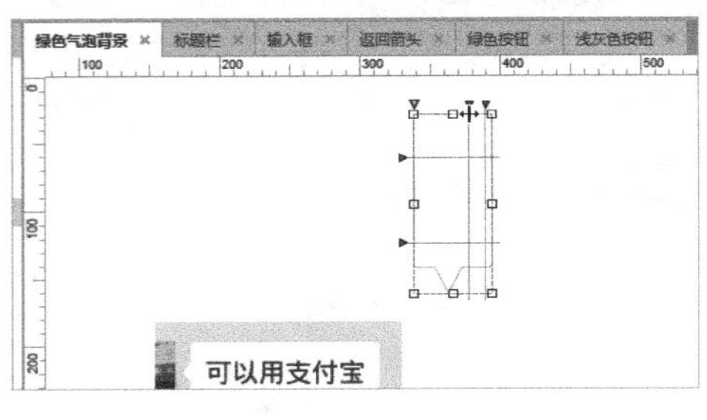

图12-38

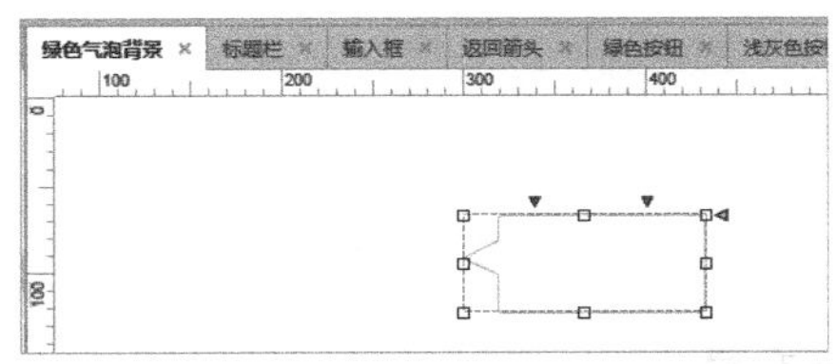

图12-39

03 按快捷键F5预览

在预览时，当拖动右下角的控制点改变大小时，文字气泡的形状不会发生改变（即在输入的文字较多的情况下，气泡不会出现变形）。

完成以上所有的操作之后，我们可以按照同样的方式，设计“绿色”背景的气泡元件。注意将图形逆时针旋转90度，箭头朝右，将两个气泡的“文本角度”设置为0，如图12-40所示。

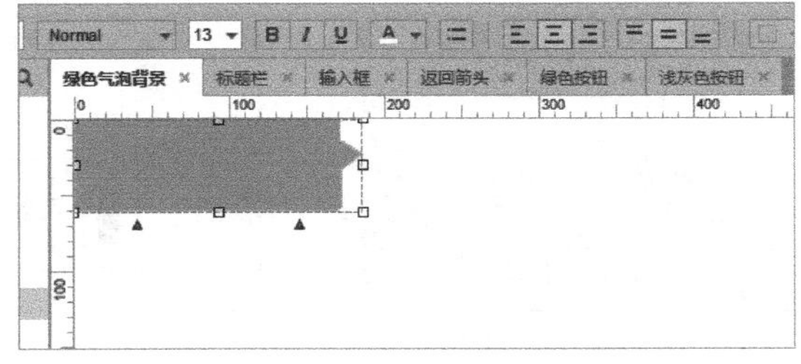

图12-40

实例：制作提示信息弹出框

实例位置	实例文件>CH12>微信Android元件库.rp#制作提示信息弹出框
难易指数	★★☆☆☆
技术掌握	显示与隐藏、样式设置
思路指导	在对微信客户端进行长时间操作后，会显示一个黑色半透明的信息提示框，操作完成后会自动消失，且会出现在多个场景，所以应设置为元件并放入元件库中，以提高工作效率

这里我们要制作的是一个黑色半透明背景，白色文字，且显示两秒后会自动消失的提示信息弹出框。

★ 实例目标

显示与隐藏弹出的提示信息。

完成后的效果如图12-41所示。

图12-41

★ 实例步骤

01 新建元件

单击Widget Library Pages右边的“添加元件”按钮，新增一个元件，重新命名为“弹出提示信息框”，如图12-42所示。

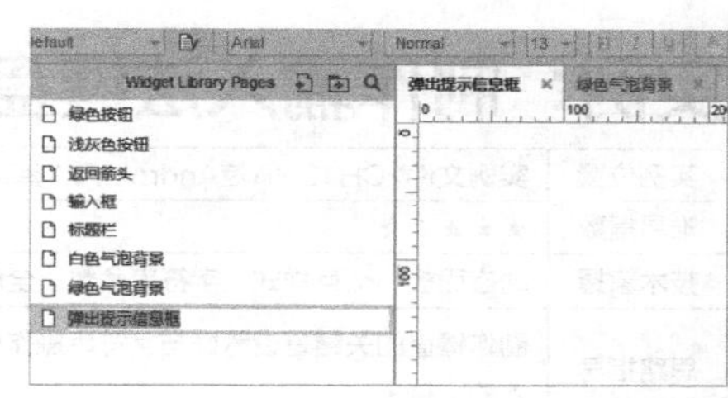

图12-42

02 界面布局

（1）双击新添加的元件，进入编辑界面，添加一个无边框矩形，并命名为txtMsg，设置矩形为黑色半透明状态，设置矩形大小为200×80，圆角半径为8，设置文字内容为“提示信息...”，文字大小为18，文字颜色为白色，位置为（0,0），如图12-43所示。

（2）选择矩形，单击鼠标右键将其转换为动态面板，并命名为tips，设置“固定到浏览器”属性为水平居中和垂直居中，如图12-44所示。

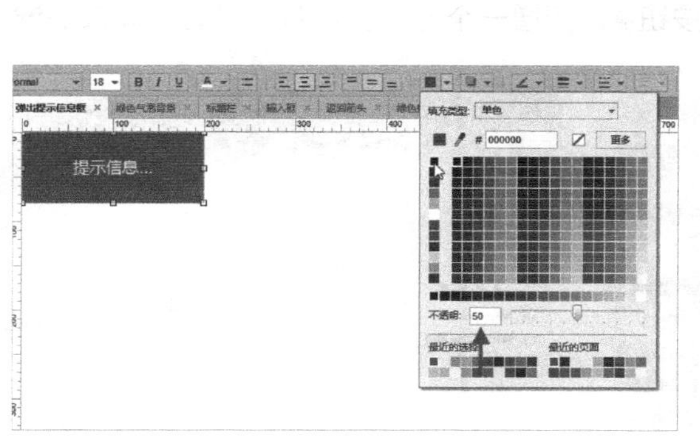

图12-43

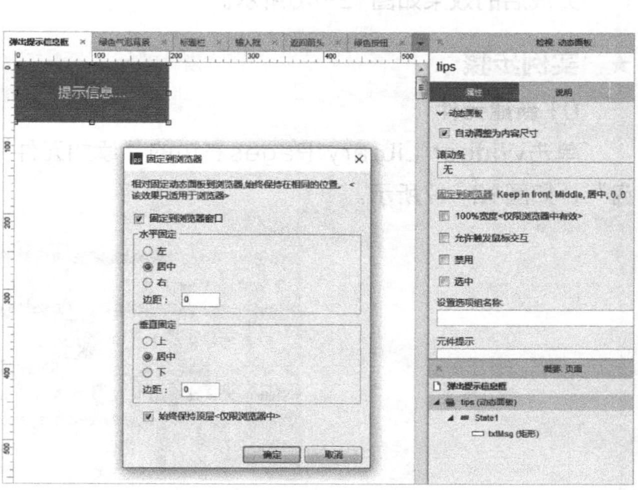

图12-44

（3）单击鼠标右键设置初始为隐藏状态，添加显示事件，在显示两秒后自动隐藏，如图12-45所示。

① 选择动态面板tips。
② 添加“显示时”事件。
③ 在显示后等待两秒。
④ 再隐藏动态面板tips。

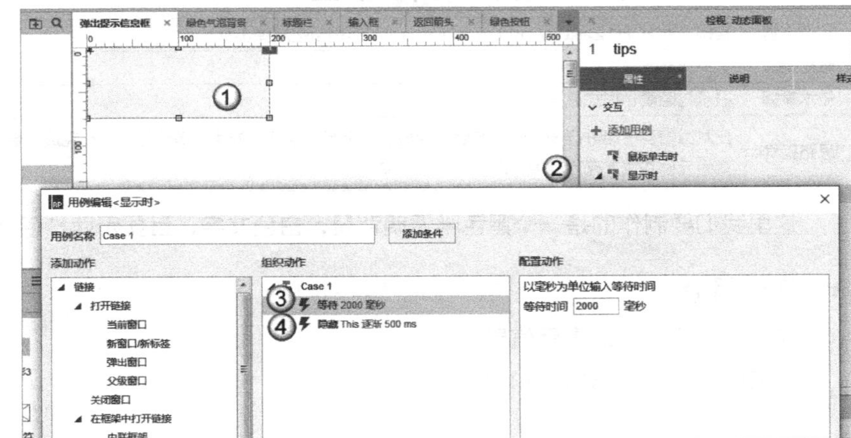

图12-45

实例：制作输入法键盘

实例位置	实例文件>CH12>微信Android元件库.rp#制作输入法键盘
难易指数	★★★☆☆
技术掌握	动态面板、交互样式、字符串函数、全局变量、局部变量
思路指导	制作键盘的关键是设置好与字符串操作相关的函数，这里要实现的是单击按钮后在显示框内追加单击的字母或符号，或者删除已经输入的字符串

点击手机上的输入框，会弹出输入法键盘，在该键盘中，用户可以进行字符输入、大小写切换及删除等操作。

★ 实例目标

模拟手机客户端输入法键盘的功能，实现键盘弹出，且单击键盘上的字母或数字键时，在上方区域显示相应字符。

完成后的效果如图12-46所示。

★ 实例步骤

01 新建元件

单击Widget Library Pages右边的“添加元件”按钮，新增一个元件，重新命名为“输入法键盘”，如图12-47所示。

图12-46

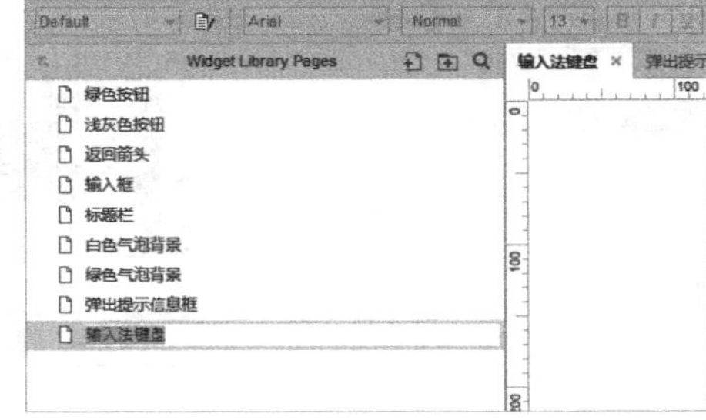

图12-47

02 界面布局

（1）双击新添加的元件，进入编辑界面，添加一个无边框矩形，设置矩形大小为480×300，然后使用“吸管工具”获取迅飞输入法键盘背景色，如图12-48所示。

（2）添加一个有边框矩形，设置矩形大小为38×55，设置矩形边框颜色为浅灰色，圆角半径为4，设置背景为白色，文字颜色为黑色，文字大小为20，如图12-49所示。

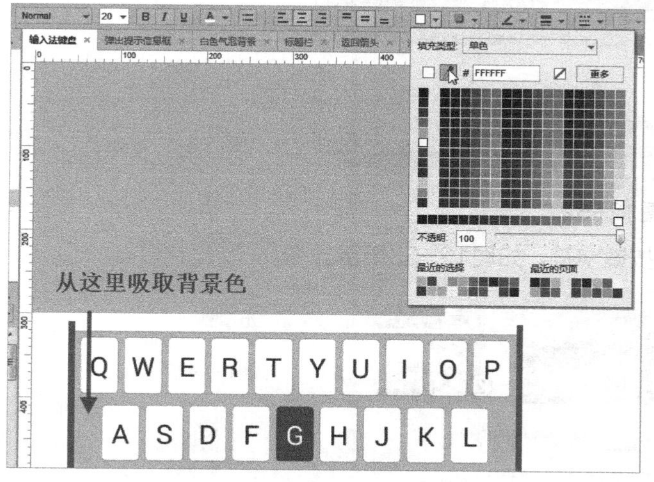

图12-48

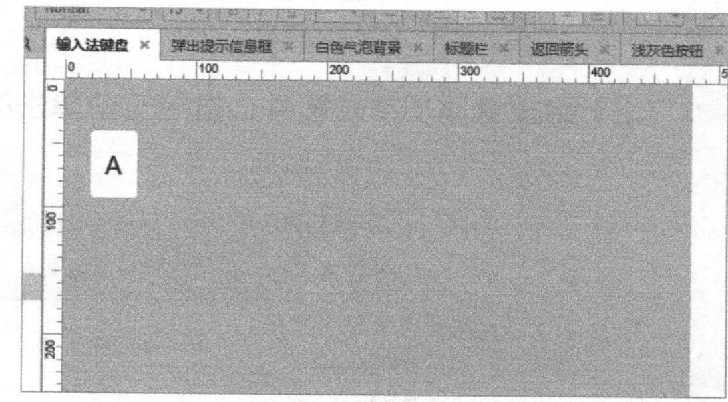

图12-49

（3）选择上一步制作好的字母键，单击鼠标右键设置交互样式，设置“鼠标按下”时按键颜色为蓝色，文字颜色为白色，按钮为无边框矩形样式，如图12-50所示。

（4）添加一个矩形框放在背景上方，并命名为txtInput，用来显示输入的字符，设置矩形大小为480×60，背景颜色为浅灰色，文字为居左对齐样式，如图12-51所示。

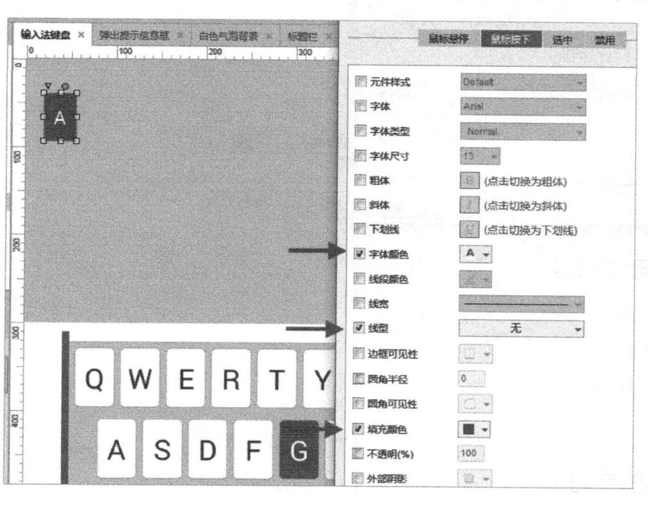

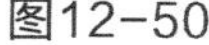
图12-50

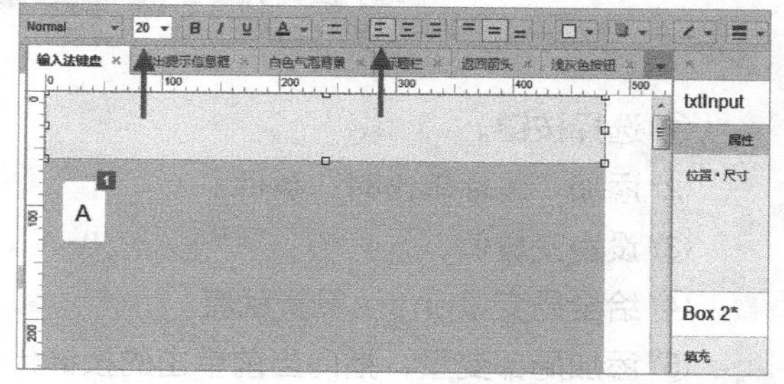

图12-51

03 事件处理

（1）单击按键时，将当前按键代表的字符显示在之前已经输入的字符后面。需要先定义一个全局变量chars存储之前输入的字符，如图12-52所示。

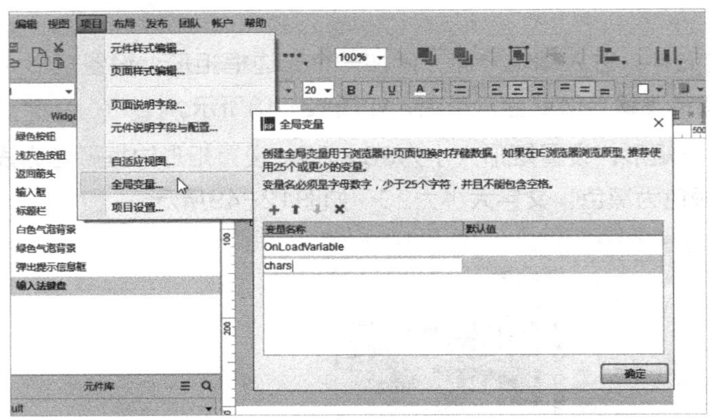

图12-52

（2）给按键添加单击事件，拼接当前单击的按键字符，如图12-53所示。

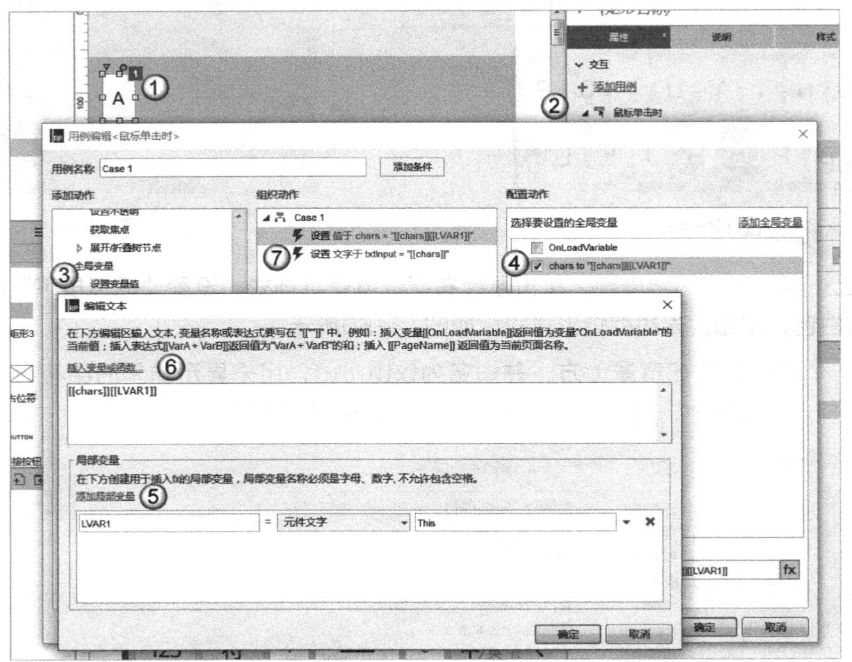

图12-53

① 选择按键。

② 添加“鼠标单击时”事件。

③ 设置变量值。

④ 给全局变量chars重新赋值。

⑤ 添加局部变量，指向当前单击的按键代表的字符。

⑥ 将全局变量和当前按键代表的字符拼在一起。

⑦ 将变量chars设置到txtInput字符中。

04 复制按钮

（1）复制上面制作好的按键，设置其他的字符，并按所需布局排列好，如图12-54所示。

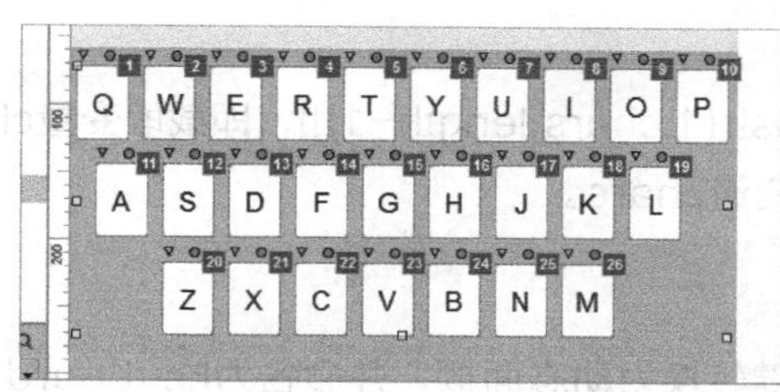

图12-54

（2）添加符号键、数字切换键、退格键、空格键、中英文切换键和回车键，删除“Shift”键、“退格”键、“123”键、“符”键、“中/英”键、“回车”键的事件，并设置按键背景颜色为浅灰色，如图12-55所示。

（3）修改“空格”键的事件，单击“空格”键后，拼接的是一个空格，如图12-56所示。

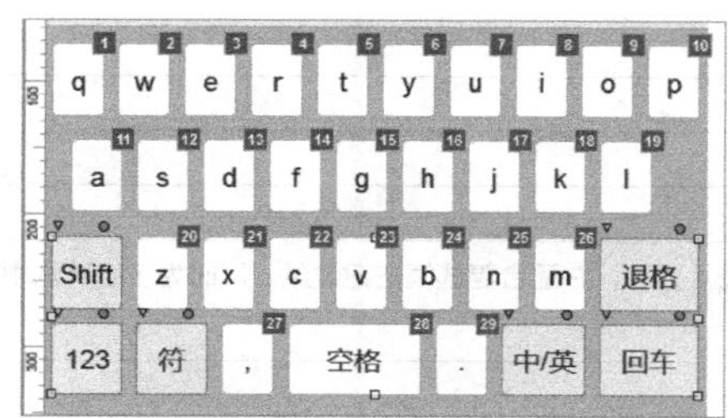

图12-55

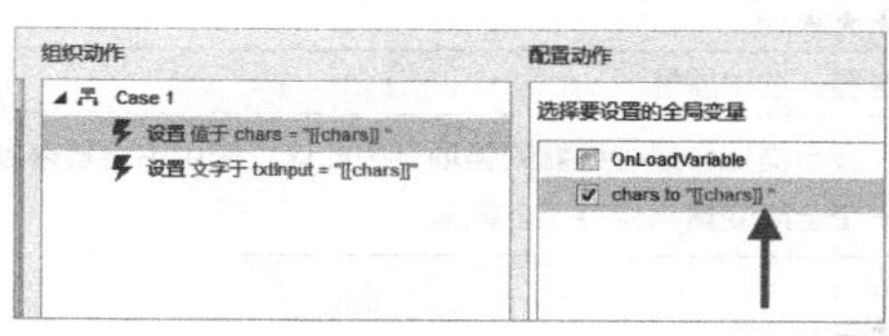

图12-56

（4）添加“退格”键的事件，单击后删除变量chars最后一个字符，使用字符串函数substr，如图12-57所示。

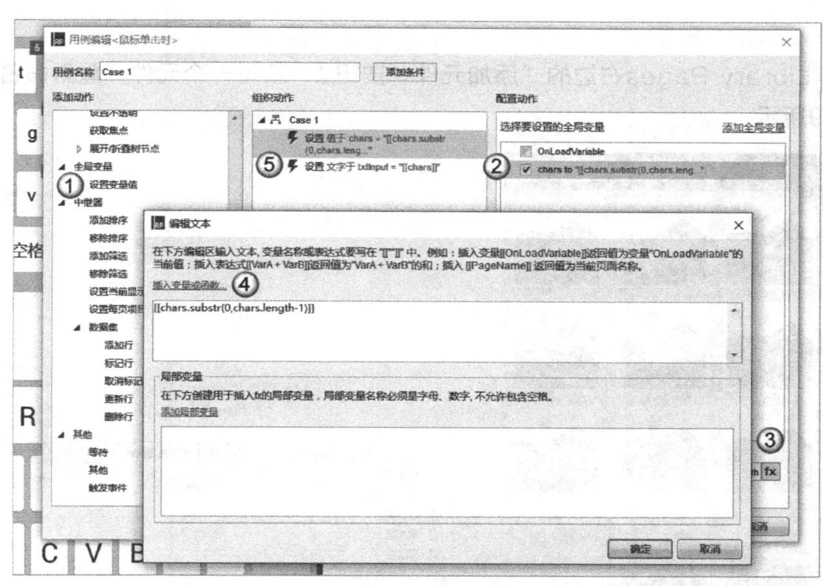

图12-57

① 设置全局变量值。

② 选择全局变量chars。

③ 插入变量或函数。

④ 设置表达式：[[chars.substr(1,chars.length−1)]]，即截取变量chars的第2位到倒数第1位之前。

⑤ 给txtInput重新赋值全局变量chars。

05 转换为动态面板

选择所有元件，单击鼠标右键转换为动态面板，并命名为keyboard，然后单击鼠标右键设置为隐藏状态，完成制作。

06 按快捷键F5预览

单击键盘上的字母或数字键，显示输入的字符。

其他按键的事件处理操作方法一样，这里不再赘述。

实例：制作照片选择列表

实例位置	实例文件>CH12>微信Android元件库.rp#制作照片选择列表
难易指数	★★★★☆
技术掌握	中继器、选中属性
思路指导	列表展示类操作是中继器的强项，因此这里使用中继器来展示图片列表，并配合复选框按钮效果。同时为了统计选中的图片个数，使用一个全局变量来保存当前数量

★ 实例目标

使用中继器显示图片列表，选择后累计当前选择的图片数。

完成后的效果如图12-58所示。

★ 实例步骤

01 新建元件

单击Widget Library Pages右边的“添加元件”按钮，新增一个元件，重新命名为“照片选择列表”，如图12-59所示。

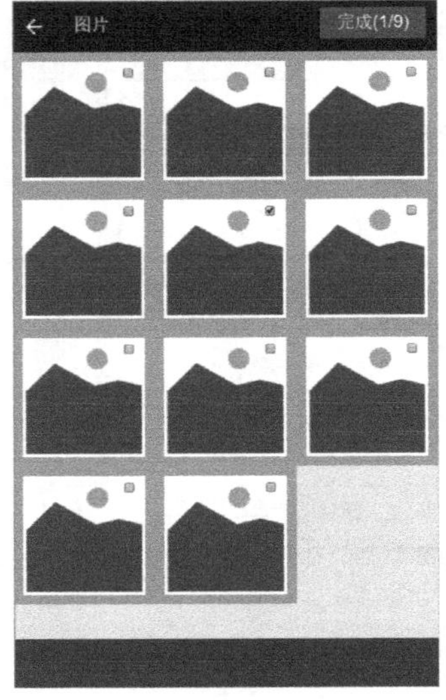

图12-58

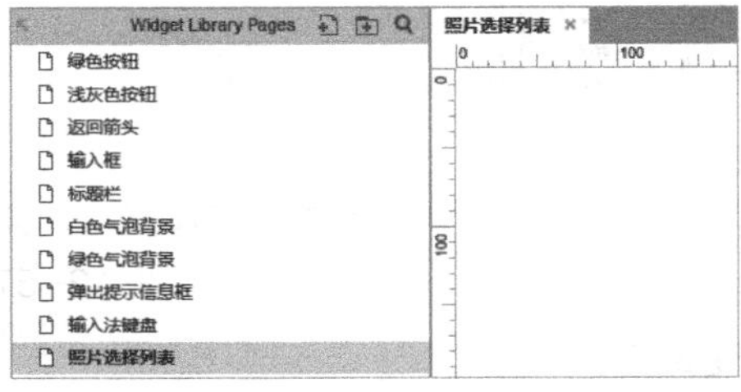

图12-59

02 界面布局

（1）复制12.3小节“实例：制作标题栏”中制作好的标题栏，修改文字内容为“图片”，再复制12.3小节“实例：制作绿色按钮”中的按钮，修改名字为“完成”，设置标题栏大小为120×35，并命名为btnOk，同时单击鼠标右键将其设置为禁用状态，如图12-60所示。

（2）在标题栏下方添加灰色矩形作为背景，设置矩形大小为480×740，添加矩形作为底部菜单栏，设置矩形大小为480×60，并保持底部与背景底部对齐，设置矩形背景颜色为黑色，不透明度为50，如图12-61所示。

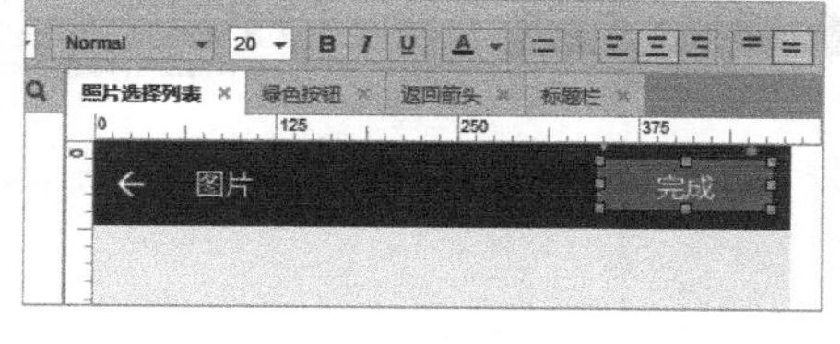

图12-60

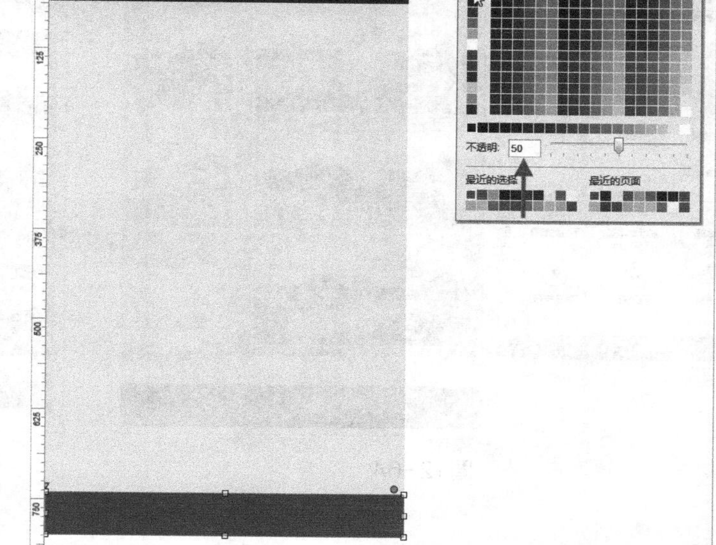

图12-61

（3）在标题栏下方添加中继器，并命名为images，双击images，删除默认的矩形，添加一个图片元件，设置矩形大小为160×160，然后在图片右上角添加一个复选框，删除复选框文字内容，如图12-62所示。

（4）设置中继器的布局为水平样式，勾选“网格排布”选项，设置每排项目数为3，如图12-63所示。

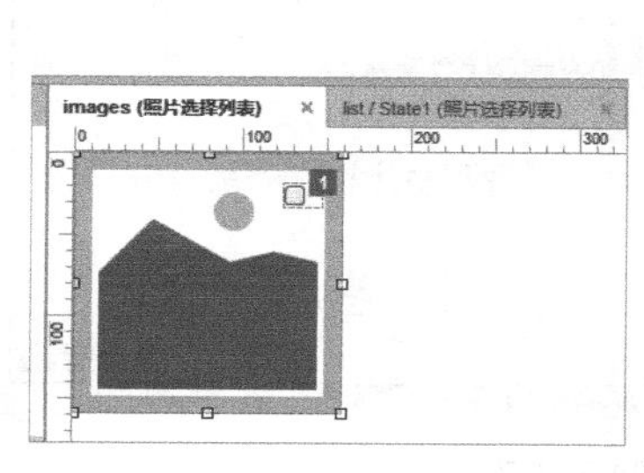

图12-62

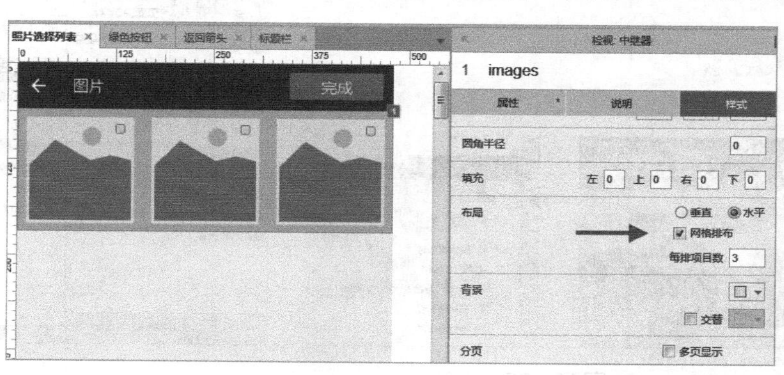

图12-63

（5）选择底部矩形菜单栏，单击鼠标右键设置为最顶层样式，然后选择中继器images，单击鼠标右键转换为动态面板，并命名为list，同时调整矩形大小为480×740，然后给中继器添加11条数据，如图12-64所示。

（6）选择所有元件，单击鼠标右键转换为动态面板，并命名为image_selector，如图12-65所示。

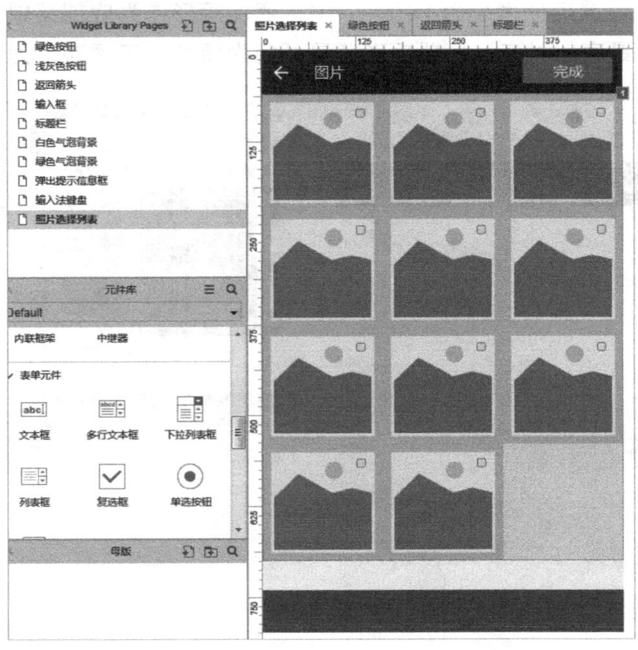

图12-64

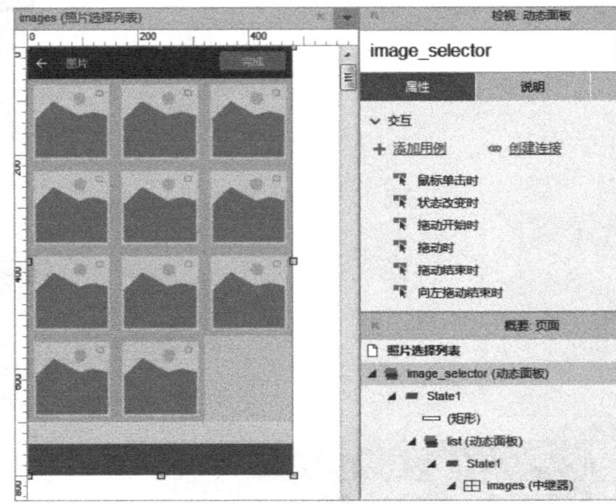

图12-65

03 事件处理

（1）单击“完成”按钮，隐藏动态面板image_selector，如图12-66所示。

（2）添加图片复选框勾选事件，选中时数量加1，取消选中时数量减1。先定义一个全局变量all_count，初始值为0，表示当前选中数量，如图12-67所示。

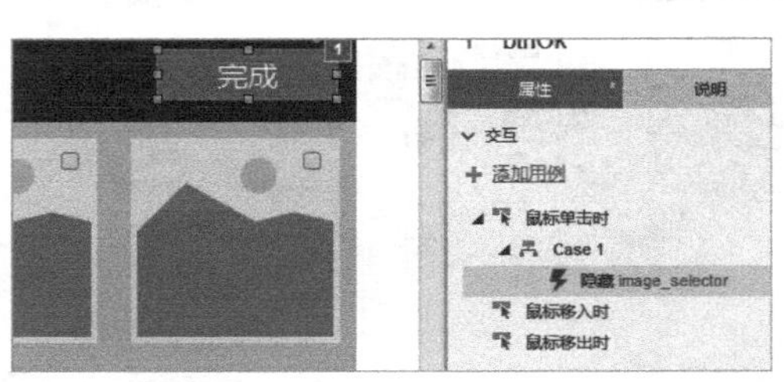

图12-66

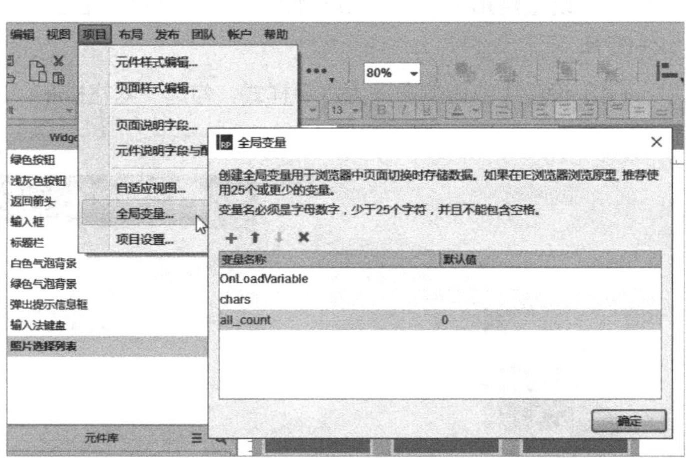

图12-67

（3）添加复选框的两个事件，如图12-68所示。

① 复选框选中时，先设置变量all_count+1。

② 设置文字为当前选中的图片数，总数最多为9。

③ 设置按钮为可用状态。

④ 取消复选框时，如果当前选中的数量为1，则总数减1后变成0。

⑤ 设置文字内容为“完成”。

⑥ 没有图片被选中的情况下，设置按钮为禁用状态。

⑦ 如果有图片被选中，则设置总数减1。

⑧ 设置按钮文字为选中的“完成(图片数/9)”。

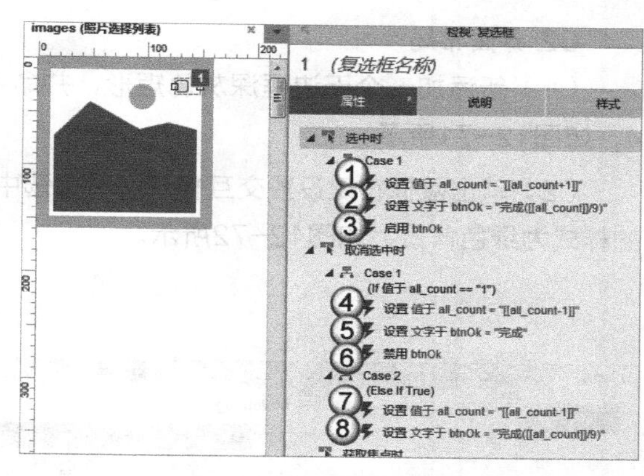

图12-68

04按快捷键F5预览

在新窗口中打开图片选择列表，勾选图片，单击图片预览，单击“完成”按钮后返回。

实例：设置“开关”选项

实例位置	实例文件>CH12>微信Android元件库.rp#设置“开关”选项
难易指数	★★★☆☆
技术掌握	交互样式、移动、选中属性
思路指导	单击开关按钮时，会在按钮的开启与关闭状态之间切换，你可能会想到使用动态面板来实现这个效果，但是考虑到在状态切换时需要呈现按钮移动动画的效果，而动态面板的状态切换功能可能达不到这样的效果，因此需要通过元件的选中样式来表示不同的状态，同时在单击时移动按钮，移动时配合线性动画效果

★ 实例目标

将“选中”属性和动画结合起来，实现动态开关效果。

完成后的效果如图12-69所示。

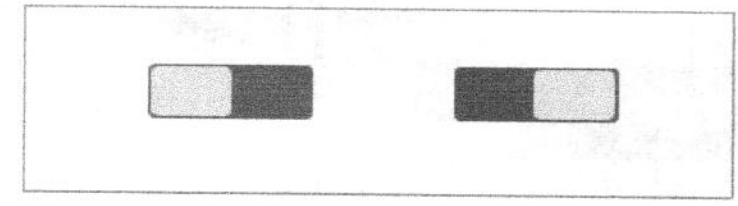

图12-69

★ 实例步骤

01 新建元件

单击Widget Library Pages右边的“添加元件”按钮，新增一个元件，并重新命名为“开关选项”，如图12-70所示。

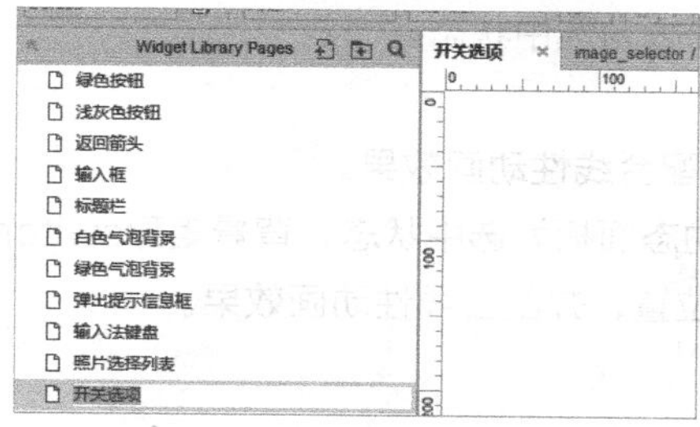

图12-70

02 界面布局

（1）新添加一个无边框深灰色矩形，并命名为switch_bg，设置矩形大小为90×30，圆角半径为4，如图12-71所示。

（2）单击鼠标右键设置交互样式，设置选中时的样式为绿色背景，如图12-72所示。

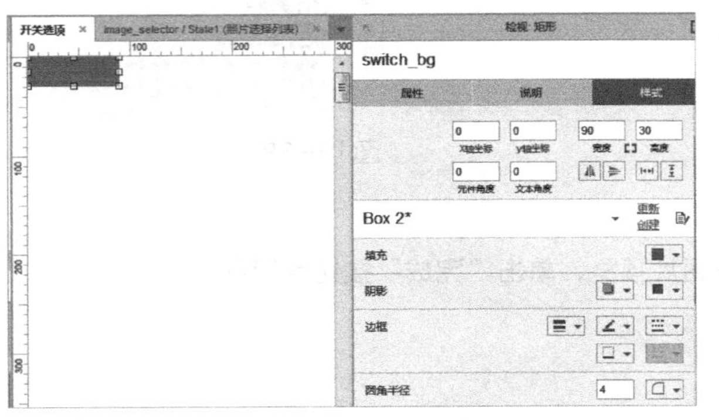

图12-71

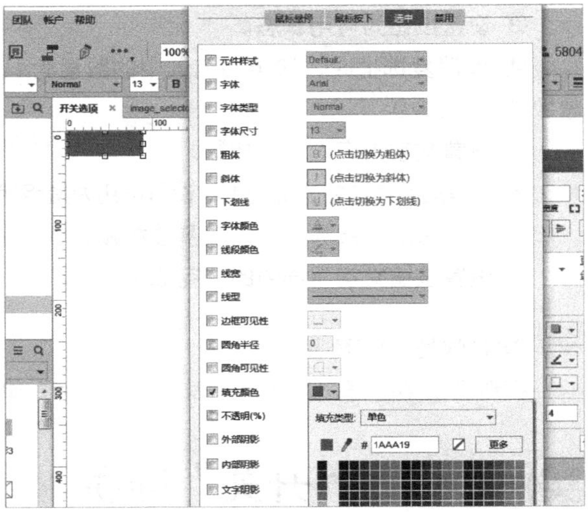

图12-72

（3）复制矩形并命名为switch_button，单击鼠标右键，从交互样式弹出窗口中取消选中时的背景颜色设置，设置矩形颜色为浅灰色，大小为44×28，放置在（1,1）位置，如图12-73所示。

（4）选择两个矩形，单击鼠标右键转换为动态面板。

03 事件处理

选择动态面板，添加“鼠标单击时”事件，如图12-74所示。

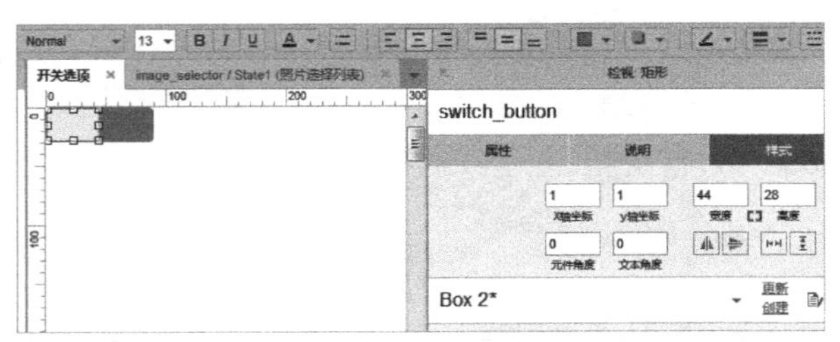

图12-73

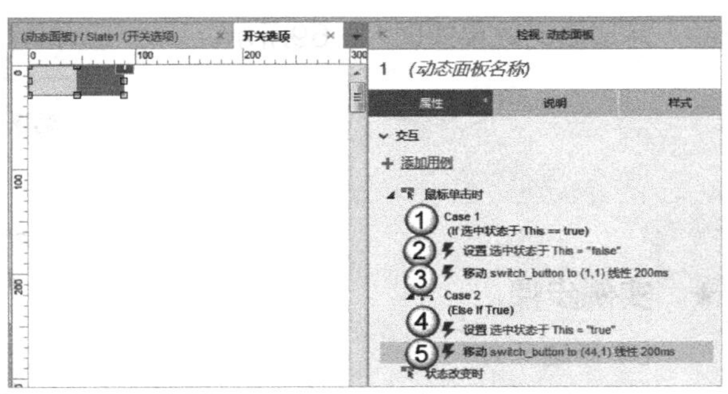

图12-74

① 添加判断条件，如果动态面板为选中状态。

② 设置选中状态为取消。

③ 移动按钮到（1,1）位置，配合线性动画效果。

④ 如果不是选中状态，设置动态面板为选中状态，背景矩形switch_bg显示为选中的绿色样式。

⑤ 移动动态面板到（44,1）位置，并配合线性动画效果。

04 按快捷键F5预览

单击开关元件后在开与关两种状态间切换，开的状态下为绿色背景，关的状态下为灰色背景。

实例：设置“扫一扫”功能

实例位置	实例文件>CH12>微信Android元件库.rp#设置“扫一扫”功能
难易指数	★★★☆☆
技术掌握	形状相减操作、循环处理、移动、显示和隐藏事件
思路指导	二维码扫描是一个循环显示的动画，因此需要考虑如何实现循环效果，常用的方法是在不同的状态间来回切换，如隐藏/显示和选中/取消选中，并且在一开始就要触发其中的一个状态，然后在另外一个状态中改为相反的状态，从而达到循环的目的

“扫一扫”有4种扫码方式，分别是扫码、封面、街景和翻译，在这里我们只实现第1种效果，其他只是扫描取景窗口大小不同而已。

★ 实例目标

通过循环方式实现微信二维码动态扫描效果。

完成后的效果如图12-75所示。

★ 实例步骤

01 新建元件

单击Widget Library Pages右边的“添加元件”按钮，新增一个元件，并重新命名为“扫一扫”，如图12-76所示。

图12-75

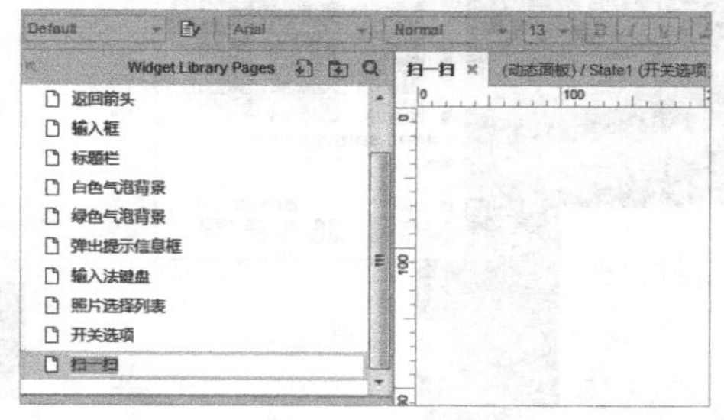

图12-76

02 界面布局

（1）复制12.3小节“实例：制作标题栏”中制作好的标题栏，修改文字内容为“二维码/条码”，然后添加一个无边框灰色矩形作为背景，设置矩形大小为480×740。再添加一个无边框矩形，设置矩形大小为480×100，设置矩形背景颜色为黑色，作为下方菜单栏，设置透明度为60，底部与背景矩形对齐，如图12-77所示。

（2）添加一个大小为250×200的矩形，放在背景中间，用背景和它做“减法”，以抠除中间区域，选中背景和这个矩形，选择“去除”操作，使其中间呈现镂空的效果，如图12-78所示。

图12-77

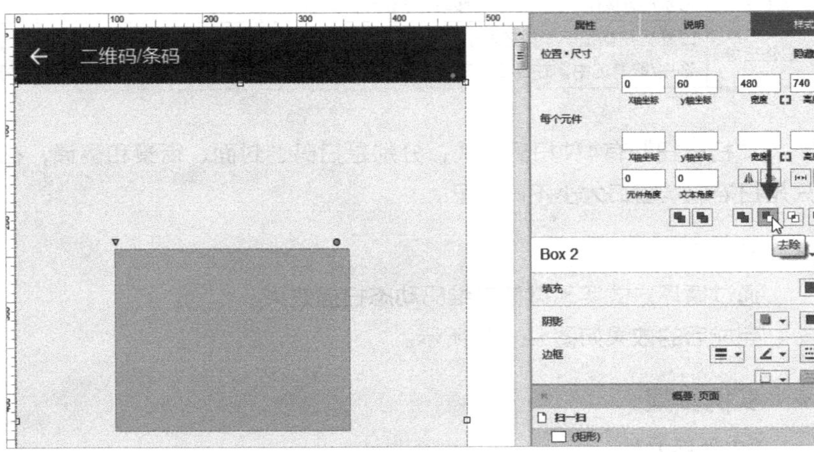

图12-78

（3）设置背景为黑色半透明效果，如图12-79所示。

（4）添加4个文本标签，设置标签文字颜色为白色，字号为20，然后放在下方菜单栏上，并以水平平均分布样式进行排列。为了简洁，这里不设置图标，只设置4个标签的交互样式，且设置选中文字的样式为绿色，如图12-80所示。

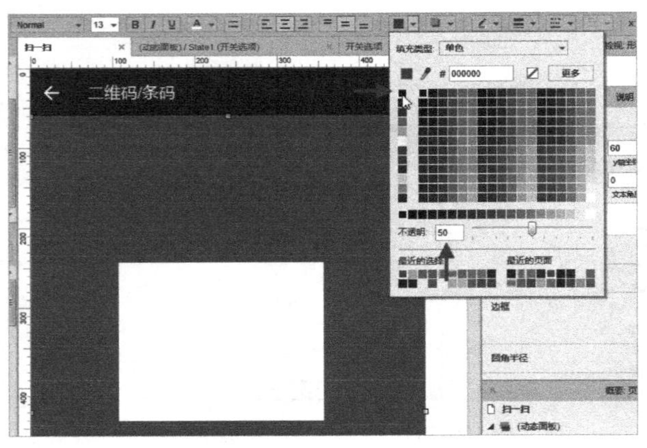

图12-79

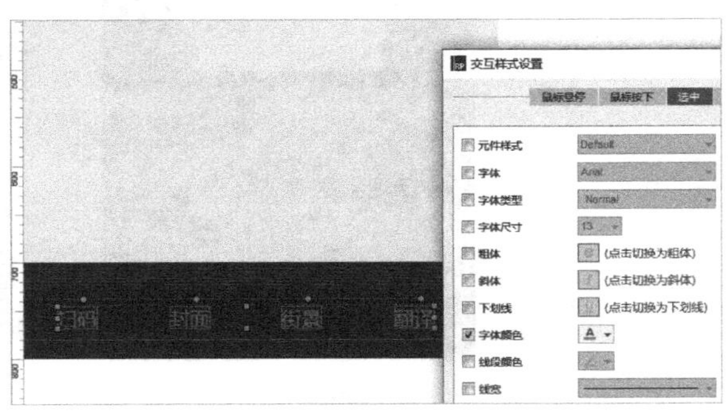

图12-80

（5）选中4个标签，单击鼠标右键设置选项组名称为scan_menus，保证在单击设置选中时只会有一个标签保持选中状态，如图12-81所示。

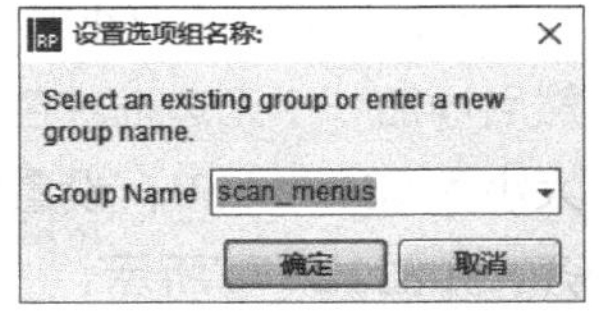

图12-81

（6）使用Photoshop制作一个透明的二维码扫描框，设置框体大小为250×200，也可直接选择一个矩形框代替，并将它命名为frame，如图12-82所示。

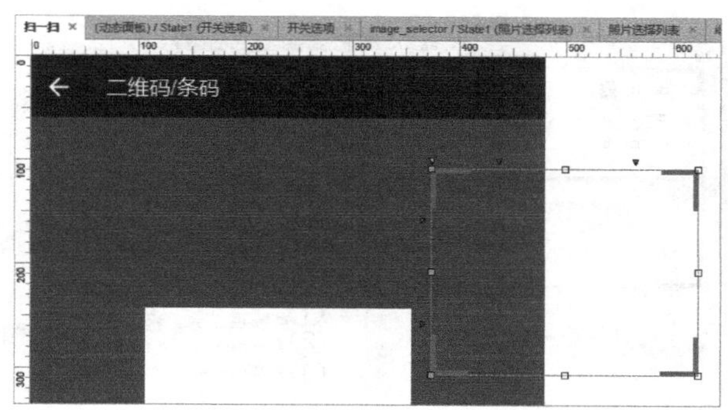

图12-82

（7）添加一条水平线模拟扫描时上下移动的线，设置宽度为230，线宽为最粗样式，设置线条颜色为渐变色，中间为绿色，左右两边为绿色且透明度设置为0，渐变角度为0，并命名为scan_line，如图12-83所示。

（8）选中扫描框frame和扫描线scan_line，并单击鼠标右键转换为动态面板，同时命名为scaner，如图12-84所示。

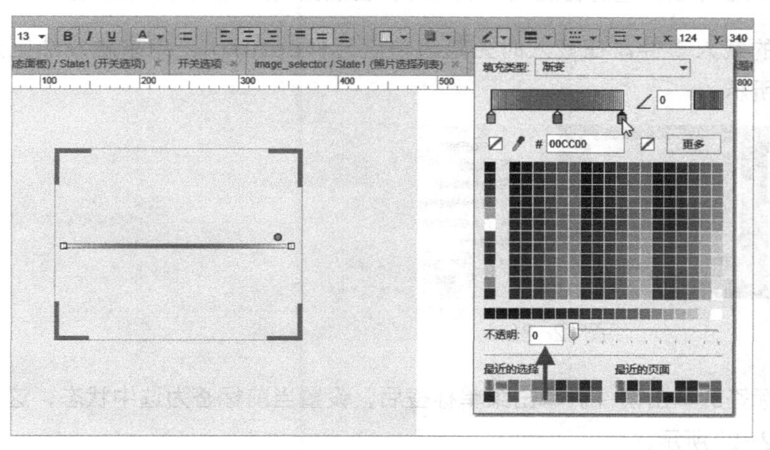

图12-83

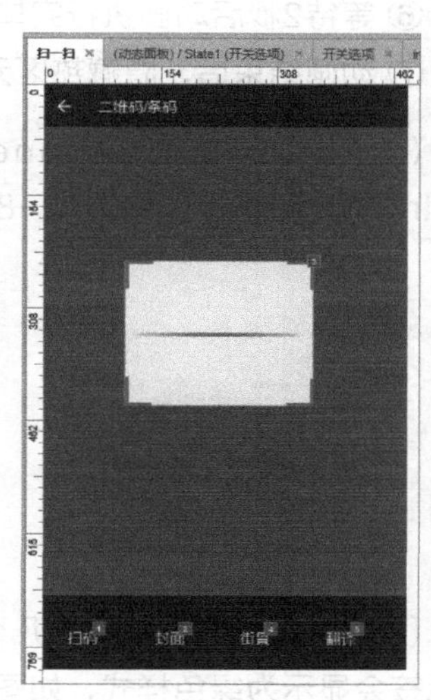

图12-84

03 事件处理

（1）添加控制元件事件。该事件为一个循环上下移动的动画效果，使用元件的显示与隐藏事件来实现，即显示后隐藏，隐藏后再显示，如此循环往复。

在扫描框动态面板scaner里添加一个热区元件，并命名为control，用来处理事件逻辑，设置热区大小为50×50（由于不可见，大小也可随意设置）。

（2）添加热区元件control的隐藏与显示事件。虽然热区元件control本身并不可见，但也可以处理它的隐藏与显示事件，这里分别添加热区元件control的隐藏与显示事件，如图12-85所示。

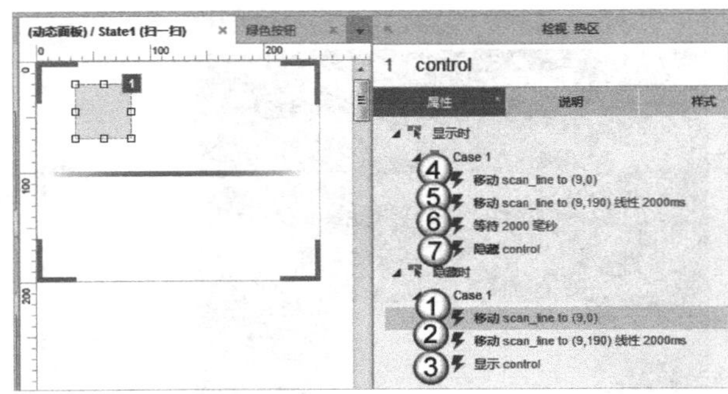

图12-85

① 在隐藏事件里，移动扫描线到最上方（9,0）位置。

② 移动扫描线到下方（9,190）位置，配合线性动画，时长为2秒，即2000毫秒。

③ 动画结束后，显示热区control。

④ 触发热区元件control的显示事件，移动扫描线到最上方（9,0）位置。

⑤ 移动扫描线到下方（9,190）位置，配合线性动画，时长为2秒，即2000毫秒。

⑥ 等待2秒后动画执行完毕。

⑦ 动画结束后，隐藏热区元件control，这时会触发隐藏事件，会返回到第1步，即开始循环。

（3）添加动态面板scaner的载入事件。在载入时先隐藏热区元件control，用来触发热区元件control的隐藏事件，如图12-86所示。

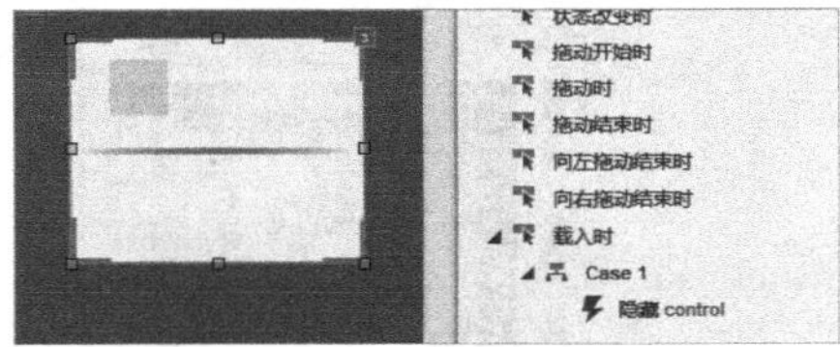

图12-86

（4）添加下方菜单栏中几个标签的单击事件。单击菜单标签后，设置当前标签为选中状态，这样菜单标签会显示为绿色样式，如图12-87所示。

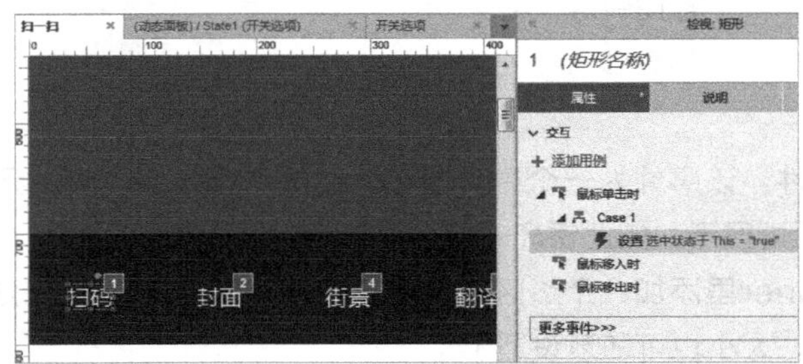

图12-87

（5）将这个事件复制到其他3个标签上，完成设置。

04 按快捷键F5预览

预览时，扫描线会呈现上下循环移动的效果。

12.3.3 加载元件库

至此，进行微信Android客户端原型设计需要的公共元件已经设计完成，这样在后续设计过程中就可以直接使用了。

先来看看如何加载设计的元件库。

首先，从元件库的右侧下拉菜单中选择“载入元件库...”选项，在弹出的文件打开窗口中选择设计好的“微信Android元件库.rplib”，如图12-88所示。

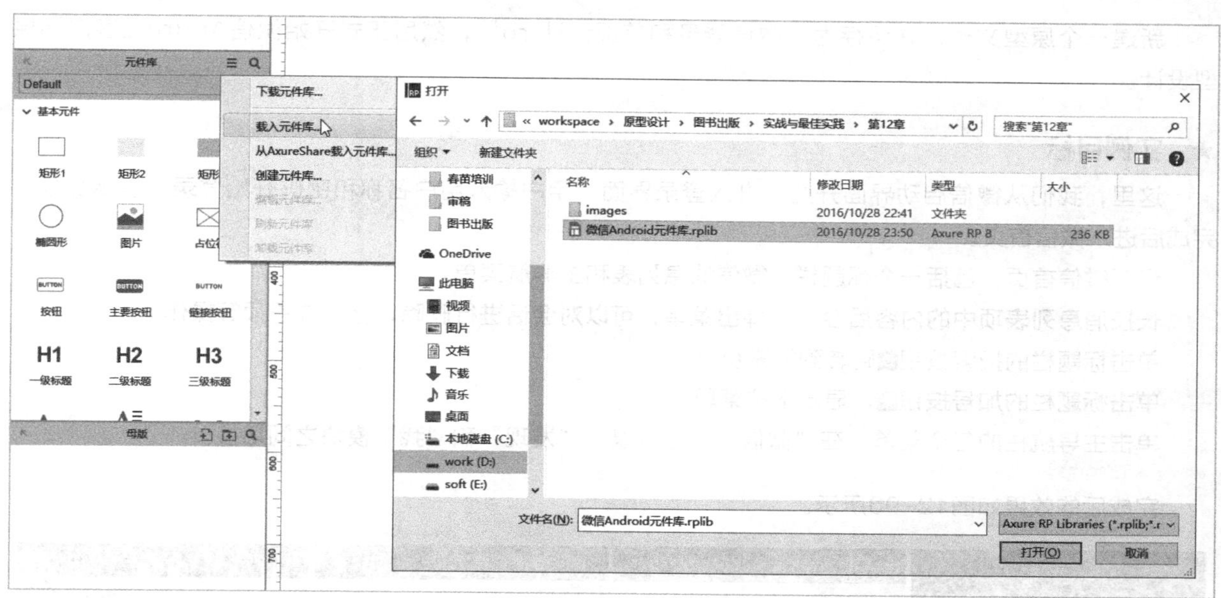

图12-88

元件库中显示已经加载的元件，如图12-89所示。

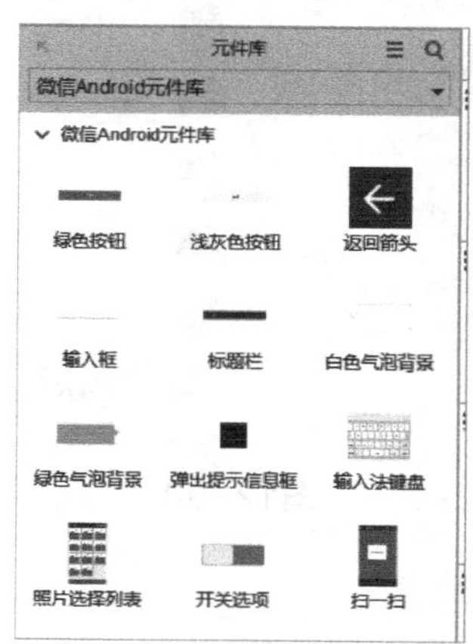

图12-89

然后，我们就可以像调用普通元件那样，将元件库里的元件拖动到设计区域来使用了。

12.4 综合实例：微信登录和首页设计

实例位置	实例文件>CH12>微信登录和首页设计.rp
难易指数	★★★★★
技术掌握	动态面板、交互样式、中继器操作、弹出窗口
思路指导	该实例实现了微信从登录到进入首页，并打开好友聊天界面的完整流程。在首页里可以操作标题栏中的选项和首页消息列表项，单击消息列表项进入好友聊天对话窗口，可输入文本后发送，发送的信息显示在聊天信息框内。注意体会每个界面设计环节的操作，如截图功能、样式设置和布局设置

新建一个原型文件，并保存为“微信登录和首页设计.rp”，然后正式开始微信Android客户端原型设计。

★ 实例目标

这里，我们从微信启动界面开始，进入登录界面，用户输入用户名称和密码开始登录，提示登录，完成后进入微信首页。

设置微信首页，包括一个标题栏、微信消息列表和主导航菜单。

长按消息列表项中的内容后会显示弹出菜单，可以对会话进行删除、标记或置顶等操作。

单击标题栏的搜索按钮🔍跳转到搜索页面。

单击标题栏的加号按钮⊞，显示下拉菜单。

单击主导航栏的各个菜单，在“微信”“通讯录”“发现”和“我”模块之间切换。

完成后的效果如图12-90所示。

图12-90

12.4.1 设置启动界面

添加微信启动画面图片，剪裁图片大小为480×800，如图12-91所示。

图12-91

12.4.2 设置登录界面

01 转换为动态面板

选择启动画面图片，单击鼠标右键转换为动态面板，并命名为login，添加一个新的状态State2，用新的状态设置登录界面，如图12-92所示。

图12-92

02 设计登录界面

（1）添加一个矩形作为标题栏，设置矩形大小为480×60，矩形背景颜色为深黑色，设置文字颜色为白色，文字大小为20，文字内容为“微信”，文字对齐方式为居左样式，边距为20，如图12-93所示。

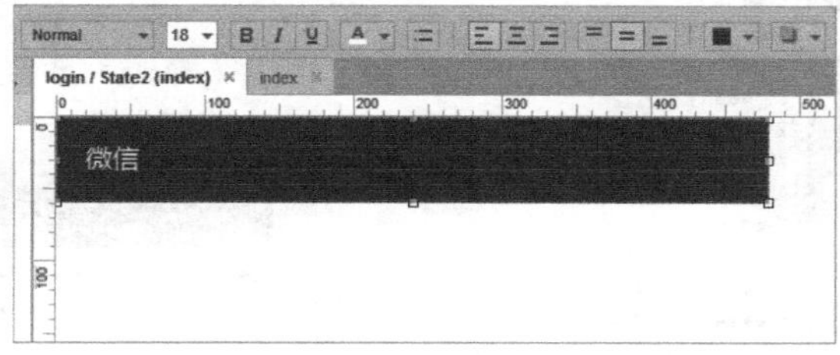

图12-93

（2）添加一个灰色无边框矩形作为内容背景，设置背景大小为480×740，并置于标题栏下方，在内容背景中自上而下添加如下元件。

图片：大小为120×120，作为头像。

文字标签：用户名，文字为“58049870”。

输入框：密码输入，命名为txtPassword，大小为420× 50，隐藏边框，背景为灰色，文字大小为20，提示内容为“请填写密码”，设置输入框类型为“密码”。

水平线：宽度为420，边框颜色为绿色，置于输入框下方。

绿色按钮：从元件库中拖动绿色按钮，并命名为btnLogin，设置文字内容为“登录”，并单击鼠标右键设置为禁用状态。

文字标签：设置内容为“登录遇到问题？”。

文字标签：设置内容为“更多”。

完成后的效果如图12-94所示。

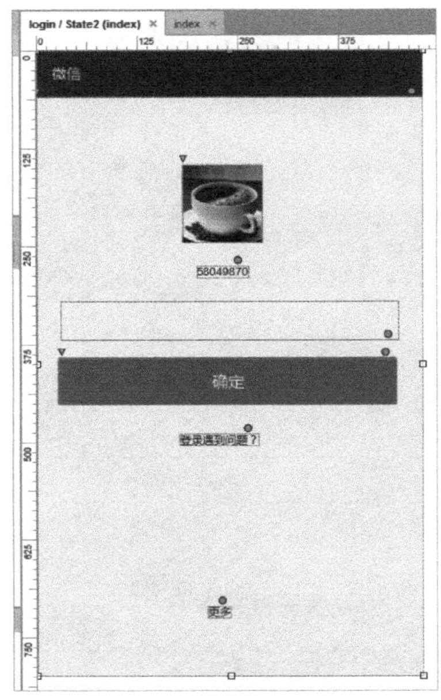

图12-94

03 设置“登录失败”提示

设定正确登录密码为123456，如果不是则弹出“登录失败”提示窗口。该提示信息需要在登录界面弹出，因此在这个界面中添加一个弹出窗口，添加的元件信息如下。

窗口背景：无边框矩形，大小为400×180，背景为白色。

窗口标题：文本标签，大小为20，文字内容为“登录失败”。

提示信息：文本标签，大小为默认状态，文字内容为“密码错误，找回或重置密码？”。

取消按钮：无边框矩形，大小为80×30，背景颜色为白色，文字内容为“取消”，“鼠标按下”时背景为深灰色。

找回密码按钮：无边框矩形，大小为80×30，背景颜色为白色，绿色文字，文字内容为“找回密码”，“鼠标按下”时背景为深灰色。

完成后的效果如图12-95所示。

选择弹出窗口背景、标题、提示信息和两个按钮，并单击鼠标右键转换为动态面板，同时命名为alert，完成之后再次单击鼠标右键设置为隐藏，如图12-96所示。

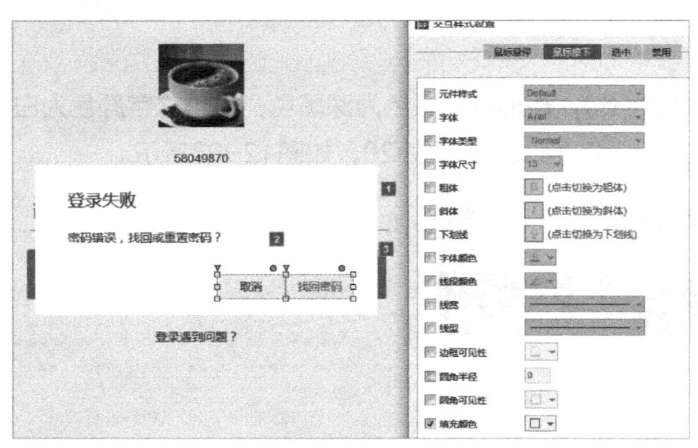

图12-95

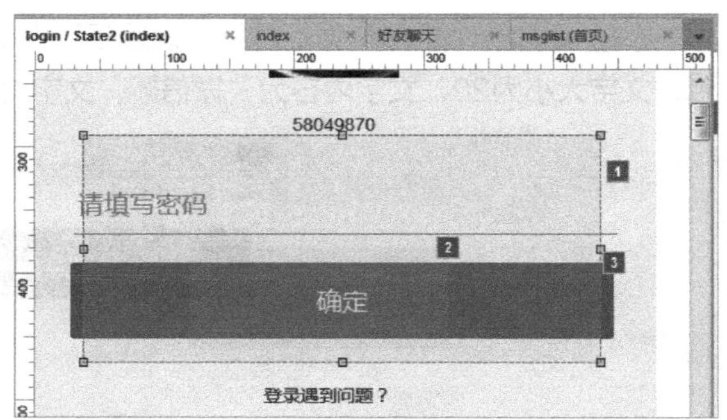

图12-96

04 事件处理

（1）添加动态面板login载入事件。动态面板载入后，显示启动画面，等待2秒，切换到登录界面，如图12-97所示。

（2）添加输入框“文本改变时”事件，输入文本后，设置按钮为可用状态，如果文本内容为空，则设置按钮为禁用状态，如图12-98所示。

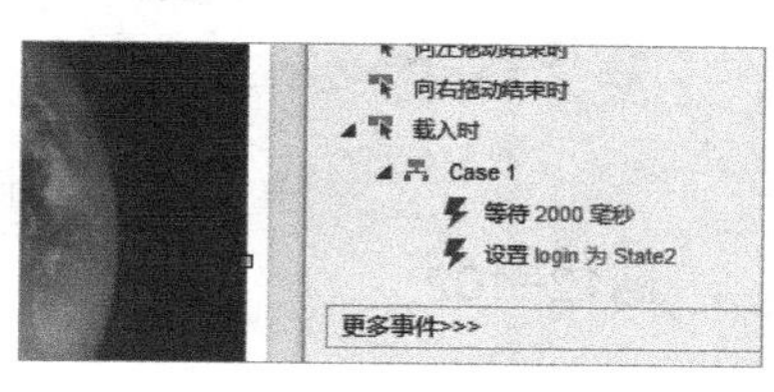
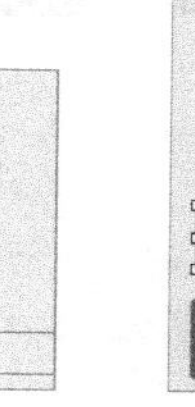

图12-97

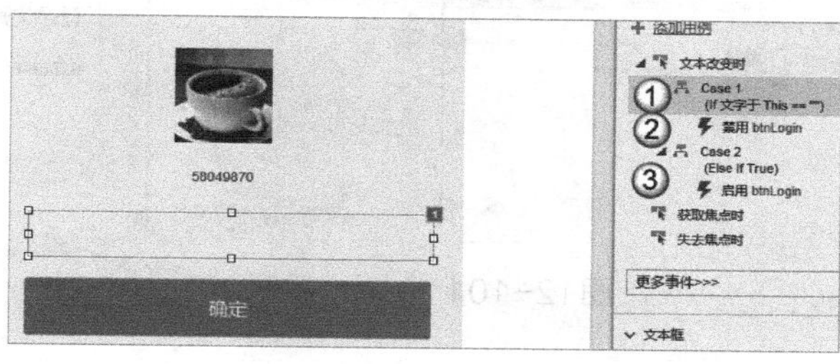

图12-98

① 添加判断条件，如果文字内容为空。

② 禁用登录按钮btnLogin。

③ 启用登录按钮btnLogin。

（3）添加“登录”按钮事件，单击后显示登录提示，然后转到微信首页。

拖动公共元件库中的“弹出提示信息框”到登录界面上，并取消“固定到浏览器窗口”属性，如图12-99所示。

为“登录”按钮添加“鼠标单击时”事件，添加判断条件，如果输入的密码为123456，则显示提示动态面板tips中txtMsg文本标签中的内容，设置提示信息txtMsg内容为“正在登录...”，等待2秒，然后跳转到page1页面（page1页面将作为微信的首页），如果输入了其他的密码，则弹出错误提示，如图12-100所示。

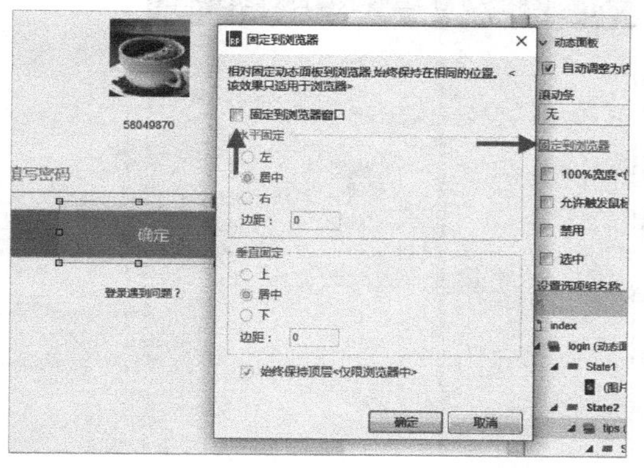

图12-99

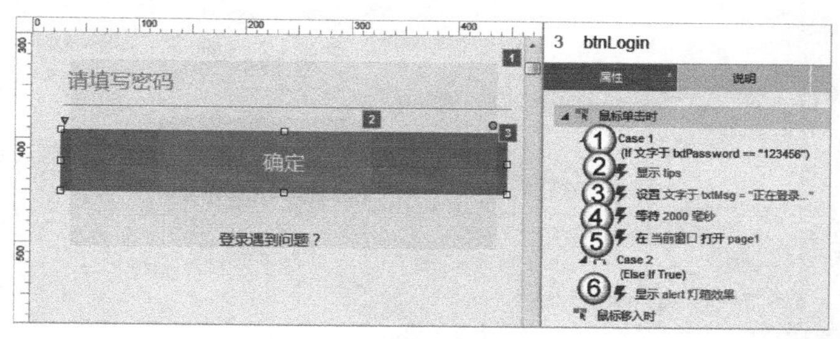

图12-100

① 添加判断条件为“密码输入框文字内容为123456时”。

② 显示提示。

③ 设置提示信息内容为“正在登录...”。

④ 等待2秒。

⑤ 在当前窗口打开page1。

⑥ 如果密码输入的不是123456，则弹出提示信息，以灯箱效果显示。

选择page1，修改名称为“首页”，如图12-101所示。

（4）添加错误弹出窗口的“取消”和“找回密码”单击事件，设置为关闭弹出窗口，如图12-102所示。

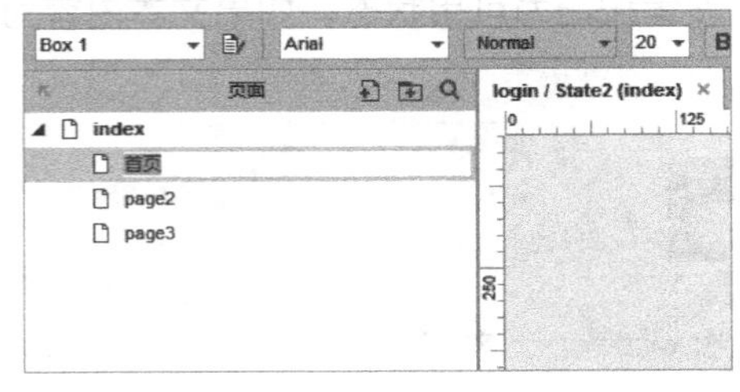

图12-101

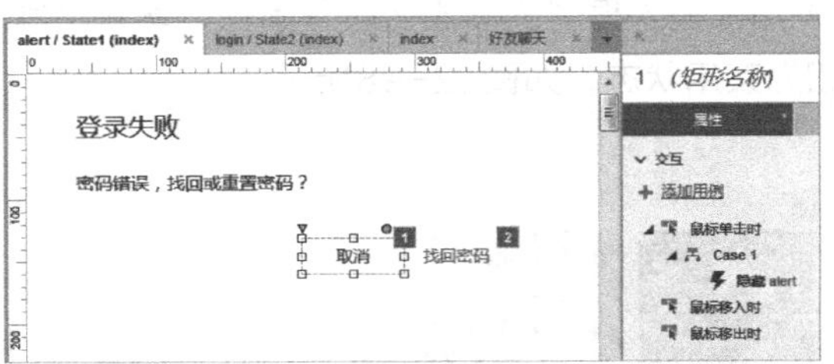

图12-102

12.4.3 首页布局

（1）双击打开“首页”界面，添加一个矩形作为标题栏，设置矩形大小为480×60，设置背景颜色为深黑色，文字颜色为白色，文字大小为20，文字内容为“微信”，文字对齐方式为居左，边距为20，完成设置之后从之前准备好的手机截图中截取“搜索”按钮和“添加”按钮，放在标题栏右侧，如图12-103所示。

（2）添加一个灰色无边框矩形作为内容背景，设置矩形大小为480×740，并置于标题栏下方，作为内容背景，然后添加一个灰色无边框矩形作为下方导航菜单的背景，设置矩形大小为480×80，如图12-104所示。

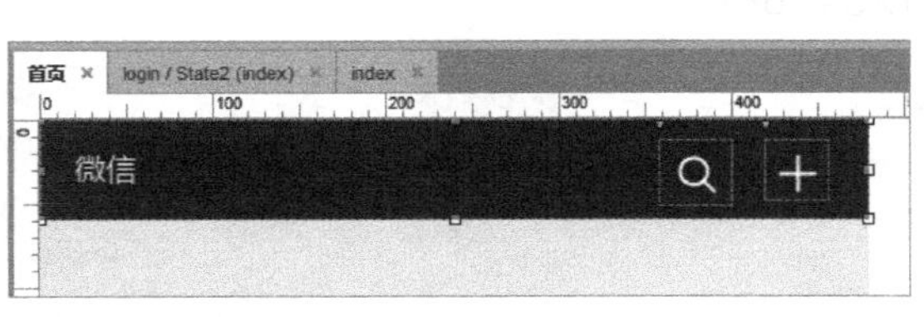

图12-103

图12-104

12.4.4 制作主导航

01 界面布局

（1）添加4个无边框矩形，设置各矩形大小均为120×80，作为导航菜单按钮，水平排列放在底部，并分别命名为btnWeixin、btnTongxunlu、btnFaxian、btnWo，然后设置文字为“微信”“通讯录”“发现”和“我”，再选中4个矩形，单击鼠标右键设置交互样式，同时设置选中文字的样式为绿色，如图12-105所示。

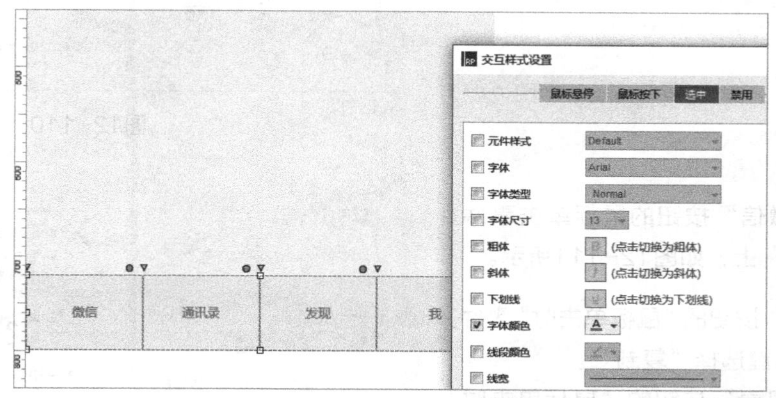

图12-105

（2）选中4个矩形，单击鼠标右键设置选项组名称为menus，如图12-106所示。

（3）选择“微信”按钮，单击鼠标右键设置为默认选中状态，如图12-107所示。

图12-106

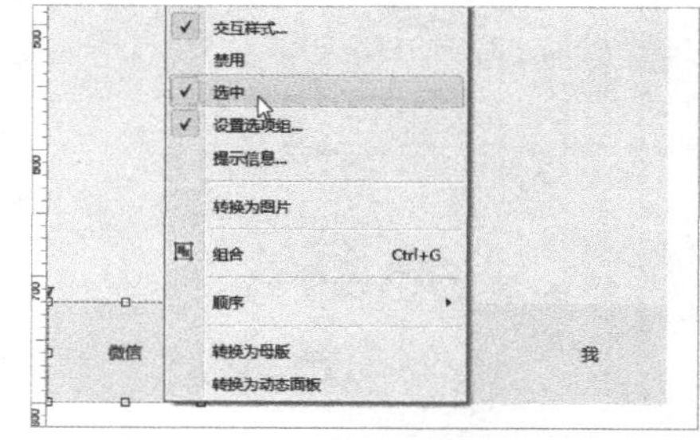

图12-107

（4）选择背景矩形，单击鼠标右键将其转换为动态面板，并命名为main_content，将状态State1复制3份并分别命名为State2、State3和State4，如图12-108所示。

（5）将4个状态的文字内容改为“微信”“通讯录”“发现”和“我”，以方便识别，如图12-109所示。

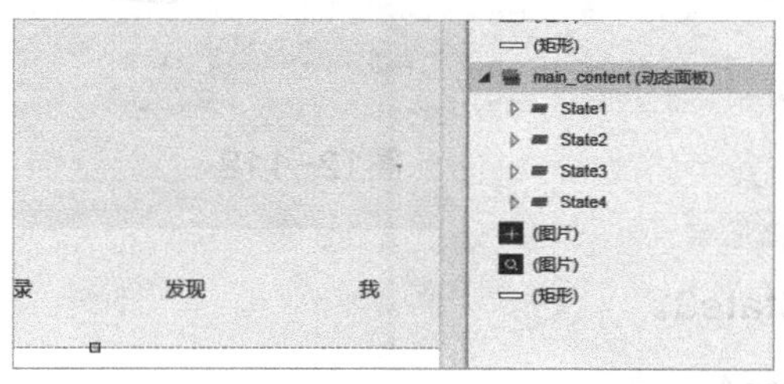

图12-108

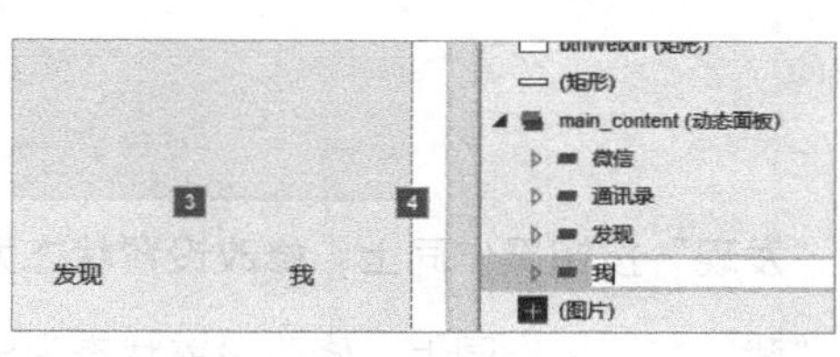

图12-109

02 事件处理

（1）给4个导航菜单按钮添加单击事件，设置当前按钮为选中状态，并设置动态面板main_content为指定的状态，如图12-110所示。

① 设置当前按钮为选中状态。

② 设置上面的内容区域的动态面板切换到State1。

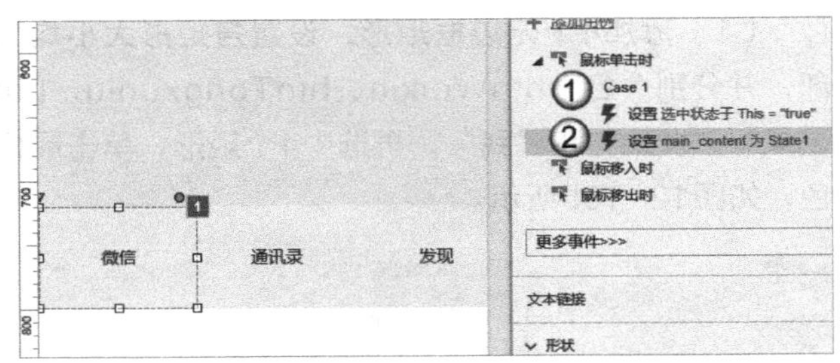

图12-110

（2）复制“微信”按钮的鼠标单击事件，并粘贴到“通讯录”上，如图12-111所示。

① 选择“微信”按钮的“鼠标单击时”事件。

② 单击鼠标右键选择“复制”。

③ 选择“通讯录”按钮的“鼠标单击时”事件。

④ 单击鼠标右键选择“粘贴”。

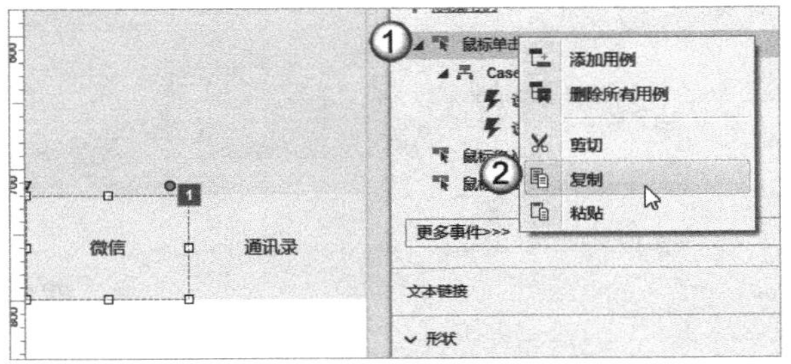

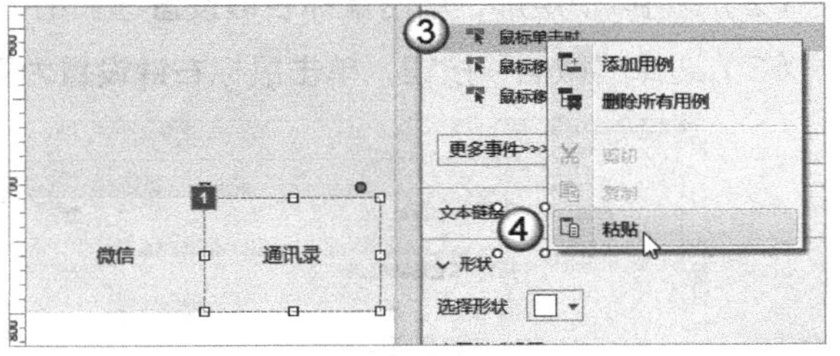

图12-111

（3）修改“通讯录”的单击事件中的设置状态为State2，如图12-112所示。

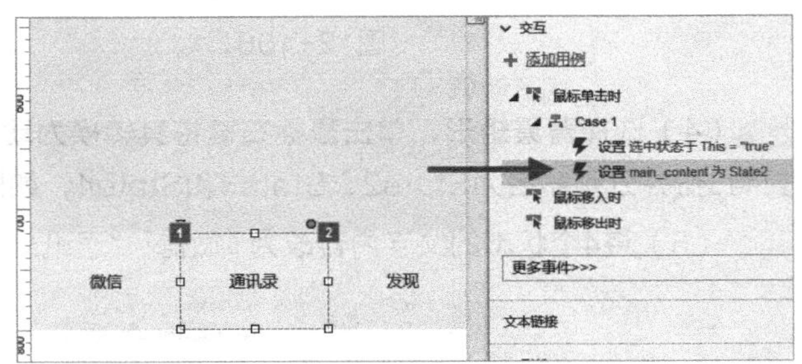

图12-112

（4）“发现”按钮操作同上，修改设置状态为State3。

（5）“我”按钮操作同上，修改设置状态为State4。

12.4.5 设置“搜索”功能

01 界面布局

（1）修改page2名称为“搜索”，双击打开设计界面，如图12-113所示。

（2）从公共元件库中拖动一个标题栏组件到界面中，并删除标题文字，如图12-114所示。

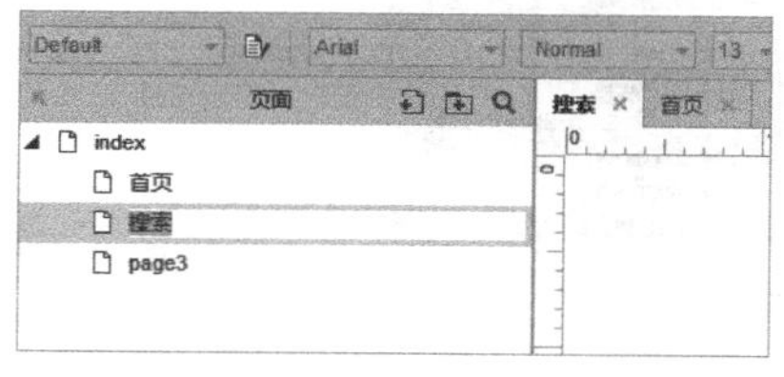

图12-113

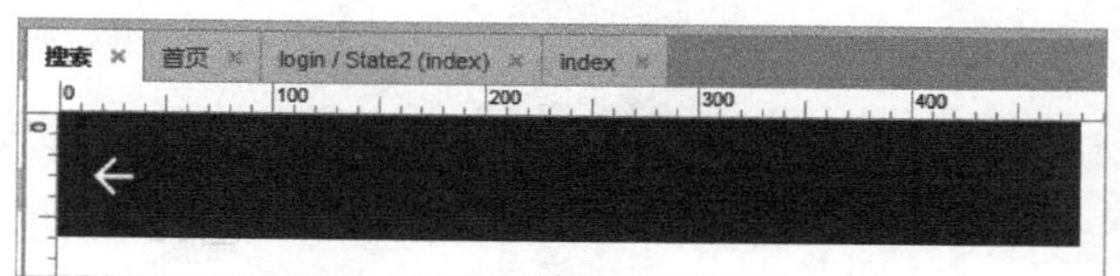

图12-114

（3）从元件库拖动一个输入框元件到界面中，设置框体宽度为340，并放在标题栏箭头的竖线后面，设置输入框背景颜色为无填充色，设置输入框的提示文字为“搜索”，文字大小为20，下边横线颜色为绿色，宽度为400，如图12-115所示。

（4）截取手机客户端对应界面截图中的“搜索”按钮和“语音” 按钮，并分别放在输入框的首尾位置，如图12-116所示。

（5）添加一个灰色无边框矩形作为内容背景，大小为480×740，放在标题栏下方，从手机客户端截图中截取下方的3个图标所在的区域，设置内容背景的颜色和图标区域的背景色一致，如图12-117所示。

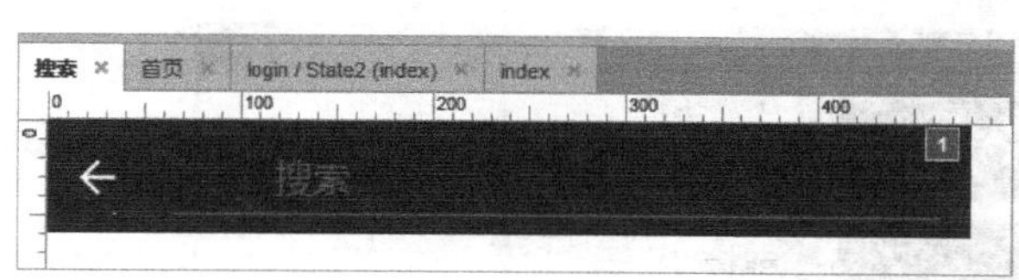

图12-115

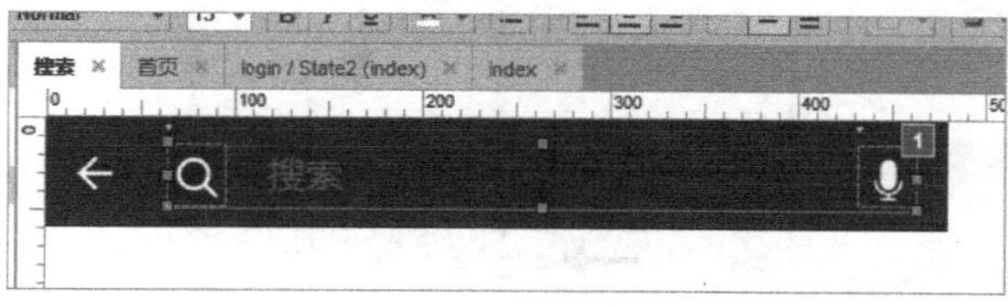

图12-116

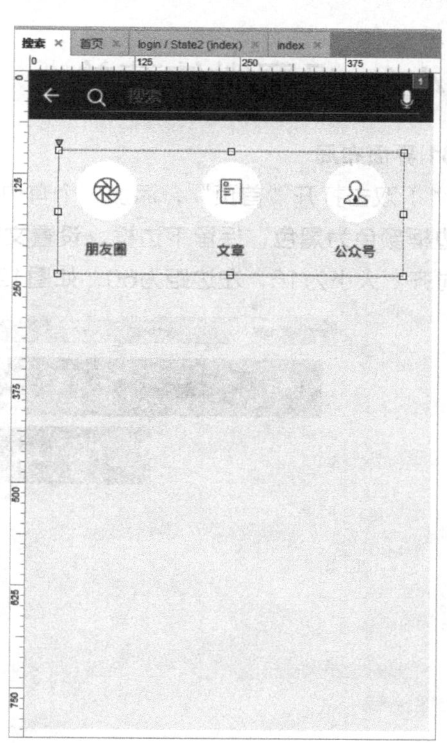

图12-117

02 事件处理

（1）添加“搜索”按钮的单击事件，打开新页面“搜索”，如图12-118所示。

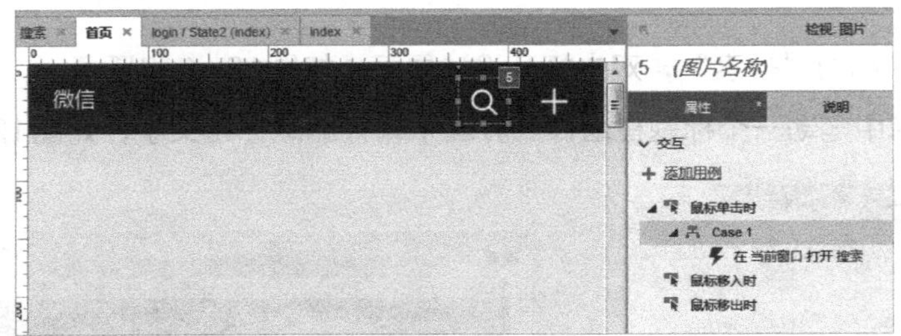

图12-118

（2）添加搜索界面返回事件，单击后返回到微信首页，如图12-119所示。

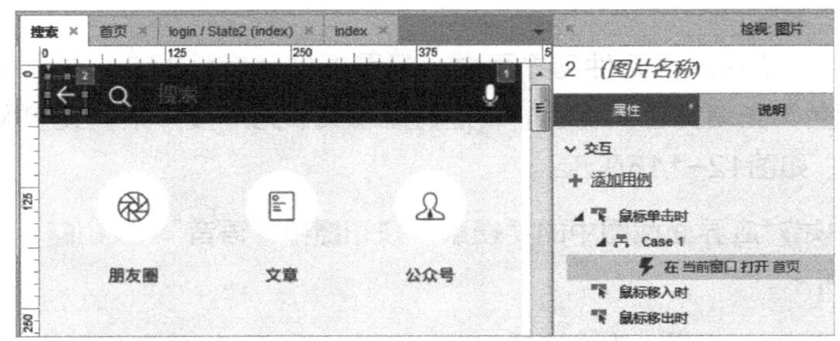

图12-119

12.4.6 设置微信菜单

01 界面布局

（1）双击打开“首页”，添加一个有边框矩形，设置矩形大小为250×60，背景色同标题栏一致，设置边框颜色为黑色，保留下边框，设置文字内容为“发起群聊”，文字颜色为白色，文字对齐样式为居左对齐，大小为16，左边距为60，如图12-120所示。

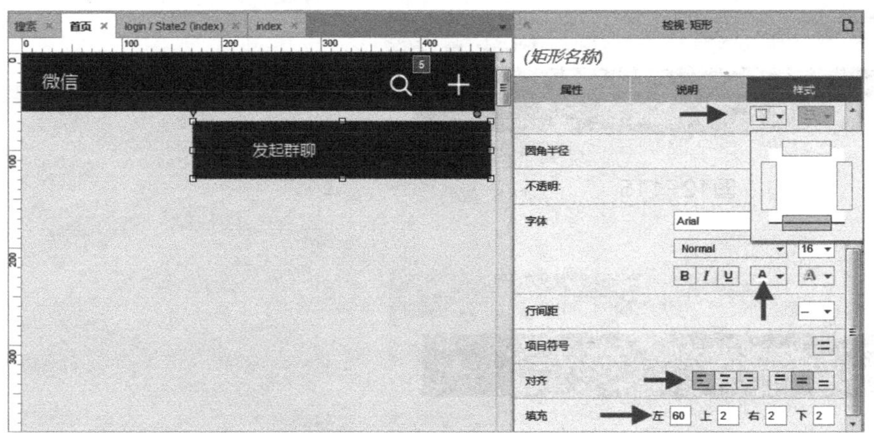

图12-120

（2）选择“发起群聊”矩形按钮，单击鼠标右键设置交互样式，选中时背景色加深一点儿，如图12-121所示。

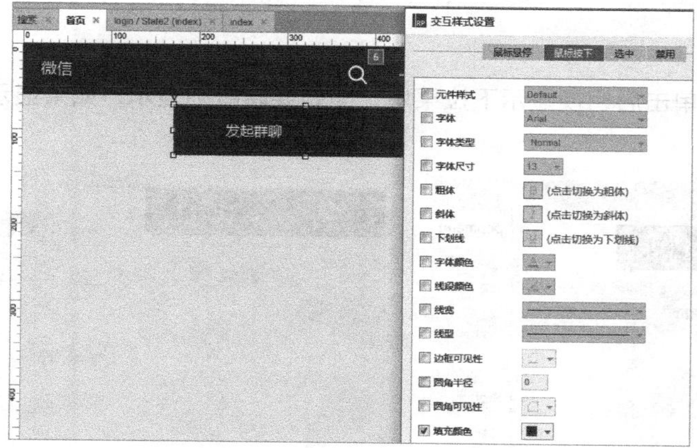

图12-121

（3）将“发起群聊”矩形按钮复制4个，并分别修改文字为“添加朋友”“扫一扫”“收付款”和“帮助与反馈”，完成之后再添加一个矩形，设置矩形大小为250×300，并设置阴影效果，完成之后将它置于菜单项的底层，如图12-122所示。

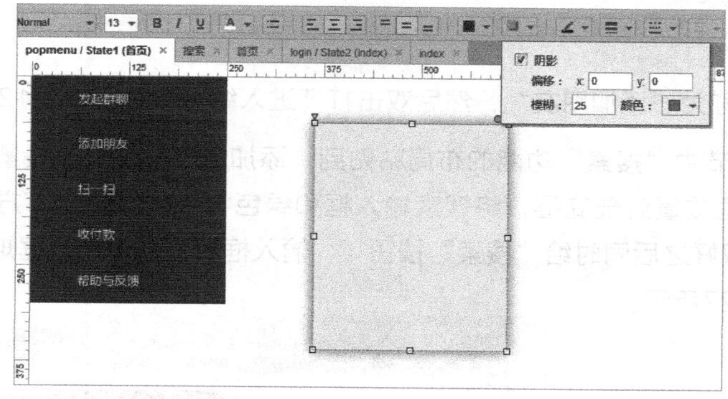

图12-122

（4）选中5个菜单按钮和阴影背景，单击鼠标右键转换为动态面板，并命名为popmenu，如图12-123所示。

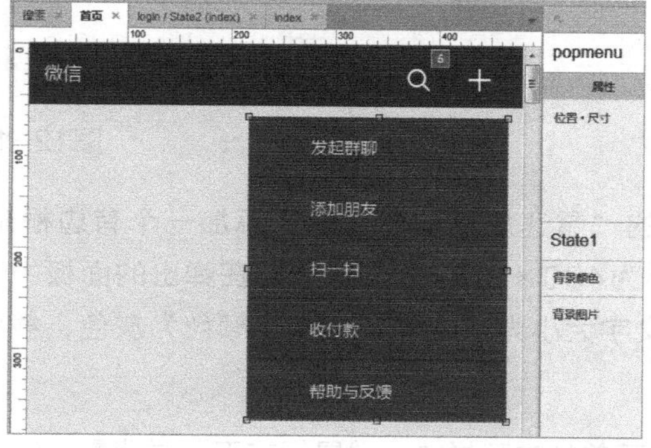

图12-123

（5）选择弹出菜单popmenu，单击鼠标右键设置为隐藏状态，并移动到标题栏对应位置，如图12-124所示。

02事件处理

添加图标的事件，单击后切换显示下拉菜单，即如果隐藏则显示，如果显示则隐藏，如图12-125所示。

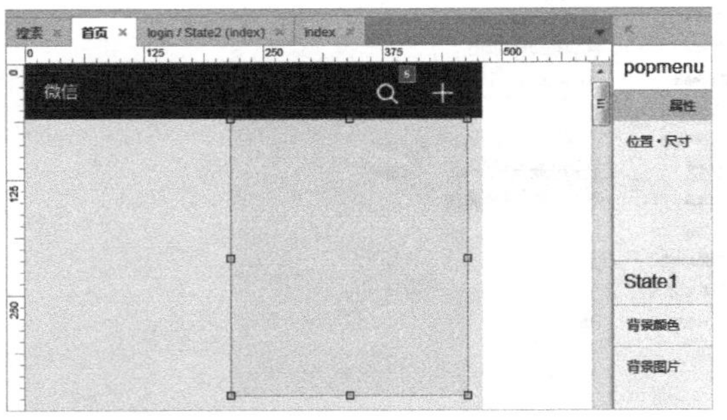

图12-124

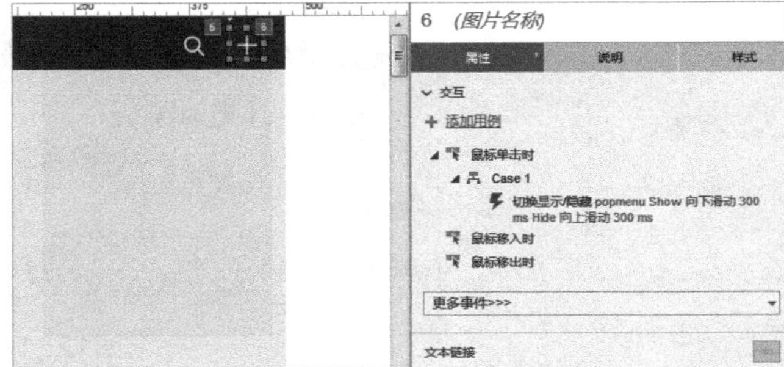

图12-125

12.4.7 设置“添加朋友”功能

01 界面布局

（1）修改page3名称为“添加朋友”，然后双击打开进入编辑状态，如图12-126所示。

（2）复制12.4.5小节中“搜索”功能的布局粘贴到“添加朋友”页面，设置标题栏文字为“添加朋友”，将背景灰色矩形框放置到最底层，将搜索输入框和绿色水平线移动到下方，“搜索”按钮需要从截图中重新截取，截取好之后同时给“搜索”按钮、输入框加上白色无边框矩形作为背景，设置矩形宽度为480，如图12-127所示。

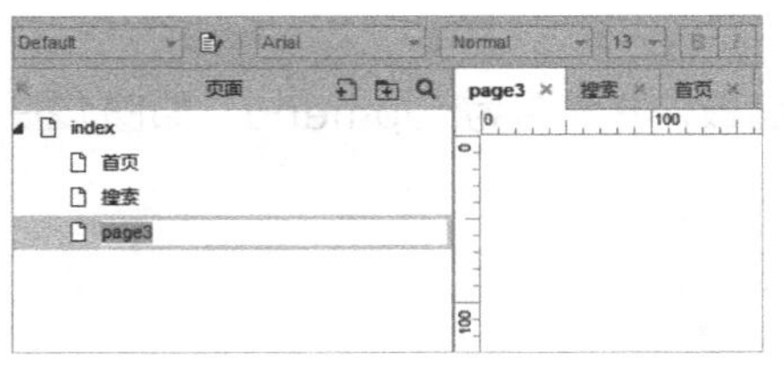

图12-126

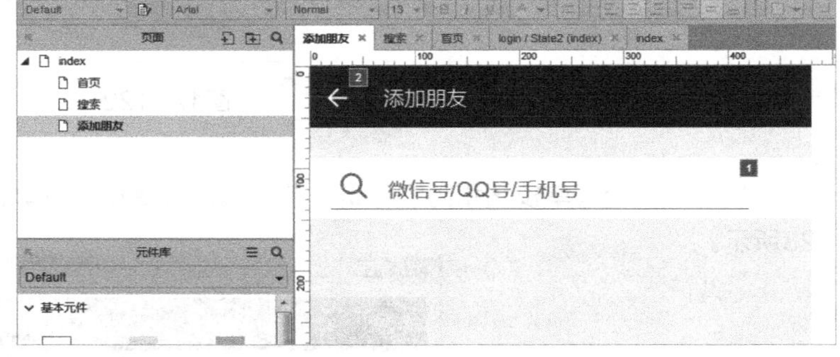

图12-127

（3）添加子功能菜单中的“雷达加朋友”功能。添加一个有边框矩形，只保留下方的边框，同时保留白底，并设置矩形大小为480×80，双击鼠标后在弹出的面板中设置文字内容和样式，设置上方的文字大小为18，下方的文字大小为默认样式，文字颜色为灰色，截取对应图标放在文字前面，如图12-128所示。

（4）添加“雷达加朋友”菜单的交互样式，“鼠标按下”时背景为深灰色，如图12-129所示。

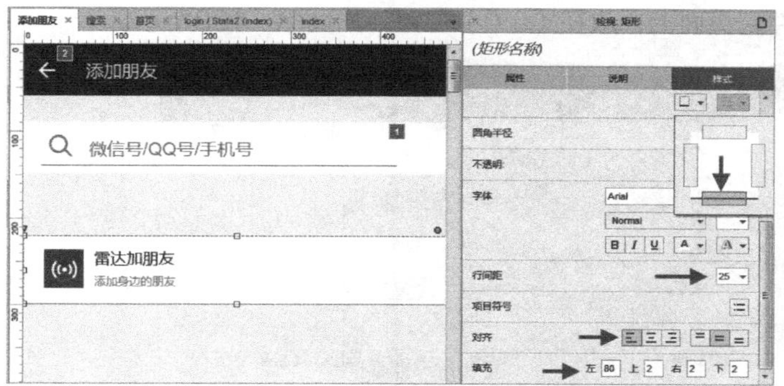

图12-128

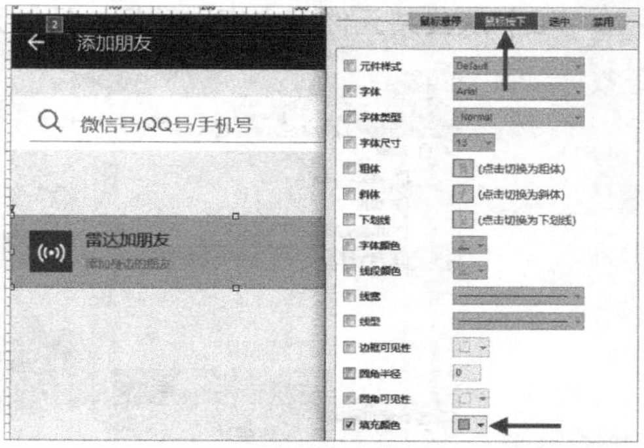

图12-129

（5）将“雷达加朋友”菜单复制4个，修改文字并将图标分别替换为指定样式，如图12-130所示。

图12-130

02 事件处理

单击首页下拉菜单“添加朋友”后，转到“添加朋友”页面，如图12-131所示。

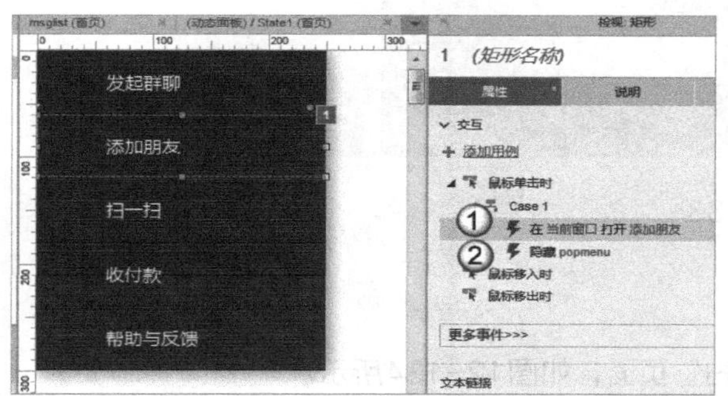

图12-131

① 在当前窗口打开“添加朋友”页面。
② 隐藏弹出窗口。

12.4.8 “扫一扫”功能的应用

01 界面布局

（1）新添加一个页面，并命名为“扫一扫”，如图12-132所示。

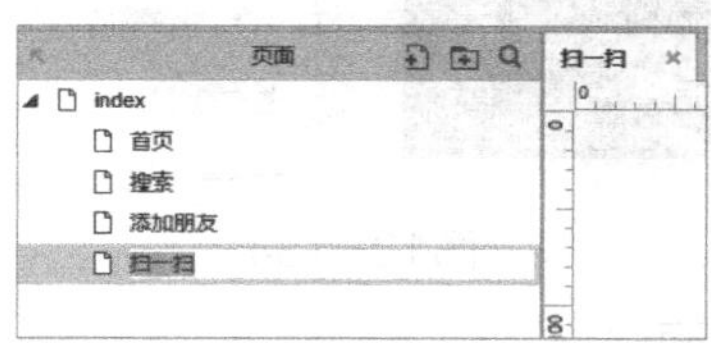

图12-132

（2）从公共元件库中拖动“扫一扫”元件到页面上，放在（0,0）位置，如图12-133所示。

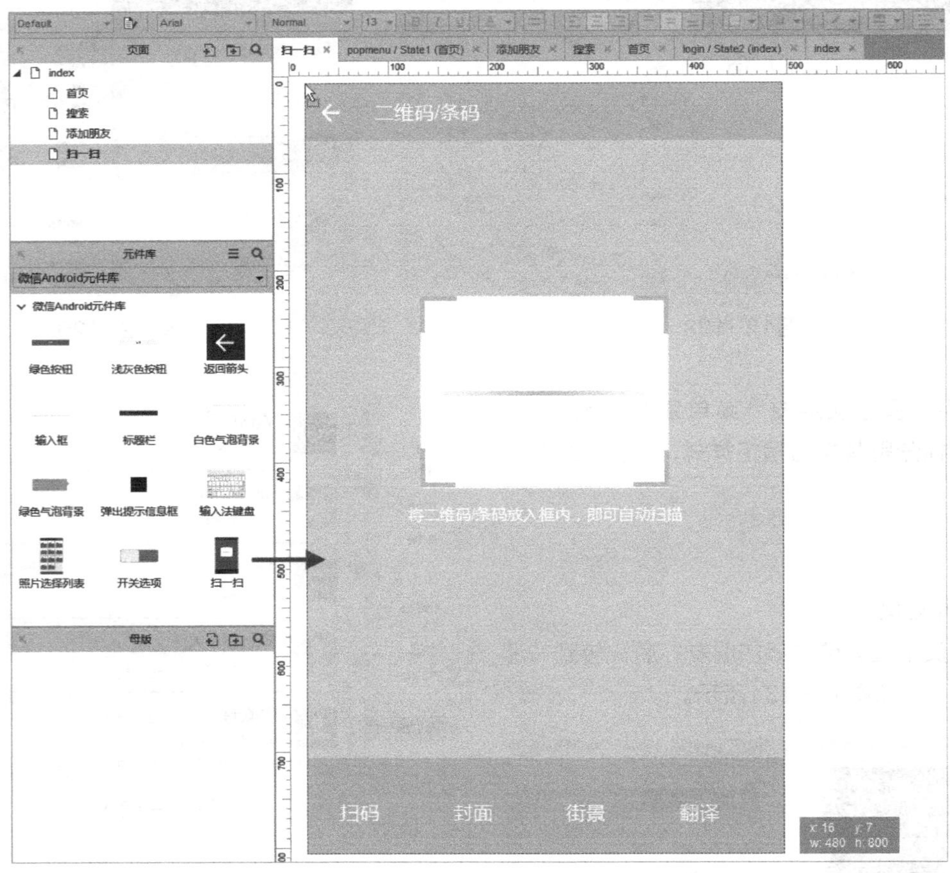

图12-133

02 事件处理

鼠标单击首页下拉菜单“扫一扫”后，打开“扫一扫”页面，如图12-134所示。

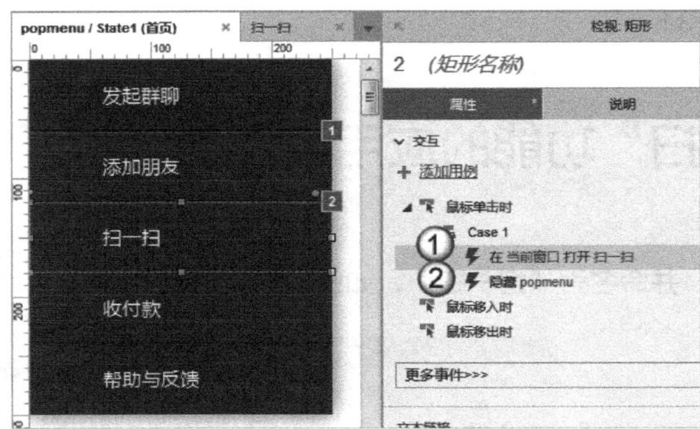

图12-134

① 在当前窗口打开“扫一扫”页面。

② 隐藏弹出菜单。

12.4.9 设置消息列表

01界面布局

（1）从左边页面列表中选择“首页”选项，双击进入编辑状态，选择显示内容的动态面板main_content，双击第1个状态“微信”进入编辑状态，如图12-135所示。

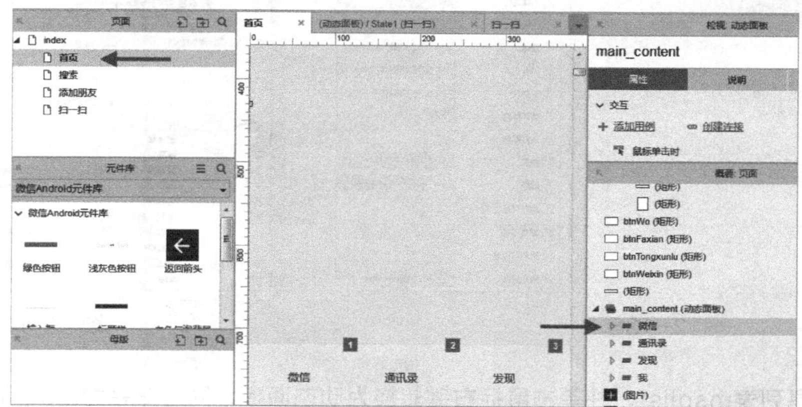

图12-135

（2）添加中继器，并命名为msglist，如图12-136所示。

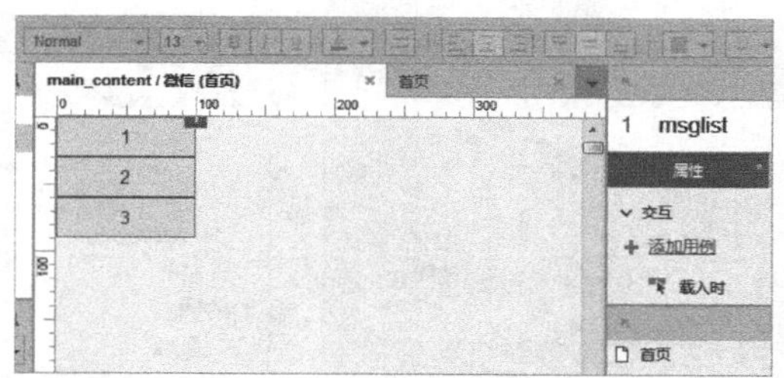

图12-136

（3）双击中继器msglist进入编辑状态，调整默认添加的矩形，设置矩形大小为480×80，只保留下边框，设置边框颜色为灰色，添加显示消息需要的元件，具体信息如下。

图片：命名imgAvatar，大小为60×60。

文字标签：命名txtName，大小为18，显示好友、群聊和订阅号名称。

文字标签：命名txtLastMsg，大小为默认样式，文字颜色为灰色，显示最后一条消息。

文字标签：命名txtLastTime，大小为默认样式，文字颜色为灰色，显示最后一条消息的发送日期。

完成后的效果如图12-137所示。

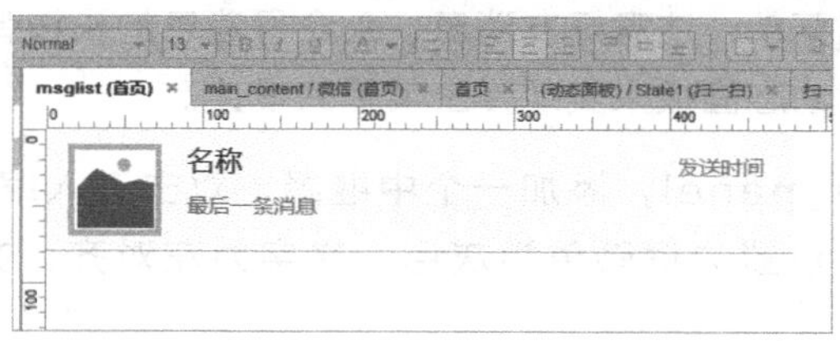

图12-137

（4）设置背景矩形的交互样式，使“鼠标按下”时背景色为深灰色，如图12-138所示。

（5）准备消息列表中中继器msglist的数据，并设置对应的文字内容字段，如图12-139所示。

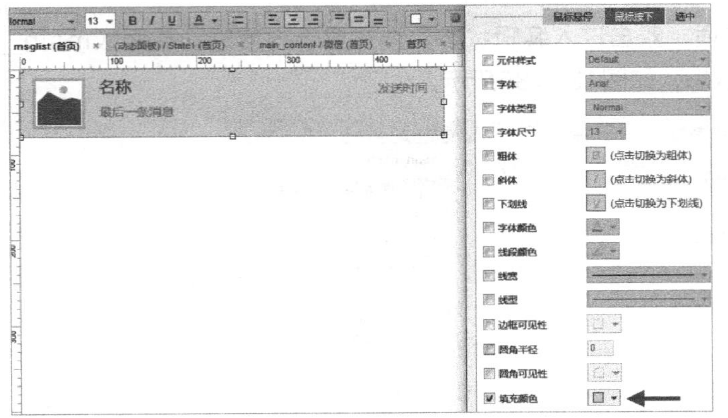

图12-138

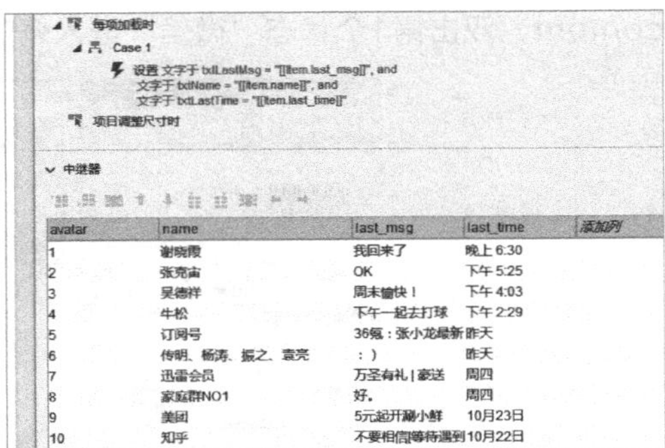

图12-139

（6）选择消息列表msglist，并单击鼠标右键转换为动态面板，同时命名为msg_panel，用于处理消息上下拖动事件，如图12-140所示。

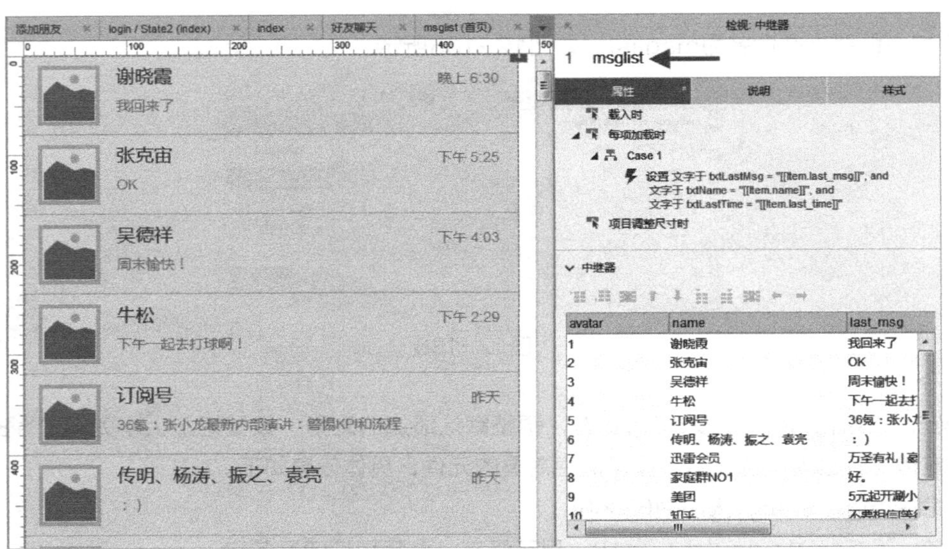

图12-140

02 弹出菜单设计

设计消息列表的长按弹出菜单，注意好友消息、公众号消息的长按弹出菜单项内容是不一样的。这里，我们用中继器结合动态面板来实现弹出菜单的设计。

（1）进入动态面板msg_panel，添加一个中继器，双击进入编辑状态，调整默认矩形大小为400×60，保留下边框，设置边框颜色为灰色，文字为左对齐，文字左边距为30，如图12-141所示。

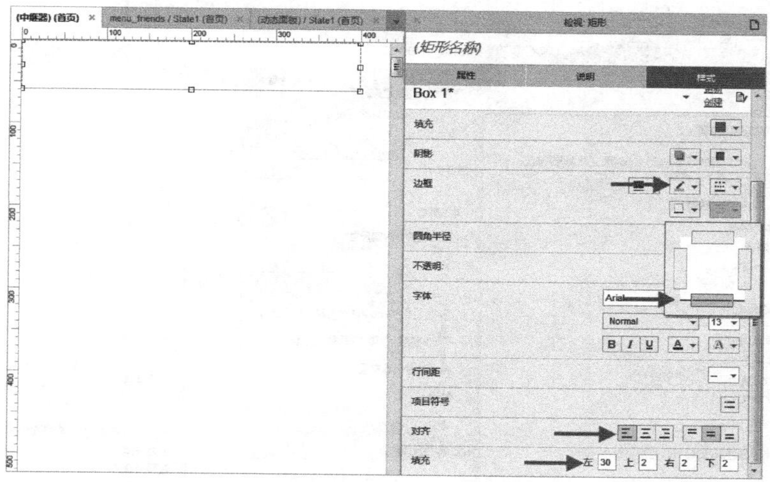

图12-141

（2）设置矩形框交互样式的“鼠标按下”时背景为灰色，如图12-142所示。

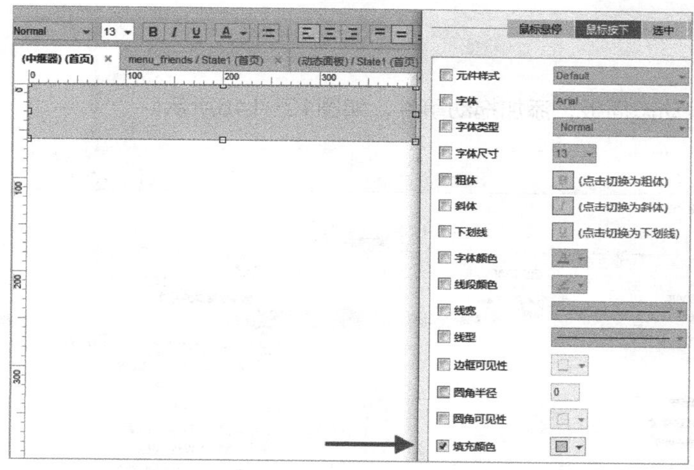

图12-142

（3）添加和设置中继器数据信息，如图12-143所示。

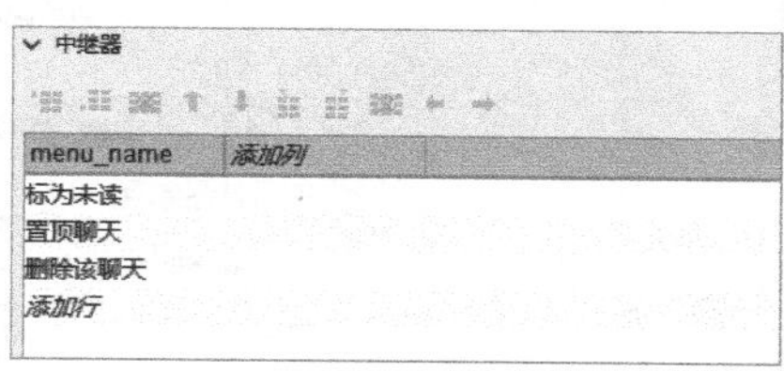

图12-143

（4）选择中继器，单击鼠标右键将其转换为动态面板，并命名为menu_friends，单击鼠标右键设置为隐藏状态，并设置它的“固定到浏览器”属性为水平居左和垂直居中，如图12-144所示。

（5）复制动态面板menu_friends，并命名为menu_public，修改里面的中继器内容为指定信息，如图12-145所示。

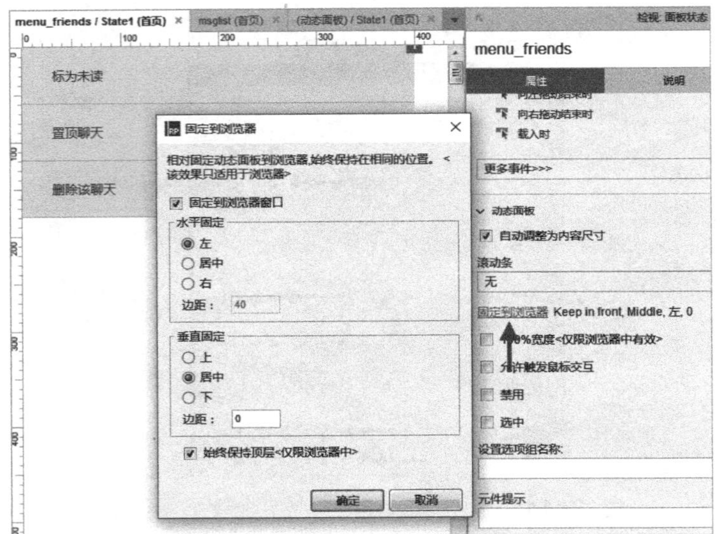

图12-144

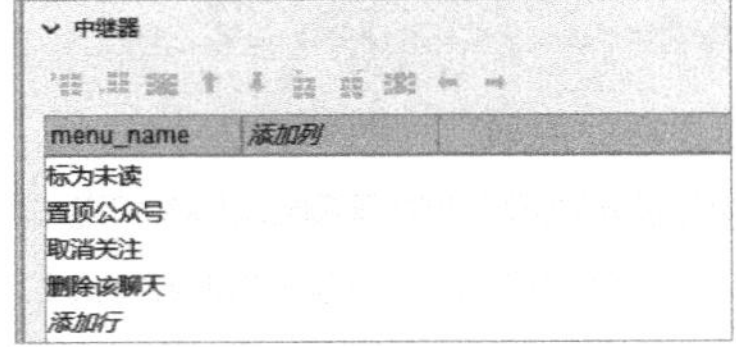

图12-145

03 事件处理

（1）选择消息列表动态面板，添加拖动事件，如图12-146所示。

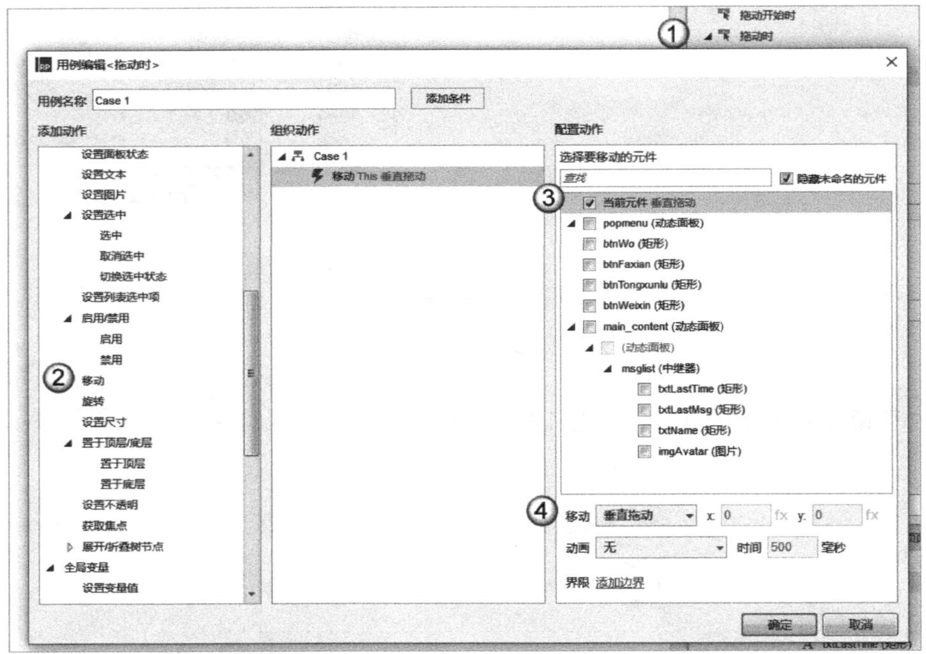

图12-146

① 添加“拖动时”事件。

② 拖动时移动消息列表。

③ 选择拖动对象为当前元件，即消息列表本身。

④ 移动类型为只沿垂直方向拖动。

（2）添加消息列表的拖动结束事件，如果消息列表顶端位置大于0，则回弹到原始位置，如图12-147所示。

① 如果消息列表msglist垂直位置大于等于0（局部变量LVAR1指消息列表msglist对象）。

② 移动消息列表回到原处，即（0，0）位置，配合线性动画。

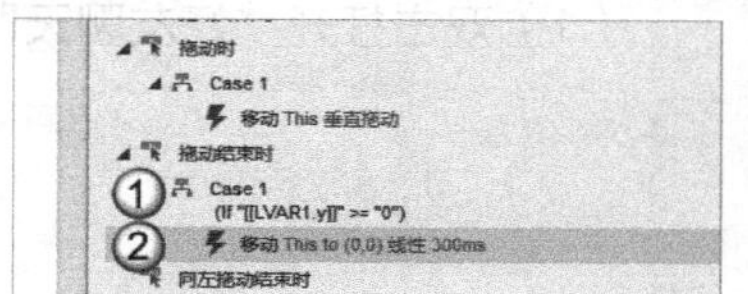

图12-147

（3）双击打开中继器msglist，选择矩形背景，添加消息列表的长按事件，如果是公众号则显示menu_public弹出菜单，否则显示menu_friends弹出菜单，如图12-148所示。

① 如果头像序号为7、9、10（几个公众号的编号），则显示menu_public弹出菜单。

② 否则显示menu_friends弹出菜单。

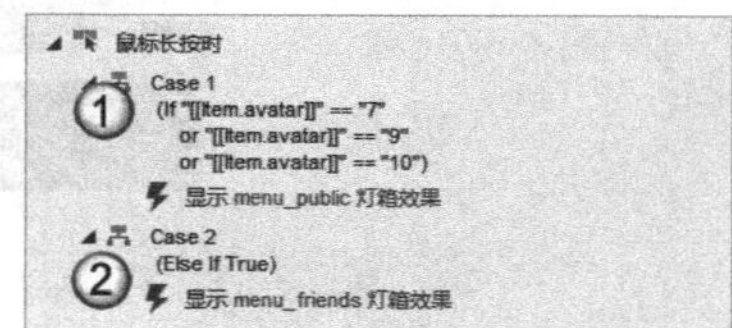

图12-148

04 按快捷键F5预览

分别单击微信消息列表中的好友和微信公众号，预览效果如图12-149所示。

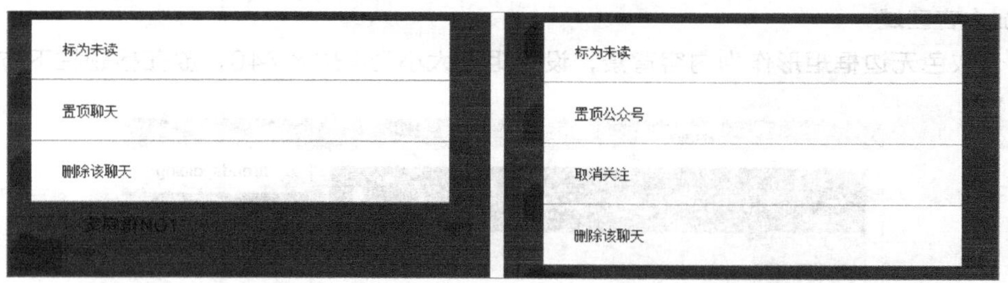

图12-149

12.4.10 设置“好友聊天”功能

01 新建聊天页面

新建子页面，在左边页面列表的“首页”下新增一个子页面，并命名为“好友聊天”，如图12-150所示。

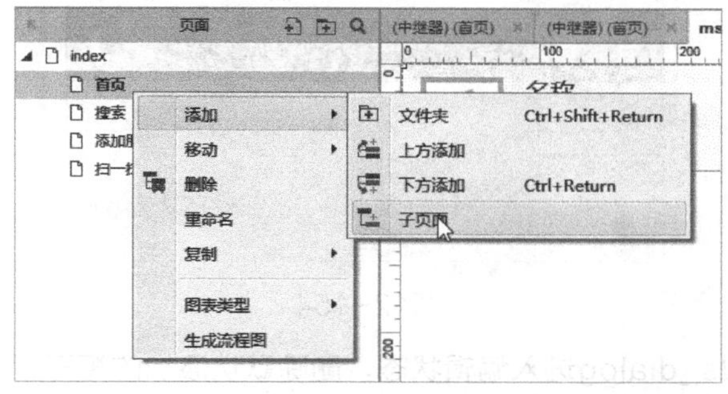

图12-150

02 添加标题栏

（1）双击打开“好友聊天”页面，添加界面元件，如图12-151所示。

图12-151

（2）从公共元件库拖动一个标题栏，命名标题栏矩形为txtFriendsName，从手机客户端截图中截取头像图标放在右侧，如图12-152所示。

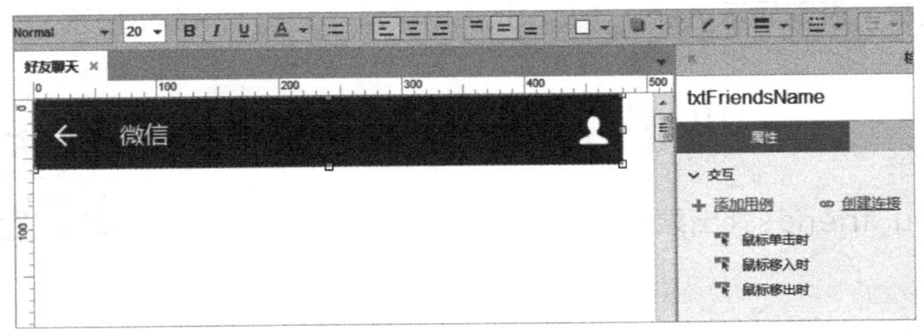

图12-152

03 添加内容区域

添加一个灰色无边框矩形作为内容背景，设置矩形大小为480×740，放在标题栏下方，如图12-153所示。

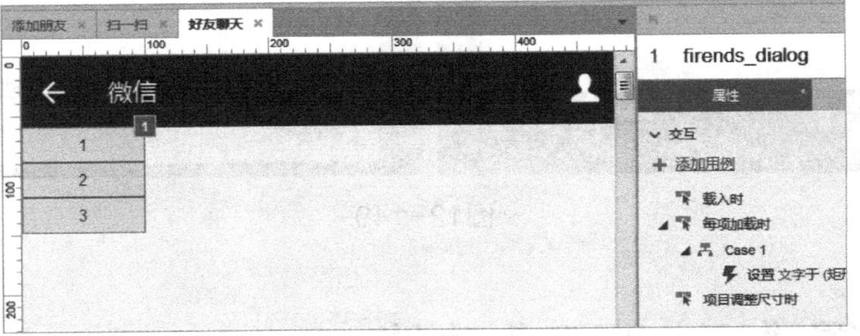

图12-153

04 添加消息列表

（1）添加一个中继器，放置在内容背景上，用来显示消息列表，并命名为friends_dialog，如图12-154所示。

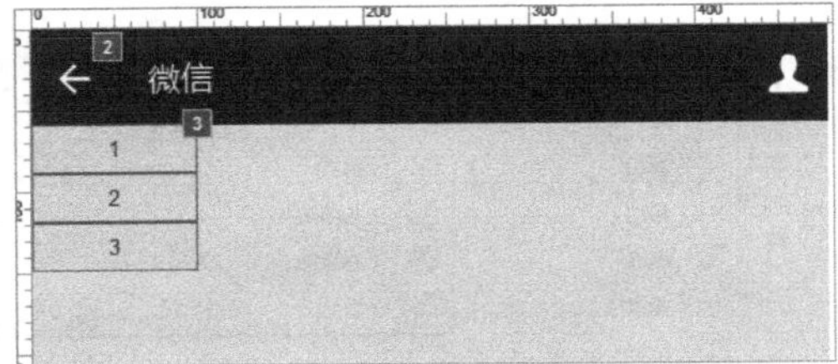

图12-154

（2）双击中继器friends_dialog进入编辑状态，删除默认添加的矩形，添加一张图片作为头像，设置图片大小为60×60，然后从公共元件库拖动一个白色气泡，并命名为txtYou，选中头像和气泡，单击鼠标右键转换为动态面板，并命名为msg_item，设置动态面板固定大小为480×80，如图12-155所示。

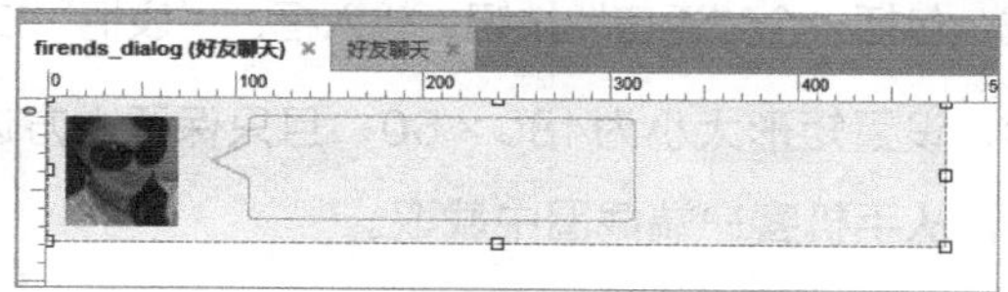

图12-155

（3）给动态面板msg_item添加一个新状态State2，双击进入编辑状态，添加一张图片作为头像，设置图片大小为60×60，从公共元件库拖动一个绿色气泡，并命名为txtMe，如图12-156所示。

（4）准备中继器friends_dialog的数据，字段user代表用户名，msg表示user所发出的消息，如图12-157所示。

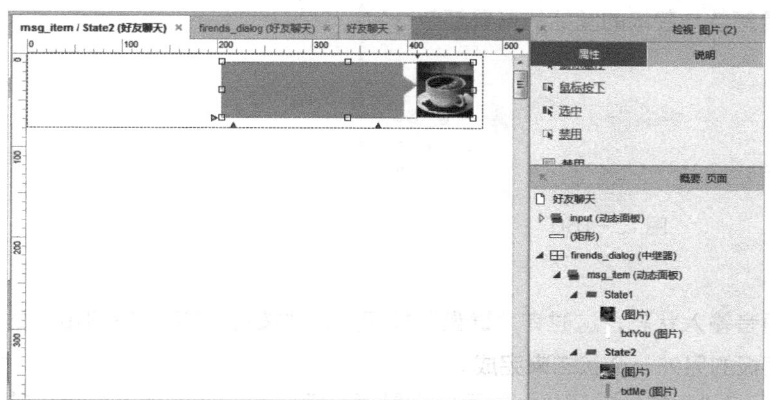

图12-156

中继器

user	msg	添加列
me	晚上吃什么？	
you	买了鸡翅，等你回来烧，：）	
me	好，还有其它菜不？	
you	还有茄子和土豆、辣椒。	
me	好！	
添加行		

图12-157

（5）处理中继器的“每项加载时”事件时，针对user等于me和you的情况做判断，如果是you，则显示动态面板msg_item的State1中的布局；如果是me，则显示动态面板msg_item的State2中的布局，如图12-158所示。

（6）完成以上所有操作后，得到的界面效果如图12-159所示。

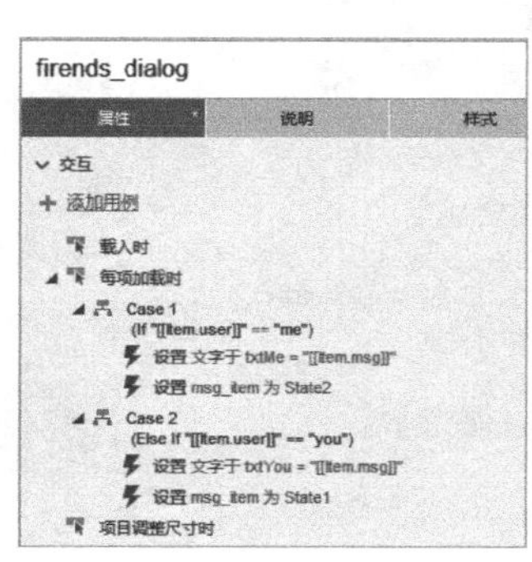

图12-158

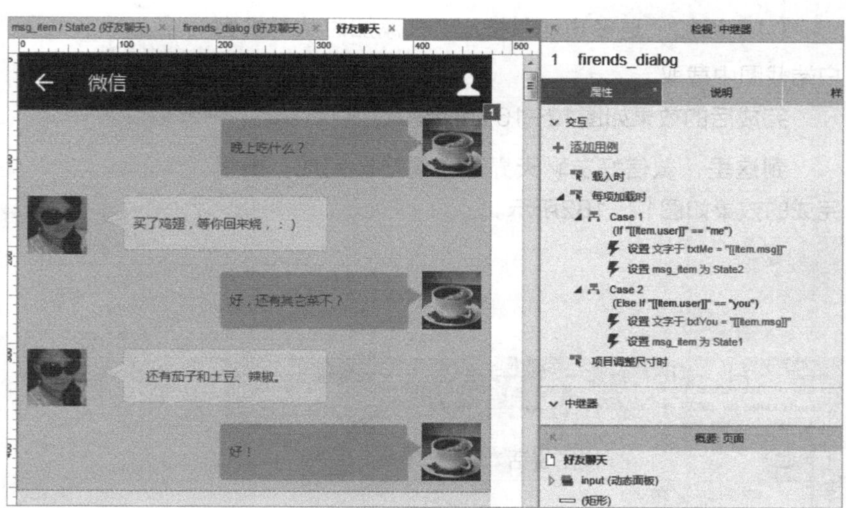

图12-159

05 添加文本输入区域

该区域内容由多个元件组成，包括一个“语音”按钮、输入框、“表情”按钮和“更多功能”按钮。

（1）添加一个有边框矩形，设置矩形大小为480×60，且只保留上方边框。

（2）添加“语音”按钮，从手机客户端截图中截取。

（3）从公共元件库中添加输入框，并命名为txtMsg。

（4）添加“表情”按钮，添加时从手机客户端截图中截取。

（5）添加“更多功能”按钮，添加时从手机客户端截图中截取。

因为用户在输入文本后，“更多功能”按钮会切换成“发送”按钮，因此这里需要将“更多功能”按钮转换为动态面板，并命名为add，同时添加一个新的状态State2，里面放置一个公共元件的绿色按钮，并设置按钮大小为55×32。

（6）设置背景边框和输入框的背景颜色与截取的图标的背景颜色一致。

完成后的效果如图12-160所示。

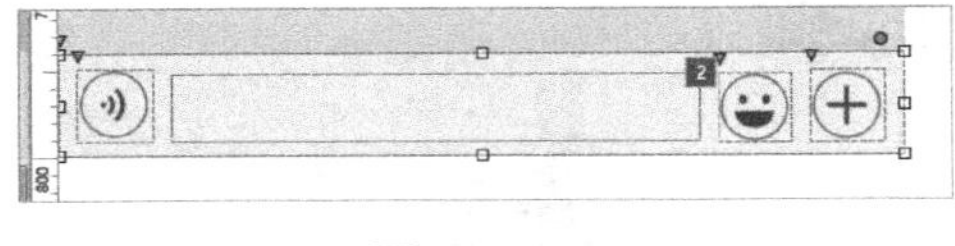

图12-160

06 添加语音输入区域

单击“语音”按钮时，切换到语音输入状态，这时有“键盘”按钮、“按住 说话”按钮和“更多功能”按钮，这里通过切换动态面板的另外一个状态来完成。

（1）选择“语音”按钮、输入框和“表情”按钮，然后单击鼠标右键将其转换为动态面板，并命名为input，添加一个新状态State2，双击State2进入编辑状态。

（2）添加一个“键盘”按钮，添加时从手机客户端截图中截取。

（3）从公共元件库拖动一个“浅灰色按钮”，大小调整为340×40，设置按钮文字为“按住 说话”。

（4）添加“更多功能”按钮，添加时从手机客户端截图中截取。

完成后的效果如图12-161所示。

到这里，微信好友聊天界面布局已经完成，最终完成的效果如图12-162所示。

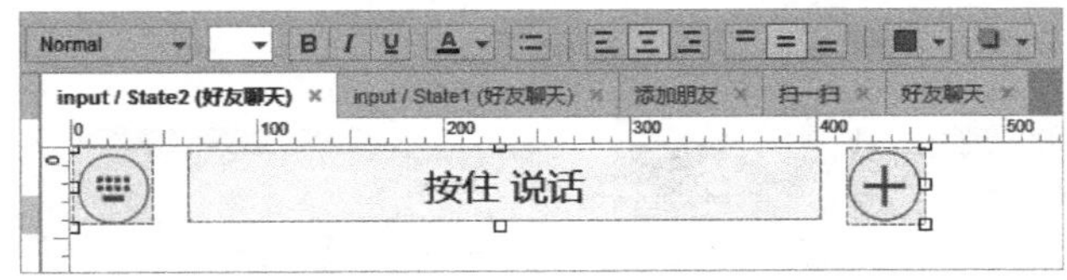

图12-161

图12-162

07 事件处理

（1）添加首页消息列表好友对话的单击事件，进入“好友聊天”页面，如图12-163所示。

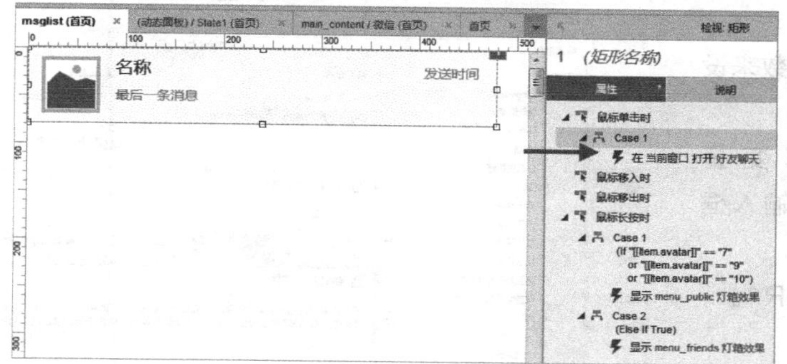

图12-163

（2）添加文字输入和语音输入切换事件，单击“语音”按钮切换到语音输入方式，如图12-164所示，单击“键盘”按钮切换到文本输入方式，如图12-165所示。

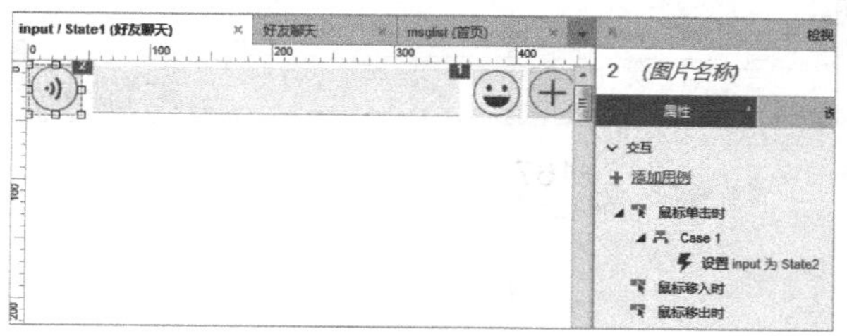

图12-164

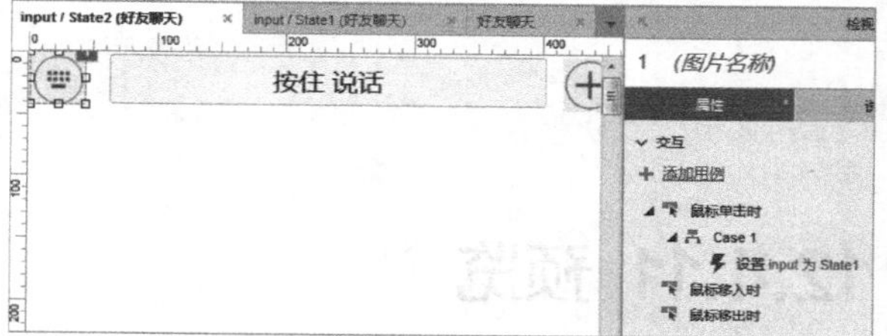

图12-165

（3）添加输入框输入“文字改变时”事件，将“更多功能”按钮切换为“发送”按钮，当输入内容清空时，再次切换为“更多功能”按钮，如图12-166所示。

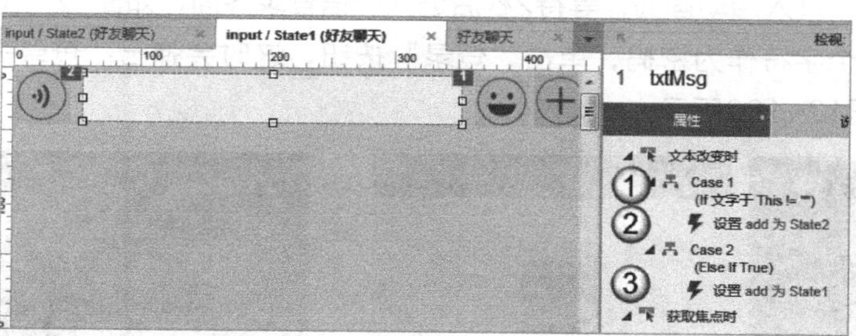

图12-166

① 如果文本内容不为空。

② 切换“更多功能”按钮到“发送”按钮。

③ 否则还是显示“更多功能”按钮。

（4）单击“发送”按钮，将输入框内的文字发送到消息列表friends_dialog中，如图12-167所示。

① 选择“发送”按钮。

② 选择给中继器添加行。

③ 选择中继器friends_dialog。

④ 在弹出的“添加行到中继器”对话框中，设置user值为me。

⑤ 插入变量和函数来设置msg值。

⑥ 添加局部变量LVAR1，指向当前输入框内的文本。

⑦ 插入变量LVAR1。

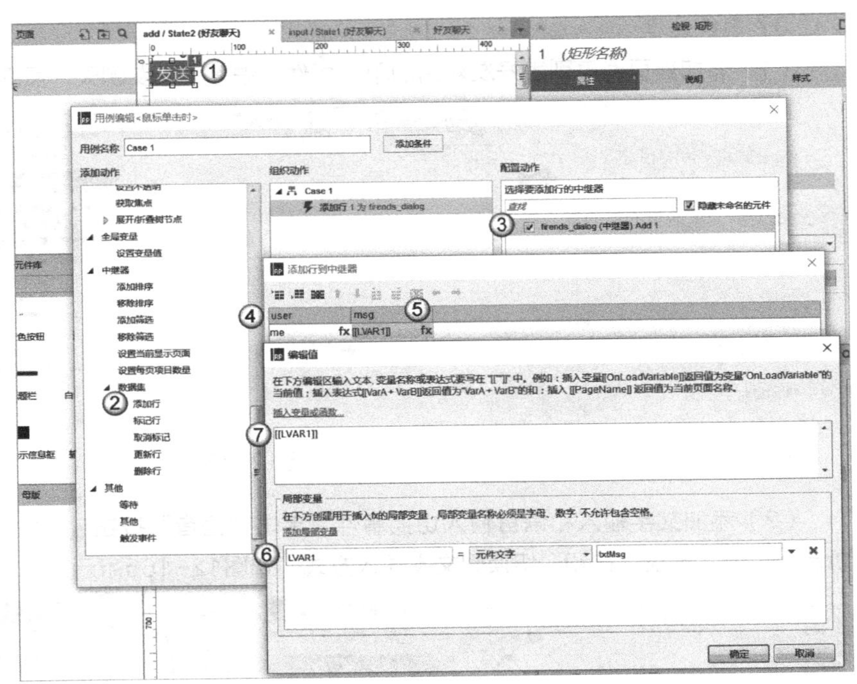

图12-167

12.4.11 预览

从微信登录到好友聊天窗口，所有界面布局、交互样式、事件处理和页面切换都已完成，下面开始预览完整的流程。

01 微信登录

（1）按快捷键F5，进入启动画面，等待2秒后进入微信登录界面，如图12-168所示。

（2）随意输入几个字符作为密码，单击“登录”按钮，这时会弹出“登录失败”提示，单击“取消”按钮后返回，如图12-169所示。

图12-168

图12-169

（3）输入密码123456后，显示“正在登录...”提示，2秒后进入首页，如图12-170所示。

图12-170

02 标题栏操作

（1）单击标题栏“搜索”🔍，进入“搜索”页面，单击“返回”按钮←回到首页，如图12-171所示。

（2）单击标题栏菜单“按钮”▦，弹出下拉菜单，再次单击则隐藏下拉菜单，如图12-172所示。

图12-171

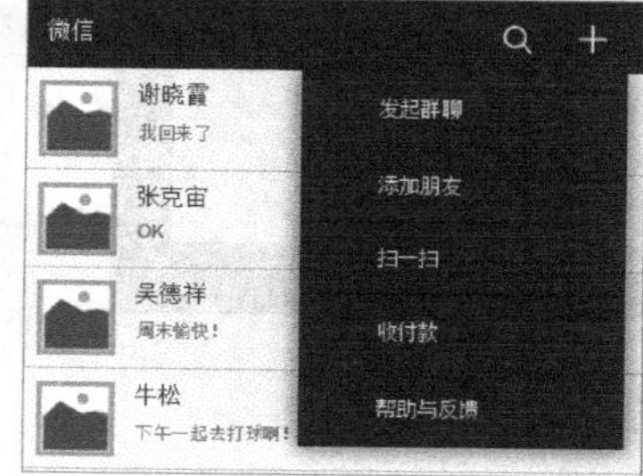

图12-172

（3）选择“添加朋友”选项，进入“添加朋友”页面，单击标题栏“返回”按钮←返回首页，如图12-173所示。

（4）选择“扫一扫”选项，进入“扫一扫”页面，单击标题栏“返回”按钮←返回首页，如图12-174所示。

图12-173

图12-174

03 消息列表操作

（1）长按首页消息列表项，弹出操作菜单，如图12-175所示。

（2）单击消息列表项，进入“好友聊天”页面，如图12-176所示。

（3）输入文字，显示“发送”按钮，单击“发送”按钮发送消息，如图12-177所示。

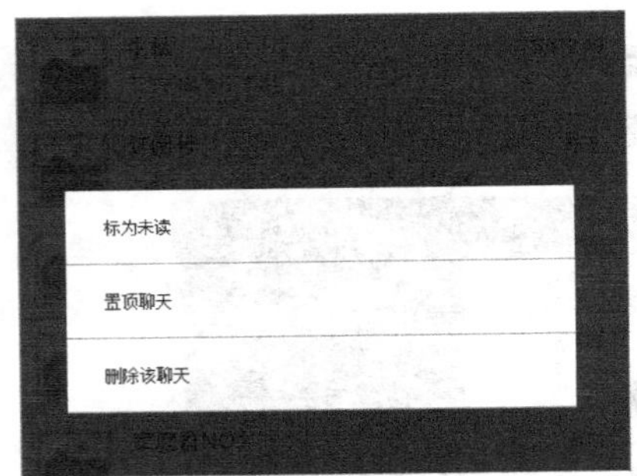

图12-175

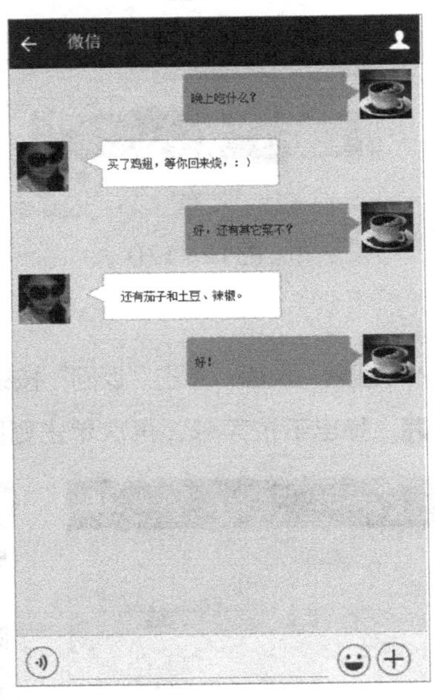

图12-176

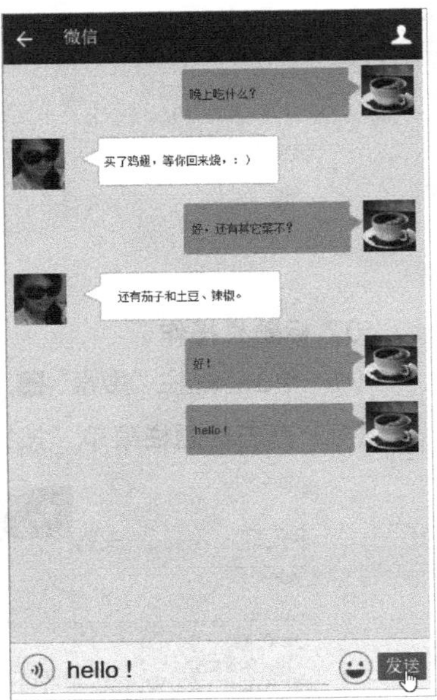

图12-177

（4）单击“语音”按钮，切换到语音输入状态，单击标题栏“返回”按钮返回首页，如图12-178所示。

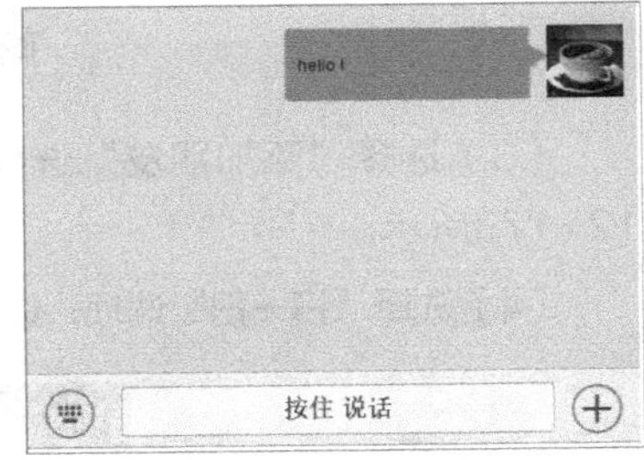

图12-178

12.5 小结

本章通过一个较为完整的例子，演示了从元件库设计开始，到完成一个特定模块的交互功能的过程。原型的设计过程中综合应用了Axure的动态面板、形状、动画、事件、条件表达式、变量和函数等，基本涵盖了原型设计的所有知识点。

希望读者通过本章的学习，能掌握将各个模块连贯起来、在动态面板之间切换、在页面之间切换的方法，进而能够独立完成一个完整的原型设计作品。

附录：函数与属性

函数指完成一定功能的操作，可以不带参数，也可以带有一个到多个参数，函数名称后面必须带有一对小括号。

每个元件都是一个对象，属性指一个对象的特征，如对象的位置、大小和透明度等，属性名称后面不用带小括号。

◎ 元件属性

假定矩形元件名称为button，那么

矩形的宽度：[[button.width]]

矩形的文本内容：[[button.text]]

序号	属性	说明	示例
1	width	元件的宽度	[[LVAR.width]]
2	height	元件的高度	[[LVAR.height]]
3	*x*	元件左上顶点*x*坐标值	[[LVAR.x]]
4	*y*	元件左上顶点*y*坐标值	[[LVAR.y]]
5	left	元件左边界*x*坐标值	[[LVAR.left]]
6	top	元件顶部边界*y*坐标值	[[LVAR.top]]
7	right	元件右边界*x*坐标值	[[LVAR.right]]
8	bottom	元件底部边界*y*坐标值	[[LVAR.bottom]]
9	text	元件上的文本内容	[[LVAR.text]]
10	name	元件名称	[[LVAR.name]]
11	opacity	元件透明度值，1~100	[[LVAR.opacity]]
12	rotation	元件的旋转角度值	[[LVAR.rotation]]

◎ 窗口属性

窗口对象的名称为固定值Window。

获取当前浏览器窗口的宽度：[[Window.width]]

获取当前浏览器窗口的垂直滚动距离：[[Window. scrollY]]

序号	属性	说明	示例
1	scrollX	窗口横向滚动的当前坐标值	[[Window.scrollX]]
2	scrollY	窗口纵向滚动的当前坐标值	[[Window.scrollY]]
3	width	窗口的宽度	[[Window.width]]
4	height	窗口的高度	[[Window.height]]

◎ 光标属性

光标对象的名称固定为Cursor。

通过*x*、*y*属性获取光标的位置。

序号	属性	说明	示例
1	*x*	光标x轴坐标值	[[Cursor.x]]
2	*y*	光标y轴坐标值	[[Cursor.y]]

◎ 数字函数

对数字进行操作的方法。

假设变量num=125.235，那么[[num.toFixed(2)]]=125.23

序号	函数	说明	示例
1	toFixed(decimalPoints)	指定数字的小数点位数	使用方法：如果n=1.232，[[n.toFixed(2)]]返回值1.23
2	toExponential(decimalPoints)	把对象的值转换为指数计数法	[[n.toExponential(参数)]]
3	toPrecision(length)	把数字格式化为指定的长度	如果n=1, [[n.toPrecision(6)]]返回值1.00000

◎ 数学函数

指一些与数学运算相关的函数，如取绝对值、向上取整、下向取整和获取随机数等。

数学对象的名称固定为Math。

假设变量num=-23.46，那么

[[Math.abs(num)]]=23.46

[[Math.ceil(num)]]=24

序号	函数	说明	示例
1	abs(x)	返回数据的绝对值	[[Math.abs(x)]]，如-2的绝对值是2
2	ceil(x)	向上取整	[[Math.ceil(5.2)]]=6
3	floor(x)	向下取整	[[Math.floor(5.8)]]=5
4	max(x,y)	求两个数字的最大值	[[Math.max(1,3.2)]]=3.2
5	min(x,y)	求两个数字的最小值	[[Math.min(1,3)]]=1
6	random()	0~1的随机数	[[Math.random()]]

◎ 字符串函数和属性

对字符串进行操作的方法，或者获取字符的属性。

假设变量str=hello，那么

[[str.charAt(0)]]=h

[[str.indexOf(‘el’)]]=1

[[str.length]]=5

序号	函数/属性	说明	示例
1	charAt(index)	返回指定位置的字符，第1个字符串位置为0	‘helloworld’.charAt(5)=w
2	charCodeAt(index)	返回指定位置字符的 Unicode 编码	‘helloworld’.charAt(5)=119，字母a从97开始
3	concat(‘string’)	连接字符串	[[LVAR.concat(‘字符串’)]]
4	indexOf(‘searchValue’)	检索字符串，没找到时返回−1	[[LVAR.indexOf(‘字符串’)]]
5	length	字符串长度	‘hello’.length=5
6	lastIndexOf(‘searchvalue’)	从后向前搜索第1个满足条件的字符串，没找到时返回−1	‘helleo’.lastIndexOf(‘e’)=4
7	slice(start,end)	提取字符串的片断，并在新的字符串中返回被提取的部分	[[LVAR.Split(start,end)]] start：要抽取的片断的起始下标。如果是负数，则该参数规定的是从字符串的尾部开始算起的位置。也就是说，−1 指字符串的最后一个字符，−2 指倒数第2个字符，以此类推。 end：紧接着要抽取的片段的结尾的下标。若未指定此参数，则要提取的子串包括 start 到原字符串结尾的字符串。如果该参数是负数，那么它规定的是从字符串的尾部开始算起的位置
8	split(‘separator’,limit)	按指定分隔符把字符串分割为字符串数组，分割符可以为任何字符或字符串	使用方法1：[[LVAR1.Split(‘’)]] 如果：LVAR1等于asdfg，则返回a,s,d,f,g 使用方法2：[[LVAR1.Split(‘ ’)]] 如果：LVAR1等于asd fg，则返回asd,fg
9	substr(start,length)	从起始索引号提取字符串中指定数目的字符	‘hello’.substr(1,2)=el
10	substring(from,to)	提取字符串中两个指定的索引号之间的字符	‘hello’.substring(0,2)=he from：必需，一个非负的整数，规定要提取的子串的第1个字符在 stringObject 中的位置 to：可选，一个非负的整数，比要提取的子串的最后一个字符在 stringObject 中的位置多 1。如果省略该参数，那么返回的子串会一直到字符串的结尾
11	toLowerCase()	把字符串转换为小写	‘Hello’.toLowerCase()=hello
12	toUpperCase()	把字符串转换为大写	‘Hello’.toLowerCase()=HELLO
13	trim()	去除字符串两端空格	‘ hello ’.trim()=hello

◎ 日期函数

可以获取与系统日期相关的信息，日期对象的名称固定为Now。

获取当前时间：[[Now]]= Thu Nov 03 2016 21:37:38 GMT+0800 (中国标准时间)

返回日期中4位数字的年：[[getFullYear()]]

序号	函数/属性	说明	示例
1	Now	根据计算机系统设定的日期和时间返回当前的日期和时间	[[Now]]
2	getDate()	返回一个月中的某一天(1 ~ 31)	[[Now.getDate()]]
3	getDay()	返回一周中的某一天(0 ~ 6)	周日=0，周一=1，以此类推
4	getDayOfWeek()	返回一周中的某一天的英文名称	返回Monday,Tuesday等

续表

序号	函数/属性	说明	示例
5	getFullYear()	返回日期中4位数字的年	[[Now.getFullYear()]]
6	getHours()	返回日期中的小时(0 ~ 23)	[[Now.getHours()]]
7	getMilliseconds()	返回毫秒数(0 ~ 999)	[[Now.getMilliseconds()]]
8	getMinutes()	返回日期中的分钟(0 ~ 59)	[[Now.getMinutes()]]
9	getMonth()	返回日期中的月份(0 ~ 11)	[[Now.getMonth()]]
10	getMonthName()	返回日期中的月份名称(0 ~ 11)	[[Now.getMonthName()]]
11	getSeconds()	返回日期中的秒数(0 ~ 59)	[[Now.getSeconds()]]
12	getTime()	返回 1970 年 1 月 1 日至今的毫秒数	[[Now.getTime()]]
13	getTimezaneOffset()	返回本地时间与格林威治标准时间(GMT) 的分钟差	[[Now.getTimezaneOffset()]]
14	getUTCDate()	根据世界时，从Date对象返回月中的一天（1~31）	[[Now.getUTCDate()]]
15	getUTCDay()	根据世界时，从Date对象返回周中的一天（0~6）	[[Now.getUTCDay()]]
16	getUTCFullYear()	根据世界时，从Date对象返回4位数的年份	[[Now.getUTCFullYear()]]
17	getUTCHours()	根据世界时，返回Date对象的小时（0~23）	[[Now.getUTCHours()]]
18	getUTCMilliseconds()	根据世界时，返回Date对象的毫秒（0~999）	[[Now.getUTCMilliseconds()]]
19	getUTCMinutes()	根据世界时，返回Date对象的分钟（0~59）	[[Now.getUTCMinutes()]]
20	getUTCMonth()	根据世界时，从Date对象返回月份（0~11）	[[Now.getUTCMonth()]]
21	getUTCSeconds()	根据世界时，返回Date对象的秒钟（0~59）	[[Now.getUTCSeconds()]]
22	toDateString()	把Date对象的日期部分转换为字符串	[[Now.toDateString()]]
23	toISOString()	以字符串的形式返回采用ISO格式的日期	[[Now.toISOString()]]
24	toJSON()	用于允许转换某个对象的数据，以进行JavaScript Object Notation(JSON）序列化	[[Now.toJSON()]]
25	toLocaleDateString()	根据本地时间格式，把Date对象的日期格式部分转换为字符串	[[Now.toLocaleDateString]]
26	toLocalTimeString()	根据本地时间格式，把Date对象的时间格式部分转换为字符串	[[Now.toLocalTimeString]]
27	toLocaleString()	根据本地时间格式，把Date对象转换为字符串	[[Now.toLocaleString()]]
28	toTimeString()	把Date对象的时间部分转换为字符串	[[Now.toTimeString]]
29	toUTCString()	根据世界时，把Date对象转换为字符串	[[Now.toUTCString]]
30	valueOf()	返回Date对象的原始值	[[Now.valueOf()]]
31	addYear(years)	返回一个新的DateTime，它将指定的年数加到此实例的值上	[[Now.addYear(years)]]
32	addMonth(months)	返回一个新的DateTime，它将指定的月数加到此实例的值上	[[Now.addMonth(months)]]
33	addDay(days)	返回一个新的DateTime，它将指定的天数加到此实例的值上	[[Now.addDay(days)]]
34	addHour(hours)	返回一个新的DateTime，它将指定的小时数加到此实例的值上	[[Now.addHour(hours)]]
35	addMinute(minutes)	返回一个新的DateTime，它将指定的分钟数加到此实例的值上	[[Now.addMinute(minutes)]]
36	addSecond(seconds)	返回一个新的DateTime，它将指定的秒钟数加到此实例的值上	[[Now.addSecond(seconds)]]
37	addMillisecond(milliseconds)	返回一个新的DateTime，它将指定的毫秒数加到此实例的值上	[[Now.addMillisecond(milliseconds)]]
38	parse(datestring)	返回1970年1月1日午夜到指定日期（字符串）的毫秒数	[[Date.parse(datestring)]]
39	UTC(year,month,day,hour,min,sec,millisec)	根据世界时，返回 1970 年 1 月 1 日 到指定日期的毫秒数	[[Date.UTC(year,month,day,hour,min,sec,millisec)]]